国家林业和草原局普通高等教育“十三五”规划教材
北 京 市 高 等 教 育 精 品 教 材 立 项 项 目
高等院校水土保持与荒漠化防治专业教材

风沙物理学

(第3版)

丁国栋　赵媛媛　主编

中国林業出版社

内 容 简 介

本教材从空气动力学的基本原理出发，从力学和物理学过程系统研究风与各种沙质地表的相互作用机制及其风沙运动规律。全书共分 7 章，主要内容包括：风沙物理学的动力学基础；沙物质及其基本性质；风沙运动；风沙地貌及其演变机制；土壤风蚀；沙尘暴；风沙物理学研究方法。新版本中增加了当前风沙物理学最新的研究成果，调整了部分章节的知识体系，使之更系统完善。

本教材适用于水土保持与荒漠化防治专业的本科生教学，同时可作为环境生态类有关学科研究生的教学用书，也可作为从事防沙治沙、水土保持、环境保护等科技工作者的参考用书。

图书在版编目(CIP)数据

风沙物理学 / 丁国栋，赵媛媛主编 .—3 版 .—北京：中国林业出版社，2021. 1
国家林业和草原局普通高等教育“十三五”规划教材　北京市高等教育精品教材立项项目
高等院校水土保持与荒漠化防治专业教材
ISBN 978-7-5219-1011-7

Ⅰ. ①风…　Ⅱ. ①丁…　②赵…　Ⅲ. ①风沙地貌—高等学校—教材　②风沙流—高等学校—教材　Ⅳ. ①P512. 1

中国版本图书馆 CIP 数据核字(2021)第 015583 号

中国林业出版社教育分社
策划、责任编辑：丰　帆
电　　话：(010)83143555　83143558　　　**传　　真**：(010)83143516

出版发行　中国林业出版社(100009　北京市西城区德内大街刘海胡同 7 号)
E-mail：jiaocaipublic@ 163. com　电话：(010)83143500
http：//www. forestry. gov. cn/lycb. html
经　　销　新华书店
印　　刷　北京中科印刷有限公司
版　　次　1992 年 8 月第 1 版(共印 1 次)
2010 年 9 月第 2 版(共印 1 次)
2021 年 1 月第 3 版
印　　次　2021 年 1 月第 1 次印刷
开　　本　850mm×1168mm　1/16
印　　张　21. 75
字　　数　500 千字
定　　价　60. 00 元

高等院校水土保持与荒漠化防治专业教材
编写指导委员会

《风沙物理学》(第3版)编写人员

主　编: 丁国栋　赵媛媛

副主编: 高广磊　董　智　杨　光　薛智德　梁文俊
刘加彬　左合君

编　委: (以姓氏笔画为序)

丁国栋(北京林业大学)
于明含(北京林业大学)
王　岳(内蒙古财经大学)
乌日娜(中国林业科学研究院)
邓继峰(沈阳农业大学)
左合君(内蒙古农业大学)
包岩峰(中国林业科学研究院)
冯　薇(北京林业大学)
刘　鹏(北京林业大学)
刘加彬(西北农林科技大学)
关红杰(北京林业大学)
杨　光(内蒙古农业大学)
李红丽(山东农业大学)
佘维维(北京林业大学)
迟文峰(内蒙古财经大学)
张　帅(中国林业科学研究院)
张宇清(北京林业大学)
赵媛媛(北京林业大学)
贾　昕(北京林业大学)

党晓宏(内蒙古农业大学)
高广磊(北京林业大学)
高国雄(西北农林科技大学)
郭中领(河北师范大学)
梁文俊(山西农业大学)
董　智(山东农业大学)
蒙仲举(内蒙古农业大学)
赖宗锐(北京林业大学)
薛智德(西北农林科技大学)

主　　审： 高　永　汪　季

学术秘书： 赵媛媛

第3版前言

沙漠化是威胁人类生存和影响社会可持续发展的重大生态环境问题，已引起国际社会的广泛关注。中国是受沙漠化危害最为严重的国家之一，据第五次全国荒漠化和沙化状况公报显示，截至2014年，中国沙漠化土地面积为$182.63\times10^4km^2$，约占全国国土总面积的19%。沙漠化不仅是我国各种荒漠化类型中分布面积最大的一种形式，也是影响范围最广、危害程度最深、生态条件最脆弱的一种土地退化类型。自中华人民共和国成立以来，沙漠化问题就开始受到重视，并进行积极研究与治理，取得丰富的认识经验和卓有成效的功绩。理论和实践证明，沙漠化的产生主要是风沙运动的结果，沙漠化的防治也必须以遏制风沙运动为基础和前提。只有遏制住风沙运动，地面保持稳定，才能进入成土过程，为植物生长和植被恢复创造条件，推进生态系统形成。因此，以空气动力学为基本理论，以土壤（母质）颗粒作为物质基础，开展风沙起动机制、运移规律、土壤侵蚀过程、地面蚀积与演变特征研究的一门学科——“风沙物理学”应运而生。

早在20世纪50年代，内蒙古林学院在沙漠治理专业的课程体系中，就开设了“风沙物理学”课程；1992年，随着认识理解的不断深入与成熟，朱朝云、丁国栋、杨明元等在总结国内外相关成果和多年教学经验的基础上，编写出版了《风沙物理学》教材，成为我国第一部系统阐述风沙运动理论和规律的教科书；2006年，为补充研究领域的新思想、新观点、新成果，在北京林业大学教务处和水土保持学院的支持下，丁国栋教授牵头、联合内蒙古农业大学、西北农林科技大学和北京师范大学等8家院校对教材进行了修订，出版了《风沙物理学》(第2版)。教材出版以来，得到广大使用院校和读者的一致认可与肯定，已成为全国农林高等院校“风沙物理学”“荒漠化防治学”等相关课程的教科书和重要参考书。

光阴似箭。如今十多年已过去，为全面反映风沙物理学研究领域的最新进展和前沿成果，北京林业大学再次牵头组成了《风沙物理学》（第3版）教材编写组，对教材进行补充完善。《风沙物理学》（第3版）由北京林业大学丁国栋教授和赵媛媛副教授主编，内蒙古农业大学高永教授和汪季教授主审。参加编写的有北京林业大学、山东农业大学、西北农林科技大学、内蒙古农业大学、中国林业科学研究院、山西农业大学、沈阳农业大学、内蒙古财经大学、河北师范大学等9家单位28人。各章编写分工如下：

第1章（风沙物理学的动力学基础）由丁国栋、左合君、薛智德、杨光、于明含编写；第2章（沙物质及其基本性质）由高广磊、刘加彬、贾昕、关红杰、高国雄、冯薇编写；第3章（风沙运动）由赵媛媛、张宇清、高广磊、蒙仲举、高国雄、于明含、赖宗锐、邓继峰编写；第4章（风沙地貌及其演变机制）由丁国栋、董智、梁文俊、杨光、薛智德、李红丽、党晓宏编写；第5章（土壤风蚀）由赵媛媛、郭中领、丁国栋、迟文峰、佘维维、李红丽、乌日娜编写；第6章（沙尘暴）由杨光、赵媛媛、丁国栋、刘加彬、梁文俊编写；第7章（风沙物理学研究方法）由董智、丁国栋、包岩峰、张帅、赵媛媛、王岳、刘鹏编写。书中插图由于明含绘制。本书编写过程中，吉林师范大学杜会石教授、北京师范大学岳桓陛博士为部分研究案例提供了素材；研究生赛克、王艺霖、苏宁、李媛、赵洋、蔡立坤、张个兴、阿拉萨、屠文竹在全书格式修订中做了大量工作，在此对他们的支持和帮助表示衷心的感谢。

值此教材完稿付梓之际，特别感谢在本教材第1版和第2版编写中付出艰辛劳动的所有同行，同时也向一直关心和支持本教材修订出版的北京林业大学孙保平教授、余新晓教授、张洪江教授、赵廷宁教授、张志强教授、王云琦教授、张守红教授以及其他同行表示最诚挚的谢意；向北京林业大学教务处在教材立项中给予的帮助和出版经费资助表示由衷感谢。

本教材编写过程中，引用了大量相关研究成果与数据资料，限于篇幅如未能在参考文献中一一列出，在此谨向文献的作者们致以深深的歉意，并表示诚挚的感谢！

限于我们的水平，书中难免有不妥与错误之处，恳请读者批评指正。

丁国栋　赵媛媛

2020年11月

第2版前言

风沙作为一种自然现象可以说自古有之，广袤的沙漠、浩瀚的戈壁、连绵起伏的黄土高原都是风沙过程的产物。运用地质学“将今论古”的思维方法，通过地史时期的物质记录来探索沙漠的地质历史，已经证实美国西部已恢复的古沙漠最早见于寒武纪，而且古生代以来各个地质时期都有分布；我国已报道的古代风成沙丘最早见于侏罗系。在人类历史时期，风沙多以其极端形式的“强沙尘暴”出现从而备受关注。例如，在晋代张华的《博物志》中，已有这样的记载：“夏桀之时，为长夜宫于深谷之中，男女杂处，十旬不出听政，天乃大风扬沙，一夕填此空谷。”又如，据甘肃地方志记载，公元503年8月辛巳“民勤县大风，飞沙蔽日，黑雾滔天”；1894年2月27日，“甘州府（今张掖县）寒风暴起，天昼昏，人不相见”，1920年5月，“肃州（今酒泉）黄雾漫天，烈风拔木，三日始息”。再如，广为人知的20世纪30年代美国西部大平原的“黑风暴”，50年代哈萨克斯坦境内的“沙暴”，70年代至80年代非洲撒哈拉沙漠南缘撒赫勒地区的沙尘暴，以及1993年5月5日中国河西走廊的沙尘暴等，也都有较为翔实的资料记载。而对于一般形式的风沙活动，则是在建立了气象观测站以后，才得以被详细记录下来，我国不足百年。

风沙现象过去存在，现在存在，而且还将持续存在。如果说在地质时期它是一种自然现象，而在人类历史上它更多是一种灾害，甚至是灾难，尽管也有一点点益处——风沙形成的碱性吸湿性凝结核产生的降雨可以减轻酸雨的危害，沙尘携带的养分可以在某种程度上提高海洋生物量。风沙活动之灾害，影响地区之广阔，危害程度之深，同洪水、干旱、暴风等自然灾害一样可怕。它掩埋农田、牧场，毁坏庄稼，影响农牧业生产；埋压铁路、公路，阻碍交通，危及行车安全；吹蚀表土，破坏土壤结构，造成土地退化与沙漠化；污染环境，毁坏生活设施和建筑工程，严重威胁人类赖以生存的环境。因此，必须研究和掌握风沙活动的规律和特性。

人类对风沙活动的认识，可以追溯至十分久元的人类历史时期，但详尽的、以空气动力学理论为基础、利用风洞等先进手段对风沙运动规律进行科学研究则是近几十年的事情。1935—1936年，英国物理学家拜格诺（R. A. Bagnold）在北非利比亚等地的沙漠中进行了长期风沙现象的野外观测，并在室内做了大量模拟实验，于1941年著成《风沙和荒漠沙丘物理学》一书，从而奠定了风沙运动研究的基础。1938年起，苏联也开始应用空气动力学原理并借助室内风洞等设备对风沙运动进行研究；兹纳门斯基（A. И. Знаменский）创立了沙物质的非堆积搬运理论，并于1958年著成《沙地风蚀过程的实验研究和沙堆防止问题》一书；1972 年，伊万诺夫（А. П. Иванов）撰写出版了《沙地风蚀的物理学原理》一书；另外，彼得洛夫（М. П. Петров）、奥斯特洛夫斯基（И. М. Островский）等也都开展过相关研究，获得些有价值的结果。这些工作和成就极大地推动了风沙物理学的发展。美国对风沙现象的研究主要侧重于农田风蚀问题，以著名土地学家切皮尔（W. S. Chepil）为代表，从 20 世纪三四十年代开始对农田进行长时期的野外观测，并利用各种不同大小和类型的风洞对风沙运动和土壤风蚀过程进行实验研究，取得显著成就，有效地指导了风蚀的防治工作，特别是土壤风蚀预测方面的研究成果，至今仍占据着重要的地位。埃及、澳大利亚、日本等国家也都相当重视风沙运动方面的研究工作，并获得一定成就，对风沙物理学理论体系有一定的补充。近些年来，学者们从不同角度对风沙现象予以阐述和论证，在世界性的期刊及会刊上大量发表论文，并提出诸多新见解、新观点，对完善风沙物理学理论体系起到重要作用。

我国风沙问题的研究工作始于 20 世纪 50 年代，当时主要针对沙区铁路建设及其防沙治沙工程的需要而开展。1967 年，中国科学院兰州沙漠研究所建成了我国第一座大型沙风洞，进行了较为系统的风沙运动室内模拟实验，获得大量有价值的资料，从而开创了我国风沙物理学研究的新局面。1985 年，内蒙古林学院建成了我国第一座野外沙风洞，并先后在“内蒙古准格尔煤田期工程”土地沙漠化环境影响评价和毛乌素沙地风沙运动野外实验研究中应用，观测到批宝贵的数据，分析总结出些具有理论和实践意义的结论，对风沙物理学野外量化研究工作的开展起到一定的促进作用。1992 年，基于人才培养和实际工作的需要，丁国栋、朱朝云、杨明元等在总结国内外有关方面的成果资料和多年为“沙漠治理专业”本科生讲授“风沙物理学”教学经验的基础上，编写出版了《风沙物理学》课程教材。成为我国第一部系统介绍和阐述风沙运动理论的教科书。该教材共分 7 章，即近地面层气流、沙物质及其基本性质、风沙流运动、沙波及沙丘的形态、土壤风蚀、风洞实验理论、风沙运动的实验方法。如今 18 年过去，在社会方方面面都发生巨大变革的同时，风沙物理学研究领城也产生很多新理论、新观点。原有教材已经不适合本科教学和人才培养的需要，亟需进行补充与完善。2006 年，经教育部环境生态类教学指导委员会的推荐，《风沙物理学》（第 2 版）被列为普通高等教育“十一五”国家级规划教材。2009 年，在北京林业大学教务处、水土保持学院的大力支持下，该教材又被北京市教育委员会评为北京市高等教育精品教材立项项目。

为了全面反映风沙物理学研究领城的进展和前沿，高质量完成教材的编写任务，组成了新版《风沙物理学》（第 2 版）教材编写组。参编单位有北京林业大学、内蒙古农业大学、山东农业大学、西北农林科技大学、北京师范大学、国际竹藤网络中心、温州大学等。

《风沙物理学》（第 2 版）教材由丁国栋教授任主编，赵廷宁教授、董智副教授和汪季教授任副主编。教材共分 8 章，由上述参编单位的 17 人共同编写完成，具体分工如下：第 1 章（流体力学理论基础）由丁国栋教授和杨明元副教授编写；第 2 章（风及其基本性质）由丁国栋教授和高国雄副教授、薛智德副教授编写；第 3 章（沙物质及其基本性质）由高永教授、虞毅研究员、董智副教授编写；第 4 章（风沙运动）由赵廷宁教授和杨明元副教授编写；第 5 章（风沙地貌的形成及演变）由丁国栋教授、张宇清副教授、赵名彦博士、王翔宇博士编写；第6章（土壤风蚀）由李红丽副教授、董智副教授和李玉宝副教授编写；第7章（沙尘暴）由汪季教授、杨光博士、凌侠博士和董智副教授编写；第8章（风沙物理学研究方法）由董智副教授、严平教授和赵廷宁教授编写。全书由丁国栋教授负责统稿；由孙保平教授、邹学勇教授任主审。

值此教材完稿付梓之际，特别感谢的是在本教材第1版编写中付出艰辛劳动的所有同行，他们是主编丁国栋、杨明元、朱朝云，参编人员李玉宝、邬翔，主审原铁道部第一设计院赵性存先生（已故）。同时也向一直关心和支持本教材修订出版的北京林业大学孙保平教授、余新晓教授、张洪江教授以及其他同行表示最诚挚的谢意。

在教材的编写过程中，引用了大量的论文、专著等相关资料，限于篇幅如未能在参考文献中一一列出，谨向文献的作者致以深深的歉意，并表示衷心感谢。

由于我们的水平有限，教材中难免有不要之处，热切地希望读者批评指正。

丁国栋

2010年4月

第 1 版前言

本教材是根据全国高等林业院校沙漠治理专业（四年制）教学大纲的要求编写的。

风沙物理学是沙漠治理专业的一门重要的专业基础课。自 1983 年内蒙古林学院沙漠治理专业开设这门课程后，我们经过七年多的教学与科研实践，对讲义（本教材的前身）的内容不断补充、修改和完善。为满足从事治沙、水土保持、环境保护科技工作者及高等院校有关专业师生的需要，特将其编辑出版。

本书由朱朝云、丁国栋、杨明元合编，铁道部第一设计院的赵性存先生担任主审。全书共分七章，其中引言由朱朝云编写；第一章由朱朝云与邬翔为合编；第二、六两章由丁国栋编写，第三、四两章由杨明元编写；第五章由李玉宝与丁国栋合编；第七章由丁国栋与朱朝云合编。

在教材的编写过程中，得到了周世权教授、张奎璧副教授的热情支持和多方指导，在此，特表示衷心感谢。

限于我们的水平，书中难免有不妥与错误之处，恳请读者批评指正

编者

1991 年 3 月

目　录

第1章

风沙物理学的动力学基础

1.1 大气及其特性

1.1.1 大气的概念与分层结构

由于地球引力的作用，地球周围聚集着一层深厚的空气层，称为地球大气或简称大气。大气围绕着地球，构成大气圈。

大气圈作为地球的重要组成部分，对人类影响极大。没有空气，人类就无法生存，生命也可能不会存在。地球上各种天气和气候的变化，也主要与大气有关。鸟类和很多人工飞行器也都借助大气作为媒介来飞行。特别是大气的运动，产生风，对地球环境造成了深远的影响。风沙运动、沙尘暴、土壤风蚀等过程都以风作为直接动力。

由于重力场的作用，空气在大气圈中的分布是不均匀的，靠近地面的空气较为稠密，离开地面越远就越稀薄，最后逐渐过渡到宇宙空间。地球大气在不同的高度有不同的特征，根据这些特征可以把大气分成不同的层次。通常的分法是按气温的垂直变化把大气划分为对流层、平流层、中间层和热层4个部分。

对流层紧贴地面，其平均高度约为11km，这里集中了大气的大部分质量(约占3/4)。由于这一层空气受地面加热和起伏不平的影响，空气始终处于不断运动的状态，既有水平方向的风，也有垂直方向的风，风沙活动也主要发生于此区。

在对流层中，根据附面层的概念又可以进行细划，如图1-1所示。在对流层的上部空间区域，受地面的摩擦影响极小、其运动可作为理想流体处理的气层叫自由大气层；在对流层的下部区域，直接受地面影响的气层叫大气边界层，也称摩擦层或行星边界层。大气边界层的厚度在1~2km之间，随不同地点、不同时间会发生变化。在大气边界层内还可以划出一个贴近地面的副层，高度约由地面至50~100m高处，称为近地面层或表面边界层，其上称为上部摩擦层。有时人们把紧贴地面0~2m高度的一层称为贴地层。

高度11~24km为同温层(或平流层)。这层的特点是空气的温度几乎不变，平均等于-56.5℃(216.5K)。这一层中的空气没有垂直方向的流动，而只有水平方向的流动，所以同温层又称平流层，风沙活动产生的微尘可以到达该层，并能够随之远渡重洋，漂流千山万水。

高度24~85km为中间大气层。这一层温度变化比较强烈，先随高度增大而增大，

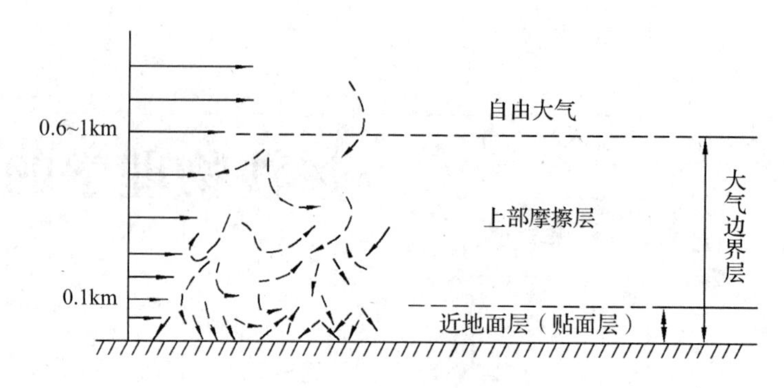

图 1-1 大气边界层的示意

然后随高度增大而减小。

电离层由 85km 一直延伸到 800km 的高空。此层空气已电离，导电性较高，可以反射无线电波，而且空气较稀薄，太阳光线反射作用较强，气温随高度的增加迅速增高。

越过 800km 以上是外层大气，是过渡到宇宙空间的区域，此层空气极其稀薄。

1.1.2 大气的力学特征

大气是一种典型的气体，属于流体，与固体不同，由于分子距很大(与分子直径约为 2.5×10^{-10}m 相比)，分子间的引力微不足道，气体的分子除去跟器壁和自身相互碰撞外，可以自由运动，故它极易变形和流动，而且总是充满它能够达到的全部空间。易变形(流动)性是大气最主要的力学特征。哪怕是多么微小的力，都能够造成大气的变形(流动)，而且只要这种力继续作用，大气就将继续变形(流动)，只有当外力停止作用，变形才会停止。

1.1.3 气体的连续介质理论模型

众所周知，任何气体都是由分子组成的，分子与分子间是有空隙的。这就是说，从微观的角度看，气体并不是连续分布的物质。但是，气体动力学并不研究微观的分子运动，而是研究由大量分子组成的宏观气体的机械运动。在研究气体的宏观运动时，所取的气体微元是体积无穷小的气体微团(或称气体质点)，并认为气体是由无数连续分布的气体微团组成的连续介质。这就是瑞士数学家欧拉(L. Euler)1755 年提出的气体作为连续介质的假设。

气体微团的体积虽小，其中却包含着数量非常大的分子。在工程中 $1mm^3$ 可以说是很小的体积，但在标准状态下所能包含的气体分子数目达 2.7×10^{16} 个。可见，气体分子之间的空隙是极其微小的。这样，只要在研究气体运动时所取的气体微团有足够多的分子数，从而使各物理量的统计平均值有意义，我们就可以不去考虑无数分子的瞬间状态，而只研究气体微团本身体现的描述气体运动的某些宏观属性，如密度、速度、压力、温度、黏度、摩擦力等。

既然在气体动力学中把气体作为连续介质来处理，则表征气体宏观属性的密度、速度、压力、温度、黏度、摩擦力等物理量一般地在空间上也应该是连续分布的，并为空间坐标和时间的单值连续可微函数，于是便可以用微分方程等数学工具去研究气体的平衡和运动规律了。

1.1.4 气体的主要物理性质

1.1.4.1 气体的密度与重度

(1)气体的密度

气体具有质量，单位体积气体的质量称为气体的密度，用符号 ρ 表示，单位为 kg/m³。如果考虑气体中围绕着某点的体积 δV，其中气体的质量为 δm，则比值 $\delta m/\delta V$ 为体积 δV 内气体的平均密度。令 $\delta V \to 0$，而取该比值的极限，便可得到该点处的气体密度：

$$\rho = \lim_{\delta V \to 0} \frac{\delta m}{\delta V} \tag{1-1}$$

假如气体是均匀的气体，显然气体的密度：

$$\rho = \frac{m}{V} \tag{1-2}$$

式中 m——气体的质量(kg)；

V——气体的体积(m^3)。

在标准大气压下，20℃空气的密度约为 1.20 kg/m³。

(2)气体的重度

在重力场中，气体由于受到地球引力的作用，便显示出重量。单位体积内气体所具有的重量称为重度，用符号 γ 表示，单位为 N/m³。对于非均质气体：

$$\gamma = \lim_{\delta V \to 0} \frac{\delta G}{\delta V} \tag{1-3}$$

对于均质气体：

$$\gamma = \frac{G}{V} \tag{1-4}$$

式中 δG、G——流体的重量(N)；

δV、V——流体的体积(m^3)。

气体的重度和密度之间的关系为：

$$r = \rho g$$

式中重力加速度 g 在国际单位制中数值为 9.80 m/s²。

1.1.4.2 气体的压缩性与膨胀性

(1)压缩性

在温度不变的条件下，随着压力的增加，气体的体积将缩小，这种现象称为气体的压缩性。压缩性的大小一般用单位压力所引起的体积变化率，即体积压缩系数 β_p 来表示，公式为：

$$\beta_p = -\frac{\frac{\delta V}{V}}{\delta p} \tag{1-5}$$

式中 V——气体原有体积(m^3)；

δV——体积变化量(m^3)；

δp——压力变化量(N/m^2)；

β_p——体积压缩系数(m^2/N)。

由于 δV 与 δp 的变化方向相反，即压力增大时体积缩小，故式(1-5)中加一负号，以便系数 β_p 永为正值。

(2)膨胀性

在压力不变的条件下，随着温度的增加，气体的体积将增大，这种现象称为气体的膨胀性。膨胀性的大小一般用单位温升所引起的体积变化率，即体积膨胀系数 α_T 来表示，公式为

$$\alpha_T = \frac{\frac{\delta V}{V}}{\delta T} \tag{1-6}$$

式中 V——气体原有体积(m^3)；

δV——体积变化量(m^3)；

δT——温度变化量(℃)；

α_T——体积膨胀系数(℃$^{-1}$)。

实验结果表明，在气体状态方程适用的范围内，当压强不变时，温度每升高 1℃，一定质量气体的体积，增加它在 0℃时的体积约 1/273。

一般情况下，需要同时考虑压力和温度对气体体积和密度变化的影响。对于理想气体可用状态方程表示它们之间的关系

$$p/\rho = RT \tag{1-7}$$

式中 p——气体的绝对压力(N/m^2)；

T——热力学温度(K)；

R——气体常数(J/kg · K)；

ρ——气体的密度(kg/m^3)。

对于空气而言，在标准状态下，气体常数 R 约为 287 J/kg · K。

实际气体都是可压缩的，然而有许多工程流动问题，气体密度变化很小，可以忽略不计，由此引出不可压缩气体的概念。所谓不可压缩气体，是指气体的每个质点在运动的全过程中，密度不变化的气体。对于均质气体，密度时时、处处都不变化，即 ρ=常数。

1.1.4.3 气体的黏性

黏性是指当气体微团间发生相对运动时产生切向阻力的性质。黏性也是气体的固有属性之一，黏性的产生是由于气体内部分子间吸引力和气体与固体壁面之间附着力作用的结果。黏性形成气体的内摩擦，使气体紧紧黏附于它所接触的固体表面。

为了定量确定气体的黏性，可以取两块相互平行的平板，假设它们相距 h，其间充满着某种气体，下板固定不动，上板以 V 的速度沿 x 轴方向运动(图 1-2)。由于黏性的作用，两板间气体便发生不同速度的运动状态，与上板接触的气体将以 V 的速度运动，

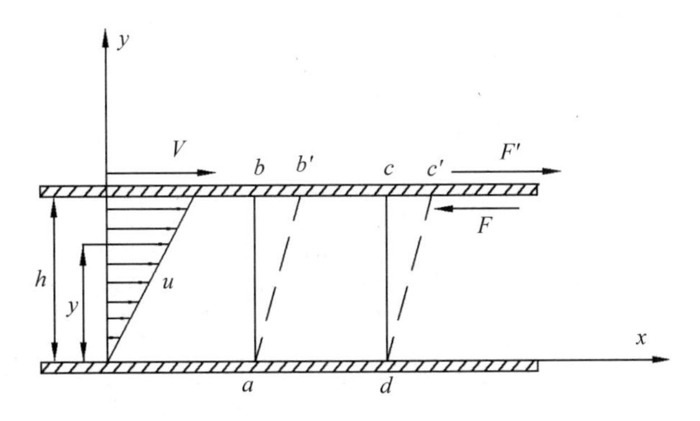

图 1-2 黏性气体内摩擦实验示意

越往下速度越小，直至紧贴下板的气体层，其速度为零，速度分布按直线规律变化。可见，各流层之间都有相对运动，因而必定产生切向阻力。若要维持这种运动，必须在上板上施加以与摩擦阻力 F 大小相等而方向相反的切向力 F'。实验证明，气体内摩擦阻力的大小与速度 V 成正比，与接触面积 A 成正比，而与两板间的距离 h 成反比。即

$$F=\mu AV/h \tag{1-8}$$

式中 μ 称为气体的动力黏度或绝对黏度，单位为 Pa · s 或 N · s / m^2，它是同气体的种类及其温度和压力有关的比例系数。在标准大气压下，温度 20℃时，空气的 μ 值为 1.83×10^{-5} Pa · s。在气体动力学中还经常引用运动黏度的概念，它是指气体动力黏度和密度的比值，用 ν 表示，单位为 m^2/ s 。

单位面积上的切向阻力称为切向应力，用 τ 表示

$$\tau=\mu V/h \tag{1-9}$$

式中 V/h 为垂直与流速方向上单位长度的速度增量，即流速在其法线方向上的变化率，称速度梯度。显然，上述特殊情况中，速度梯度是个常数。切向应力 τ 的单位为 N/m^2 或 Pa。

在一般情况下，气体流动速度并不按直线变化，如图 1-3 所示。这样，可以取无限薄的气体层进行研究。坐标 y 处的流速为 u，坐标为 y+dy 处的流速为 u+du，显然在厚度为 dy 的薄层中速度梯度为 du/dy。将式(1-9)推广应用于气体的各个薄层，可得牛顿(I. Newton)所谓的内摩擦定律

$$\tau=\mu\frac{\mathrm{d}u}{\mathrm{d}y} \tag{1-10}$$

即作用在气体层上的切向应力与速度梯度成正比，其比例系数为气体的动力黏度。同样的气体，其速度梯度大，切向应力就大，能量损失也大；其速度梯度小，切向应力就小，能量损失也小。没有速度梯度，切向应力为零，气体的黏性作用表现不出来。气体处于静止状态，或以相同的速度流动，都属于这种情况。

如前所述，实际气体都是具有黏性的，都是黏性气体。不具有黏性的气体称为理想气体，这是客观世界上并不存在的一种假想气体。在气体动力学中引入这一概念是因为，在实际气体的黏性作用表现不出来的场合，可以把实际气体当作理想气体来处理；或者是为了对某些黏性不起主要作用的问题进行简化，以有利于掌握气体的基本规律。

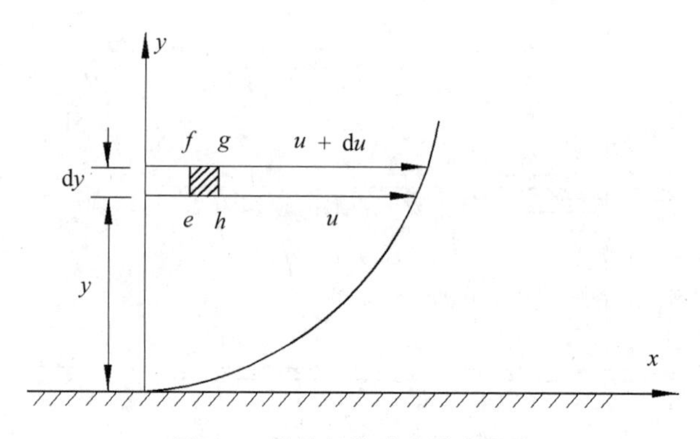

图 1-3　黏性气体速度分布示意

【**例 1-1**】如图 1-4 所示，在 $\delta=40\text{mm}$ 的两平行壁面之间充满动力黏度 $\mu=1.8\times10^{-5}\text{Pa}\cdot\text{s}$ 的气体，在气体中有一边长为 $a=60\text{mm}$ 的正方形薄板以 $V=15\text{m/s}$ 的速度沿薄板所在平面内运动，假定沿铅直方向的速度分布是直线规律。

(1) 当 $h=10\text{mm}$ 时，求薄板运动的气体阻力。

(2) 如果 h 可变，求 h 为多大时，薄板运动阻力最小？最小阻力为多大？

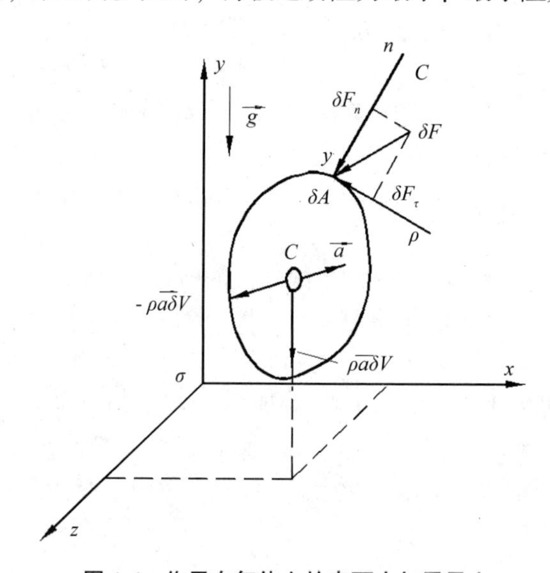

图 1-4　作用在气体上的表面力与质量力

【**解**】运动平板两侧受力，大小不等，但方向是相同的。忽略薄板厚度，则另一侧气体宽度为 $\delta-h$，故

$$F=\mu\frac{V}{h}A+\mu\frac{V}{\delta-h}A \tag{1-11}$$

(1) 代入数值即可得薄板运动时的气体阻力

$$F=\mu VA\left(\frac{1}{h}+\frac{1}{\delta-h}\right)=\mu VA\frac{\delta-h+h}{h(\delta-h)}=\frac{\mu VA\delta}{h(\delta-h)}=\frac{1.8\times10^{-5}\times15\times0.06^2\times0.04}{0.01\times0.03}$$

$$=1.3\times10^{-4}N$$

(2)当 h 可变时，将式(1-11)对 h 求导，可求阻力的极值

$$\frac{\mathrm{d}F}{\mathrm{d}h}=\mu VA\delta\frac{\mathrm{d}}{\mathrm{d}h}\left(\frac{1}{h\delta-h^2}\right)=\mu VA\delta\frac{-(\delta-2h)}{(h\delta-h^2)^2}=0$$

当 $\delta=0$ 时，一侧变成固体摩擦，这显然是阻力的极大值情况。

当 $\delta-2h=0$ 时，$h=\delta/2$，这显然是阻力的极小值情况，其值为

$$F_{\min}=\frac{\mu VA\delta}{\frac{\delta}{2}\left(\delta-\frac{\delta}{2}\right)}=\frac{4\mu VA}{\delta}=\frac{4\times0.7\times15\times0.06^2}{0.04}=3.78\mathrm{N}$$

1.2 气体静力学基础

气体静力学主要研究气体处于平衡或相对平衡时的规律及其应用。

1.2.1 作用在气体上的力

任何物体的运动都是在力的作用下进行的，气体也不例外。因此，在研究气体的平衡和运动规律之前，应该首先研究作用在气体上的力。

分析起来，作用在气体上的力，按其作用方式的不同，可分为两类：表面力和质量力。

1.2.1.1 表面力

表面力是指作用在所取分离体表面上的力，即分离体以外的气体通过接触面作用在分离体上的力。

表面力按其作用方向的差别又可分为两种：一种是沿表面切线方向的力，称为摩擦力；另一种是沿作用面内法线方向的力，称为压力。压力的方向之所以沿作用面的内法线方向，是因为静止气体不能抵抗拉力。

如图 1-4 所示，假设在气体中取一体积为 V，表面积为 A 的气体作为分离体，则分离体以外的气体通过接触面必定对分离体以内的气体产生作用力。在分离体表面的某点取一微元面积 δA，作用在它上面的表面力为 δF，一般情况下，δF 可以分解为沿法线方向 n 的法向力 δF_n 和沿切线方向 τ 的切向力 δF_τ。以微元面积 δA 分别除以上述二力并取极限，便可得到作用在该点的法向应力 p(压力)和切向应力 τ(摩擦力)。

$$p=\lim_{\delta A\to0}\frac{\delta F_n}{\delta A} \tag{1-12}$$

$$\tau=\lim_{\delta A\to0}\frac{\delta F_\tau}{\delta A} \tag{1-13}$$

显然，气体的压力(压强)表征的是作用在单位面积上法向力的大小。

1.2.1.2 质量力

质量力是指某种力场作用在气体全部质点(全部体积)上的力，是与气体的质量(体

积)成正比的力，也称为体积力。

考虑到气体相对平衡的各种实际情况，质量力主要有：在重力场中由地球对气体全部质点的引力作用所产生的重力，$G=\rho g\delta V$；气体作直线加速运动时，虚加在气体质点上的惯性力，$T=-\rho a\,\delta V$；以及气体作一般曲线运动中的离心力，磁场和电场对流场中磁性物质和带电物质所产生的磁场力和电场力等。

如果用$\vec{f}$表示作用在单位质量气体上各种质量力的矢量和，用f_x、f_y、f_z表示作用在单位质量气体上质量力沿直角坐标轴的分量，则

$$\vec{f}=f_x\vec{i}+f_y\vec{j}+f_z\vec{k} \tag{1-14}$$

单位质量力的国际制单位为"m/s^2"，与加速度单位相同。

1.2.2　气体平衡微分方程

静止气体中，假设某点的静压力为p，密度为ρ，质量力沿坐标轴x、y、z方向的单位质量气体的质量力分别为f_x、f_y、f_z。根据力的平衡原理，可推得静压力的变化规律

$$\begin{aligned} f_x-\frac{1}{\rho}\frac{\partial p}{\partial x}&=0\\ f_y-\frac{1}{\rho}\frac{\partial p}{\partial y}&=0\\ f_z-\frac{1}{\rho}\frac{\partial p}{\partial z}&=0 \end{aligned} \tag{1-15}$$

这就是气体的平衡微分方程，该方程由欧拉于1755年首先提出，故又称欧拉平衡方程式。方程表明，在静止气体中各点单位质量气体所受的表面力和质量力相平衡。方程组中，通常质量力是已知的，如果考查的是密度ρ不变的气体，则求解该方程组将是不困难的。它是气体静力学最基本的方程组，气体静力学的一切计算公式都是以它为基础而推导出来的。

根据气体连续性的假设理论，气体静压力是点的坐标的连续函数，因此，由数学分析我们知道，它的全微分的形式为

$$\mathrm{d}p=\frac{\partial p}{\partial x}\mathrm{d}x+\frac{\partial p}{\partial y}\mathrm{d}y+\frac{\partial p}{\partial z}\mathrm{d}z \tag{1-16}$$

如果把式(1-15)中的$\frac{\partial p}{\partial x}$、$\frac{\partial p}{\partial y}$、$\frac{\partial p}{\partial z}$代入式(1-16)，便得到

$$\mathrm{d}p=\rho(f_x\mathrm{d}x+f_y\mathrm{d}y+f_z\mathrm{d}z) \tag{1-17}$$

这个式子称为压差公式。它表示，当点的坐标增量为$\mathrm{d}x$、$\mathrm{d}y$、$\mathrm{d}z$时，静压力的增量为$\mathrm{d}p$，压力的增量决定于质量力。

在气体中，压力相等的诸点连成的面(平面或曲面)称为等压面，由压差公式可得等压面微分方程

$$f_x\mathrm{d}x+f_y\mathrm{d}y+f_z\mathrm{d}z=0 \tag{1-18}$$

1.2.3 气体静力学基本方程

在自然界和实际工作中，我们经常遇到的是作用在静止气体上的质量力只有重力的情况。为此，假设直角坐标系的 x 轴、y 轴水平、z 轴垂直向上，则单位质量的质量力沿各坐标轴的分力

$$f_x = 0 \quad f_y = 0 \quad f_z = -g$$

代入式(1-17)得

$$dz + \frac{dp}{\gamma} = 0 \tag{1-19}$$

这就是气体静力学的基本微分方程式。

设若气体为均质不可压缩的，p 等于常数，则积分上式得

$$z + \frac{p}{\gamma} = C \tag{1-20}$$

式中 C——积分常数，由边界条件确定；

γ——气体的重度(N/m^3)。

如果将上式应用于同一气体系统中的任意两点 1、2，点 1 的垂向坐标为 z_1，静压力为 p_1，点 2 的垂向坐标为 z_2，静压力为 p_2，则可得

$$z_1 + \frac{p_1}{\gamma} = z_2 + \frac{p_2}{\gamma} \tag{1-21}$$

式(1-20)和式(1-21)就称为气体静力学的基本方程式。

方程(1-20)中，第一项 z 代表的是单位重量气体的位势能，第二项$\frac{p}{\gamma}$代表的是单位重量气体的压力势能，二者之和为总势能。所以气体静力学基本方程的意义可表述为：在静止的不可压缩的重力气体中，任意点单位重量气体的总势能保持不变。

【例 1-2】试确定烟气在锅炉烟囱中自由流通时所产生的压力降。如图 1-5 所示，假设烟囱高 $H = 30$m，烟气重度 $\gamma_s = 4.28\ N/m^3$，空气重度 $\gamma_a = 12.68\ N/m^3$。

【解】设烟囱出口压力为 p_0。分别写出烟囱内、外的烟气和空气的压力计算公式

$$p_s = p_0 + \gamma_s H$$
$$p_a = p_0 + \gamma_a H$$

则烟气自由流通的压力降为

$$\Delta p = p_a - p_s = (\gamma_a - \gamma_s)H = (12.68 - 4.28) \times 30 = 252\ N/m^2$$

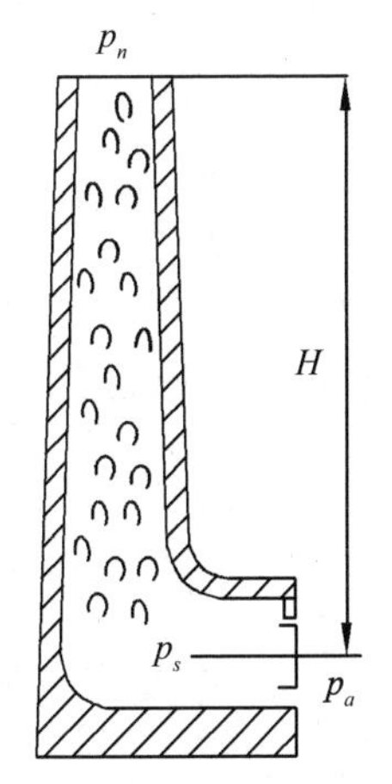

图 1-5 烟气自由流通的压力降

1.3 气体动力学基础

1.3.1 研究气体运动的方法

气体作为流体，与固体不同，气体是由无限多个气体质点组成的连续介质。因此，气体的流动是由充满整个流动空间的无限多个气体质点的运动组成的。怎样用数学物理的方法来描述气体的运动呢？这是理论上研究气体运动规律首先应解决的问题。经过前人的积极探索和归纳，目前，已形成两种不同的方法。

1.3.1.1 拉格朗日(Lagrange)法

拉格朗日法是质点动力学研究方法的延续，物理概念比较清晰，容易为初学者接受。这种方法主要着眼于每个个别气体质点的运动。其实质就是研究个别气体质点的速度、加速度、压力和密度等参数随时间 t 的变化，以及由某一气体质点转向另一气体质点时这些参数的变化，综合所有气体质点的运动，得到整个气体的流动规律。由于建立运动方程和数学处理上的困难，除个别问题外，这种方法实际上很少使用。

1.3.1.2 欧拉法

欧拉法不是着眼于个别气体质点的运动，而是把流动空间作为观察对象，从流场的观点出发来研究问题。即通过考查每个空间点上运动要素随时间变化，以及相邻空间点之间这些流动参数的变化关系，从而综合起来得出整个气体的流动规律。所以，数学中的连续函数和场论知识是欧拉法的基本工具。

所谓流场是指充满着运动着的气体的空间，或称流动参数的场。常见的流场包括速度场、压力场、密度场、温度场等向量场和标量场。

下面我们讨论一下关于气体质点的加速度在欧拉法中的表示问题。上已述及，用欧拉法研究气体的运动时，流场中的各流动参数应是空间坐标(x、y、z)和时间变量 t 的连续函数。以速度为例，可以表示为

$$\begin{aligned} u_x &= u_x(x,\ y,\ z,\ t) \\ u_y &= u_y(x,\ y,\ z,\ t) \\ u_z &= u_z(x,\ y,\ z,\ t) \end{aligned} \tag{1-22}$$

式(1-22)分别对时间求导，便可得到 3 个加速度分量的表达式。但是，应该注意到，这些速度是坐标和时间的函数，而且运动质点的坐标也是随时间变化的，即自变量 x、y、z 本身也是时间 t 的函数。因此必须按复合函数求导的法则去推求。加速度 x 方向的分量为

$$a_x = \frac{Du_x}{Dt} = \frac{\partial u_x}{\partial t} + \frac{\partial u_x}{\partial x}\frac{\mathrm{d}x}{\mathrm{d}t} + \frac{\partial u_x}{\partial y}\frac{\mathrm{d}y}{\mathrm{d}t} + \frac{\partial u_x}{\partial z}\frac{\mathrm{d}z}{\mathrm{d}t} \tag{1-23}$$

由于运动质点的坐标对时间的导数等于该质点的速度分量，即

$$\frac{dx}{dt}=u_x,\qquad \frac{dy}{dt}=u_y,\qquad \frac{dz}{dt}=u_z$$

故

$$a_x=\frac{\partial u_x}{\partial t}+u_x\frac{\partial u_x}{\partial x}+u_y\frac{\partial u_x}{\partial y}+u_z\frac{\partial u_x}{\partial z}$$

同理

$$a_y=\frac{\partial u_y}{\partial t}+u_x\frac{\partial u_y}{\partial x}+u_y\frac{\partial u_y}{\partial y}+u_z\frac{\partial u_y}{\partial z}\tag{1-24}$$

$$a_z=\frac{\partial u_z}{\partial t}+u_x\frac{\partial u_z}{\partial x}+u_y\frac{\partial u_z}{\partial y}+u_z\frac{\partial u_z}{\partial z}$$

由此可见，用欧拉法来描述气体的运动时，加速度由两部分组成：第一部分就是方程中的前一项，表示的是固定点上气体质点的速度变化率，称为当地加速度；第二部分就是方程中的后三项，表示由于气体质点的空间位置的变化而引起的速度变化率，称为迁移加速度。

其他流动参数的表示也一样，存在着当地导数和迁移导数。

1.3.2　描述气体流动的相关概念

(1)定常流动和非定常流动

由于各种条件的限制和影响，气体在流动过程中会表现出不同的状态，例如，前面讲的理想气体的流动与实际气体的流动、可压缩气体的流动和不可压缩气体的流动。除此之外，还有定常流动和非定常流动、均匀流动和非均匀流动、层流流动和紊流流动、有旋运动和无旋运动等。下面主要讨论定常流动和非定常流动。

空气动力学中，把流动参数不随时间变化的流动称为定常流动，而把流动参数随时间变化的流动称为非定常流动。对于定常流动，由于流动参数与时间无关，所以欧拉表达式中就不含时间变量 t，各种流动参数只是坐标(x、y、z)的函数。

在工程实际中，绝大部分遇到的流动问题都是非定常流动。但是，如果当流动参数随时间变化较为缓慢时，可以近似地把非定常流动当作定常流动来处理，这样可以使问题大为简化。

(2)迹线与流线

为了形象地描述流场的详细情况，空气动力学中提出了一些几何表示方法。常用的有迹线、流线、流管、流束等。下面我们首先讨论迹线和流线。

气体质点的运动轨迹称为迹线。例如，水蒸气形成的云在空中运动，就可以清楚地看到云团质点的运动轨迹。迹线是用来描述拉格朗日法而提出的一种几何表示。为了适应欧拉法的特点人们引入了流线的概念来形象描述流场的流动状态。所谓流线是一条曲线，在某一时刻，曲线上任何一点的速度矢量总是在该点与此曲线相切(图 1-6)。根据流线的这一定义，可以从理论上推出流线的微分方程

$$\frac{dx}{u_x}=\frac{dy}{u_y}=\frac{dz}{u_z}\tag{1-25}$$

式中　dx、dy、dz——不同坐标轴 x、y、z 方向的微元变量；

u_x、u_y、u_z——流线上某点的速度矢量在坐标轴 x、y、z 方向的投影。

在流场中，通过空间一点在给定瞬时只能做出一条流线，而且除特殊点(驻点和奇点)外，流线不能相交。

流线和迹线是两个不同的概念，但定常流动流线不随时间变化，通过同一点的流线和迹线在几何上是一致的，两者重合；而在非定常流动的情况下，一般流线和迹线是不重合的。

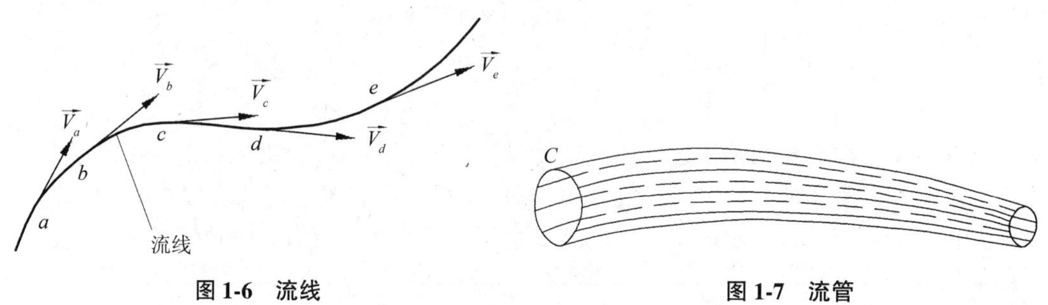

图 1-6　流线　　　　图 1-7　流管

(3)流管与流束

在流场中取一本身不是流线的封闭曲线，通过曲线上的各点作流线，这些流线构成的管状表面就称为流管(图 1-7)，流管内的流体称为流束。

根据流线的定义，流线不能相交，所以流管就像一个真实的管子，气体是不能够穿过流管流进和流出的。在定常流动的情况下，因为流线不随时间而变化，所以流管的形状及位置也不会随时间而变化。截面为无限小的流管称为微元流管，微元流管的极限值就是流线。对于微元流管，可以认为其截面上各点速度的大小相同，方向均与截面相垂直。

(4)流量与平均流速

单位时间通过某一过流断面的气体量称为该断面的流量。若通过的量以体积计算就是体积流量，单位 m^3/s；若通过的量以质量计算就是质量流量，单位 kg/s。设 Q 代表体积流量，则通过流管中某一有效断面的流量计算公式为

$$Q = \int_A V \mathrm{d}A \tag{1-26}$$

式中　$\mathrm{d}A$——微元面积(m^2)；

V——有效断面上各点的速度(m/s)。

在工程实际中，为了简化研究问题，常常引入平均流速的概念。所谓平均流速是指有效断面的体积流量除以有效断面积所得到的商，即

$$\overline{V} = \frac{Q}{A} \tag{1-27}$$

式中　A——有效断面积(m^2)；

$\overline{V}$——有效断面上的平均流速(m/s)。

1.3.3　气体流动的连续性方程

因为气体被视为连续介质，所以气体流动时它将连续地充满所占据的空间，不出现空隙。这样根据质量守恒定律，对于选定的某个控制体来说，其内部的气体质量不能无

缘无故地自然生成或消失，影响质量唯一变化的原因就是经过控制面的流动。进一步说，即控制体中的质量的增加必然是同一时间内的经过控制面的流入量多于流出量，而质量的减少必然是同一时间内经过控制面的流入量少于流出量；如果质量不变，必然是同一时间内的流出量与流入量相等。这些结论以数学形式表达，就是连续性方程。

1.3.3.1 一元流动的连续性方程

一元流动的连续性问题可以从流管的角度进行研究。图 1-8 所示为一微元流管，在管内取断面 1 和断面 2。假设断面 1 处的截面积为 dA_1，密度为 ρ_1，速度为 V_1；断面 2 的截面积为 dA_2，密度为 ρ_2，速度为 V_2。选断面 1、断面 2 以及它们之间的流管表面作为控制面，如图中的虚线所示。根据质量守恒定律，在定常流动的情况下，规定控制体内气体的质量是不会发生变化的。又因为根据流管的性质，气体不可能通过微元流管管壁部分的控制面。因此从断面 1 流进的气体量必然等于从断面 2 流出的气体量，即

$$\rho_1 V_1 dA_1 = \rho_2 V_2 dA_2 \tag{1-28}$$

这也就是说，在定常流动的情况下，沿微元流管任意断面上所通过的气体质量都是相等的。对于有限断面流管的连续性方程，可以通过对微元流管在任意两个断面的积分求得，即

$$\int_{A_1} \rho_1 V_1 dA_1 = \int_{A_2} \rho_2 V_2 dA_2 \tag{1-29}$$

如果气体是不可压缩气体，密度 ρ 为常数，则上式可以简化为

$$\int_{A_1} V_1 dA_1 = \int_{A_2} V_2 dA_2 \tag{1-30}$$

如果用有效断面上的平均流速表示上式，则积分得

$$\bar{V}_1 A_1 = \bar{V}_2 A_2 \tag{1-31}$$

式(1-28)至式(1-31)是气体一元流动连续性方程的各种表达式。由式(1-31)可知，不可压缩气体在管内作定常流动时，管径粗的断面上平均流速小，管径细的断面上平均流速大。

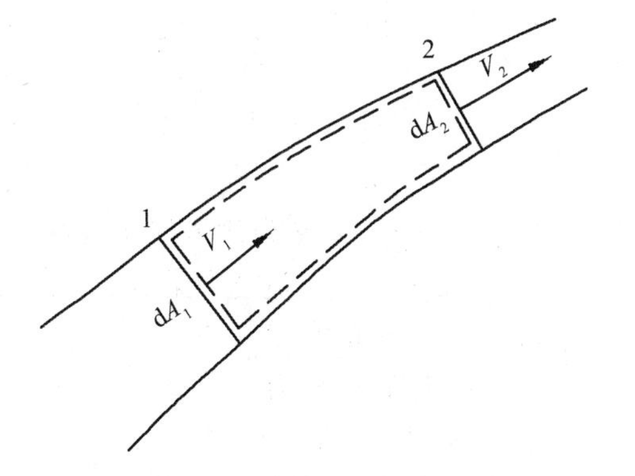

图 1-8 流管内的控制体

1.3.3.2 空间流动的连续性方程

气体最普遍的运动形式是空间运动，即在空间 x、y、z 3 个坐标方向都有气体运动的分速度。1755 年瑞士数学家和物理学家欧拉根据质量守恒定律，利用气体微团空间分析法，对空间气体流动的连续性问题进行了系统的研究(具体过程在此不赘述)，并推导出各种不同情况下的连续性方程表达式。其中流场中任意一点三元流动的一般性连续性方程为

$$\frac{\partial \rho}{\partial t} + \frac{\partial(\rho u_x)}{\partial x} + \frac{\partial(\rho u_y)}{\partial y} + \frac{\partial(\rho u_z)}{\partial z} = 0 \tag{1-32}$$

式中 u_x、u_y、u_z——空间某点的速度矢量在坐标轴 x、y、z 方向的分量；

t——时间变量；

ρ——气体的密度。

对于定常流动，流动参量不随时间变化，故式(1-32)可简化为

$$\frac{\partial(\rho u_x)}{\partial x}+\frac{\partial(\rho u_y)}{\partial y}+\frac{\partial(\rho u_z)}{\partial z}=0 \tag{1-33}$$

对于不可压缩气体的流动，密度 ρ 为常数，式(1-33)可以简化为

$$\frac{\partial u_x}{\partial x}+\frac{\partial u_y}{\partial y}+\frac{\partial u_z}{\partial z}=0 \tag{1-34}$$

对于二元平面流动，式(1-34)成为

$$\frac{\partial u_x}{\partial x}+\frac{\partial u_y}{\partial y}=0 \tag{1-35}$$

1.3.4 理想气体流动的微分方程和伯努利方程

流体气体的连续性方程反映了气体的运动学特征，下面讨论力与运动的关系，即研究气体的动力学问题。

1.3.4.1 理想气体流动的微分方程

在理想气体中选取代表性的气体微团，在受力分析的基础上，利用牛顿第二定律便可以得到如下的方程组

$$\begin{aligned}
f_x-\frac{1}{\rho}\frac{\partial p}{\partial x}&=\frac{\mathrm{d}u_x}{\mathrm{d}t}\\
f_y-\frac{1}{\rho}\frac{\partial p}{\partial y}&=\frac{\mathrm{d}u_y}{\mathrm{d}t}\\
f_z-\frac{1}{\rho}\frac{\partial p}{\partial z}&=\frac{\mathrm{d}u_z}{\mathrm{d}t}
\end{aligned} \tag{1-36}$$

式中 f_x、f_y、f_z——单位质量气体的质量力沿坐标轴 x、y、z 方向的分量；

u_x、u_y、u_z——流场中某点的速度矢量在坐标轴 x、y、z 方向的分量；

ρ——气体的密度；

p——气体的压力；

t——时间变量。

这就是理想气体流动的微分方程，也称欧拉方程，是气体流动的最基本方程。如果气体处于静止状态或均匀运动，方程中的加速度项为零，则该方程就变化为气体静力学微分方程；实际气体由于具有黏性摩擦力，所以实际气体流动的微分方程在形式上只是比理想气体流动的微分方程增加一黏性项。本书不作详细介绍。

1.3.4.2 伯努利方程

理想气体流动的微分方程是非线性偏微分方程组，只有在特定边界条件下才能积

分，其中最著名的是伯努利(D. Bernoulli)积分。在引入“理想气体”“定常流动”“不可压缩气体”“质量力只有重力”等限定条件下，沿流线的伯努利方程为

$$z+\frac{p}{\gamma}+\frac{V^2}{2g}=C \tag{1-37}$$

式中　z——流线上某点的垂向坐标位置(m)；

V——流线上某点的速度(m/s)；

p——流线上某点的压力(N/m^2)；

γ——气体的重度(N/m^3)；

C——积分常数。

对于同一流线上的任意两点1、2，伯努利方程可以写为

$$z_1+\frac{p_1}{\gamma}+\frac{V_1^2}{2g}=z_2+\frac{p_2}{\gamma}+\frac{V_2^2}{2g} \tag{1-38}$$

伯努利方程是空气动力学中最为重要的方程之一，它实质上是一个能量守恒方程。式(1-37)中 z 表示单位质量气体的位置势能，p/γ 表示单位质量气体的压力势能，$V^2/2g$ 表示单位质量气体的动能。因此，伯努利方程的物理意义是：理想不可压缩气体在重力场中作定常流动时，沿流线单位质量气体的位置势能、压力势能和动能之和是常数。

【例1-3】文特里(Venturi)管用于管道中的流量测量，它是由收缩段和扩散段组成(图1-9)，两段结合处称为喉部。在文特里管入口前段截面1和喉部截面2两处测量静压差，根据静压差和两个截面的已知截面积就可以计算通过管道的流量。

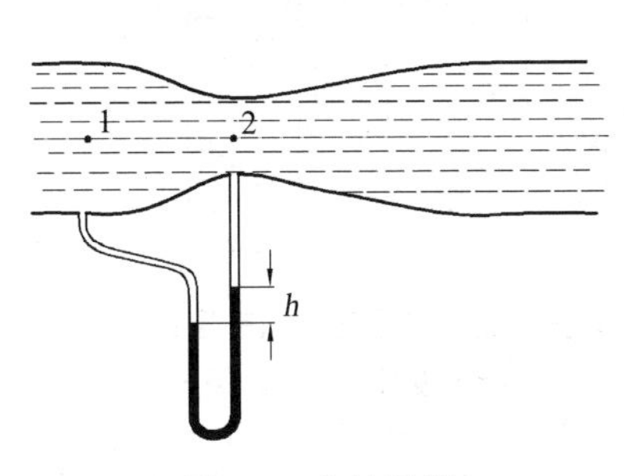

图1-9　文特里管

【解】设截面1和截面2上的流速和截面积分别为 V_1、A_1 和 V_2、A_2，根据伯努利方程有

$$\frac{p_1}{\gamma}+\frac{V_1^2}{2g}=\frac{p_2}{\gamma}+\frac{V_2^2}{2g}$$

根据连续性方程有

$$V_1=\frac{A_2}{A_1}V_2$$

通过文特里管的体积流量

$$V_2=\sqrt{\frac{2g(p_1-p_2)}{\gamma\left[1-\left(\frac{A_2}{A_1}\right)^2\right]}}$$

于是截面2上的流速

$$Q=A_2\sqrt{\frac{2g(p_1-p_2)}{\gamma\left[1-\left(\frac{A_2}{A_1}\right)^2\right]}}$$

在实际应用中，考虑到黏性引起的截面上速度分布的不均匀以及流动中的能量损失，还应乘上修正系数 β，即

$$Q = \beta A_2 \sqrt{\frac{2g(p_1 - p_2)}{\gamma\left[1 - \left(\frac{A_2}{A_1}\right)^2\right]}}$$

式中　β——文特里管的流量系数，由试验测定。

如果压力差(p_1-p_2)用压力计中 U 形管液面高度差 h 来表示，则有

$$p_1 - p_2 = h(\gamma' - \gamma)$$

式中 γ 是被测气体的重度，γ'是 U 形管中液体的重度，于是得到

$$Q = \beta A_2 \sqrt{\frac{2gh(\gamma' - \gamma)}{\gamma\left[1 - \left(\frac{A_2}{A_1}\right)^2\right]}}$$

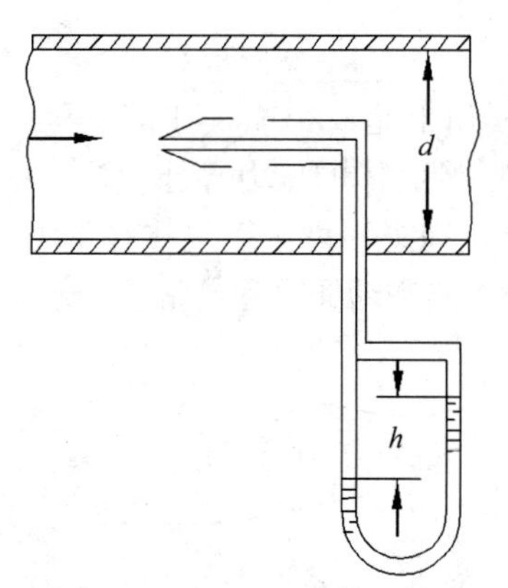

图 1-10　皮托静压管与汞差压计相连测定气流示意

【例 1-4】如图 1-10 所示，皮托静压管与汞差压计相连，借以测定圆管中气流的最大轴向速度 u_{max}，已知 $h=50$mm，$d=200$mm，$u_{max}=1.2u$，试求管中的流量。

【解】用 γ 与 γ'分别代表空气和水银的重度。将伯努利方程用于管道轴心和静压管入口，则

$$\frac{u_{max}^2}{2g} = \frac{p_0 - p}{\gamma}$$

从测压管得　$p_0-p=(\gamma'-\gamma)h$

则　$u_{max}=\sqrt{2g\frac{\gamma'-\gamma}{\gamma}h}=1.2u$

所以流量　$Q=\frac{\pi}{4}d^2u=\frac{\pi}{4}d^2\frac{1}{1.2}\sqrt{2gh\frac{\gamma'-\gamma}{\gamma}}$

$$=\frac{\pi}{4}\times 0.2^2\times\frac{1}{1.2}\sqrt{2\times 9.81\times 0.4\times\frac{13.6-1}{1}}$$

$$=0.261\text{m}^3/\text{s}=261\text{L/s}$$

1.3.5　气体动量方程

气体流动微分方程式是基于对气体微团的受力分析，建立起的反映气体微团运动规律的质点动量定理的微分表达式。而动量方程是在分析其系统的基础上建立起来的质点系动量定理的在定常流动条件下的积分表达式。下面就来简单讨论这个方程。

从物理学中的动量定理知道，单位时间内物体的动量变化等于作用于该物体上外力的总和。对于其的一个系统来说，如果取初始瞬间系统的外边界作为控制面，其质点系的动量定理为：系统内的其动量对时间的导数等于作用于系统上的外力的矢量和。由于在定常流动条件下控制体内其他的动量不随时间变化，因此系统内其他动量的变化只由单位时间内经过控制面(cs)的气体动量的通量体现，由此得出

$$\int_{cs}\rho\vec{V}V_n\mathrm{d}A = \sum\bar{V} \tag{1-39}$$

式中 $\vec{V}$——控制面上某点的速度矢量；

V_n——控制面上某点的法向速度；

dA——在控制面上任意选取的微元面积；

ρ——气体的密度；

$\vec{F}$——力矢量。

式(1-39)如果写成投影的形式，则有

$$\begin{aligned}\int_{cs}\rho u_x V_n \mathrm{d}A &= \sum F_x \\ \int_{cs}\rho u_y V_n \mathrm{d}A &= \sum F_y \\ \int_{cs}\rho u_z V_n \mathrm{d}A &= \sum F_z\end{aligned} \tag{1-40}$$

式中 u_x、u_y、u_z——速度矢量 $\vec{V}$ 在坐标轴 x、y、z 方向的投影(m/s)；

F_x、F_y、F_z——力矢量 $\vec{F}$ 在坐标轴 x、y、z 方向的投影(N)。

式(1-39)和式(1-40)就是气体定常流动的动量方程，它特别适用于研究气体与固体的相互作用问题。

【例 1-5】如图 1-11 所示，求喷嘴对管子的作用力。忽略摩擦损失，流体是油，比重是 0.85；截面 1 上的相对压力为 $p_1=7\times10^5\text{N/m}^2$，$d_1=10\text{cm}$，$d_2=4\text{cm}$。

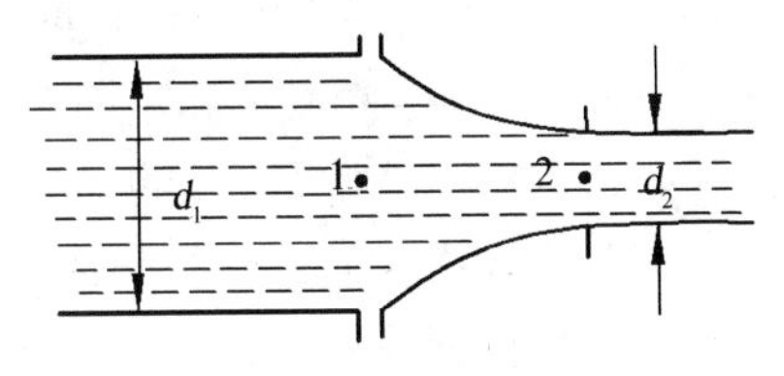

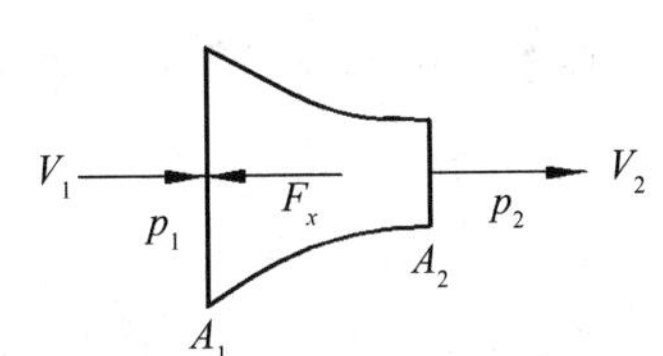

图 1-11 渐缩管

【解】应用伯努里方程于喷嘴两端截面上的 1、2 两点。由于 $Z_1=Z_2$，$p_2=0$，故有

$$\frac{V_1^{\ 2}}{2\mathrm{g}} + \frac{7\times10^5}{0.85\times10^3\mathrm{g}} = \frac{V_2^{\ 2}}{2\mathrm{g}} + 0$$

根据连续性方程

$$V_1A_1 = V_2A_2 \qquad V_1d_1^{\ 2} = V_2d_2^{\ 2}$$

或 $V_2=\left(\dfrac{d_1}{d_2}\right)^2 V_1=6.25V_1$，代入上式，得到

$$V_1^{\ 2} = \frac{2\times7\times10^5}{0.85\times10^3\times(6.25^2-1)} = 43.3\text{m}^2/\text{s}^2$$

$$V_1 = 6.58\text{m/s}$$

$$V_2 = 41.1\text{m/s}$$

$$Q = 6.58\,\frac{\pi}{4}(0.1)^2 = 5.17\times10^{-2}\text{m}^3/\text{s}$$

假设不计重力，并令 F_x 是喷嘴对流体控制面上的作用力的合力，则应用动量方程得

$$7\times10^5\times\frac{\pi}{4}(0.1)^2 - F_x = 5.17\times10^{-2}\times(41.1-6.58) = 1517$$

所以 $F_x=3918\text{N}$。油作用在喷嘴上的力为 3918 N，方向向右，这也就是喷嘴作用在管子上的作用力。

1.4　实际气体流动与能量损失

1.4.1　实际气体流动的伯努里方程与能量损失

1.4.1.1　实际气体伯努里方程

上一节我们讨论了理想气体的流动，认识了质量守恒、机械能守恒以及气体与固体间相互作用规律。特别是伯努利方程的提出，对分析和解决颇多气体的流动现象奠定了基础。但是应当注意到，实际气体都是具有黏性的，由于黏性的作用，气体运动时就会产生内摩擦力，形成流动阻力，从而使气体的一部分机械能不可逆转地转化为热能而散失。因此，实际气体流动过程中，沿流线单位重量气体具有的总机械能不是守恒的，而是逐渐减少。设 h'_w 为实际气体微元流束单位重量气体从过流断面 1 到过流断面 2 的机械能损失，根据能量守恒原理，便可得到实际气体微元流束的伯努利方程

$$z_1 + \frac{p_1}{\gamma} + \frac{V_1^{\ 2}}{2g} = z_2 + \frac{p_2}{\gamma} + \frac{V_2^{\ 2}}{2g} + h'_w \tag{1-41}$$

式中　z_1，z_2——微元流束任意两个过流断面 1 和 2 处的垂向坐标；

p_1，p_2——断面 1 和断面 2 上的压力；

V_1，V_2——断面 1 和断面 2 上的流速。

工程实际中我们遇到的气体的流动，都是有效截面为有限的流束，即总流。由于总流是由无数微元流束所构成，故总流的伯努利方程可以在总流任意两个缓变流过流断面上通过对微元流束的伯努利方程进行积分和必要修正求得。其方程式为

$$z_1 + \frac{p_1}{\gamma} + \alpha_1 \frac{\overline{V}_1^{\ 2}}{2g} = z_2 + \frac{p_2}{\gamma} + \alpha_2 \frac{\overline{V}_2^{\ 2}}{2g} + h_w \tag{1-42}$$

式中　z_1、z_2——总流任意两个缓变流过流断面 1 和 2 中心点的垂向坐标；

p_1、p_2——断面 1 和断面 2 上的压力；

$\overline{V}_1$，$\overline{V}_2$——断面 1 和断面 2 上的平均流速；

h_w——单位重量气体从断面 1 到断面 2 间的能量损失；

α_1、α_2——断面 1 和断面 2 上的动能修正系数。其值恒大于 1，一般在 1.01~1.10 之间。

1.4.1.2　流动能量损失

实际气体伯努里方程确实很好地反映了其在流动过程中能量的变化规律，但是，公式中的能量损失如何表达和确定呢？这是人们更为关心的问题。下面就以圆管流动为例来讨论这个问题。

研究发现，实际气体流动的能量损失和气体的流动形式有很大关系。气体的流动形式可分为两种，一种是缓变流，另一种是急变流。缓变流是指流线间的夹角很小、流线的曲率半径很大近乎平行直线的流动；急变流是指流线间的夹角很大、流线的曲率半径

很小的流动。在缓变流各流段上产生的能力损失称为沿程阻力损失，在急变流各流段上产生的能力损失称为局部阻力损失。

关于能量损失的确定，经历了百年的发展过程。19 世纪中叶法国工程师达西(H. Darcy)和德国水力学家维斯巴赫(J. L. Weisbach)在归纳总结前人实验的基础上，提出了沿程阻力损失 h_f 的计算公式

$$h_f = \lambda \frac{l}{d}\frac{V^2}{2g} \tag{1-43}$$

式中 l——管长(m)；

d——管径(m)；

V——断面平均流速(m/s)；

g——重力加速度(m/s^2)；

λ——沿程阻力系数。

式(1-43)称为达西—维斯巴赫公式。式中的沿程阻力系数 λ 并非是一个确定的常数，一般由实验确定。

人们在实验的基础上，又提出局部阻力损失 h_j 的计算公式

$$h_j = \zeta \frac{V^2}{2g} \tag{1-44}$$

式中 V——对应断面平均流速(m/s)；

g——重力加速度(m/s^2)；

ζ——局部阻力系数，一般由实验确定。

从式(1-43)和式(1-44)可以看出，计算在沿程阻力损失和局部阻力损失的关键是确定沿程阻力系数和局部阻力系数。

1.4.2 实际气体的两种流动状态

实际气体流动的能量损失除与流体的流动形式有关外，还与气体的流动状态有相当密切的关系。雷诺(O. Reynolds)通过著名的“雷诺实验”发现了气体流动存在的两种状态——层流和紊流。前者是有规则的、互不混掺的、以流体层形式的运动，而后者是相互混掺的、杂乱无章的运动。判别二者的准则是雷诺数 Re，用公式表示

$$Re = \frac{\rho V l}{\mu} \tag{1-45}$$

式中 l——特征尺寸(m)；

V——平均流速(m/s)；

ρ——气体的密度(kg/m^3)；

μ——气体动力黏度(Pa·s)。

雷诺数 Re 是一个无量纲的综合量，式中的特征尺寸 l 由流动类型决定，管道流动的特征尺寸为管道内径 d 或当量直径 d_n(4 倍水力半径)。

用雷诺数来判断气体的运动状态，核心任务是确定临界流速 V_c 的大小(一般由实验获得)。对应临界流速的雷诺数称为临界雷诺数 Re_c，用公式表示

$$Re_c = \frac{\rho V d}{\mu} \tag{1-46}$$

当临界雷诺数 Re_c 确定后，不管气体的性质和特征尺寸如何变化，只要 $Re<Re_c$，气体的流动即为层流；当 $Re>Re_c$，气体的流动即为紊流。对于管道流动，其临界雷诺数为 2320。

1.4.2.1　实际气体的层流流动

层流是一种有规则的流动状态，常见于狭小通道中或高黏度、低流速的流动场合。层流状态下，气体质点只有轴向运动，没有横向运动，流动阻力即是牛顿内摩擦力。以圆管流动为例，在选取流体微团进行力的平衡分析的基础上，建立层流运动微分方程，再通过积分和边界条件的修正，可得圆管中层流的速度分布

$$u_x = \frac{\Delta p}{4\mu l}(R^2 - r^2) \tag{1-47}$$

式中　u_x——流体的轴向速度；

l——圆管中任意两个断面之间的距离；

Δp——对应两个断面之间的平均压力差；

R——圆管内半径；

r——距轴心的距离变数；

μ——流体动力黏度。

式(1-47)称为斯托克斯公式，可以看出，圆管层流流动中过流断面上的轴向速度 u_x 与半径 r 成二次旋转抛物面关系(图 1-12)。由斯托克斯公式出发可以得到一系列层流运动的规律。

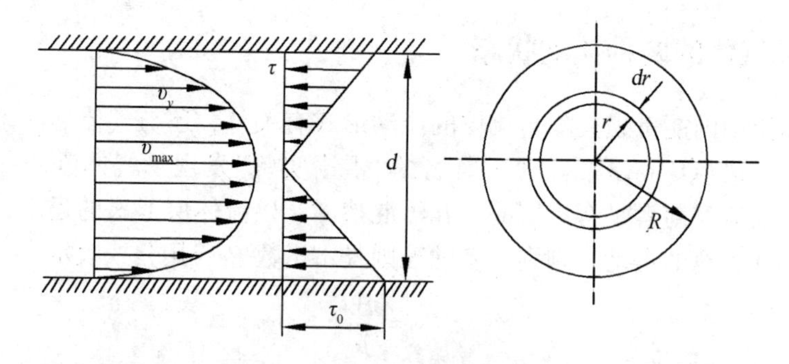

图 1-12　圆管层流的速度分布

(1)最大流速

当取 $r=0$ 代入式(1-47)中时，得轴心处最大流速 u_{max}，即

$$u_{max} = \frac{\Delta p}{4\mu l}R^2 \tag{1-48}$$

(2)流　量

通过式(1-47)计算微元圆环流量 dq，然后在整个过流断面上积分，得流量 q，即

$$q = \int_A u_x \mathrm{d}A = \frac{\pi \Delta p R^4}{8\mu l} \tag{1-49}$$

此式称为哈根—泊肃叶(Hagen-Poiseuille)公式。

(3)平均速度

取流量 Q 与过流有效断面 A 的比值，得平均速度 $\overline{V}$，即

$$\overline{V} = \frac{q}{A} = \frac{\Delta p R^2}{8\mu l} \tag{1-50}$$

与式(1-48)相比，不难看出，平均速度为最大流速的1/2。

(4)沿程阻力系数

将哈根—泊肃叶公式转换成以流动损失 $h_f(\Delta p/\gamma)$ 为因变量的形式，然后将平均速度公式(1-50)代入，再经过简单的变换，与达西—维斯巴赫公式(1-43)比较，得沿程阻力系数 λ，即

$$\lambda = \frac{64}{Re} \tag{1-51}$$

1.4.2.2 实际气体的紊流流动

(1)紊流特征

由雷诺实验可知，当气体的流动状态为紊流时，气体质点作复杂、无规则的运动。不同瞬时通过同一空间点的气体的物理参数如流速、压强等均随时间不停地变化，这种现象称为脉动性。脉动性是紊流流动区别于层流流动的根本特征。由于脉动现象的复杂性，很多问题无法采用严密的数学推导方法进行研究，只能借助于一些半经验理论和实验，即在利用分析实验结果的基础上，参照层流流动的结果而得出半经验理论。

(2)紊流运动的时均化

紊流流动参量的瞬时值带有偶然性，但并不能就此说明紊流流动没有规律可循。图1-13是使用“热线风速仪”测出的管道流动中固定点的轴向速度 u_x 随时间 t 的变化情况，可以看出，尽管瞬时轴向速度的大小随时间不停地变化，但是它始终围绕某一“平均值”波动。人们根据这一实验现象提出了用流动参数的时间平均值作为基本参数来研究紊流的流动特性，从而使问题得到了简化。

在时间间隔 T 内轴向速度的平均值定义为时均速度，用 $\bar{u}_x$ 表示，即

$$\bar{u}_x = \frac{1}{T}\int_0^T u_x \mathrm{d}t \tag{1-52}$$

图1-13中，时均速度等于瞬时速度曲线在 T 时间间隔中的平均高度。所以只要已知瞬时速度随时间的变化曲线，不论这种曲线有多么复杂，都可以用求积仪等方法测出曲线下在 T 间隔的面积，从而也就可以按式(1-52)求出时均速度 $\bar{u}_x$。一般情况下，只要所取的时间间隔 T 不是过短，时均速度 $\bar{u}_x$ 便为常数。显然，瞬时速度可表示为

$$u_x = \bar{u}_x + u_x' \tag{1-53}$$

式中 u_x'——瞬时速度与时均速度之差，称为脉动速度。它可能是正值，也可能是负值，但其时均值为零。

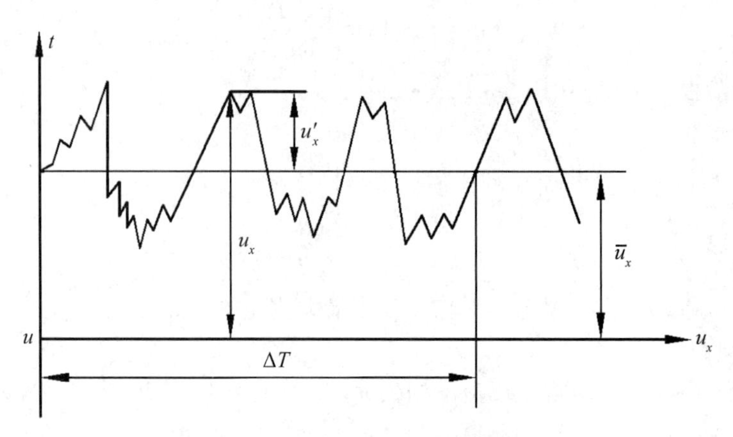

图 1-13　瞬时轴向速度与时匀速度

在紊流流动中，气体质点的速度不仅沿轴向存在着脉动，而且在垂直于管轴线的横截面内也有脉动，其脉动速度的水平(横向)与垂直分量分别用 u_y' 和 u_z' 表示。实验证明，脉动速度 u_y' 和 u_z' 随时间 t 的变化规律基本上与轴向脉动速度 u_x' 相同。同样 u_y' 和 u_z' 的时均值也都等于零。

类似地，在紊流流动中，气体的压力等其他运动参量也处于脉动状态。其瞬时压力可以表示为时均压力与脉动压力之和。

(3)紊流切应力

在实际气体的层流流动中，各层流体间的内摩擦引起了切向应力，其大小可由牛顿内摩擦定律求出。在实际气体的紊流流动中，除了流层之间的内摩擦引起的切向应力 τ_0 外，还存在着附加切向应力 τ_t。这是由于在紊流中，气体质点在沿流动方向向前运动的同时，还存在着各个方向的脉动运动。当各层中具有不同速度的气体质点因横向脉动进入其相邻的气体层时，就在各气体层之间引起了动量交换，从而在气体层之间产生了紊流附加切向应力或脉动切向应力 τ_t。所以紊流中的总切向应力为

$$\tau = \tau_0 + \tau_t \tag{1-54}$$

脉动切向应力 τ_t 可由普朗特(L. Prandtl)混合长理论确定。因为普朗特认为，与气体分子的运动要经过一段自由行程相类似，气体微团在脉动过程中也经过一段路程 l，称为混合长度或自由行程。即气体微团在与其他气体微团两次碰撞之间经过一段 l 距离，把它原来的动量带到新的位置，完成动量交换。按照这一假设，在动量定量的基础上，普朗特推出的脉动切向应力 τ_t 的表达式为

$$\tau_t = -\rho u_x' u_y' = \rho l^2 \left(\frac{\mathrm{d}u_x}{\mathrm{d}y}\right)^2 \tag{1-55}$$

式中　u_x'、u_y'——气体微团轴向脉动速度和横向脉动速度；

ρ——气体的密度；

$\frac{\mathrm{d}u_x}{\mathrm{d}y}$——流动速度的横向梯度；

l——混合长度，一般由实验确定。

(4) 紊流结构及速度分布规律

① 紊流结构　气体在作紊流流动时，绝大部分区域气体处于紊流状态，流速分布比较均匀，这个区域称为紊流核心区；但是，紧贴近固体壁面有一薄层气体，由于受壁面的限制，气体微团的脉动现象基本消失，气体黏滞力起主导作用，流动保持层流状态，这一薄层气体称为层流底层 δ。由层流底层到紊流核心区之间存在着范围很小的过渡区域。过渡区域很薄，一般不单独考虑，而把它和紊流核心区域合在一起研究，统称为紊流部分。

层流底层的厚度很薄，通常只有几分之一毫米，但是它对紊流流动的影响却是很大的，尤其是在沿程损失计算中更为明显。当然这种影响还与固体的粗糙程度有关。一般把固体壁面凸出部分的平均高度 ε 叫做粗糙度。

由于层流底层和粗糙度两者之间的相对关系，将紊流分为 2 种类型：

a. 当 $\delta<\varepsilon$ 时，壁面的粗糙凸出部分完全淹没在层流底层中，如图 1-14(a) 所示。层流底层以外的紊流区域完全不受壁面粗糙度的影响，流体好像在完全光滑壁面上流动，这种情况的紊流流动称为"水力光滑"。

b. 当 $\delta>\varepsilon$ 时，壁面的粗糙凸出部分有一部分或大部分暴露在紊流区中，如图 1-14(b) 所示。这时，紊流区中的气体流过壁面粗糙凸出部分时会产生旋涡，造成新的能量损失，即壁面粗糙度对紊流产生影响。这种情况下的紊流流动称为"水力粗糙"。

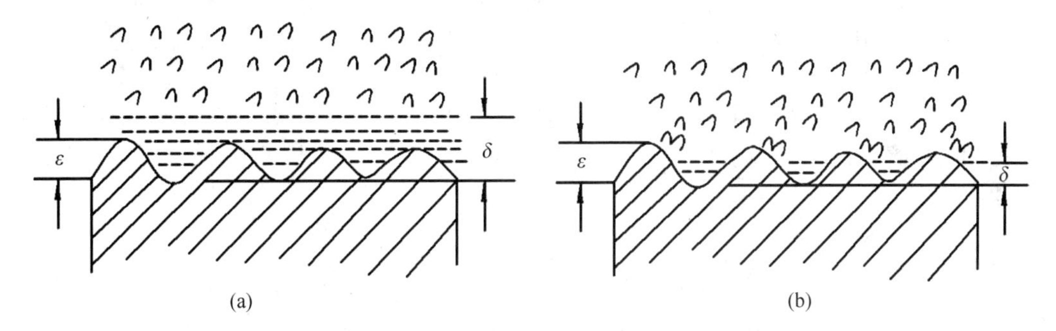

图 1-14　水力光滑与水力粗糙

(a) 水力光滑　(b) 水力粗糙

②紊流流速分布　在充分发展的紊流中，$\tau_0 \ll \tau_t$，所以流动阻力只考虑脉动切应力 τ_t。以此为出发点，普朗特和卡门(F. Karman)以流体流过平壁面或管道为对象，通过实验和理论分析，推导出紊流状态下流速 u_x 分布公式，即

$$\frac{u_x}{u_*} = \frac{1}{k}\ln y + C \tag{1-56}$$

式中　u_*——摩阻流速 $u_* = \sqrt{\frac{\tau_t}{\rho}}$；

u_*——常数(在 τ_t 一定的情况下)；

k——卡门常数，一般由实验确定；

C——积分常数，也由实验确定。

式(1-56)称为普朗特—卡门(Prandtl-Karman)对数分布方程。对于“水力光滑”的情况，该方程可推求为

$$\frac{u_x}{u_*}=\frac{1}{k}\ln\frac{yu_*}{\nu}+C_1 \tag{1-57}$$

式中 ν——气体运动黏度；

C_1——积分常数。

对于“水力粗糙”的情况，式(1-56)可推求为

$$\frac{u_x}{u_*}=\frac{1}{k}\ln\frac{y}{\varepsilon}+C_2 \tag{1-58}$$

式中 ε——固体壁面粗糙度；

C_2——积分常数。

尼古拉兹(J. Nikuradse)通过实验得出 $k=0.4$，$C_1=5.5$，$C_2=8.48$。因此式(1-57)和式(1-58)又可写为

$$\frac{u_x}{u_*}=5.75\lg\frac{yu_*}{\nu}+5.5 \tag{1-59}$$

$$\frac{u_x}{u_*}=5.75\lg\frac{y}{\varepsilon}+8.48 \tag{1-60}$$

1.4.3 流动阻力系数

前已述及，研究实际气体流动过程中能量损失的关键是确定沿程阻力系数和局部阻力系数的大小。

1.4.3.1 沿程阻力系数

对于圆管中层流流动沿程阻力系数的计算问题，已从理论上推导出来：$\lambda=64/Re$。但是，其他流动条件下的沿程阻力系数却很难用理论分析的方法得到。为此，尼古拉兹和莫迪(L. F. Moody)等学者通过大量实验从不同角度对这个问题进行了系统研究，取得很多有价值的结果，对确定沿程阻力系数奠定了基础。

尼古拉兹实验主要针对不同直径、不同流量的管流进行。为了查明管壁粗糙度对流动阻力的影响，他把不同粒径的均匀沙粒分别黏贴到管道内壁，创造粗糙环境，进行系列实验。尼古拉兹实验设计的范围很广，相对粗糙度(绝对粗糙度 ε 与管径 d 的比值)为 1/1014~1/30，雷诺数 Re 为 $500\sim1\times10^6$。尼古拉兹的实验结果最终绘制在对数坐标中，形成著名的尼古拉兹实验曲线。这个曲线把气体的流动进一步分为层流区、临界区、紊流光滑管区、紊流粗糙管过渡区、紊流粗糙管区等 5 个区间，并给出各自的雷诺数界限值。在此基础上，有关研究者通过对沿程阻力系数的研究，提出各种各样的经验或半经验半理论计算公式。

莫迪实验主要是针对工业管道开展的，其结果绘制成类似的曲线，称为莫迪图。

1.4.3.2 局部阻力系数

局部阻力是由于气体微团发生相互碰撞、形成旋涡等因素造成流动通道局部区域内的能量损失。如流动通道突然转弯、截面突然缩小、截面突然扩大、粗糙度突增等。局部阻力系数的确定，除个别问题可从理论上解决外，绝大部分流动现象都需要由实验获得。其中管道流动中，“突扩管”的局部阻力系数理论计算公式为

$$\zeta_1 = \left(1 - \frac{A_1}{A_2}\right)^2 \tag{1-61}$$

或

$$\zeta_2 = \left(\frac{A_2}{A_1} - 1\right)^2 \tag{1-62}$$

式中 A_1——入口管道断面积；

A_2——出口管道断面积；

ζ_1——以入口管道动能计算的局部阻力系数；

ζ_2——以出口管道动能计算的局部阻力系数。

需要说明的是，大部分管道流动的局部阻力系数都可在相关手册或教科书中查阅。

【例 1-6】空气在直径 $d=2$cm 的圆管中流动，设流速 $V=10$cm/s，气温 $t=0$℃，试求在管长 $L=200$m 上的沿程水头损失(0℃时空气的运动黏滞系数 $\nu=13.2\times10^{-6}\text{m}^2/\text{s}$)。

【解】求雷诺数确定流动状态

$$Re = \frac{Vd}{\nu} = \frac{0.1 \times 2 \times 10^{-2}}{0.013 \times 10^{-4}} = 1538.5 < 2320$$

故本流动为层流状态，则

$$\lambda = \frac{64}{Re} = \frac{64}{3.08 \times 10^{3}} = 2.08 \times 10^{-2}$$

于是沿程水头损失为

$$h_f = \lambda \frac{L}{d}\frac{V^2}{2g} = 2.08 \times 10^{-2} \times \frac{200}{2 \times 10^{-2}} \times \frac{0.1^2}{2 \times 9.8} = 42.4(\text{cm})$$

【例 1-7】直径 5cm 的圆管与直径 10cm 的圆管相连，空气从细管流入粗管，试求在连接处的局部阻力系数。

【解】以细管中气流的动能为基准，计算的局部阻力系数为

$$\zeta_1 = \left(1 - \frac{A_1}{A_2}\right)^2 = \left(1 - \frac{3.14 \times 0.025^2}{3.14 \times 0.05^2}\right)^2 = \frac{9}{16}$$

同理，以粗管中气流的动能为基准，计算的局部阻力系数为

$$\zeta_2 = \left(\frac{A_2}{A_1} - 1\right)^2 = \left(\frac{3.14 \times 0.05^2}{3.14 \times 0.025^2} - 1\right)^2 = 9$$

1.4.4 附面层理论与绕流阻力

1.4.4.1 附面层理论

(1)附面层的概念

当空气等黏度很小的气体与其他物体作速度较高的相对运动时，一般雷诺数都非常大。实验结果表明，在这些流动中，惯性力比黏性力大得多，可以略去黏性力；但在紧靠近物体壁面的一层所谓附面层的气体薄层内，黏性力却大到约与惯性力相同的数量级，以至于在这区域中两者都不能忽略。解决大雷诺数下绕流物体流动的近似方法是以附面层理论为基础的。

实际气体流过物体表面时，由于黏性的影响在紧靠物体表面沿法线方向形成速度梯度很大的薄层，此薄层即称为附面层。在附面层内，物面上的气体速度等于零，随着离开物面距离的增加速度也增大。实际上附面层内外区域并没有明显的分界，也就是说，附面层的外边界，即附面层的厚度的概念并不很明显，一般规定在速度达到主流速度99%处为附面层的外边界。由于在附面层内速度梯度很大，即使气体的黏度很小，黏性切应力也很大。在附面层外，气体的速度梯度很小，黏性切应力也小，所以附面层外的气体可以看成是理想气体。

用高精测速仪直接测量紧靠机翼表面附近的流速得知，实际上附面层很薄，其厚度通常仅为弦长的几百分之一左右。也就是说，与绕流物体的长度相比，附面层的厚度很小。另外，附面层的外边界与流线并不重合，流线可以伸入附面层中，与外边界相交。这是由于层外的气体质点不断地穿入到附面层里的缘故。

与所有实际气体流动一样，附面层内气体流动同样存在着层流和紊流两种流态，即构成层流附面层和紊流附面层。对于平面流动而言，在较大雷诺数情况下，气体从平面的前缘起形成层流附面层，而后的某个位置开始层流附面层变得不稳定，并逐渐过渡为紊流附面层。判别这种流态的准则仍然是雷诺数 Re_x 的大小。其表达式中的特征尺寸常用预判点离平面前缘点的距离 x，速度则取附面层外边界的速度 V_∞，即

$$Re_x = \frac{\rho V_\infty x}{\mu} \tag{1-63}$$

实验研究结果发现，平面附面层由层流转变为紊流的临界雷诺数约为 $Re_{xc}=5\times10^5$。

(2)附面层厚度度量

附面层厚度通常是指壁面与附面层外边界间的距离，用 δ 表示。但在实际计算中，有时也用所谓的位移厚度 δ_1 和动量损失厚度 δ_2 来表示附面层的特征。位移厚度 δ_1 的表达式为

$$\delta_1 = \int_0^\delta \left(1 - \frac{u_x}{V_\infty}\right) \mathrm{d}y \tag{1-64}$$

式中 V_∞——附面层外外边界上势流的来流速度；

u_x——附面层内流体的速度。

位移厚度 δ_1，也称挤压厚度，其几何解释是：当理想气体流过壁面时，它的流线应

与壁面平行。但实际气体流过壁面时，由于黏性的作用使附面层内的速度降低，要达到附面层外边界上势流的来流速度，必然要使势流的流线向外移动 δ_1 的距离，所以称为位移厚度。

动量损失厚度 δ_2 的表达式为

$$\delta_2 = \int_0^\delta \frac{u_x}{V_\infty}\left(1 - \frac{u_x}{V_\infty}\right) \mathrm{d}y \tag{1-65}$$

动量损失厚度 δ_2 表示在附面层内因黏性的影响而使流体相对与理想气体减少的那部分动量。

(3) 曲面附面层分离

当不可压缩实际气体纵向流过平面时，在附面层外边界上沿平面方向的速度是相同的，而且整个流场和附面层内的压力都保持不变。但当实际气体流过弯曲固体壁面时，由于附面层外边界上沿着曲面方向的速度是变化的，所以曲面附面层内的压力也将同样发生变化，对曲面附面层的流动产生影响。经常出现的情况是，从固体曲面某一点开始附面层脱离壁面，并产生旋涡，这种现象称为附面层分离。

逆压梯度产生是附面层分离的根本原因。逆压梯度越大，分离点越靠前，产生的旋涡也越大。下面就以实际气体绕流圆柱体和圆球体这样的钝头体为例，来分析附面层的分离机制。当实际气体绕流圆柱体或圆球体曲面时，附面层内的气体微团被黏性力所阻滞，损耗动能，逐渐减速；越靠近物体壁面的气体微团，受黏性力的阻滞作用越大，动能损失越大，减速也越快。在曲面前半部的降压加速段中，由于气体的部分压力势能转变为动能，气体微团受到黏性力的阻滞作用，当仍有足够的动能，能够继续前进。但是，在曲面后半部的升压减速段中，气体的部分动能不仅要转变为压力势能，而且黏性力的阻滞作用也要继续消耗动能，这就使气体微团的动能损耗更大，流速迅速降低，从而使附面层不断增厚。当流到曲面的某一点 S 时，如果靠近物体壁面的气体微团的动能已被消耗尽，这部分气体微团便停滞不前。跟着而来的气体微团也将同样停滞下来，以致越来越多的被停滞的气体微团在物体壁面和主流之间堆积起来。与此同时，在 S 点后，压力的继续升高，逆压梯度的作用，将使这部分气体微团被迫反方向逆流，并迅速向外扩展。这样，主流便被挤得离开绕流物体壁面，并形成一条“零速度线”ST，成为主流与逆流之间的间断面。由于间断面的不稳定性，很小的扰动就会引起间断面的波动，进而发展并破裂成漩涡，造成附面层的分离。S 点称为附面层的分离点。分离时形成的漩涡，不断地被主流带走，在绕流体后部形成尾涡区。S 点的位置除与绕流曲面的曲度有关外，还与附面层的流态有关。紊流附面层中速度分布饱满，平均动能大，而且气体微团的脉动运动促进了横向的动量交换，因此在相同雷诺数的情况下紊流附面层比层流附面层不易发生分离。

1.4.4.2 绕流阻力

我们知道，当实际气体绕流物体时，物体总是受到压力和切向力的作用。在沿物体横截面的流动平面中这些力的合力 F 可分解为两个分力：与来流方向一致的作用力 F_D 以及垂直于来流方向的升力 F_L。由于 F_D 与物体的运动方向相反，起着阻碍物体运动的作用，称为绕流阻力。绕流阻力是由气体绕流物体流动所引起的切向应力和压差力造成的，故绕流阻力又可分为摩擦阻力和压差阻力两种。

1726 年，牛顿提出绕流阻力的计算公式

$$F_D = C_D A \frac{1}{2}\rho V_\infty^2 \tag{1-66}$$

式中 ρ——气体的密度；

V_∞——受扰动前来流速度；

A——绕流物体与来流垂直方向的迎流投影面积；

C_D——绕流阻力系数。

从式(1-66)可以看出，计算绕流阻力的关键是确定绕流阻力系数 C_D。一般情况下，绕流阻力系数 C_D 主要取决于雷诺数，并和物体的形状、表面粗糙度，以及来流的紊流性有关。除个别流动现象外，C_D 大都由实验确定。

1.5　风及其基本性质

1.5.1　风的产生

地球上的空气经常处于运动之中，其运动形式多种多样，既有水平运动，又有垂直运动，既有平移又有转动。空气运动尺度的差别也很大，有分子运动，有紊流运动，也有宏观大尺度运动。大气的宏观运动极为复杂，但制约其运动的规律仍是牛顿第二定律、质量守恒定律、热力学第一定律和状态方程等。

空气的水平运动称为风。它的产生主要受到以下几个方面力的作用：空气在水平方向上由于热量和气压分布的不均匀性而产生的水平气压梯度力；由于地球自转而产生的水平地转偏向力；地面与空气之间以及空气层与空气层之间相对运动时，所产生的摩擦力；空气作曲线运动时，所受到的惯性离心力。这些力之间相互联系，而又相互制约。

1.5.1.1　水平气压梯度力

(1)气　压

地球大气受地球引力场作用而具有重量，大气对某一表面所施予的压力称为大气压力，单位面积所承受的大气压力称为大气压强，简称气压，通常用 P 来表示。气压实质上是空气分子运动与地球重力场综合作用的结果。由于大气近似地处于静力平衡状态，因此，某高度上的气压就等于该高度水平面上单位面积所承受的空气柱重量，此空气柱自该高度向上一直取到大气上界。显然，海拔高度越高，空气柱就越短，其重量就越小，气压也就越低，反之，海拔高度越低则气压越高。

在国际标准单位制中，力的单位用 N(牛顿)，面积的单位用 m^2，压强的单位为 Pa(帕斯卡)，$1Pa=1N/m^2$。由于压强的单位帕斯卡偏小，使用不方便，因此，世界气象组织规定：统一使用 Pa 和 hPa(百帕)作为衡量气压的标准单位。实际上使用的是 hPa，

1hPa=100Pa。在标准状态下(温度为0℃时，45°N成45°S的海平面上)，单位面积上所承受的大气压力称为一个标准大气压，其数值为1013.25hPa。气压单位还有mmHg(毫米汞柱)，它们与hPa的换算关系为：1mmHg=1.333hPa。过去曾使用mb(毫巴)，现已废除，1mb=1hPa。

(2)气压随高度的变化

虽然气压总是随高度递减的，但递减的快慢却不一样。为了方便讨论，假定空气处于静止状态，此时作用在空间任意一个小的空气微团上各方向的力是相等的，这种状态在大气学中称为静力平衡状态。静力平衡时，空气微团在垂直方向上所受的重力与垂直气压梯度力(即浮力)大小相等，方向相反。据此可推导出大气静力学方程：

$$dP = -\rho g dz \text{ 或 } -\frac{dP}{dz} = \rho g \tag{1-67}$$

式中　dP——气压微变量；

ρ——空气密度；

g——重力加速度；

dz——高度微变量；

$-dP/dz$——垂直气压梯度，即单位高度差下的气压差。

大气静力学方程体现了气压与高度之间的逆变关系：随着高度上升，气压总是递减的，递减的快慢取决于空气密度和重力加速度的大小。一般情况下，由于重力加速度随高度变化很小，可近似地看作常数，因此，气压随高度递减的快慢主要决定于空气密度的大小。在空气柱长度相同的情况下，密度大的空气柱气压随高度降低得快一些，密度小的空气柱气压随高度降低得慢一些。

实际观测结果显示，在45°N或45°S的海平面上，空气柱平均温度为0℃时，气压随高度的分布规律大致见表1-1所列，表中气压值仅为各高度上的近似值。在5500m高度上，气压值降低到海平面的1/2，在12 000m高度上气压降低到海平面的1/5，而在16 000m高度上则降低到海平面的1/10。随着高度的增加，空气密度减小，气压逐渐降低并且降低得越来越缓慢。低层空气密度大，气压随高度降低很快，高层空气密度小，气压随高度下降缓慢。这种空气密度对气压降低快慢的影响也存在于温度不同的冷暖空气柱中。

表1-1　气压随高度的分布

海拔高度(km)	0.0	1.5	3.0	5.5	9.0	12.0	16.0	20.0	23.5	31.0
气压(hPa)	1000	850	700	500	300	200	100	50	30	10

如果将气体状态方程代入公式(1-67)中，并从气层下界积分至气层上界，则可得到拉拉斯压高公式，即通常所说的压高公式：

$$\Delta z = z_2 - z_1 = 18\,400(1 + \alpha t_m)\log\frac{P_1}{P_2} \tag{1-68}$$

式中　Δz——高度差，即气层的厚度；

z_2——气层上界的高度；

z_1——气层下界的高度；

α——气体的体积膨胀系数，其值取为 1/273；

t_m——气层的平均气温，可取气层下界温度和气层上界温度的平均值近似地代替；

P_1——气层下界的气压；

P_2——气层上界的气压。

压高公式较为精确地反映了高度和气压变化之间的关系。若已知相近两处的高度，测出两处的温度和气压，可计算出另一处的高度，这就是气压测高法。

(3) 气压的水平分布

由于各地空气柱的重量存在着差异，因此，气压的水平分布也是不均匀的，有的地方高，有的地方低，呈现出各种不同的气压形势，并形成相应的天气状况。在天气分析中，我们需要掌握气压的水平分布状况，才能根据其变化规律，对当前和未来的气压形势和天气状况进行分析和预测。

气压的水平分布用水平气压场来表示，可分为两种，即等高面上的等压线图和等压面上的等高线图。

①等高面上的等压线图　海拔高度处处相等的面称为等高面，等高面上各点的高度相等但气压并不相等，有的地方气压高一些，有的地方气压低一些。将等高面上气压相等的各点进行连线，这种线称为等压线，同一条等压线上各点的气压相等。不同数值的一系列等压线就构成了等高面上的等压线图，图中等压线的数值、形状和疏密程度可以反映出气压的水平分布形势。

气象部门日常所绘制的海平面气压场(即地面天气形势图)，就是海拔高度为 0 的等高面上的等压线图。等压线的间隔一般取 2.5hPa，等压线的数值取 1000.0hPa、1002.5hPa、1005.0hPa 等，以 2.5hPa 为间隔递增或递减。

②等压面上的等高线图　海平面气压场(即地面天气形势图)采用等高面上的等压线图，而高空气压场(即高空天气形势图)则通常采用等压面上的等高线图。

空间气压相等的各点组成的面称为等压面，等压面上各点的气压相等但高度并不相等。由于同一高度上各地的气压是不相等的，因此，等压面不是等高面，而是类似地形一样起伏不平的空间三维曲面。由于气压总是随着高度的升高而降低，因此，等压面的高低起伏是与其附近等高面上的气压分布相对应的，等高面上气压比四周高的地方等压面向上凸起，高得越多，凸起的幅度越大；等高面上气压比四周低的地方等压面向下凹陷，低得越多，凹陷的幅度越大。如图 1-15 所示，在等压面上取 A、B、C 三点，这三点气压相等但高度不同，A 点的高度最高，B 点次之，C 点最低；与等压面上的 A、B、C 三点相对应，在等高面上取的 A'、B'、C' 三点，这三点高度相同但气压不相等，A' 气压最高，B' 次之，C' 最低。可以看出，等压面上的高度分布与等高面上的气压分布存在着一一对应的关系，等压面上高度高的地方正是等高面上气压高的地方，等压面上高度低的地方正是等高面上气压低的地方。因此，我们采用类似绘制地形等高线的方法绘出等压面上的等高线图，就可以直接以等压面上的高度分布来反应出气压的水平分布状况，而无须进一步转换为等高面上的等压线图。

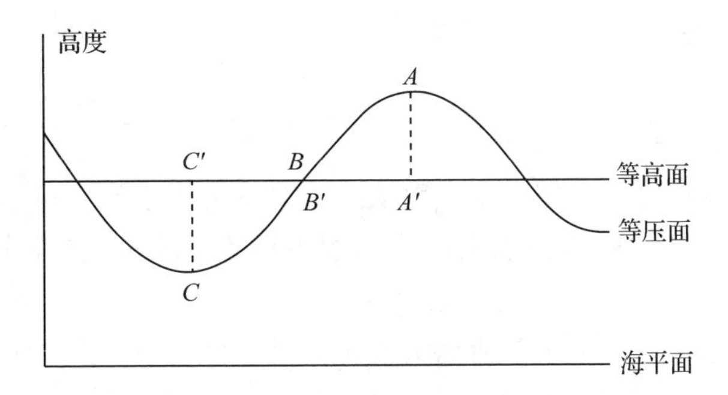

图 1-15　气压的水平分布与等压面上高度分布的关系(据严菊芳等，2018)

由等压面上等高线的分布情况，就可以看出气压的水平分布状况。如图 1-16 所示，P 为等压面，H_1、H_2、H_3…为一系列高度间隔相等的等高面，各等高面分别与等压面相截，所有的截线都在等压面 P 上，截线上各点的气压均等于 P，将这些截线投影到水平面上，就得到了等压面 P 上的等高线 H_1、H_2、H_3…的分布图。可以看出，与等压面凸起部位相对应的，是一组闭合等高线构成的高值区域，高度值由中心向外递减，为高气压区；与等压面下凹部位相对应的，是一组闭合等高线构成的。

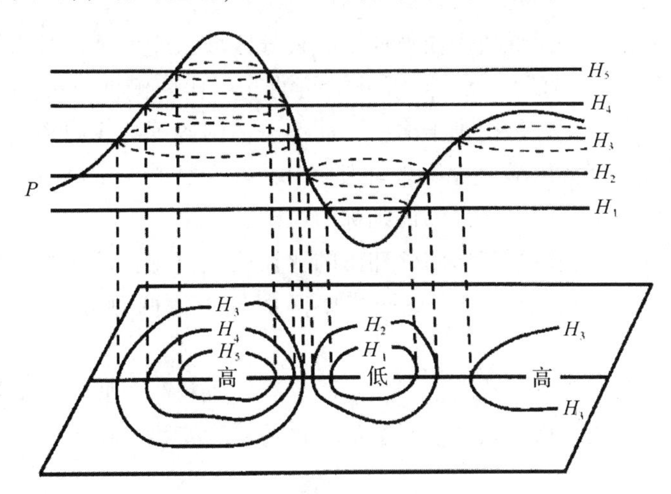

图 1-16　等压面和等高面的关系(据严菊芳等，2018)

低值区域，高度值由中心向外递增，为低气压区。因此，等压而上的等高线图，在表示出等压面的高度分布的同时，也反映出了水平面上的气压分布。

气象部门日常所绘制的高空气压场(即高空天气形势图)就是等压面上的等高线图，主要有 850hPa、700hPa、500hPa 以及 300hPa、200hPa、100hPa 等压面，分别代表 1500m、3000m、5500m 以及 9000m、12 000m、16 000m 高度附近的水平气压场。

在气象学中，等压面上的高度采用的是具有能量意义的位势高度，位势高度是单位质量的物体从海平面上升到该高度克服重力所作的功，又称为重力位势，单位为位势米(gpm)。位势高度与海拔高度的换算关系为：

$$H = \frac{gz}{9.8} \tag{1-69}$$

式中 H——位势高度；

z——海拔高度；

g——重力加速度。

可以看出，位势高度与海拔高度在数值上的差别是很小的，1gpm 近似等于 1m。实际中，等压面上的等高线图所使用的位势高度单位为 dagpm（位势什米），也称十位势米，1dagpm = 10gpm。

③气压场的基本形式 由于各地气压高低不同且时刻变化，因而，在海平面气压场和高空气压场中气压的水平分布会出现各种各样的形式，主要表现为低气压、高气压、低压槽、高压脊、鞍型气压场 5 种基本类型。

低气压：简称低压，是由一组闭合等压线或等高线构成的，中心气压比四周低的区域。等值线的数值由中心向外递增，其空间等压面向下凹陷，形如盆地。在北半球，低压区内气流作逆时针方向旋转，通常又称为气旋。

高气压：简称高压，是由一组闭合等压线或等高线构成的，中心气压比四周高的区域。等值线的数值由中心向外递减，其空间等压面向上凸起，形如山丘。在北半球，高压区内空气按顺时针方向旋转，通常又称为反气旋。

低压槽：简称槽，是由低气压向外伸出的狭长区域，或者是一组未闭合的等压线或等高线向气压较高处突出的部分。低压槽中间的气压比两侧低，其空间等压面形似山谷。高空气压场的分析中通常要画出槽线，即低压槽内各等高线曲率最大处的连线，以棕色实线表示。北半球低压槽一般从北向南伸展，称为竖槽，而从南向北伸展的槽则称为倒槽，从东向西或从西向东伸展的槽则称为横槽。

高压脊：简称脊，是由高气压向外伸出的狭长区域，或者是一组未闭合的等压线或等高线向气压较低处突出的部分。高压脊中间的气压比两侧高，其空间等压面形似山脊。

鞍型气压场：简称鞍型场或鞍形区，是两个高气压和两个低气压交错分布的中间区域。两个高气压间气压较低区域的情况类似，也可称为鞍型气压场，鞍型气压场的空间等压面形如马鞍。

(4) 气压随时间的变化

气压随时间的变化可分为周期性变化和非周期性变化。

①气压的周期性变化 气压的周期性变化是指在气压随时间变化的曲线呈现出有规律的周期性波动，明显地表现为以日为周期的波动和以年为周期的波动。

气压的日变化是以一天为周期的波动，有单峰、双峰和三峰等多种型式，其中以双峰型最为普遍，地面气压在一天中出现一个最高值和一个最低值以及一个次高值和一个次低值，通常最高值出现在 09～10 时，最低值出现在 15～16 时，次高值出现在 21～22 时，次低值出现在 03～04 时，如图 1-17 所示。一般认为，气压的日变化是气温日变化和大气潮汐（日、月引力以及太阳辐射的日变化所导致的空气周期性振荡）综合作用的结果。

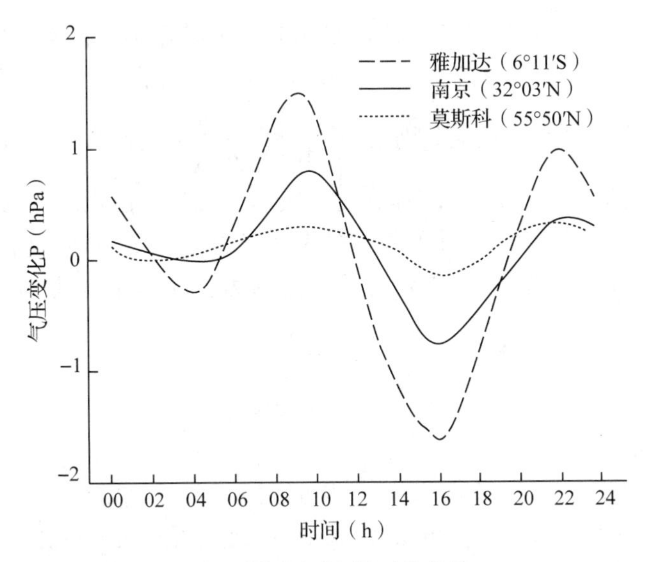

图 1-17　气压的日变化（据严菊芳等，2018）

气压的日变化幅度因纬度、海陆、季节、地形而异，一般随纬度的增高而逐渐减小，陆地大于海洋，夏季大于冬季，山谷大于平原。低纬度地区气压变化为 3～5hPa，到纬度 50°附近减小到不足 1hPa。

气压的年变化是以一年为周期的波动，受气温的年变化影响很大，与纬度、海陆、地形等地理因素有关。常见的气压年变化型可概括 3 种，即大陆型、海洋型和高山型。大陆型冬季气压高、夏季气压低，海洋型夏季气压高、冬季气压低，高山型夏季气压高、冬季气压低。

气压的年变化幅度因纬度、海陆、地形而异，一般随纬度的增高而逐渐增大，陆地大于海洋，地势低的地方大于地势高的地方。

②气压的非周期性变化　非周期性变化是指气压变化没有固定的周期，它是气压系统移动和演变的结果。大气中经常发生较大规模空气的水平运动，在不同温度、密度空气的交换过程中必然会引起气压的非周期性变化，因此，气压的非周期性变化与天气变化密切相关。

通常在中、高纬度地区气压系统活动频繁，空气属性差异较大，气压的非周期性变化往往很显著，而在低纬度地区则不然，气压的非周期性变化往往不甚明显。如高纬度地区气压的非周期性变化在 24h 内有时可以达到 10hPa，而低纬度地区气压的非周期性变化在 24h 内一般不超过 1hPa。

实际气压的变化是周期性变化与非周期性变化的综合表现。通常中、高纬度地区气压的非周期性变化比周期性变化明显得多，因而气压的变化多带有非周期性的特征；而低纬度地区气压的非周期性变化比周期性变化微弱得多，因而气压变化的周期性比较显著。

（5）水平气压梯度力的表征

由于气压空间分布的不均匀性，作用于单位质量空气团块上的力在各方向上就会不平衡，于是便形成所谓气压梯度力。气压梯度力在水平方向的分量称为水平气压梯度力，它是造成空气水平运动即“风”形成的最重要和原始动力。由本章“1.2 气体静力学基础”我们已经知道，作用于单位质量空气微团上的垂直方向(z 轴)的气压梯度力可表示为$-\frac{1}{\rho}\frac{\partial p}{\partial z}$在水平方向 x 轴和 y 轴上分别为$-\frac{1}{\rho}\frac{\partial p}{\partial x}$和$-\frac{1}{\rho}\frac{\partial p}{\partial y}$，前面带有负号表示气压梯度力是从高压指向低压的。可以看出，气压梯度力表示的就是单位距离内的气压差。如果用 N 统一表示某一水平方向，ΔP 为水平方向任意 2 点的气压差，ΔN 表示经过 2 点等压线间的垂直距离，则作用于单位质量空气团块上的力，即水平气压梯度力(G_N)，表达式为：

$$G_N = -\frac{1}{\rho}\frac{\Delta P}{\Delta N} \tag{1-70}$$

式中 ρ——空气的密度。

显然，气压梯度越大，气压梯度力也越大。在大气低层，垂直气压梯度约为 100hPa/km，而水平气压梯度约为 lhPa/100km，因此垂直气压梯度比水平气压梯度约大 10 000 倍。这并不意味着水平气压梯度不重要，恰好相反，水平方向上微小的气压梯度力可以引起大的空气水平运动，因为在水平方向其他作用力也小。而在垂直方向，空气所受重力几乎总是与垂直气压梯度力相互抵消。

以近地面地区常见的数据为例，空气密度 $\rho = 1.293\text{kg/m}^3$，水平气压梯度 $-\Delta P/\Delta N =$ 1hPa/标准距离 = 1hPa/111km，代入公式(1-70)计算可得到作用于单位质量(1kg)空气块的水平气压梯度力 $G = 7\times10^{-4}\text{N}$，如果此力单独作用于空气，经过 3h 就可以使风速由 0 增大到 7.6m/s。

1.5.1.2 地转偏向力

若空气只受水平气压梯度力的作用，气流将从高压流向低压，则相邻两地的气压差很快就会消失，风速也会出现从 0 增大又迅速减小为 0 的现象。但是在转动的地球上，由于地球的自转，使地球表面不停地自西向东旋转，而空气为保持惯性仍按原来的速度和方向运动，这样在地球上的观察者看来，空气运动方向偏离了原来的运动方向。这种因地球自转而使空气运动发生改变的现象，假想是受力作用的结果，这个力就是地转偏向力。

经分析推导，地转偏向力在水平方向上的分量始终与风向垂直，在北半球指向风的右方，在南半球指向风的左方。其大小 F_ω 与地球自转角速度(ω)、风速(V)和地理纬度(φ)有关，即

$$F_\omega = 2\omega V\sin\varphi \tag{1-71}$$

由式(1-71)及上述讨论可以得到以下结论：

(1)水平地转偏向力只是在风产生后才发生作用，当空气相对于地面静止时，不受此力作用。

(2)由于水平地转偏向力的方向与风向始终保持垂直，所以它只能改变风向，不改变风速的大小。在北半球，它使风向向右偏转，在南半球，则向左偏转。

(3)风速一定时，水平地转偏向力与所在纬度的正弦成正比。纬度越高，F 越大，

在赤道上 $\sin\varphi=0$，故赤道上没有此力作用。

(4)在纬度相同的情况下，风速越大，水平地转偏向力越大。

(5)由于 ω 值较小(约为 7.3×10^{-5} 弧度 · s^{-1})，故对于中、小尺度的空气运动(如龙卷风、海陆风等)，可忽略水平地转偏向力的作用；对于较大尺度的空气运动，必须考虑水平地转偏向力的作用。

1.5.1.3　惯性离心力

当空气在水平方向作曲线运动时，还要受到惯性离心力的作用。这个力是物体为了保持惯性方向的运动而产生的，它也是惯性力的一种。例如，汽车急转弯时，为使车内乘客保持原来的运动状态，必须有一个力与转弯时产生的向心力相平衡，这就是惯性离心力。在此力作用下，乘客的身体便向离开转弯中心的方向偏斜，以保持惯性。可见，惯性离心力与向心力大小相等、方向相反。对单位质量的物质而言，其大小为

$$F_r=\frac{V^2}{r} \tag{1-72}$$

对在水平方向作曲线运动的单位质量的空气来说，上式中的 V 表示风速，r 表示空气微团运动轨迹的曲率半径。惯性离心力的方向垂直于风向，在曲率半径的方向上且背离曲率中心。

式(1-72)表明，惯性离心力的大小与风速的平方成正比，与曲率半径成反比。在一般情况下，这个力比较小，这是由于空气水平运动的曲率半径通常比较大的缘故。因此，惯性离心力往往小于水平气压梯度力和水平地转偏向力，尤其在空气作近似直线运动，即在等压(高)线较平直的情况下($r\to\infty$)，可不计惯性离心力的作用，但在曲率半径较大处，惯性离心力的作用是非常显著的。由于惯性离心力时时与风向垂直，故它只能改变风向，不能直接改变风速。

1.5.1.4　地面摩擦力

两个相互接触的物体作相对运动时，接触面之间所产生的一种阻碍物体运动的力，称为摩擦力。大气运动中所受到的摩擦力分为内摩擦力和外摩擦力。内摩擦力是在运动速度不同或运动方向不同的相互接触的两个空气层之间产生的一种相互牵制的力(在本章“1.1 大气及其物理性质”中已经讨论过)。它相对于外摩擦力，量级较小，在讨论摩擦力问题时，往往不予考虑。外摩擦力是下垫面对空气水平运动的阻力，也称地面摩擦力 F_s。负号表示 F_s 与风向相反，其表达式为

$$F_s=-KV \tag{1-73}$$

式中　V——风速；

K——摩擦系数，它与下垫面的粗糙程度有关，地面越粗糙，K 就越大。

不难看出，当风速相同时，摩擦力的大小取决于下垫面的粗糙程度。摩擦力作用的结果，使风速减小，进而引起地转偏向力的减小，从而使风向偏向水平气压梯度的方向，使风向和等压线产生了一定的交角，且摩擦越大，交角越大。

地面摩擦力对近地层空气水平运动的影响比较显著。高度越高，作用越小，到达

1.5km 高度，地面摩擦力的作用即可忽略不计，所以一般把此高度以下的气层称为摩擦层，以上的气层称为自由大气。

以上讨论了在水平方向上作用于空气的 4 种力，它们对空气水平运动的影响是不同的。其中水平气压梯度力是形成风的直接动力，是最基本的力，它既可以改变空气水平运动的速度，又能使空气由静止状态变为运动状态。而水平地转偏向力、惯性离心力和摩擦力都是在风形成以后产生和起作用的。一般对于大范围的空气运动必须考虑水平地转偏向力的作用；对于曲线运动必须考虑惯性离心力的影响；在讨论摩擦层空气的运动时，又必须考虑地面摩擦力。

1.5.2 风的发生类型

前已述及，空气的运动形成风，同物体运动一样，风也是力作用的结果。空气作为一种典型流体，其特性就是易流动性，任何微小剪切力都能造成空气的运动。自然界中的大气，可以受到来自地球范围内不同方面力的作用，产生各种各样的风，就发生类型和时空尺度而言，主要有大气环流模式和地方性风。

1.5.2.1 大气环流模式

假设地球没有自转运动，而且地球表面又是均匀的。由于赤道附近比极地受热多，赤道附近的气温永远高于极地。因此在赤道和极地之间就形成一个热力环流圈，高空空气自赤道流向极地，低空空气自极地流向赤道，这支气流在赤道地区受热又上升，补偿了赤道上空流出的空气，维持了赤道和极地之间的经向闭合环流。

但是，实际上地球是在不停的自西向东地自转着的。即使地球表面仍是均匀的，在地转偏向力的作用下，单一径向环流也不可能存在，实际大气环流情况要比上述复杂得多。赤道空气因受热而膨胀上升，在高空，空气向极地方向运动时，由于受到地转偏向力的作用，空气运动向右偏转(北半球)，随着纬度增加，地转偏向力不断增大，气流方向不断右偏，到纬度 30°上空附近，地转偏向力增大到与气压梯度力相等。这时，气流偏转成沿纬圈方向流动的西风，西风的形成阻碍了低纬高空气流的继续北流，空气在此不断堆积而下沉，在副热带地面就形成了高压，即副热带高压。赤道地面，由于空气流出而形成了赤道低压。副热带地面上，下沉的空气自副热带高压分别向南和向北流动，其中向南的一支气流，在地转偏向力的作用下，在北半球偏成东北风，在南半球偏成东南风，返回赤道，这种风比较恒定，称为信风。北半球的东北信风和南半球的东南信风在赤道附近辐合上升，补偿了由赤道上空流出的空气。高空风由赤道流向副热带，在地转偏向力的作用下，北半球吹西南风，南半球吹西北风，因与低空的信风方向相反，故称反信风。信风和反信风在热带地区形成一个低纬度环流圈，称为信风—反信风环流。

由副热带高压地面向北流动的一支气流，在地转偏向力的作用下，在北半球中纬度地区形成西南风，南半球为西北风。在极地由于终年寒冷，空气密度大，形成极地高压。地面自极地高压向南流出的冷空气，在地转偏向力的作用下，在北半球形成东北风，南半球为东南风。这两支气流约在纬度 60°附近与从副热带高压流来的暖空气相遇，形成极锋。同时空气辐合上升到高空后，一部分空气向极地流动，在极地上空冷却下沉，补偿了极地下沉南流的空气，与下层偏东气流构成了极地环流圈；一部分气流又从高空流回中纬度上空，在副热带地区下沉，构成中纬度环流圈。

这样形成了低纬度、中纬度和高纬度 3 个环流圈。在中纬度环流圈中，由于对流层内气温是由赤道向极地降低的，温度梯度的方向与气压梯度的方向一致，使西风随高度增强，整个对流层上部都盛行偏西风，这已为观测所证明。但在对流层顶以上，由于极地的平流层底部的高度比赤道地区低，使赤道平流层底部的温度比极地低，温度梯度与气压梯度方向相反。根据热力环流原理，在对流层向平流层过渡的高度上，西风随高度而减弱，在此高度以上，偏西风逐渐变为偏东风。图 1-18 为大气环流的一般模式。

三圈环流的建立，对于行星风系的形成起着重要作用。所谓行星风系是指全球范围内带状分布的气压带和风带。如图 1-18 所示，在赤道附近，终年气压都很低，称为赤道低压带。由此向高纬，气压逐渐增加，在纬度 30°～35°附近形成副热带高压带，气压自此向高纬减低，在纬度 60°～65°附近形成副极地低压带。由此向极地方向，气压又有升高，到两极附近，形成极地高压带。

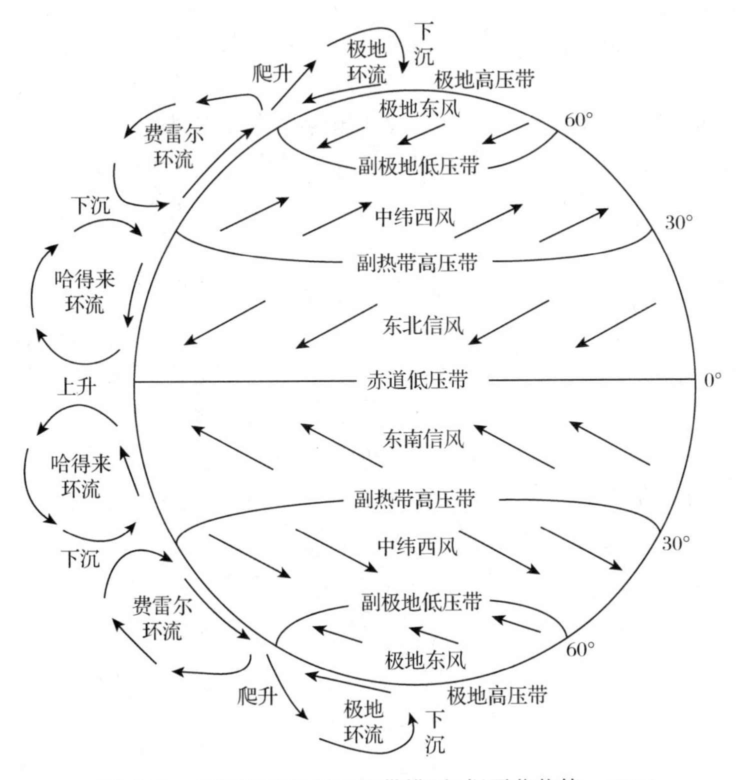

图 1-18 三圈环流和行星风带模型(据严菊芳等，2018)

赤道低压带是东北信风和东南信风的辐合带，气流上升，风力减弱，对流旺盛，云量较多，降水丰沛。副热带高压带是气流下沉辐散区，绝热增温作用使空气干燥，降水稀少，使该纬度带上多沙漠，副极地低压带是极地东风和中纬度西风交绥的地区。两种不同性质气流相遇形成锋面，叫做极锋，在极锋地带有频繁的气旋活动。极地高压带，是气流下沉辐散区，由于辐射冷却的结果，大气层结稳定，晴朗少云，温度极低，形成冷空气的源地。

地球上这些气压带所对应的近地层风带，由极地至赤道依次为极地东风带、西风带、信风带和赤道无风带。

行星风系随季节作南北移动，冬季南移，夏季北移。这种季节性位移的结果，使行星风系扩大了南北影响的范围。

上述大气环流模式，只考虑了太阳辐射和地球自转的作用，而没有考虑地球表面的不均匀性。因此实际大气环流情况比上述情况更为复杂。其中最大的影响因素是海陆分布。由于海陆表面热力性质的不同，夏季海上有利于高压加强，低压减弱，陆上高压减弱，低压加强；而冬季则相反。这样就使得行星风系的带状分布遭到破坏，而分裂成一些不连续的气压中心了，如北半球副热带高压分裂为太平洋高压、大西洋高压，副极地低压带分裂成阿留申低压、冰岛低压等。由于这些气压系统比较稳定，习惯上把这些高低压中心，称做大气活动中心。

1.5.2.2　地方性风

即使在同一气团控制下，不同地区的风也可以有很大的差异，这种差异主要是由于地形和地表性质不同而引起的。这种与地方性特点有关的局部地区的风，称为地方性风。地方性风一般强度不大，只有当大范围气压梯度比较小时，才会明显地表现出来。

常见的地方性风有海陆风、山谷风、焚风等。其中海陆风和山谷风的形成与地表性质不均匀而产生的热力环流有关。下面介绍热力环流、海陆风、山谷风的形成：

(1)热力环流

在 A、B 两地，如果某高度上气压和温度都相等，则等压面与等温面相重合，且呈水平状态，如图 1-19(a)所示，在这种情况下，各高度上没有水平气压梯度，也没有风。若 A、B 两地地面受热不均，A 地的气温高于 B 地，则 A 地因气温高、气压阶大，B 地气温低，气压阶小，也就是 A 地上空等压面间的距离大于 B 地，造成了某高度上等压面自 A 地向 B 地倾斜，如图 1-19(b)所示。这种情况下，即使 A、B 两地地面原来气压相等，由于等压面自 A 地向 B 地倾斜，某高度上的 A 地气压必高于同高度 B 地的气压，即暖地上空的气压高于冷地上空同高度的气压，于是空气在水平气压梯度力的作用下，自 A 地上空流向 B 地上空。空气流动的结果，使得 B 地上空空气质量增加，地面气压升高，而 A 地上空空气质量减少，地面气压下降，于是地面上产生了自 B 地指向 A 地的水

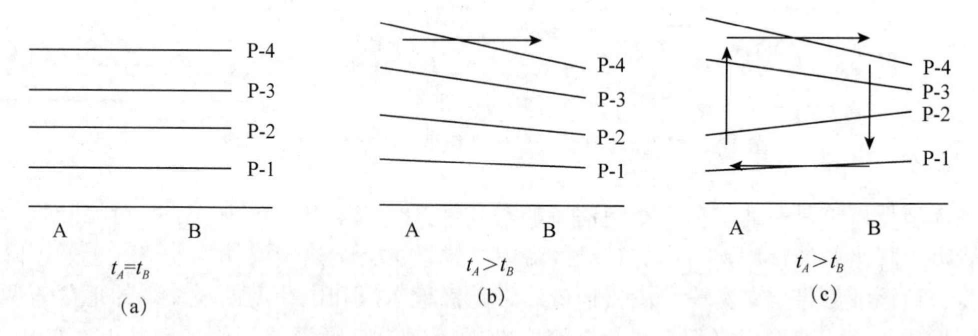

图 1-19　热力环流

平气压梯度，如图1-19(c)所示，空气自B地流向A地，这样就形成了上空空气自暖地流向冷地，地面自冷地流向暖地的空气环流。这种环流是由于纯热力原因产生的，故称为热力环流。地面水平温度梯度越大，由暖地上空指向冷地上空的水平气压梯度也越大，热力环流就越强；反之，水平温度梯度越小，热力环流的强度也越弱。

用热力环流的原理可以解释海陆风、山谷风等地方性风产生的原因。

(2)海陆风

沿海地区在静稳天气时，白天风从海洋吹向陆地，夜间风由陆地吹向海洋。这种在海陆之间形成的，以1d为周期，随昼夜交替而转换方向的风，称为海陆风。海陆风是由于海陆之间热力差异而产生的一种热力环流。

由于海陆表面热力性质不同，白天，陆地增热比海洋强烈，低空产生了由海洋指向陆地的水平气压梯度，形成了下层从海洋吹向陆地的海风；上层则相反，风从大陆吹向海洋。夜间，辐射冷却时，陆地比海洋冷却快，低空产生了从陆地指向海洋的水平气压梯度，形成了下层从陆地吹向海洋的陆风；上层则相反，风从海洋吹向陆地，如图1-20所示。

在内陆地区，大的湖岸和河岸附近，也有类似于海陆风的水陆风出现，水陆风的强度视水体面积大小而不同，一般较海陆风小得多。海陆风和水陆风能造成热量和水汽的输送，对邻近地区的小气候有一定的调节作用。

海风和陆风转换的时间各地不一。一般是陆风在上午转为海风，13~15时海风最强，日落后转为陆风。

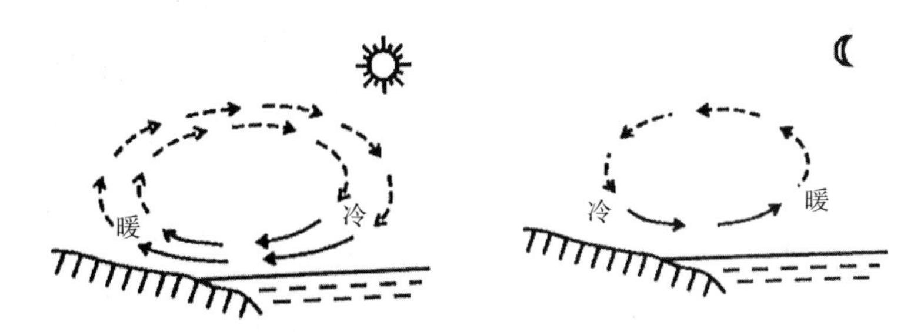

图1-20　海陆风形成示意(据严菊芳等，2018)

(3)山谷风

山地中，风随昼夜交替而转换方向，白天，风从山谷吹向山坡，称为谷风；夜间，风从山坡吹向山谷，称为山风。山风和谷风合称为山谷风。山谷风是由于在接近山坡的空气与同高度谷底上空的空气间，因白天增热与夜间失热程度不同而产生的一种热力环流。

白天，山坡接受太阳辐射而很快增温，靠近山坡的空气也随之增温，而同高度谷底上空的空气，因远离地面，增温缓慢，这种热力差异，产生了由山坡上空指向山谷上空的水平气压梯度。而在谷底，则产生了由山谷指向山坡的水平气压梯度。所以，白天风从山谷吹向山坡(上层相反，风从山坡吹向山谷上空)，形成了谷风。

夜间，山坡由于辐射冷却而很快降温，山坡附近的空气也随之降温，而同高度谷底上空冷却较慢。形成了和白天相反的热力环流，下层风由山坡吹向山谷(上层风由山谷

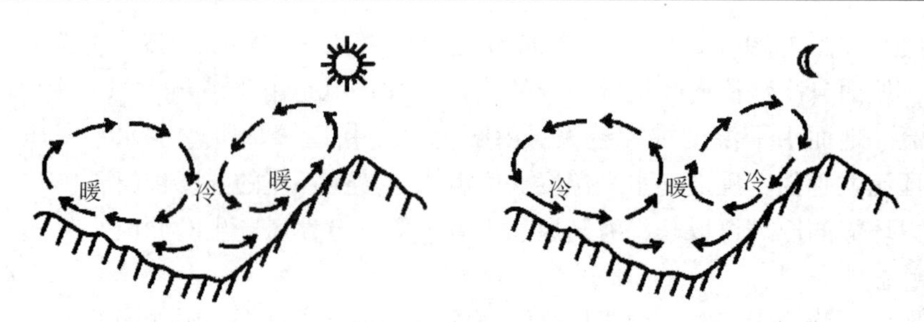

图 1-21 山谷风形成示意

吹向山坡)形成了山风，如图 1-21 所示。

只有在同一气团控制下的天气，山谷风才会表现出来。当有强大气压系统控制时，山谷风常被系统性气流所掩盖。地形比较复杂时，山谷风也不明显。

一年中，山谷风以夏季最明显；一天中，白天的谷风比夜间的山风强大的多。山谷风的转换，一般由山风转为谷风是在上午 9~10 时，由谷风转为山风则在日落以后开始。在山谷风转换时刻可出现短时间的静风。

(4)焚 风

焚风是由于空气作绝热下沉运动时，因温度升高湿度降低而形成的一种干热风。常在气流越山时，在山的背风坡形成，或在高压区中，空气下沉也可产生焚风。

现以气流越山为例，看焚风的形成，当未饱和湿空气越山时，在山的迎风坡被迫抬升，按干绝热递减率降温，上升到一定高度，空气中水汽达到饱和，水汽凝结并产生云、雨。气流再继续上升，则按湿绝热递减率降温。气流越过山顶而沿坡下滑时，由于绝热下沉增温，使原来饱和的湿空气变得不饱和，这时，下沉的空气按干绝热递减率增温直至山脚，加之水汽在迎风坡凝结降落，于是在背风坡的中部或山脚就出现了高温而干燥的焚风。

图 1-22 为气流越山形成焚风一例，一团温度为 20℃，凝结高度为 500m 的未饱和湿空气，越过 3000m 的山岭时，在迎风坡 500m 以下，空气每上升 100m，温度降低 1℃，到 500m 高度时，气团温度为 15℃，相对湿度为 100%。500m 以上，空气每上升 100m，温度降低约 0.6℃，并不断有水汽凝结降落，到山顶时，气团温度降为 0℃，如果这时空气仍处于饱和状态，气团的水汽压则为 4.6mm。气流越过山顶以后，每下降 100m，温度升高 1℃，到山脚时，气团温度变为 30℃，比越山前升高了 10℃，相对湿度变为 14%。

我国幅员广阔，地形起伏，很多地方都有焚风现象，如喜马拉雅山、横断山脉、二郎山等高大山脉的背风坡，都有极为强烈的焚风效应。

无论冬季还是夏季，白天还是夜间，焚风在山区都可以出现。初春的焚风可使积雪融化，利于灌溉。夏末的焚风可使谷物和水果早熟。但强大的焚风会引起森林火灾和旱灾。

1.5.3 风的量度和表示方法

通常，描述风的方法是用其两个属性量——风吹来的方向和风强度的大小来表示。

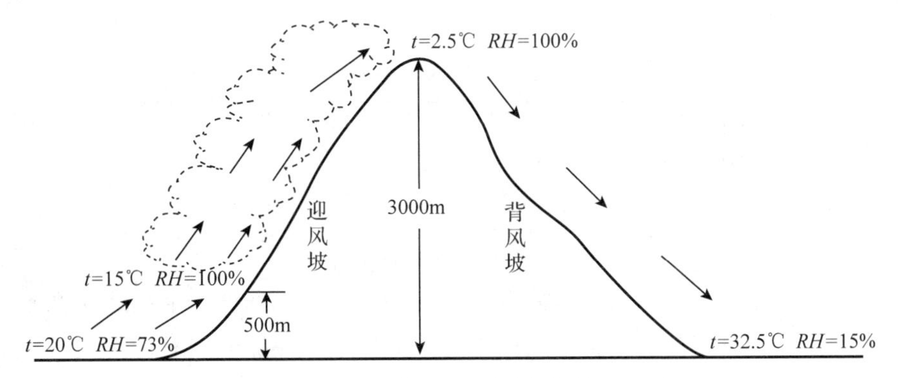

图 1-22 焚风形成示意(据严菊芳等，2018)

因此可将风作为一个矢量，用风吹来方向的方位角和单位时间内通过的距离(即风速)来定义。这样风可表示为一箭状线，其原点位于测点，指向方位角的对称延长线，其长度与风速值成比例。风的方向根据目的和需要的不同而定义不同方位类型，通常用 8 方位，即东(E)、南(S)、西(W)、北(N)、东南(SE)、东北(NE)、西北(NW)、西南(SW)，气象学上一般采用 16 方位；风速的大小即是气体微团单位时间移动的距离，常用的单位是 m/s，一般用风速仪测定。为了便于理解"风矢量"的概念和实际应用，对于某一地点在某段时期的风，经常通过利用气象站的观测资料确定平均风和风向频率分析来表达风的特征。

所谓平均风，也就是理论上稳定的风，它是用风矢量的多边形图进行计算的。当方位角保持不变的时候，以观测次数来区分这类多边形的最后长度(图 1-23)。

风向频率分布，是将极坐标按实际方向分成 8 个或 16 个方位，每次观测时当风向的方位角处在某一方位时，不论其风速大小，均以一次追加在该方位线上。为了表明风的分布，只记录每个方位出现风的次数就可以了。非常小的风和无风情况要另外统计，并在旁边标明观测到的次数。这样，围绕观测点可得到一个多边形，它表明了沿地平面每个方向上所观测到的风的次数，也就是风向的频率分布图(图 1-24)。

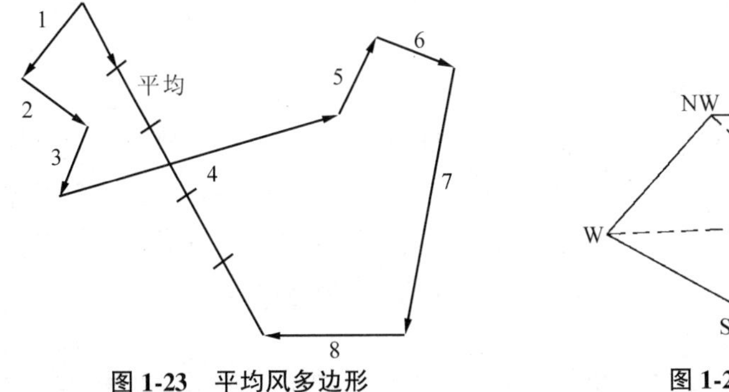

图 1-23 平均风多边形

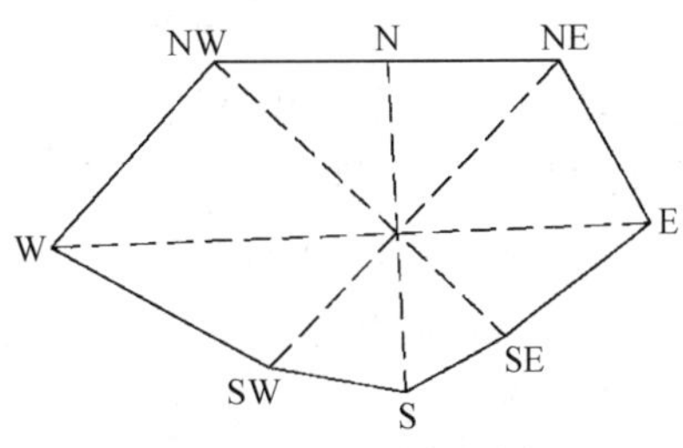

图 1-24 风向频率分布

关于风的大小和方向的确定问题，人们经过长期实践观察和经验总结，提出可根据地面或海上的某些迹象加以确定的方法，并且这种风力分级至今仍被各气象站台所采用，这就是蒲福(Beaufort)的风力分级(表 1-2)。

蒲福风力分级由于其非线性特点，用它直接表示风向和风速的量值十分困难，但它不失为一种十分有用的风力分级方法。

表 1-2 蒲福风力等级表

风力等级	名称	距地 10cm 处风速范围(m/s)	陆地地物征象
0	静风	0.0~0.2	静，烟直上
1	软风	0.3~1.5	烟能表示风向，树叶略有摇动
2	软风	1.6~3.3	人面感觉有风，树叶有微响，旗帜开始飘动，高的草和庄稼开始飘动
3	微风	3.4~5.4	树叶及小枝摇动不息，旗帜展开，高的草和庄稼摇动不息
4	和风	5.5~7.9	能吹起地面灰尘和纸张，树枝摇动，高的草和庄稼波浪起伏
5	清静风	8.0~10.7	有叶的小树摇动，内陆的水面有小波，高的草和庄稼波浪起伏明显
6	强风	10.8~13.8	大树枝摇动，电线呼呼有声，撑伞困难，高的草和庄稼不时倾伏于地
7	疾风	13.9~17.1	全树摇动，大树枝弯曲，迎风步行感觉不便
8	大风	17.2~20.7	可折断小树枝，人迎风面行感觉阻力甚大
9	烈风	20.8~24.4	草房遭受破坏，房瓦被掀起，大树枝可被折断
10	狂风	24.5~28.4	树木可被吹断，一般建筑物遭受破坏
11	暴风	28.5~32.6	大树可被吹断，一般建筑物遭受严重破坏
12	飓风	>32.6	陆上少见，摧毁力极大

1.5.4 大气边界层风的特征

大气边界层为地球大气受下垫面影响的层次，或者说是大气与下垫面相互作用的层次。这层空气受下垫面性质的最直接制约，其运动过程不外乎两种原因：一种是空气团受力的作用；另一种是空气团之间存在着温度差异。因此，要了解这层空气的运动就要首先掌握空气的动力学性质和热力学性质。

1.5.4.1 大气边界层风的动力学特性

空气动力学中所研究的各种流动，都是在等温环境下空气由于受到外力或空气间存在压力差，才开始运动的。这种只有力的存在而使空气开始运动的类型，称为气体的动力运动。自然界大规模的天气变化过程都是由于空气团的动力运动造成的。例如，冬季的寒流、夏季的台风及春季的沙尘暴等，对人类的生活环境有直接的影响。

(1) 风的紊动性

由空气动力学我们知道，空气运动存在层流和紊流两种不同状态，判别其状态的准则是雷诺数 $Re=\frac{\rho LV}{\mu}$的大小。

因为空气的密度和动力黏滞系数较小(表 1-3)，一般当雷诺数大约超过 1400 时，就会使层流过渡成紊流。在室外大气中，当取 L 为地面与对流层上限之间的距离时，布伦特(D. Brunt)估算出如风速超过 1m/s，则空气流动必然是紊流，而不管它是怎样平稳地吹过。因此，大气边界层风始终具有紊流性的特点，特别是引起沙粒运动的风几乎全部都是一种紊流。在风洞内，如取 L 为实验段边长，并设 $L=30$cm，则当风速大约在 7cm/s 以上时，流动必然是紊流。

表 1-3 在一个大气压和不同温度时空气的密度(ρ)和动力黏滞系数(μ)

温度(℃)	空气密度 ρ(kg/m³)	动力黏滞系数 μ(10^{-5}Pa · s)
0	1.293	2.16
10	1.247	2.18
20	1.205	2.28
30	1.165	2.36

紊流运动是一种叠加在一般流动上的不规则的、涡旋状的混合运动。紊流运动发生时，空气微团不再是按照其主流方向上的速度大小分层流动，而是在横向和纵向及其他方向上不断地进行毫无规律的运动，形成许多大小不同的涡旋，小至毫米，大至数百米甚至更大。通过这种涡旋运动进行风的动能的传递和交换。

对于空气的紊流特性，常采用紊流强度、紊动量、紊动尺度和紊动因素等进行描述。

①紊流强度 风在一定高度上的紊流强度是指该处的紊流脉动速度的均方根值与平均速度之比，用符号 ε 表示，即

$$\varepsilon=\sqrt{\frac{\frac{1}{T}\int_0^T\frac{1}{3}(u_x'^2+u_y'^2+u_z'^2)\,\mathrm{d}t}{u_x^2+u_y^2+u_z^2}}\times 100\% \tag{1-74}$$

在风洞中，由于紊流基本上是各向同性的，即 $\overline{u_x'^2}\approx\overline{u_y'^2}\approx\overline{u_z'^2}$，于是紊流强度可以表示为

$$\varepsilon=\frac{1}{u_x}\sqrt{\frac{1}{T}\int_0^T u_x'^2\mathrm{d}t}\times 100\% \tag{1-75}$$

②紊动量 风在一定高度上的紊动量是指该处的脉动速度与剪切流速之比，用符号 σ_h 表示，即

$$\sigma_h=\sqrt{\frac{\frac{1}{T}\int_0^T\frac{1}{3}(u_x'^2+u_y'^2+u_z'^2)\,\mathrm{d}t}{u_*}} \tag{1-76}$$

式中 $u_*=\sqrt{\tau/\rho}$ 为剪切流速或称摩阻流速。

③紊动尺度 紊动尺度就是形成紊流的涡体平均尺寸，这个尺度可以表示为

$$l_\sigma=\int_0^\infty R(\xi)\,\mathrm{d}\xi \tag{1-77}$$

式中

$$R(\xi)=\frac{\overline{u_x'(x)\cdot u_x'(x+\xi)}}{\overline{u_x'^2}} \tag{1-78}$$

$u'(x)$和$u'(x+\xi)$是纵向紊流脉动各自在x和$x+\xi$位置的同时瞬时值，它们上面的符号“——”表示许多同时瞬时测量值乘积的时均值。

函数$R(\xi)$是一个相关系数，当$\xi=0$时，由于该点的$u'(x)=u'(x+\xi)$，它的值等于1，相关系数最大；对于大的ξ值，$u'(x)$和$u'(x+\xi)$不存在相关关系。这就是说，这里的一对流速瞬时值，出现相同符号和出现相反符号的概率是相等的，认为这时的相关系数减少为零。紊流研究表明这种情况是存在的，从而使尺度l_σ的表达式具有有限值。

④紊动因数　风力搬运沙物质颗粒的许多问题，取决于紊流中的最大脉动压强。切皮尔(W. S. Chepil，1959)利用$P+3\sqrt{\overline{P'^2}}$作为最大压强的表达式，并定义紊动因数$\rho_\sigma$为

$$\rho_\sigma = (P + 3\sqrt{\overline{P'^2}})/P \tag{1-79}$$

式中　P——时均压强；

$\sqrt{\overline{P'^2}}$——脉动压强的均方根。

在接近地表最高沙粒的表面，紊动因数约为2.7，随着高度的增加，紊动因素逐渐减小。

(2)风的掺混作用

为了形象地说明紊动的掺混作用，下面先举一个水流紊流掺混现象的例子。

在图1-25所示的稳定均匀的紊流中，迅速地注入少量颜料，很快可以看到，当颜料被水流以时均速度u挟带下移时便掺混开来。当$t=0$即注入颜料时，染色水体占据相对较小的体积，如图中的“a”点。经过Δt时间，染色水体向下游运行一段距离，到达“b”点，这时染色水体所占据的体积增大了，并且形状也变化了。这种尺寸上的增大和形状上的改变就是由于存在紊流分量的结果。

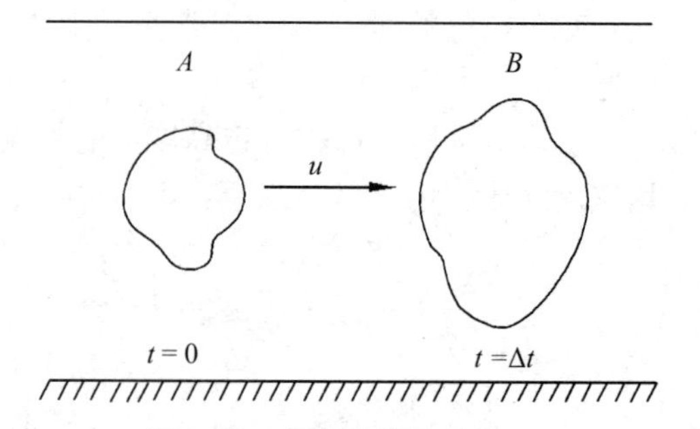

图1-25　水流的掺混现象

染色水体传递是一个阐明掺混作用的明显例子。实际上，任何由流体所挟带的其他物质都可以在流体中同染色的过程一样进行掺混。地面上空的大气运动，通常就具有明显的紊流运动性质及由此表现出的掺混作用。大气中，热量和水分的来源主要集中在下垫面，而动量则主要集中在高层空间，通过垂直方向的紊流输送过程，下垫面上的热量和水分可以输送到大气的上层，作为大气中的一部分能量和物质来源；同时，高层的动量也可以输送到低层，以补偿近地面空气层与粗糙下垫面相互摩擦所造成的动量损失。

(3)风的阵性

在野外观测中可以发现，风速时大时小，风向也不停变化，这种现象称为风的阵性，近地面层气流，阵性更为显著。

大气边界层风的阵性是紊流运动的结果。在大气边界层风中充满着大小不同、方向各异又不停变化的紊流涡旋。我们观测到的瞬时风，是宏观气流与不规则涡旋运动的叠加。处于涡旋的不同位置或者涡旋本身发生变化时，观测者就感觉到风的阵性。实际观测中，常常观测一段时间内的平均风向风速，消除阵性的影响。

风的阵性在整个过程中都有表现，尤其是在山区。随着高度的增加，风的阵性逐渐减弱，一般到2~3km高度以上就不明显了。一日之中，因午后紊流最强，其阵性也表现最为明显；一年之中，则以夏季最为明显。

在实际工作中，常用阵性度$\eta=\frac{V_{max}-V_{min}}{\bar{V}}$来表示风的阵性，式中的$V_{max}$，$V_{min}$为某一规定短时段(如10min)内的最大和最小风速，而$\bar{u}$则为同时段的平均风速。显然，阵性度越大，表示风的脉动越强烈，因而造成阵性风的风压越大，所以大的阵风破坏性也极强。

(4)风向脉动

在近地面层中，由于紊流与地面起伏的共同作用，使得空气在运动过程中，在发生速度脉动的同时，风向也会发生显著的脉动。

由于动力与热力因素所引起的紊流运动对风向脉动的影响是有差异的。史密斯(Smith)建议应用风向变率作为紊流阵性度分类的依据。按他的分类依据，大气运动可分为以下4种类型：

A型：每小时风向变化超过90°，风速微弱。主要是由热力紊流所造成。

B型：1h内风向变化在15°~90°，起伏很不规则(无一定的平均方向)，反映了热力与动力紊流的混合作用。

C型：风向脉动频率很大，1h内风向变化在15°~90°，平均方向可以分辨出来，这是以动力作用为主的紊流运动。

D型：紊流减弱到最低限度，风向脉动在0°~15°，此时，热力稳定度抑制动力紊流的发展。

以上4种类型，在一般气象台(站)的瞬时风向自记记录纸上分出来并不困难。可根据风向的种种变化，来判别当时的大气稳定状况。

(5)风的日变化

大气边界层风常表现一定的日变化规律，这是它区别于自由大气层中风的一个特点。日出后，地面增热，大气层结不稳定性增加，紊流交换随之加强，上下层空气得以交换混合，导致下层风速增大，上层风速减小，午后最为明显。夜间大气层结核稳定性增加，紊流交换作用减弱，上层风速又逐渐变大，下层风速则逐渐变小。下层与上层之间过渡高度约为50~100m。

在气压形势稳定时，风的日变化较为明显。当较强的天气系统过境时的日变化将被扰乱和掩盖。一般情况下，风的日变化现象晴天比阴天明显，夏季比冬季明显，陆地上比海洋上明显。

1.5.4.2 大气边界层风的热力学特性

空气流动除了由动力条件引起的对流外，还存在一种由热力条件所引起的对流，称为热力对流。近地面层气流的紊流运动，总是在动力和热力的共同作用下发生和发展起来的。大气是否是静力稳定的，取决于热力学状态量在垂直方向上的分布状况。

(1)空气密度及其变化

空气的密度表示空气在空间分布的密集程度，它是以单位体积空气的质量来表示的。标准空气(1 个标准大气压，温度 20℃)的密度为 1.205kg/m³。

在大气边界层中，空气密度是随高度变化的。由气体静力学方程知

$$\frac{\mathrm{d}p}{\mathrm{d}z} = -\rho g \tag{1-80}$$

式中 p——大气压力；

z——铅直高度；

ρ——空气的密度；

g——重力加速度。

又从气体状态方程得

$$\rho = \frac{p}{RT} \tag{1-81}$$

式中 R——气体常数，其值为 $2.876\times10^2(\mathrm{m^2/s^2})$；

T——绝对温度(°k)。

由式(1-80)和式(1-81)可推得

$$\frac{1}{\rho}\frac{\mathrm{d}p}{\mathrm{d}z} = -\frac{1}{T}\left(\frac{\mathrm{d}T}{\mathrm{d}z} + \frac{g}{R}\right) \tag{1-82}$$

若以空气的平均温度 T_m 代替可变温度 T，式(1-82)可简化为

$$\frac{1}{\rho}\frac{\mathrm{d}p}{\mathrm{d}z} = -\frac{g}{RT_M} \tag{1-83}$$

将式(1-83)积分可得

$$\rho = \rho_0 \mathrm{e}^{-\frac{gz}{RT_m}} \tag{1-84}$$

式中 ρ_0——地表面的空气密度。

由式(1-84)可知，在常温下空气密度随高度按负指数规律变化。

在近地面层中，由于存在温度梯度$\frac{\mathrm{d}T}{\mathrm{d}z}$，尤其是当$\frac{\mathrm{d}T}{\mathrm{d}z}=-\frac{g}{R}\approx-3.4\times10^2$℃/m 时，$\frac{\mathrm{d}\rho}{\mathrm{d}z}=0$，这时空气密度的变化就直接与温度梯度有关。

(2)空气温度及其变化

温度是空气重要的热力学性质，也是影响气流运动的主要因素之一。在对流层中，总的情况是气温随高度增加而降低，其垂直递减率平均为 0.65℃/100m。在近地面层中，由于受地表增热和冷却的影响，温度随高度变化较大，例如，夏季白天，当晴空无云时，陆地上剧烈增热，近地层气温垂直递减率可达(1.2~1.5)℃/100m，超过了干绝热递减率；而冬季夜间(或凌晨)，在天气晴朗的时候，陆地上强烈冷却，气温递减率减小，甚至转变为负值。在贴地层(2m 以下的气层)气温的垂直变化更大，很难找出一般规律。

气温随高度改变而升降的程度，称为垂直梯度，又称气温递减率，用 γ 表示，单位为℃/100m，其计算公式为

$$\gamma=\frac{\Delta T}{\Delta z}=\frac{T_2-T_1}{z_2-z_1} \tag{1-85}$$

式中　z_1、z_2——垂直高度，假设 $z_2>z_1$，则高度差 $\Delta z=z_2-z_1$；

T_1、T_2——分别为 z_1、z_2 处的气温，温度差 $\Delta T=T_2-T_1$，负号表示气温的升降与高度变化的方向相反。

一般情况下，对流层中 $\gamma>0$ 时，表示气温随高度增加而降低；当 $\gamma=0$ 时，表示气温随高度不变，即为等温层；当 $\gamma<0$ 时，表示气温随高度增加而上升，即大气层为逆温层。

逆温层是在特殊情况下出现的，如地面受强烈辐射后冷却、暖空气流向冷地面、冷空气向低洼地下沉积、冷暖空气交锋等因素，都能使低层气温高于高层。气温沿铅直方向向上逆增，从而形成辐射逆温、平流逆温、下沉逆温和锋面逆温等。逆温层内，空气密度随高度而迅速减小，因此，气层处于稳定状态，平流和紊流运动受到抑制，只是尘埃杂质积聚于低层，难以扩散。

如果空气团的状态发生变化时没有热量的支出或收入，则这种状态变化(即温度、气压及密度的变化)称作绝热变化。在绝热变化时，空气的温度只与气压和气体比热有关。

当大块空气作绝热上升运动时，因外界气压不断减小，气体体积必然膨胀，抵抗外界压力而做功，消耗内能，致使气块本身温度下降，这种过程称为绝热冷却，或称绝热降温；相反，当气团作绝热下沉运动时，由于外界气压不断增大，气团体积被压缩，外界压力对气团做功，并转化为内能，使气团本身温度上升，这种过程称为绝热增温。

(3)大气稳定度

在空气动力学中，雷诺数 *Re* 是用来度量惯性力和黏性内摩擦切应力相互关系的准则数，大雷诺数下运动就意味着运动中的惯性力远大于内摩擦黏性力的影响，或者说流场上绝大部分流体微团的运动是由惯性力决定的。雷诺数作为空气流态的物理判据的条件是空气温度均一，即没有温度梯度的存在，此时的紊流运动是由于风的垂直切变，也就是动力因素引起的运动，称为动力紊流(强迫紊流)。还有一种由热力条件(空气温度分布的差异和下垫面热力性质的影响)引起的对流，称为热力对流。在实际大气中，紊流运动总是在动力和热力因素的共同作用下发生、发展起来的。为了判定大气的稳定情况，理查逊(Richaldson)提出了一个物理判据，称为理查逊数 R_i。它可直接从平均运动动能转化为紊能，从贴地气层的能量平衡方程中导出。从紊能平衡方程推导出的理查逊数有如下表示形式

$$R_i=\frac{g}{\theta}\times\frac{\frac{\partial\theta}{\partial z}}{\left(\frac{\partial u_x}{\partial z}\right)^2} \tag{1-86}$$

式中　g——重力加速度(m/s^2)；

θ——位温(K)；

z——高程(m)；

u_x——风速(m/s)。

由式(1-86)看出，理查逊数的物理意义是，空气团沿铅直方向运动抵抗重力的做功率(消耗率)与由紊流能量的供给率之比值，即表明空气团在运动过程中，热力因素与动力因素的对比关系，说明了某块气团的稳定度条件对于空气热交换的影响。

理查逊数是衡量大气稳定与否的指标，即是衡量大气紊流消长的指标。根据理查逊数可以了解大气中紊流发展的程度，共有下面 3 种取值情况：

① $\frac{\partial\theta}{\partial z}>0$，$R_i>0$，此时的大气状态称作层结稳定。在热力作用影响下，紊流衰退，即热力阻碍紊流运动的发展。温度梯度$\frac{\partial\theta}{\partial z}$越大，紊流越弱。

② $\frac{\partial\theta}{\partial z}=0$，$R_i=0$，此时的大气状态称作中性层结。这时，位温分布是均匀的紊流运动。如在均匀流体中一样，紊流运动加强的程度完全取决于平均运动所提供的动能多少(风的切变)，这是近地层大气最理想、最简单的情况。

③ $\frac{\partial\theta}{\partial z}<0$，$R_i<0$，此时的大气状态称作不稳定层结。紊流随着大气不稳定程度的增加而加强，紊流运动从热力不稳定中获得补充能量，紊流将大为加强。

由于热力作用与太阳辐射作用相关很大，而太阳辐射具有极明显的日变化，因此衡量大气稳定程度的理查逊数也具有日变化。清晨日出后，地面急剧增温，这时$\frac{\partial\theta}{\partial z}<0$，大气层结不稳定，紊流运动不断加强($R_i$ 数的负绝对值不断增加)。中午时，$\frac{\partial\theta}{\partial z}$达到负的极大值，紊流最为强烈，近地层中风速达到最大，$\frac{\partial\theta}{\partial z}$的绝对值慢慢减小。到傍晚开始出现逆温。此时稳定层结对紊流运动施加反方向影响，阻碍其发展，紊流减弱，此时 $R_i>0$，$R_i=0$ 的情况发生在日出之前和日落之后的某一时刻。

在小气候工作中，理查逊数 R_i 使用较广，但鉴于$\frac{\partial\theta}{\partial z}$难以测定，所以在近地层大气稳定度的测量时，斯马利科(Я. А. Смалько)提出用正比于该数的另一特征量 r_i 表示

$$r_i=\frac{T_2-T_1}{{u_{x1}}^2} \tag{1-87}$$

式中　T_2-T_1——0. 2m 与 1. 5m 处温度差；

u_{x1}——2m 高度上的风速；

r_i——大气稳定度参数。

野外观测资料表明，r_i 的日变化情况与前面分析的 R_i 日变化规律是一致的。

1. 5. 5　近地面层风的垂直分布(风速廓线)

风沙运动是一种地面过程，除强沙尘暴外，一般都在近地面层内发生，特别是贴地

层更是风沙现象的集中发生区。

气流在近地面层中运动时，由于受下垫面摩擦和热力的作用，具有高度的紊流性。风速沿高度分布与紊流的强弱有密切关系。当大气层结不稳定时，紊流运动加强，上下层空气容易产生动量交换，使风速的垂直梯度变小；当大气层结稳定时，紊流运动减弱，上下空气层相互混掺的作用减弱，风速垂直梯度就大。通常我们讨论的风速的垂直分布都是指中性层结条件下的。因为这时，气流温度在各个高度上都是相同的，在讨论中就不考虑温度的影响，把它当作一般流体处理，减少了自变量的个数，从而简化了方程。

1.5.5.1 纯气流在稳定床面上的风速廓线

风速随高度的变化称为风速廓线，描述风速随高度变化的方程称之为风速廓线方程。风速的垂直分布取决于近地面层的气流性质(即雷诺数 Re)、大气层结稳定度(即理查逊数 R_i)和地面粗糙度(z_0)，其关系可以表示为：

$$\frac{u_x}{u_*}=f(Re,\ R_i,\ z_0) \tag{1-88}$$

式中 u_*——摩阻速度(或剪切速度)。

由于近地面层风总是紊流性质的，因此式(1-86)中，雷诺数 Re 的作用可以忽略不计；如果观测点设在同一块地表面之上，那么地面粗糙度 z_0 是常数，其影响也暂可不计。因此，风速的垂直分布及其变化与近地面层的大气层结稳定度有密切关系。稳定床面条件下的风速随高度变化可从大气的中性层结和非中性层结(包括稳定和不稳定)两方面分别讨论。

(1)中性层结的风速分布

大气呈中性层结时，近地面层不存在温度梯度，风速只受到地面摩擦力的影响而变化。因摩擦力随高度增加而减小，所以风速随高度的增加而增大，并与高度的对数值成正比，即 u_x 正比于 $\ln z$。这个分布规律得到了空气动力学的理论解释，即普朗特—冯·卡门(L. Prandtl-Von Karman)的速度对数分布规律，其形式为：

$$u_x=\frac{u_*}{k}\ln\frac{z}{z_0} \tag{1-89}$$

式中 u_*——摩阻速度，$u_*=\frac{\sqrt{\tau}}{\rho}$；

u_x——高度 z 处的风速；

z_0——地表粗糙系数，表示风速为零的高度；

k——卡门常数，一般取值 0.4。

因此，式(1-89)或者写为

$$u_x=5.75u_*\lg\frac{z}{z_0} \tag{1-90}$$

式(1-89)和式(1-90)反映了近地面层风随高度按对数规律变化的关系，也可用图形表示。图 1-26 给出在没有发生风沙运动以前或没有风沙运动的地方，距地面不同高度上的一系列风速测量数值。高度用线性尺度表示时(a)，风速分布呈曲线。高度用对数尺度表示时(b)，风速分布呈直线。由此可见，风速不是与高度而是与高度的对数值成正比，说明风速廓线是随高度呈对数分布的。

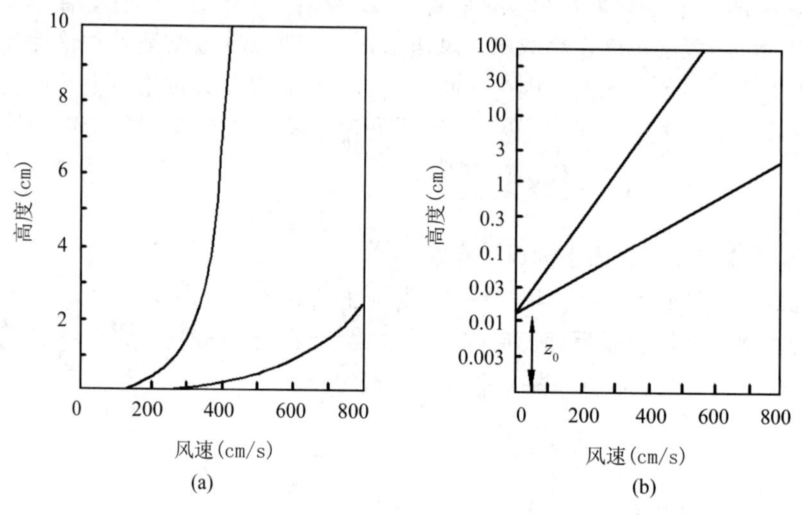

图 1-26 贴地层风速廓线(据拜格诺，1954)

(a)高程以线性尺度表示 (b)高程以对数尺度表示

若近地层内，u_{x_1} 为 $z=z_1$ 高度的风速，u_{x_2} 为 $z=z_2$ 高处的风速，根据式(1-89)有

$$u_{x_1}=\frac{u_*}{k}\ln\frac{z_1}{z_0}$$

$$u_{x_2}=\frac{u_*}{k}\ln\frac{z_2}{z_0}$$

两式相比可以得到

$$u_{x_2}=u_{x_1}\frac{\ln\dfrac{z_2}{z_0}}{\ln\dfrac{z_1}{z_0}} \tag{1-91}$$

根据式(1-91)，已知 u_{x_1} 和 z_0，即可计算出 u_{x_2}，反之测得 u_{x_1} 和 u_{x_2}，可确定 z_0。z_0 实质是下垫面粗糙程度的一个表征量，对均质表面而言，z_0 与粗糙度(即固体表面凸出物平均高度)之间为 1/30 的关系。但对于复杂下垫面一般由经验确定，光滑地面，如沙地，约为沙粒粒径的 1/30；完全粗糙的地面，如草地，约为草高的 1/8~1/7。

(2)非中性层结的风速分布

中性稳定层结在正常天气条件下，仅在有限时间出现，如黎明和黄昏前后。当出现非中性情况时，风速廓线的斜率就远离典型对数廓线而出现凹凸的廓线。在不稳定条件下，风速廓线的凹面向上；而稳定条件下、凹面向下，如图 1-27 所示。

大气为非中性层结时，风速随高度的分布情况比较复杂。这里只介绍一种最简单的常用的幂次式。这种模式为迪肯(E. L. Deacon)等人应用紊流半经验理论公式推导的结

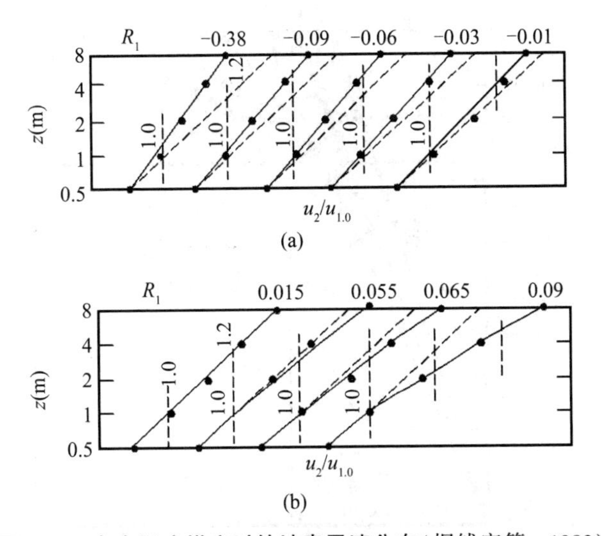

图 1-27　存在温度梯度时的地表风速分布(据钱宁等，1983)

(a)高空温度低于地表温度　(b)高空温度高于地表温度

注：虚线代表不存在温度梯度时的风速分布

果，其方程为

$$u_x = \frac{u_*}{k(1-\beta)}\left[\left(\frac{z}{z_0}\right)^{1-\beta} - 1\right] \tag{1-92}$$

式中　k——卡门常数，取值 0.4；

u_*——摩阻速度；

z_0——地表粗糙系数；

β——大气层结稳定度参数，是查理逊数 R_i 的函数。中性层结 $\beta=1$；非中性层结，稳定时 $\beta<1$，不稳定时 $\beta>1$。显然，$\beta=1$ 时就转化为对数分布式。

野外实测资料表明，在白昼 90% 以上的时间里，风速分布都遵循对数率；到了夜晚，由于温度梯度比较显著，幂次式就比对数公式更为可靠。

1.5.5.2　风沙流在床面上的风速廓线

当地面有风沙运动时，风速分布就会和稳定床面上的情况有显著不同。拜格诺(R. A. Bagnold)等人研究发现，这时风速分布仍然遵循对数定律，只是由于随着风力的增加，跃移阻力相应加大，靠近地面的风速不因风力增强而增大。表现在半对数纸上，可以看到一系列直线，而且这些代表不同风力的直线都汇聚于一个焦点 A，这一点的高程为 z_t，其风速始终保持一个定常值 u_t，如图 1-28 所示。

这时风速分布公式可以表示为

$$u_x = 5.75 u_* \lg \frac{z}{z_t} + u_t \tag{1-93}$$

拜格诺(R. A. Bagnold)根据他的试验结果，认为高度 z_t 可能和在沙面上形成的沙波纹的高度有关。在均匀细沙中沙波纹比较平缓，这时高度差不多等于 0.3cm，而在混合

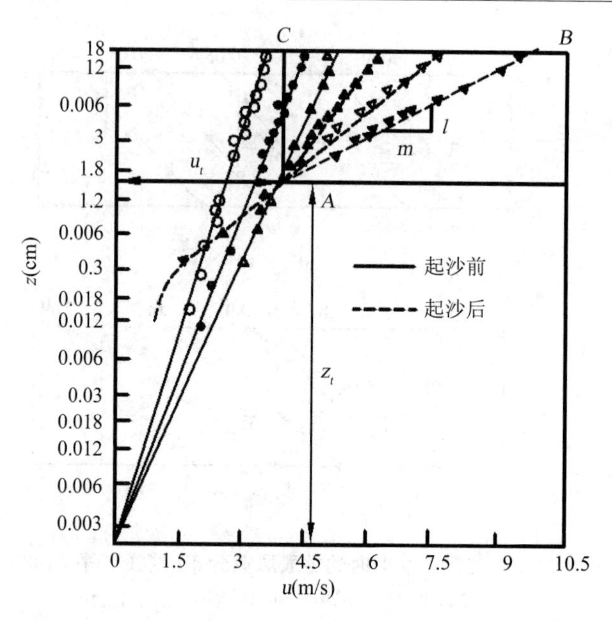

图 1-28 起沙前后的风速分布

沙中当沙波纹高度较大时，则在 1. 0cm 左右。这一高程上的风速相当于稳定床面沙粒的冲击起动风速。

对于运动沙床面上的风速分布，津格(A. W. Zingg，1953)根椐自已的风洞实验结果认为，在存在风沙运动时，卡曼常数 k 应小于 0. 4，并且随着含沙量的增大而减小，并建议采用近似值 0. 375，这样修正后的风速分布公式变为

$$u_x = 6.13 u_* \lg \frac{z}{z_t} + u_t \tag{1-94}$$

津格通过试验还得出：$z_t = 10d$，$u_t = 8.49d$，其中 d 为沙粒粒径。

这里需要说明的是，以上公式都是根据风沙跃移层以外的风速测量结果拟合的经验公式，因而原则上只能适用于跃移层以外的高度。在存在较大密度梯度的跃移层内，颗粒运动对风场存在较强的阻滞作用，而且这种阻滞作用越靠近床面越强烈，所以从跃移层外缘到床面风速梯度应单调递减，风速分布在半对数纸上应当成为下凹的曲线(钱宁等，1983)。津格也曾指出，对于风力变化的情况，在已知沙面上的速度分布在 $z<1.5$cm 时，不遵循半对数直线关系，它们表现为下凹的曲线相交，并显示在接近床面处速度趋于一个常数。

1. 5. 6 植被对近地面层气流的影响

前面所讨论的近地面层风速的分布规律都是针对平坦、裸露的旷野地并且地面物质固定不移动而言的。当气流吹过平坦裸露地面而进入有植被地区，风速分布将要发生明显的变化。

1.5.6.1 零平面位移

(1)零平面位移高度的含义

当地表有密集的植被(乔、灌、草及农作物等)覆盖时，气流受植被的影响被迫抬升，此时，风速廓线将相应地发生位移，把原来在裸露地面上的风速廓线垂直地抬高到新的高度 Z_h 之上，而在 Z_h 以下由于受植被的影响，风速很弱，如图 1-29 所示。通常把高度 Z_h 称为风的活动层高度，其数值为 $z_h+z_B+z_0$，式中 z_B 称为零平面位移高度，z_0 为有植被地段植被冠层粗糙系数。

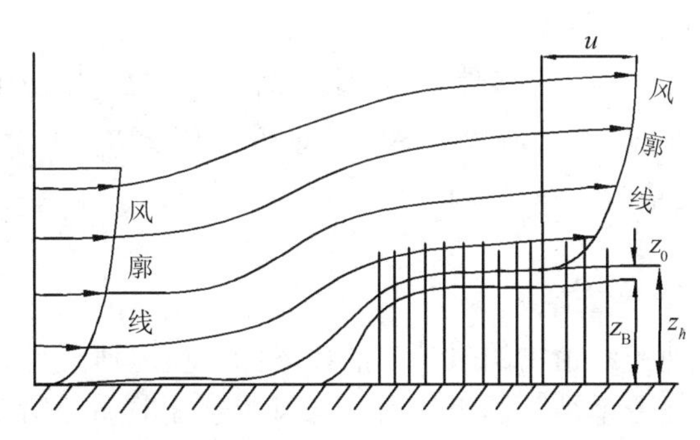

图 1-29 气流通过高密草丛(作物)时的示意

(2)零平面位移高度的确定

零平面位移高度 z_B 的大小与一系列因素有关，首先它取决于植被本身的平均高度 H。斯坦海尔(Stanhill)曾给出了 z_B 与 H 之间的经验公式为：

$$\lg z_B = 0.979\lg H - 0.154 \tag{1-95}$$

芒蒂斯(Monteith，1973)还给出过一个 z_B 与 H 之间更为简单的线性关系式

$$z_B = 0.63H \tag{1-96}$$

有植被地段植被冠层粗糙系数 z_0 也与植被平均高度 H 有关，佩尔顿(Pilton)给出 z_0 与 H 的关系式为

$$\lg z_0 = 0.997\lg H - 0.888 \tag{1-97}$$

在以往的许多文献中，比较普遍地认为，对禾本科作物，零平面的位移高度 z_B 相当于作物本身高度的 2/3。在野外工作中，为了获得风速廓线，总是从植被高度的 2/3 开始计量仪器的高度，这样工作起来就比较方便。

1.5.6.2 植被冠层上的风速廓线

(1)中性层结下的风速廓线

当风流经高大密集且较为均一的植被冠层时，风速廓线方程中的高度 Z 显然不能从地面算起，因为植被层已经将廓线整体抬升至零平面位移高度以上，所以中性层结状况下植物冠层以上风速廓线方程应该为

$$u_x = \frac{u_*}{k}\ln\frac{z - z_B}{z_0} \tag{1-98}$$

式中　u_*——摩阻流速；

k——卡曼常数，取 0.4；

z_B——零平面位移高度；

z——高度($z>z_B$)；

z_0——地表粗糙系数。

(2)非中性层结下的风速廓线

非中性层结状况下风速廓线方程为

$$u_x = \frac{u_*}{k}\ln\frac{z - z_B}{z_0}\Phi_m \tag{1-99}$$

式中各字母的含义除 Φ_m 外，其他都与中性层结的风速廓线相同。Φ_m 随大气层结而变化。当大气为稳定状态时(理查逊数 $R_i>0$)，则 $\Phi_m=(1-5R_i)^{-1}$；当大气为非稳定状态时(理查逊数 $R_i<0$)，则 $\Phi_m=(1-16R_i)^{-0.25}$。

1.5.6.3　植被冠层内的风速廓线

在植被冠层内，风速受到植物的阻挡，消耗风能，使风速降低；另外由于流线受到压缩而得到增强。但是随着植被阻挡距离增加，风速逐渐减弱。铅直变化的基本特征是风速随高度变化不大，但在接近植被顶部的风速变化则非常迅速。植被冠层内的风速廓线，有的学者(内岛、小林等)认为可用反对数形式表示，即

$$u_x = u_H\exp\left[-a\left(1-\frac{z}{H}\right)\right] \tag{1-100}$$

式中　H——冠层顶高度(m)；

u_H——冠层顶上方 H 高度处的风速(m/s)；

a——风速消减系数。

小林等通过经验确定，a 在 2.1~2.4 的范围内；高德力安(J. Goudriaan，1977)则测出 a 的值为：松柏科森林 1.88，草地 3.54，玉米地 2.55。

植被内的风速变化是比较复杂的，植被包括乔、灌、草，还有每种植物的密度、盖度、结构、季节变化等，各种植物的组成等，这都是需要选择适当的参数进行研究。

1.5.7　风障对近地面层气流的影响

所谓风障是指为阻滞风的运行过程而在气流场中设置的长条形面状构筑物，如挡墙、沙障、植物篱、林带等。与上述植被层对近地面层气流的作用相比，风障的不同之处在于它主要是造成风的局部阻力，而植被层更多的是沿程阻力。

关于风障对近地面层气流的影响，不外乎体现在风障高度(障高)、风障长度(障长)、风障厚度(障宽)和透风度几个方面。由牛顿阻力公式 $F_D=C_DA\,\frac{1}{2}\rho V_\infty^2$，可知障长与障高共同构成了迎风面面积，决定着式中 A 的大小；而障宽和透风度则决定阻力系数 C_D 的值。但一般情况下，障长都较长，除边缘部分外，整体绕流规律基本一致，所以研究中只考虑单位障长情况下障高变化对气流的影响。另外，障宽与障高和障长相比，尺

寸较小，对气流的影响不大，所以也不作为主要影响因子进行考虑。

1.5.7.1 障高对近地面层气流的影响

风障的高度是影响近地面层气流运行规律和产生气动阻力的重要因素，一般而言，障高越高，阻力越大，影响空间区域也越广泛；障高越低，阻力越小，影响空间区域也越狭窄。因为风障高度高，迎风面积就大，因此近地面气流受阻的范围也大，风障后被抬升的气流恢复到原初状态(旷野)的距离也就大。实际观测发现，风障障后的阻力影响范围基本符合20倍规律，即

$$L = 20H \tag{1-101}$$

式中 L——风障后受阻气流的恢复距离(m)；

H——障高(m)。

1.5.7.2 风障透风度对近地面层气流的影响

风障透风度是指垂直立面单位面积风障中通风孔隙的面积所占比例，用百分数表示。透风度对气流的影响主要体现在气流方向的改变度、涡团破碎度、边缘摩擦度和漩涡尺度等方面。由于风障孔隙的通风能力所限，部分受阻气流可能不得不选择其他方向流动，气流方向的改变不仅减少对下垫面的平行扰动，而且可能与其他方向的气流发生碰撞，消耗能量；风障上方来流由于在空旷下垫面空间长距离稳定输送过程中造成小涡团不断合并的结果，会形成一些大尺度的涡团，紊流作用较强，风障孔隙的分割效应可将其破碎打乱，从而降低气流紊流强度，减小气团总动能；风障孔隙的边缘摩擦和收扩管效应可直接消耗气流能量；风障前后由于附面层分离，形成漩涡，会造成局部"死循环"，也将损失部分能量。

关于风障透风度对近地面层气流的影响研究，防护林学应用领域开展较多，并提出用透风系数和疏透度等作为量化指标，来衡量林带结构优劣。所谓透风系数是指林带背风面林缘平均树高以下处与旷野同一高度平均风速之比，用 α_0 表示，其表达式为

$$\alpha = \frac{\frac{1}{H}\int_0^H \bar{u}(z)\,\mathrm{d}z}{\frac{1}{H}\int_0^H \bar{u}_0(z)\,\mathrm{d}z} \tag{1-102}$$

式中 H——林带平均树高(m)；

$\bar{u}(z)$——背风面林缘高度 z 处平均风速(m/s)；

$\bar{u}_0(z)$——旷野高度 z 处平均风速(m/s)。

实际应用中，林带透风系数通常取3~5个高度上的风速的平均值进行计算。

疏透度也称透光度，是指林带在水平方向上天空背景下显示的林木枝叶疏密程度的几何亮度，用 β 表示，其表达式为

$$\beta = \frac{\alpha}{A} \times 100\% = \frac{\sum_{i=1}^{n} a_i}{\sum_{i=1}^{n} A_i} \times 100 \tag{1-103}$$

式中 α——林带垂直立面上透光孔隙总面积(m^2)；

A——林带垂直立面上投影总面积(m^2)；

n——为便于统计计算而将林带垂直立面划分的网格数；

a_i——第 i 个网格内透光孔隙面积(m^2)；

A_i——第 i 个网格总面积(m^2)。

可以看出，疏透度和透风度实质是同一指标的不同表达形式。

根据透风系数和疏透度的大小，在生产上人们将林带划分为 3 种结构类型，即紧密结构、疏透结构和透风结构。

紧密结构林带疏透度小于 5%或透风系数小于 0.35，它如同一面密不透风的粗糙墙壁，迎面气流基本无法穿过，受地面和壁体的挤压，流线几乎全部被抬升改变流型，而从林冠顶加速越过，迎风面靠近地面拐角处和背风面由于附面层分离，分别形成不同尺度的漩涡。越障气流借助紊流空间扩散，不断下沉在短距离内恢复到旷野状态。

透风结构林带透风系数大于 0.6，林带枝叶稀疏，绝大部分气流以不变流型或流线稍有加密状态穿越林带，除有限度的气团破碎和边缘阻力外，没有大的能量消耗过程，风力消减效果一般。

疏透结构林带透风系数为 0.35~0.6，林带枝叶较密集，一部分气流能以不变流型穿越林带，另一部分则被挤压抬升，流线改变流型后，从林冠顶加速越过。由于受穿越气流的“冲击”作用，越过冠层顶端的气流难以产生明显的附面层分离过程，也不会产生大尺度的背风面漩涡。这种结构的林带对气流能量的损耗作用大，背风面受阻气流的恢复距离也较长，从防风固沙的角度来说是最理想的林带结构。

思考题

1. 简述流体的连续性方程。
2. 如何理解理想流体的伯努利方程。
3. 如何定量表达大气边界层风的特征？
4. 简述风随高度的分布特征。
5. 简述风障对近地面气流的影响。

推荐阅读

两种柔性植株地表风速廓线特征比较的风洞模拟. 亢力强，杨智成，张军杰，等. 中国沙漠，2020. 40(2)，43-49.

植被覆盖地表空气动力学粗糙度与零平面位移高度的模拟分析. 张雅静，申向东. 中国沙漠. 2008，(1)，21-26.

Wind tunnel study of airflow recovery on the lee side of single plants. Cheng，H.，Zhang，K.，Liu，C.，et al. Agricultural and Forest Meteorology，2018，263，362-372.

Wind erosion rate for vegetated soil cover：A prediction model based on surface shear strength.

Catena,Cheng, H. , Liu, C. , Zou, X. , et al. 2020. 187.

Relationships between shelter effects and optical porosity: A meta-analysis for tree windbreaks.

Wu, T. , Zhang, P. , Zhang, L. , et al. Agricultural and Forest Meteorology. 2018,259, 75-81.

第2章

沙物质及其基本性质

我们知道，风沙运动实质上是风沙流的活动，而风沙流又是由风(主要是近地面风)与固体沙物质组合而成的二相流。对于风，在上一章中已进行了详细的研究和论述，本章则重点讨论形成风沙流的沙物质及其一些最基本的性质，以便为研究风沙运动奠定基础。

2.1 沙物质及其来源

地球上巨量的沙物质，在时间空间上分布很广。在前寒武纪、古生代、中生代和新生代的岩层中都有记录；全球各大洲、各生物气候带，不论干旱、半干旱乃至湿润气候区都可出现(吴正，1989；赵兴梁，1993)。不同时期、不同自然地带的沙质景观，在自然和社会因素综合作用下，形成各种类型的生态系统，既是人类生存发展的基地，也可导致土地沙漠化，给人类带来重大灾难。

2.1.1 沙物质的概念

所谓沙物质，是指能够形成风沙流的所有地表固体碎屑物质。拜格诺(R. A. Bagnold)曾根据颗粒在空气中的运动方式，给沙物质下了这样的定义。他认为，当颗粒的最终沉速小于平均地面风向上漩涡流速时，即为沙物质颗粒粒径的下限，当风的直接压力或处于其他运动中的颗粒的冲击都不能够移动在地表面的颗粒时，即为沙物质颗粒粒径的上限。在这两个粒径极限之间的任何无黏性固体颗粒都称为沙物质。大量的实验研究结果表明，粒径在0.01~2mm的地表固体松散颗粒最容易被风带走，我们把这一粒径范围叫做可蚀径级，而大于或小于这一径级的颗粒一般不易被风所吹动。风沙土的沙粒粒径大都在可蚀径级内，它是风沙流的最丰富的物质源，所以通常的沙物质就是指风沙土。

2.1.2 沙物质的形成

沙物质是地表岩石在物理、化学风化作用下形成的。沙物质中，以石英含量最多，这是由于石英坚硬而不易破碎，抵抗物理及化学风化的能力较强，因此在地球上形成了数量巨大的石英沙，其大部分是粒径0.05~3mm的无黏性固体颗粒。目前在宏观变化的看法上，即石英由完整到破碎，由大变小的成因论点是比较一致的；但在微观变化的看法上，即石英如何变化成今日这样微小的粒度，还没有公认的观点。关于石英沙的形成，一般认为主要由以下几种作用产生。

(1)剥离作用

由于岩石矿物是热的不良导体，并有不同的冷热膨胀系数，因此在热力作用下，岩石产生剥离、风化。如主要由石英和长石组成的花岗岩，当温度变化时，由于石英和长石的冷热膨胀不同，导致花岗岩破碎，石英与长石分离。

(2)胀裂作用

由于岩石孔隙裂缝间不是真空，常有水分、盐分、植物根系和空气等充填物存在，并不断发生变化，对岩石产生裂胀作用，导致岩石的破碎。例如，当温度降低到0℃以下时，缝隙里的水分冻结，体积膨胀，对岩石产生化学分解或使缝隙扩大而导致岩石破碎。岩石缝隙中生长的植物根系，因生长而变粗增多，也可造成岩石的破碎。

剥离作用和膨胀作用都能使岩石产生机械破碎，但是，当岩石破碎到一定粒径，一般到厘米粒径时，这种作用就减弱或停止。要使岩石碎屑，尤其是石英碎屑继续破碎到厘米粒径以下，则主要靠风力的磨蚀或水和冰的碾压。

(3)风力磨蚀作用

风力的吹蚀对岩石产生冲击力，即压力。压力大小取决于冲击速度与粒径。一般压力与冲击速度、粒径成正比。当石英颗粒相当小时，受冲击后只能反跳出去，而不易再发生破碎。在这种情况下，风力磨蚀作用使颗粒继续变小。因为破碎的石英颗粒在水或风的搬运过程中，颗粒之间、颗粒与地表岩石或河床之间都会产生摩擦和撞击，其结果是使颗粒继续变小。

(4)水、冰的碾压作用

物理风化作用使物体小到一定程度，就会减弱或停止。因物体越小，其内部温度调整越容易和外界一致。风的作用使呈现毫米级粒径的石英颗粒继续破碎也是不可能的。因此，除了风的磨蚀，拜格诺认为是水、冰的碾压才使石英碎屑再继续变为沙粒。即大碎块对它们之间的小碎块在运移过程中的剧烈碾压。并认为现今沙粒的绝大部分，是在很早以前就在水、冰的作用下，已形成极为近似现今沙粒的粒径。

2.1.3 沙物质的来源

沙物质来源与古地理环境有着密切的联系(吴正，1987)，其中干燥的气候和特殊的地貌是产生沙物质的重要条件。特殊地貌是指以下两种类型的构造——地貌单元。一是环绕巨大内陆(断陷或凹陷)盆地边缘的山地，如中国塔里木盆地、准葛尔盆地和前苏联中亚吐兰低地等。周围有高山环绕，夏季雨水较多，冬季白雪皑皑，冰川发育，而且，由于高山冬季气候严寒，昼夜温差变化剧烈，岩石极易遭受风化(热力风化和寒冻风化)、剥离、胀裂破碎。冬季山地冰川的伸展，也使山坡上和沟谷里产生大量的砾石和沙粒。盛夏高山冰雪消融，冰川退缩，消融水形成的大小沟谷水流把山区的岩石碎屑物质搬运到山口或盆地里，形成巨厚的洪积物、河流冲积物或河湖相沉积物。在干燥多风的气候条件下，这些沉积物又受风力吹蚀、搬运和堆积，形成沙漠或沙地的沙物质。二是干燥剥蚀高原(地台或地盾式的构造高原)、干燥剥蚀平原、干燥剥蚀低山丘陵及干燥的冲积、湖积、洪积平原，如中国新疆的库鲁克塔格高原等。塔里木盆地由于广泛存在古代河床，故而古冲积层更是就地起沙之地。类似的地区还有撒哈拉的阿特拉斯撒哈拉山和塔德迈特高地的山前平原、伊加加而盆地、西撒哈拉盆地和费赞盆地等。

根据对我国各个沙漠沙丘下伏地面特征和沙物质成分的分析，可以将我国各个主要沙漠和沙地的沙物质概括为下列几种成因类型：

①来源于河流的冲积物(干三角洲或冲积扇)，即被河流流水携带并沉积下来的物质，又称淤积物。如塔克拉玛干沙漠的南部、北部，古尔班通古特沙漠的大部分，库布齐沙漠西部，乌兰布和沙漠的西北及西辽河流域的科尔沁沙地等。

②来源于冲积—湖积物，即由河流携带沉积于湖泊中的物质。如巴丹吉林沙漠、腾格里沙漠、毛乌素沙地、浑善达克沙地的大部分。乌兰布和沙漠的西南与库鲁克库姆沙漠及河西走廊部分沙漠也属于本类型。

③来源于洪积—冲积物，即暂时性河流(主要是河谷和季节性河流)所挟带、搬运的碎屑物，当水流能量降低时堆积下来的物质。包括塔里木盆地南部阿尔金山、昆仑山北麓、若羌、且末至民丰、于田间山前平原上的沙漠和柴达木盆地昆仑山北麓山前平原上的沙漠等。

④来源于基岩风化的残积物，即残留在风化地表基岩原地，并与母岩相脱离的碎屑物质。如分布在鄂尔多斯高原中西部的一些沙地，古尔班通特沙漠北部、库姆达格沙漠等。此外，巴丹吉林沙漠、腾格里沙漠和浑善达克沙地也有一小部分属于本类型。

2.2 沙物质的颗粒性质

沙物质的单颗颗粒，其性质直接或间接地反映了过去的历史，同时也能够为研究风沙运动的有关内容提供条件。例如，颗粒的大小与移动方式及移动速度有关；颗粒的磨圆度涉及移动距离和移动强度；颗粒的形状和表面组织与移动介质有关，颗粒的矿物成分和化学成分可判断它的来源等。根据这些性质，我们就可以得到沙物质的运动历史以及未来发展概况。

2.2.1 沙物质颗粒大小度量

对于形状规则的颗粒几何体，其大小有一定明确的意义，如球形颗粒的特征尺寸就是它的直径，正方体形的颗粒的特征尺寸就是它的边长，这种颗粒的测量并无困难。但是，我们实际中遇到的颗粒，不但大小有别，形状更是千变万化，如何来表示这类颗粒的大小？为统一起见，我们对于球形颗粒之外的所有颗粒给予如下规定：其特征尺寸定义为具有相同体积的球体的直径，称为当量直径，用 d 表示，即

$$d = 3\sqrt{\frac{6V}{\pi}} \tag{2-1}$$

式中 V——非球形颗粒的体积。

这种规定虽然具有一定的偏差，但是由于所研究的颗粒粒径都非常小，而且是大量的，所以还是可行的。值得注意的是，在研究单颗颗粒的特征和运动规律时，就必须考虑形状的差异。

在实际工作中，对于形状不规则的沙物质颗粒，仅仅指出它的大小尚不足，还必须说明量测所使用的方法以及所得大小的定义，这样才有实用价值。

量测沙物质中不同大小颗粒含量的方法称为粒度分析，或称为机械组成分析。近几年已有自动、半自动粒度分析仪出现，这样可大大提高工作效率，减轻劳动强度。传统上主要是根据颗粒大小和颗粒形状，采用不同量测方法。

对于粒径5mm以上的颗粒，一般可直接用量具(如千分尺、卡尺等)量测其尺寸，方法是量测3个成正交方向的直径，求出它的平均值，作为该颗粒的特征尺度。

对于粒径大于0.063mm而小于5mm的颗粒，可采用筛分法量测粒径。其结果只知道粒径在上下两筛孔直径 d_1 和 d_2 之间，而不知道具体的绝对值。在这种情况下，其特征尺寸可用算术平均值 $d=\frac{1}{2}(d_1+d_2)$ 或几何平均值 $d=\sqrt{d_1d_2}$，也可用 $d=\frac{1}{3}(d_1+d_2+\sqrt{d_1d_2})$ 表示。筛分法所提供的粒径既不是最大直径，也不是最小直径，而是介于两者之间的平均粒径。因此，需要乘以一个适合的形状系数加以修正。对于沙漠沙物质来说，此系数取0.75较为适当。当 d_1 和 d_2 相差不大时，采用上述3种计算方法中的任一种均可。

对于粒径小于0.063mm的微小颗粒，一般可通过测量它的沉降速度，利用雷诺数值间接推算其直径(见有关土壤学实验)。

2.2.2 颗粒粒度分级

由于组成沙物质的粒径和形状变化幅度很大，因此详细地去考察单个颗粒的特征有时是无意义的，也是相当困难的，而必需采用平均值或统计值。把沙粒划分为不同的粒径组，即粒级，对于研究沙粒的特性才有实际意义。虽然这种分类从本质上是有任意性的，但应遵循下列原则：粒级的区分要能反映沙物质的物理—化学性质的差异；粒径的划分在分析技术上具有可能性；具有数学上的一贯性，以便于记忆和应用。因此，粒径的划分仍是一种可行之法。

目前对粒级的划分方法有两大类。一种是采用真数，即以mm或μm为单位来表示颗粒的特征尺寸。这种单位的优点是比较直观，缺点是各个粒级不等距，不便于作图和运算。另一种是采用粒径的对数值 φ 来表示。目前广泛使用的 φ 值是克鲁宾(Krumdein，1934)根据伍登—温德华(Udden-Wenworthseale)粒级标准，通过对数变换而来，其式如下

$$\varphi=-\log_2 d=-\frac{\ln d}{\ln 2}=-1.443\ln d=-3.322\lg d \tag{2-2}$$

式中 d——颗粒直径(mm)。

上述变换中，使 φ 值与 d 值呈负相关，完全是为了运算方便。因为用作粒度分析的沙物质样品的粒径大多在1mm以下，这种粒径作上述变换得到的 φ 值为正值，即粒径越小，φ 值越大；反之，φ 值越小。

伍登—温德华粒级是以1mm为基数，公比为2的等比级数。根据颗粒粒径的粗细，把地表土壤物质分为卵砾、沙、粉沙和黏土几类，其粒径范围变化于32~0.001mm之

间，对应的 φ 值则为-5～+10(表 2-1)。这种划分法的特点是粒度越大，粒级间距越大，反之，间距越小。这样划分粒级是适宜的。因为 μm 的差异对于砾石级来说是微不足道的，但对极细的粉砂及黏土颗粒，这种差异就会引起质的变化。另外一个特点是伍登—温德华粒径所对应的 φ 值呈等差级数增减，这就便于粒度分析资料的计算和作图。由于 φ 值是整数，所以在使用 φ 值标准作图时要用方格纸，而不用对数坐标纸，从而可使一些特征值(加平均粒径、标准离差、偏度等)的计算简化。

关于“沙粒”分级标准问题，世界各国不一致(表 2-2)。美国把沙的粒径限定为 0.063～2.0mm。苏联是将粒径在 0.05～1.0mm 的颗粒称为物理性沙粒，其中又分 3 个等

表 2-1　伍登—温德华粒级划分方法

分类名称		粒径(mm)	
		(1)	(2)
卵　砾	…	32～2	32.000～2.000
沙	极粗沙	2～1	2.000～1.000
	粗　沙	1～1/2	1.000～0.500
	中　沙	1/2～1/4	0.500～0.250
	细　沙	1/4～1/8	0.250～0.125
	极细沙	1/8～1/16	0.125～0.063
粉　沙	粗粉沙	1/16～1/32	0.062～0.031
	中粉沙	1/32～1/64	0.031～0.016
	细粉沙	1/64～1/128	0.016～0.008
	极细粉沙	1/128～1/256	0.008～0.004
黏土	…	1/256～1/1024	0.004～0.001

表 2-2　粒径分级

当量粒径(μm)	中国制(1987)	苏联制(1957)	美国制(1951)	国际制(1930)
3000～2000	石　砾	石　砾	石　砾	石　砾
2000～1000			极粗砂粒	
1000～500	粗砂粒	粗砂粒	粗砂粒	粗砂粒
500～250		中砂粒	中砂粒	
250～200			细砂粒	
200～100	细砂粒	细砂粒		
100～50			极细砂粒	细砂粒
50～20	粗粉粒	粗粉粒		
20～10			粉　粒	粉　粒
10～5	中粉粒	中粉粒		
5～2	细粉粒	细粉粒		
2～1	粗黏粒			
1～0.5		粗黏粒	黏　粒	黏　粒
0.5～0.1	细黏粒	细黏粒		
<0.1		胶质黏粒		

级，1.0~0.5mm 为粗沙；0.5~0.25mm 为中沙；0.25~0.05mm 为细沙。中国的分类标准更细一些，见表 2-3 所列，粒径大于 2.0mm 为砾石，2.0~1.0mm 为极粗沙，1.0~0.5mm 为粗沙，0.5~0.25mm 为中沙，0.25~0.1mm 为细沙，0.1~0.05mm 为极细沙，小于 0.05 mm 为粉沙。沙漠沙由于风的长时间吹刮，细微颗粒被带走，沙粒粒径变得越来越接近一致，分选度越来越好。根据中国主要沙漠和沙地风成沙机械组成分析，粒径为 0.25~1.0mm 的细沙占大多数，平均约占沙物质含量的 66.7%，最高含量可达 99.38%，粗沙和粉沙含量很低，分选性良好。

表 2-3 我国土壤机械组成分级标准

颗粒名称	颗粒直径(mm)
砾 石	>2.00
极粗沙	2.00~1.00
粗 沙	1.00~0.50
中 沙	0.50~0.25
细 沙	0.25~0.10
极细沙	0.10~0.05
粉 沙	0.05~0.01
黏 粒	<0.01

2.2.3 颗粒的形状、磨圆度与表面组织

形状与磨圆度代表颗粒的两种不同性质。沙粒的形状指颗粒整体的几何形态，风成沙以近似圆状带棱角和不规则棱角形状为主。沃德尔(H. Wadell)用球度来表示颗粒的形状，其定义如下

$$\Lambda = A'/A \tag{2-3}$$

式中 Λ——颗粒的球度；

A'——与颗粒同体积的球体的表面面积；

A ——颗粒的表面面积。

鉴于不易量测不规则颗粒的表面面积，球度也可用下式近似地表示

$$\Lambda = d/d_s \tag{2-4}$$

式中 d——颗粒的当量直径；

d_s——颗粒外接球体的直径，一般相当于颗粒的最大直径。

也有很多研究者试图用颗粒的最大、中间及最小直径的值(分别以 a、b 和 c 表示)来表示颗粒的形状。例如，津格(A. W. Zingg)就根据比值 c/b 及 b/a，把沙物质颗粒分成球状、圆片状、圆棍状及刃状 4 种(图 2-1)；麦克朗等人提出所谓形状系数 SF 的概念，其表达式为

$$SF = \frac{c}{\sqrt{ab}} \tag{2-5}$$

图 2-2 为沃德尔(H. Wadell)所定义的球度与粒径之间的关系。

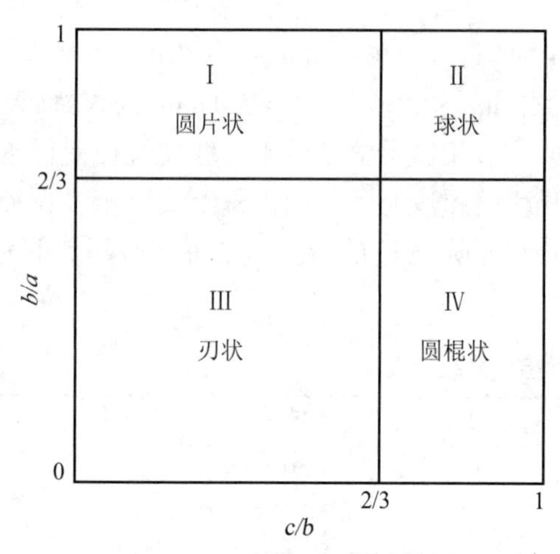

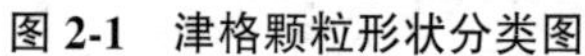
图 2-1 津格颗粒形状分类图

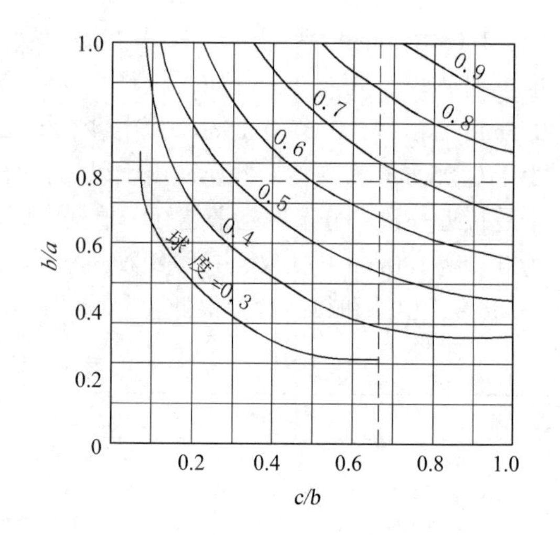

图 2-2 沃德尔球度与粒径之间的关系

颗粒的磨圆度也称圆度，是表示颗粒棱角尖钝程度的参数(图 2-3)。沙粒的磨圆度可用沃德尔公式表示，即

$$\Pi = \frac{\sum_{N} r/R}{N} = \frac{\sum_{N} r}{NR} \tag{2-6}$$

式中 Π——圆度参数，即磨圆度；

R——颗粒最大投影面上量得的最大内切圆半径；

r——在同一平面上各棱角的曲率半径；

N——颗粒棱角数。

例如，若已测得一个沙粒的轮廓 12 个角的曲率半径 r 分别为 2，3，4，5，6，7，8，10，11，12，14，16，最大内切圆半径 $R=27$，因此该沙粒的磨圆度系数为：$\Pi=\frac{98}{12\times27}=0.30$。

若各个棱角的平均曲率半径近于内切圆的半径，则圆度数值近于 1。所以表示圆度的数值变化为 0~1，数值越大磨圆度越高。

由于磨圆度的测量非常麻烦，克伦拜因(W. C. Kfumbhlin，1938)对一些典型的颗粒用沃德尔的方法计算了磨圆度，并分成五级即棱角状、次棱角状、次圆、圆、极圆，绘成图(图 2-4)。以此作为标本，根据对比可决定具体颗粒的磨圆度，实际使用情况表明，用这样的图得出的结果与用沃德尔计算的结果是十分近似的。

颗粒的磨圆度反映了颗粒受磨的历史。颗粒被搬运的距离越长，受磨的机会越多，则棱角逐渐磨平，圆度日益接近球体。而颗粒的球度虽然也受磨蚀的影响，但更多地取决于颗粒的原始形状。

沙粒的磨圆度是判断风成沙受风力吹扬作用程度的重要标志。过去对风成沙的磨圆度一直是过分夸大。现在认为它们大多数是次圆的，而次棱角的也不少见。况且，小沙粒比大沙粒棱角多，其原因可能是细微颗粒主要是以悬浮状态运动所致，例如，大于 0. 5mm 粒级的颗粒经过长期吹扬以后通常是磨圆度很好的，或具有半磨圆度，而小于

0.05mm 的颗粒几乎没有再磨圆。一般情况下，沙丘的部位对沙粒的形状似乎没有什么影响，在各种不同的风成沙中，因矿物成分的不同和受磨历史长短差异，沙粒的磨圆度变化较大。

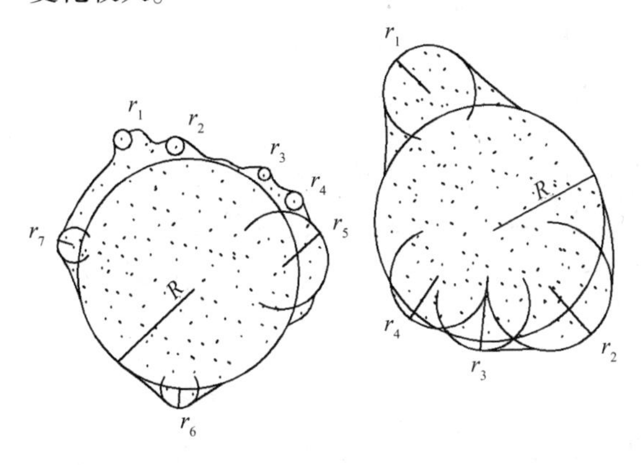

图 2-3 圆度的量测方法

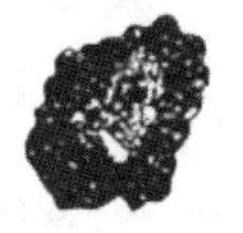
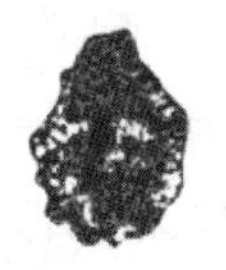

棱角状0~0.15 次棱角状 0.15~0.25 次圆0.25~0.4

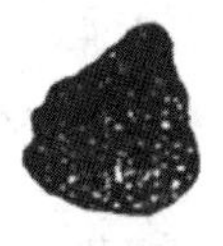

圆 0.4~0.6 极圆 0.6~1.0

图 2-4 不同圆度的颗粒外形

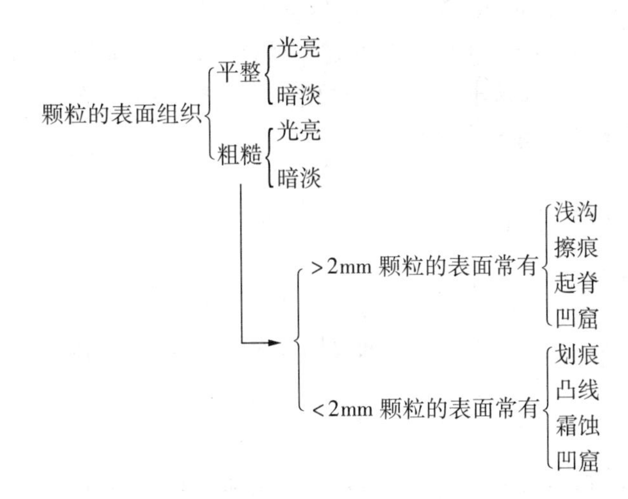

颗粒的表面组织变化多端，但归纳起来基本上可以分为两大类。一类涉及颗粒表面的光亮与暗淡，另一类则关系到颗粒表面是否有痕迹。威廉(L. Willian)曾把表面组织的性质总结为如下枝状结构。颗粒的这一性质虽然很重要，但由于造成同一现象的因素可能不止一种，再加上量测的方法还没有一定的标准，所以，到目前为止，这一方面的研究仍停留有原始的阶段。

2.2.4 颗粒的方位与重度

颗粒在风中运动或发生沉落堆积时，非圆形颗粒的长轴和最大投影面与运动方向构成一定的角度，称为颗粒的方位，这种特性可以研究颗粒的运动方向和沙物质渗透性的向量特点。

颗粒的方位可以用两个角度来表示，即长轴与水平面的夹角以及长轴在水平面内与某一固定方向的方位角，也有一些近乎圆片状的颗粒，他们的方位特性并不表现在长轴上，而是表现在扇平面上，这时可以用最大投影平面正交线的倾角及走向来表示它们的方位。

颗粒的重度是指在重力场中颗粒的重量与体积的比值，用 γ 表示。

$$\gamma_s = W/V \tag{2-7}$$

式中　W——颗粒的重量(N)；

　　V——颗粒的体积(mm^3)。

颗粒的重度是研究颗粒运动时的很重要的一个参量，在讨论颗粒运动或土壤风蚀时的土粒起动都必须考虑重度的影响。但由于组成沙漠沙的矿物成分主要是石英，重度比较固定，所以一般认为它是常数，其他沙物质的沙，就其单个颗粒而言，一般都是单一的矿质体，而砾石则大都是岩石体。

2.2.5　细微颗粒的特殊理化性质

沙物质中沙的性质完全决定于颗粒本身的性质。但对于其中的细微颗粒来说，由于单位体积中颗粒所具有的表面积(即比表面积)增大，就形成了它特有的理化性质，例如，双电层及吸附水膜的形成，絮凝和分散现象的产生以及颗粒之间黏结性的存在等。这些性质对它的沉降和运移起着十分重要的作用，细微颗粒由于受粗颗粒的掩护，能够抵御外来风力的作用也与这些性质有关。

2.3　沙物质的群体性质

沙物质是由不同粒径、不同形状及不同矿物质的颗粒组成的颗粒混合体。这些颗粒虽然并不胶结成一整体，但正是由于颗粒的集体存在才表现出沙物质个性和群体性质。

2.3.1　粒径分布表示方法

沙物质粒径的范围和均匀程度既可以直接反映形成沙物质的母岩性质或颗粒所受外力作用的强弱，也可以在一定程度上反映沙物质搬运量的大小和搬运方式。沙物质颗粒粒径的分布情况称为颗粒粒配，常用如下几种方法表示。

(1)梯级频率粒配曲线

梯级频率粒配曲线是以颗粒粒径(或 φ 值)为横坐标，以频率百分比(以重量或以颗粒计数)为纵坐标所得到的一系列相邻的矩形图组。梯级频率粒配图中每一级的宽度相当于粒径级的间距，高度则为该组中的颗粒百分数，图 2-5 为某一沙物质样品的梯级频率粒配图。

一般说来，组次分得越多，间距缩得越小，所得结果也越能真实地反映沙物质的粒径分布，如果把间距缩小，同时使梯级频率图的面积保持不变，则在极限的情况下，梯级频率变成一条连续的曲线，此线称为频率曲线(图 2-6)，这样的频率曲线不能从实验资料中直接点绘而得。

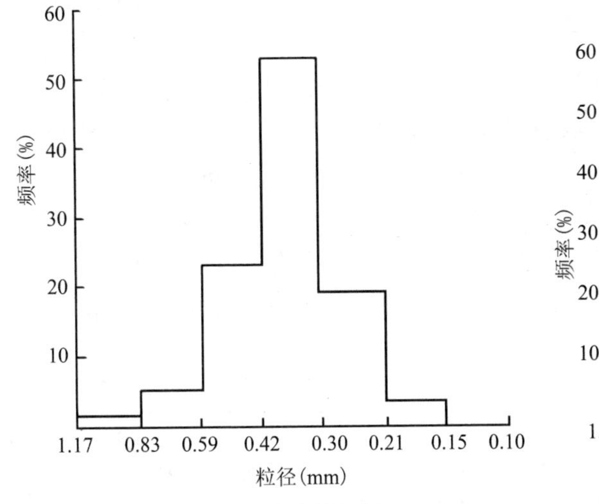

图 2-5 粒径分布梯级频率

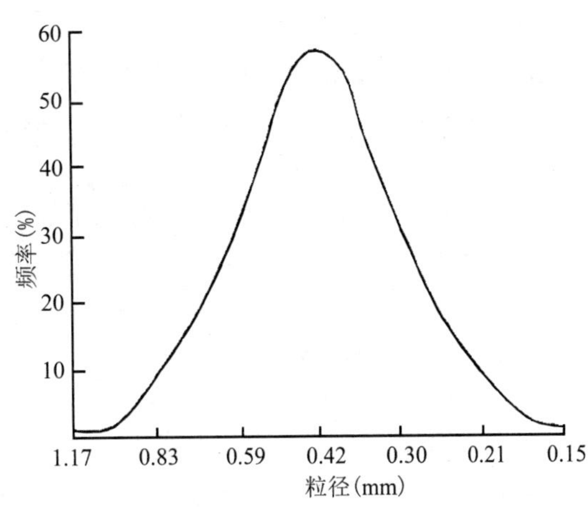

图 2-6 粒径分布频率曲线

需要指出的是，梯级频率粒配图的形状与粒径组的数目及间隔有很大关系，图 2-7 为同一样品在采用 3 种不同分组间距时的粒径梯级频率图。由图可以看出，它们之间有一定的差别。

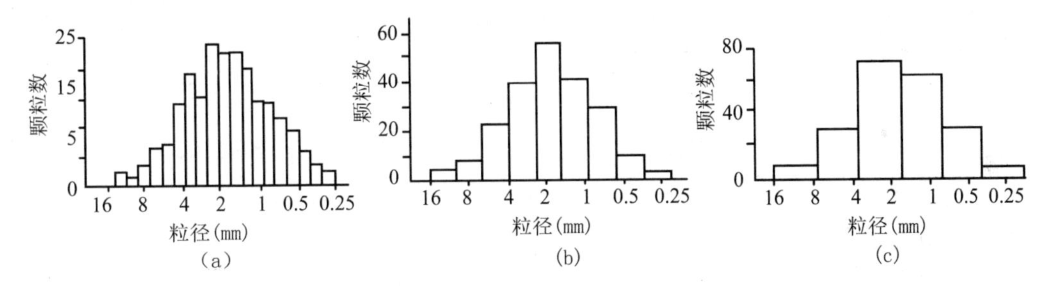

图 2-7 同一沙物质不同分组间距的梯级频率粒配图

(2) 累积频率粒配曲线

累积频率粒配曲线是以颗粒粒径(或 φ 值)为横坐标，以小于(或大于)某一粒径的颗粒重量占样品总重量的百分数为纵坐标所点绘的图形，这种曲线实际是梯级频率粒配曲线的积分曲线。可以直接根据沙物质样品筛分结果绘制(图 2-8)。这种曲线从整体上看一般呈“S”形，易于比较和计算任意两粒径间的沙粒含量百分数。同时从曲线的倾斜度推出沙物质样品颗粒组成的均匀程度。当曲线越陡峻，颗粒分布越均匀，如果曲线是一个垂线，说明样品是完全均匀的。

(3) 正态概率累积曲线

这是目前常用来分析沉积环境的粒度资料整理方法，用正态概率纸作图。横坐标为粒径的 φ 值，纵坐标为概率百分数。在这种纸上做累积曲线时，如果该样品的粒度频率曲线是正态分布的，即频率曲线有一个最高点和一个对称轴，而且标准离差为 $\sigma=1$，那么累积曲线就成一条直线。但是由于沙物质的粒度分布特征一般都不符合一个简单的对数正态规律，往往由几个小的对数正态部分组成，因为沙物质的粒度成分由于搬移方式不同而分为悬移、跃移、蠕移 3 个粗细不同的部分，每一种组分中，粒度分布都自成对数正态分布，因此，整个样品的粒度分布在正态概率纸上显示为几个直线段(图 2-9)。其中，粗粒段反映蠕移组分；中粒段反映跃移组分；细粒段反映悬移组分。各个线段的斜率反映了相应组分的分选性，斜率越大，分选程度越好。两个直线段的交点称为截点，截点所对应的 φ 值粒径分别标志了蠕移组分的上限粒径与悬移组分的下限粒径。有时截点附近的点有些并不在直线上，而是排列成一条弧线，由截点到该弧线的距离称为混合度，它是反映两种组分的过渡性的。也就是说，在跃移和悬移之间或蠕移与跃移之间存在着渐变的情况。

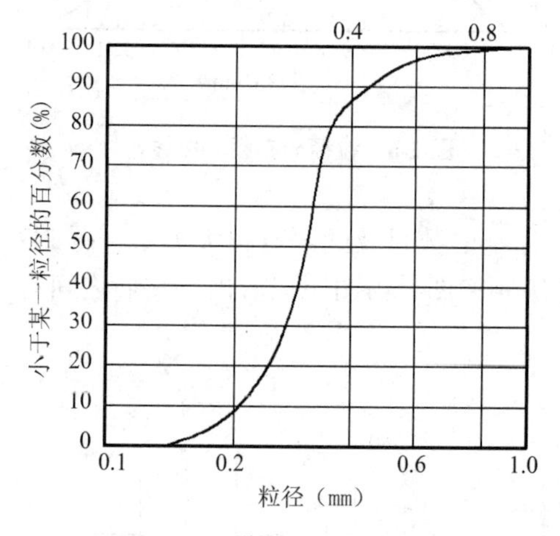

图 2-8 粒径分布累积频率曲线

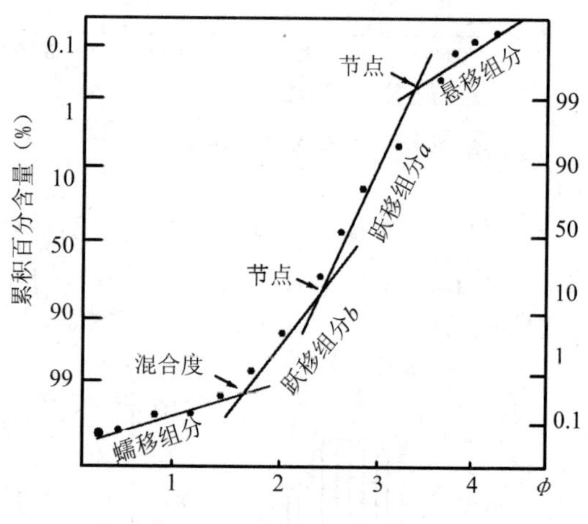

图 2-9 正态概率累积曲线

2.3.2 粒度参数

上述各种粒配曲线可以反映沙物质粒径的分布特点，但是，这样的曲线不便于作定量分析与相互比较，很多学者提出了各种特征参数来描述沙物质的粒径分布特点。克伦拜因(1957)和福克等根据累积频率粒配曲线图上累积百分含量分别为 5%、16%、25%、50%、75%、84%、95%所对应的粒度对数值 φ_5、φ_{16}、φ_{25}、φ_{50}、φ_{75}、φ_{84}、φ_{95}，提出了以下粒度特征参数。

(1) 中值粒径

对应于重量百分数为 50 的粒径，也就是说其粒径较大的和较小的颗粒各占 50%，用 d_m 表示。在粒度自然分布条件下，这种粒径平均方法突出了重量份额占绝大多数的中等颗粒的作用。

(2) 平均粒径

反映沙物质粒度平均状况的参数，用 d_0 表示，公式为

$$d_0 = \frac{1}{3}(\varphi_{16} + \varphi_{50} + \varphi_{84}) \tag{2-8}$$

(3)标准差

反映沙物质粒径分布分散程度的参数，用 σ_0 表示，公式为

$$\sigma_0 = \frac{1}{4}(\varphi_{84} - \varphi_{16}) + \frac{1}{6.6}(\varphi_{95} - \varphi_5) \tag{2-9}$$

标准差 σ_0 越小，颗粒就越均匀，粒径分配的分散程度就越小。为了表述沙物质粒径分配的这一特性，克伦拜因还提出了另一个只含粒径真值的参数——分选系数 S_c，其公式为

$$S_c = \sqrt{d_{75}/d_{25}} \tag{2-10}$$

(4)偏　差

反映沙物质粒度粗细分配对称性的参数，用 S_0 表示，公式为

$$S_0 = \frac{\varphi_{16} + \varphi_{84} - 2\varphi_{50}}{2(\varphi_{84} - \varphi_{16})} + \frac{\varphi_5 + \varphi_{95} - 2\varphi_{50}}{2(\varphi_{95} - \varphi_5)} \tag{2-11}$$

(5)峰　态

反映颗粒粒度集中程度的参数，用 K_0 表示，福克提出的表达式为

$$K_0 = \frac{\varphi_{95} - \varphi_5}{2.44(\varphi_{75} - \varphi_{25})} \tag{2-12}$$

对频率曲线来说，这个参数是衡量与正态分布曲线相比时峰的宽窄尖锐程度的参数。

根据上述几个参数经计算可知，风成环境的沙丘沙，中值粒径 d_m 大多在 0.15~0.35mm，标准差 σ_0 在 0.21~0.26，偏差 $S_0>0.1$，峰态为单峰。

(6)分形维数

反应沙物质颗粒分布特征和质地均匀程度的指标，用 D 表示，公式为

$$\frac{V(r < R_i)}{V_T} = \left(\frac{R_i}{R_{\max}}\right)^{3-D} \tag{2-13}$$

式中　r——土壤粒径(mm)；

$V(r<R_i)$——小于某一粒径 R_i 的土壤颗粒累积体积；

V_T——土壤全部颗粒总体积；

$R_{\max}$——土壤颗粒中的最大粒径(mm)。

2.3.3　孔隙率

孔隙率是指自然状态下，单位体积的沙物质颗粒之间空隙体积所占的百分数，用 ε 表示，公式如下

$$\varepsilon = \left(1 - \frac{v_s}{\gamma_s}\right) \times 100\% \tag{2-14}$$

式中　v_s——沙物质的容重(N/m³)；

γ_s——沙物质颗粒的重度(N/m³)。

孔隙率因颗粒的大小及均匀度，颗粒的形状，堆积的情况及堆积后受力大小，历时久暂而有所不同。

从理论上说，颗粒的大小应该与孔隙率并无关系，这是指均匀颗粒而言。但实际上，细颗粒往往比粗颗粒有更多的孔隙，这是由于细颗粒的表面面积相对较大，使得颗粒间的摩擦吸附及搭成格架作用增大的缘故。同时，颗粒组成得不均匀，会使孔隙率变小，因为粗颗粒间的大孔隙可以被细颗粒填塞。表 2-4 中列出了几种不同机械组成的沙粒孔隙率。

表 2-4 不同机械组成的沙粒孔隙率

粒径名称	粒径(mm)	孔隙率
极粗沙	2~1	35~39
粗 沙	1~0.5	40
中 沙	0.5~0.25	42~45
细 沙	0.25~0.05	47~55

沙物质的沉积方式对其孔隙率有很大影响。拜格诺指出，沿着荒漠沙丘滑动面崩塌下来的沙子含有很大的孔隙率，由此而形成的沉积物具有流沙的性质。相反，由于流动阻力的增加或地面结构的改变而导致挟沙能力减小。颗粒发生沉积时，在沉积面上所有颗粒跃移运动，后者的冲击作用所引起的地面轻微震动使落下的沙粒有选择地嵌入最稳定的位置，这样所形成的沉积结构十分密实。

孔隙率可分为大孔隙率(非毛细孔隙率)和小孔隙率(毛细管孔隙率)2 种。沙物质的质地颗粒较大，其间的孔隙多以大孔隙率存在，占总孔隙率的 65%~75%，毛细管孔隙只占 25%~35%，而黏土的毛细管孔隙却可占总孔隙的 85%~90%。毛细管作用差，持水性极弱，透水性极强，水的自由度大。也正是由于毛细管作用差，而对积蓄大气降水非常有利。在沙漠地区，一般没有地表径流，所有的水分很快就能渗透到沙丘深处。

2.3.4 容 重

沙物质的容重是指在自然状态下，单位体积具有的重量，用 v_s 表示。容重的大小取决于沙物质的孔隙率和矿物组成，随两者的变化而变化。它是反映沙物质结构特性的重要指标。其计算公式为

$$v_s = (1 - \varepsilon)\gamma_s \tag{2-15}$$

式中 ε——孔隙率；

v_s——沙物质的容重(N/m^3)；

γ_s——沙物质颗粒的重度(N/m^3)。

对于沙物质来说，沙粒的重要矿物成分为石英，石英的重度为 $2.74\times10^3 N/m^3$，所以干沙的容重一般在 $1.5\times10^4 N/m^3$。

2.3.5 渗透率和含水率

沙物质颗粒相互接触，其间有许多间隙，水分可在其间渗透通过。水流的渗透遵循著名的达西(Darcy)定律

$$\frac{Q}{A}=KJ \tag{2-16}$$

式中　Q——通过截面积为 A 的土柱中水的流量；

J——水力坡降；

K——沙物质的渗透系数。

沙物质的渗透系数 K 与其粒径及级配均有关系。根据克伦拜因和蒙克(G. D. MonK)的实验结果，可有如下的关系

$$K=d^2\mathrm{e}^{-a\sigma} \tag{2-17}$$

式中　σ——颗粒粒径分布的几何均方差；

a——常数；

d——颗粒粒径。

沙物质的含水率是指沙物质中水分含量的百分比，其表达式为

$$\eta=\frac{G-G'}{G}\times 100\% \tag{2-18}$$

式中　η——含水率；

G——干燥前沙物质的重量；

G'——干燥后沙物质的重量。

沙物质的含水率主要取决于大气降水和它本身的持水性，含水量大的沙物质由于水的黏结作用，可以使起沙风速大大提高。一般情况下，稳定湿沙沙层的含水率在2%~3%。

2.3.6　休止角

沙物质在堆积成丘时，斜坡与水平面所能达到的最大角度，称为该沙物质的休止角，用 a 表示。它是表征颗粒静止及运动力学特性的一个物理量。

颗粒粒径越小，则休止角 a 越大，这是由于微细颗粒相互间黏结性增大的缘故，而且，颗粒越接近球形，休止角 a 越小。在自然充填的情况下休止角 a 与孔隙率 ε 间具有如下关系

$$a=0.05\times(100\varepsilon+15)^{1.57} \tag{2-19}$$

有关沙物质休止角的类似实验很多，但其结果有较大的出入，主要是实验所采用的方法及沙样性质不同所致，对于沙漠沙来说，休止角一般在31°~34°。

2.3.7　沙物质的热状况

沙物质表面温度变化剧烈，忽冷忽热，受热升温快，断热冷却快，所以风沙地区温差较大。其外因是由于纬度、海拔、地形等影响下，所接受的太阳辐射量有差异，使沙物质的热状况发生变化。但在以上条件相同的条件下，主要是与沙物质本身的热特性有直接关系。

(1)热容量

热容量是指物质每升高或降低1℃时，所吸收或放出的热量。因物质不同而热容量

有差异，水的热容量最大，空气的最小，仅为水的 0.03，风沙土比黏土热容量小。通常，热容量大的物质，温度变化缓慢，热容量小的物质，温度变化剧烈。特别是干燥的流动风沙土，结构疏松，沙层中水分少而空气多，再加上沙粒本身热容量也较小，这是沙区温差大的原因之一。

(2) 导热率

导热率是指物质的传导热量的功率值。不同物质传导热量快慢的能力不相同，空气导热率小，仅为水的 3.6%。沙物质本身导热性弱，同时沙层热量传导还受空气和水分的制约，干燥的流沙以石英和空气为主，其导热率更低。白天风沙土表面吸热时，热量向下传递缓慢，滞留于表层较多，表面温度迅速上升，所以上层温度高于下层；夜间沙层表面放热时，热量停留于下层较多，由上而下传递仍然缓慢，对表层热量补充的很少，地表迅速降温，所以上层温度低于下层。这就是沙区昼夜间和沙层上下之间温差大的基本原因。

(3) 导温率

导温率是指单位容积的物质，通过热传导，由垂直方向获得或失去热量时，温度升高或降低的数值。导温率是表示物质温度变化速率，反映物质传递温度和消除层次间温度差异的能力。

导热率只表示物质转移热量快慢的能力，并不能完全决定温度的变化。温度的变化不仅取决于热量传递的快慢，还决定于物体的热容量。由于风沙土表层十分干燥，传递热量缓慢，同时沙物质热容量小，因此，导温的性能较差，或者说消除层次间温度差异的能力较低，这就会造成沙区地表温度变化强烈，昼夜温差极大。

(4) 沙物质水分状况的特殊性

沙物质的地表有一层干沙层，其下保持着较稳定的湿沙层。干沙层的厚度和湿沙层的含水量因地带不同而有差别，见表 2-5 所列。沙物质的这种特殊的水分状况是由于在风沙干旱区太阳辐射强烈、气温高、空气湿度低、潜在蒸发量大、风力作用较强等特定的气候条件下，使降雨后湿润的流沙表层水分因大气蒸发，很快地转化为蒸发水，扩散到大气中而消耗；另一部分水分因流沙的透水性强、持水性弱，干沙层达到一定厚度时，流沙表面蒸发几乎停止。这是由于流沙毛管孔隙极不发达，下层的水分很难通过毛管作用失散；另一方面，由于流动风沙土热容量小、导热性差，太阳辐射的热量难以通过干沙层传到下面较湿沙层，水的汽化数量很少，阻止下层水分蒸发而耗失。流动风沙土形成独特的水分状况，对先锋植物的定居、生长十分有利。但随着植物生长而不断地蒸腾，流沙被固定而变得紧实，在流沙的干沙层下，较好的水分状况也逐渐变差。

表 2-5　不同地带的流动风沙土水分状况

地带	干沙层厚(cm)	湿沙层含水率(%)
草原带	5~10	2.5~4
半荒漠带	10~40	2~3
荒漠带	30~50	1~1.5

思考题

1. 简述沙物质的休止角，休止角的大小受哪些因素的影响？
2. 简述沙粒的磨圆度，磨圆度的大小能够说明什么？
3. 为什么沙区会有稳定的湿沙层？

推荐阅读

不同粒径制间土壤质地资料的转换问题研究. 蔡永明，张科利，李双才. 土壤学报 2003.(4)，511-517.

生物结皮发育对毛乌素沙地土壤粒度特征的影响. 高广磊，丁国栋，赵媛媛等. 农业机械学报，2014,45(1)，115-120.

Aeolian sediment fingerprinting in the Cuona Lake Section along the Qinghai-Tibetan Railway. Journal of Cleaner Production, Zhao, Y., Gao, G., Zhang, Y., et al. 2020. 261.

第3章

风沙运动

当风经过疏松沙质表面时，通过固有的搬运能力，将沙粒吹动或吹起，造成风沙运动，产生风沙流。风沙运动使沙丘移动，流沙蔓延，沙漠不断扩张并侵袭道路、城镇和农田，这是土地沙漠化及其危害的主要动因，也是塑造各种风沙地貌的前提和基础。因此，风沙运动规律研究是当前风沙物理学理论和治沙工程实践的重大课题之一。

3.1 沙粒的起动机制

风沙运动研究中，沙粒脱离地表(起动)的物理机理研究占有非常重要的地位。尽管这一问题已经受到研究者的广泛关注，几十年来也提出过多种解释，但关于沙粒起动的机制仍然没有统一的看法。

3.1.1 沙粒起动受力

吴正和凌裕泉(1980)等在风洞中用普通电影摄影和高速电影摄影方法，对沙粒受力运动的过程进行了动态观测，并根据摄影资料对作用于单颗沙粒的几个主要力进行了概量计算，讨论它们在沙粒运动过程中所起的作用，以阐明沙粒运动的起动机制。

他们认为，气流作用于单颗沙粒的力主要有正面推力(迎面阻力或拖曳力)，上升力，冲击力和沙粒本身的重力。沙粒运动正是这些力综合作用的结果(图3-1)。当然，这些力在沙粒起动时的作用机理也已被其他专家学者从不同的侧面所证实。

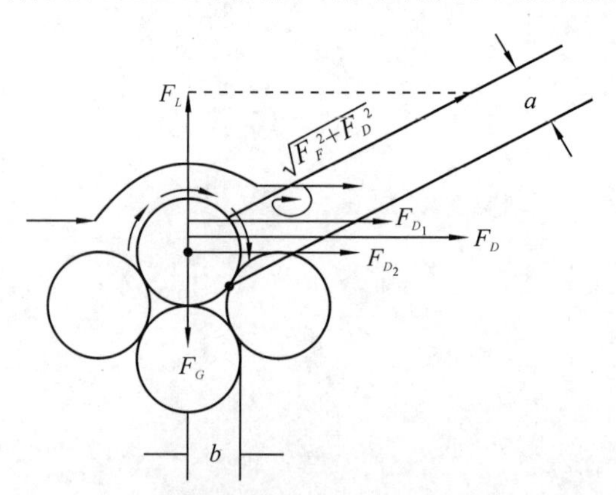

图3-1 床面松散颗粒受力示意(据钱宁等，1983)

(1)正面推力(迎面阻力或拖曳力)F_D

作用于沙粒上的正面推力 F_D 显然由两部分组成，第一部分为气流和沙粒表面摩擦而产生的摩擦力 F_{D_1}，但只有一部分沙粒表面直接和气流相接触，摩擦力 F_{D_1} 并不通过沙粒重心，方向也不与气流方向一致(图 3-1)；第二部分为作用于沙粒上风的压力，即由于沙粒顶后部的流线发生分离，在沙粒背风面产生涡流，因而在其前后产生了压力差。所造成的压差阻力，又称形状阻力 F_{D_2}，如果沙粒接近球体，则形状阻力将通过沙粒重心，正面推力的一般表达式为

$$F_D = \frac{1}{2} C_D A \rho u_r^2 \tag{3-1}$$

式中 A——颗粒迎风面积(m^3)；

ρ——空气密度(kg/m^3)；

u_r——气流与沙粒的相对速度，等于气流速度与沙粒速度之差；

C_D——阻力系数，决定于颗粒形态、气流的性质和雷诺数。

正面推力的方向与气流方向一致，正面推力可以使静止的沙面上的沙粒发生振动和滚动。

(2)上升力 F_L

作用于沙粒的上升力 F_L 产生的原因也有两个，一个是由于沙粒在气流中旋转而形成的马格努斯力 F_{L_1}；另一个是由于附面层气流速度梯度很大而产生的压差力 F_{L2}，其中旋转升力为

$$F_{L_1} = \frac{\pi u_r \omega d^2 \rho}{8} \tag{3-2}$$

式中 u_r——气流与沙粒的相对速度(m/s)；

d——沙粒直径(mm)；

ω——沙粒转动速度(r/s)；

ρ——空气密度(kg/m^3) 。

表 3-1 是一组有关旋转升力的计算结果。

表 3-1 沙粒不同运动形式的转动速度及旋转升力

	蠕 移	跃 移			
	滚动或滑动	起跳段	上升段	水平段	降落段
平均转速 $\bar{\omega}$(r/s)	212	304	348	245	167
最大转速 ω_{max} (r/s)	384	876	1088	784	448
升力 F_{L_1}($g \cdot cm/s^2$)	6.54×10^{-1}	1.52×10^{0}	1.85×10^{0}	1.33×10^{0}	7.64×10^{-1}
F_{L_1}/F_G	7.64×10^{-1}	2.26×10^{-1}	2.73×10^{-1}	1.97×10^{-1}	1.13×10^{-1}

从表 3-1 中可以看出，旋转升力从滚动段、起跳段，到上升段不断增大，然后由水平飞行开始到降落段迅速减少。升力的数量级在 $10^{-1} \sim 10^{0}$，由升力与重力之比看出，升力只有重力的几十分之一到几百分之一。因此马格努斯效应在沙粒起动时的作用很小。

而附面层的负压差升力 F_{L_2} 可根据布斯罗伊德(P. Бусройд，1975)公式表示为

$$F_{L_2} = \frac{k\mu u_r (\mathrm{d}u/\mathrm{d}z)^{\frac{1}{2}}}{4(u/\rho)^{\frac{1}{2}}} \tag{3-3}$$

式中　k——卡门常数；

μ——空气动力黏滞系数；

u_r——气流与沙粒的相对速度；

$\mathrm{d}u/\mathrm{d}z$——气流速度梯度；

ρ——空气密度($\mathrm{g/cm^3}$)。

(3) 冲击力 F_m

关于沙粒碰撞时所产生的冲击力 F_m，根据动量定理(物体动量的增量等于它所受合外力的冲量)可知，在某一时间间隔内，质点动量变化等于该时间内作用的冲量，于是动力学基本方程可写成如下形式

$$mV_2 - mV_1 = \int_0^{\Delta t} F_L \mathrm{d}t + \int_0^{\Delta t} F_G \mathrm{d}t + \int_0^{\Delta t} F_m \mathrm{d}t \tag{3-4}$$

重力 F_G 和气动力 F_L 不是瞬时力，因此不可能改变沙粒运动的轨道，于是 F_G 和 F_L 在小的时间间隔 $\Delta t \to 0$ 内积分将同样小，故此有

$$\int_0^{\Delta t} F_G \mathrm{d}t \to 0$$

$$\int_0^{\Delta t} F_L \mathrm{d}t \to 0$$

我们研究的沙粒在力 F_G 和 F_L 的作用下，在足够小的时间间隔 Δt 内，获得的加速度很小，可以忽略。

于是，式(3-4)可写成

$$mV_2 - mV_1 = \int_0^{\Delta t} F_m \mathrm{d}t \tag{3-5}$$

采用平均理论，因为冲击力在我们所研究的范围内是不变力，所以又可取如下形式

$$F_m \Delta t = mV_2 - mV_1 \tag{3-6}$$

或

$$F_m = \frac{mV_2 - mV_1}{\Delta t} \tag{3-7}$$

式中　Δt——力作用的时间(s)；

m——沙粒质量(kg)；

V_1，V_2——碰撞前后沙粒的速度(m/s)。

对于沙粒的重力是众所周知的，在此不作赘述。

吴正运用对沙粒运动所摄的高速电影资料，选取了其中的 7 颗沙粒，计算结果列于表 3-2，数值均为离地面 0.5cm 这一层内的计算值。结果表明：沙粒的冲击力可达 $10^3\mathrm{g \cdot cm/s^2}$，超过重力的几十倍至几百倍；其次为正面推力(迎面阻力或拖曳力)，可以大于或等于沙粒的重量；上升力则仅为沙粒重量的几十分之一至几百分之一。对于沙面沙粒来说，受力的分配虽然可能和上述实验计算值有所不同，上升力会相对增大些，

可以达到和正面推力同一个数量级，如切皮尔从风洞试验确定了 $F_L=0.85F_D$。但是，沙粒碰撞所产生的冲击力在沙粒起跳中起主导作用，这一点是没有争议的。当然，其他力也起到了一定的作用。

表 3-2 沙粒碰撞起跳时，冲击力 F_m，正面推力 F_D、上升力 F_{L_1} 和 F_{L_2} 以及它们重力 F_G 之比值

项目 \ 编号	Ⅸ$_{\Delta 5}$ 215~265	Ⅶ$_{\Delta 5}$ 10~50	Ⅸ$_{\Delta 4}$ 1~21	Ⅶ$_{\Delta 5}$ 20~95	Ⅴ$_{\Delta 5}$ 801~941	Ⅴ$_{\Delta 5}$ 335~390	Ⅴ$_{\Delta 5}$ 830~880	平均
F_m(g·cm/s^2)	2.12×10^3	1.81×10^3	1.30×10^3	1.44×10^3	1.74×10^3	1.60×10^3	1.60×10^3	1.66×10^3
F_D(g·cm/s^2)	4.89×10^0	5.26×10^0	3.94×10^0	5.12×10^0	4.89×10^0	4.89×10^0	4.89×10^0	4.84×10^0
F_{L_1}(g·cm/s^2)	4.37×10^{-1}	5.66×10^{-1}	4.88×10^{-1}	5.58×10^{-1}	4.37×10^{-1}	5.48×10^{-1}	5.44×10^{-1}	5.11×10^{-1}
F_{L_2}(g·cm/s^2)	3.25×10^{-1}	3.36×10^{-1}	2.91×10^{-1}	3.32×10^{-1}	3.25×10^{-1}	3.27×10^{-1}	3.24×10^{-1}	3.23×10^{-1}
$F_m/F_G=mg$	3.14×10^2	2.68×10^2	1.92×10^2	2.12×10^2	2.54×10^2	2.37×10^2	2.37×10^2	2.45×10^2
$F_D/F_G=mg$	7.30×10^{-1}	7.81×10^{-1}	5.83×10^{-1}	7.58×10^{-1}	7.30×10^{-1}	7.23×10^{-1}	7.30×10^{-1}	7.19×10^{-1}
$F_{L_1}/F_G=mg$	6.44×10^{-2}	8.36×10^{-2}	7.22×10^{-2}	8.26×10^{-2}	6.44×10^{-2}	8.11×10^{-2}	8.04×10^{-2}	7.55×10^{-2}
$F_{L_2}/F_G=mg$	4.82×10^{-2}	4.97×10^{-2}	4.32×10^{-2}	4.92×10^{-2}	4.82×10^{-2}	4.84×10^{-2}	4.78×10^{-2}	4.78×10^{-2}

注：据吴正，风沙地貌学。

3.1.2 沙粒起动假说

沙表面是由彼此没有联系的单个颗粒组成，因此，风在沙物质脱离和搬运方面的作用对于每一单个颗粒来说是单独实现的。由于沙粒起动问题本身的复杂性和研究手段的限制，以往很多研究者只能在片段观测的基础上，根据物理学的基本理论对风沙运动的机制进行推断，提出各种假说(董治宝，2005)。这些风沙起动假说大致可以归纳为以下几种。应当指出，以下归纳只是为了叙述的方便，有些学说的本质是一致的，只是考虑问题的侧重点不同。

(1)压差起动学说

该学说的核心观点是，由于地表沙土颗粒上下存在风速差，根据伯努利定律，颗粒上面速度大、压力小，而颗粒下面速度小、压力大，从而使颗粒受到一个方向向上的压差作用力，颗粒可能起动、上升而离开地面。切皮尔(Chepil)和兹纳门斯基(Знаменский)在风洞实验中发现，在风沙起动过程中，有相当一部分颗粒几乎垂直进入气流，他们据此将风沙起动归因于沙粒上下的压差(Chepil，1945；贺大梁和刘大有，1989)。不过，由于沙土颗粒十分细小，上下速度差，即压差也应是很小的。所以，除具有特殊形状的轻质大颗粒和碎片，如凸面向上的贝壳之外，其余是可以忽略的。但杜宁(Дюний，1963)认为，地表上作用着一个垂直气压梯度力，这是一个产生剪切力的力，是由气团和大气过程决定的。他指出，在较高风速下(平坦雪面上 5cm 高处，风速达 15m/s)，地表涡旋边界层内，离表面 2mm 高处，负压力梯度可达 9.8Pa。因而，可能使颗粒脱离地面。

(2)紊流扩散与振动学说

哈得逊(Hudson，1971)在分析沙粒飞升的原因时认为，流体紊流脉动可将脉动能量传给沙粒，其强度可达发声的程度。当两个振动粒子相碰时，可将其中一个弹入空中。

比萨尔(Bisal，1962)和尼尔森(Nielsen)采用双目显微镜对风洞中沙盘上的蚀性和非侵蚀性沙颗粒进行观察，发现大多数侵蚀性颗粒在风力不大时就开始振动。振动很少是稳定的，且其强度随着风力加强而增强。当风力到某个达临界值时，颗粒经常出现急剧振动 3~5 次后，一下子停止振动，然后立即离开表面(如同弹射)。于是，他们认为，颗粒运动是由于压力脉动所引起的冲击力造成的。莱尔斯(Lyles，1971)和克劳斯(Krauss)根据风洞实验观测得出，当平均风速接近临界起动风速时，一些颗粒(d=0.59~0.84mm)开始来回振动，其平均振动频率为 1.8±0.3Hz，他们认为这和包含有紊流运动最大能量的频带有关。刘贤万认为，沙粒振动能量来自风的作用力和弹性力，振动是一种有约束的阻尼运动，当沙粒在气流脉动的作用周期下，如果受迫振动终于发生共振，那么发生弹性跳起是完全可能的。不过这种作用的概率不会大，而且振动本身并不产生能量，能量还是来自气流的平均运动和湍流脉动。所以，沙粒振动只不过是起动前的一种动作，一种摆脱周围颗粒约束的运动。

(3)冲击碰撞学说

该学说的核心观点是地表沙粒的起动是由运动沙粒的冲击作用所致，也是风沙起动研究中占主导地位的学说。拜格诺(Bagnold)在最早的风洞实验中发现，在风洞顶部供沙器供沙的条件下，沙面上沙粒的起动风速有所降低，因此，他认为沙粒脱离地表及进入气流中运动的主要驱动力是冲击力，并将冲击作用下的起动风速定义为冲击起动风速。他通过实验还发现，以高速运动的颗粒在跃移中通过冲击方式，可以推动六倍于它的直径或二百倍于它的重量的沙粒。伊万诺夫(Иванов，1963)也通过研究发现，冲击力可以超过重力的几十倍至几百倍，因而推断沙粒脱离地表的主要升力是冲击力。鉴于此，风沙物理学中的很多理论、模型及数值模拟研究都建立在冲击起动基础上。但是，也有学者对冲击起动学说提出质疑。董治宝等用激光粒子动态分析仪在风洞中对贴地层的风沙颗粒运动速度的测量结果表明，在风沙流中，沙粒的冲击速度实际上很低，在高空中高速运动的沙粒冲击地表的概率很小，由于贴地层风沙流中沙粒的浓度比较大，高速运动的沙粒在冲击地表前发生颗粒间空中碰撞的概率比较大，从而使冲击沙粒的动量分散，不足以冲击起更多的沙粒(Dong et al.，2002)。沙粒流对地表的碰撞，在维持和发展风沙流传输上的作用是众所周知的，但对平静的沙床面来说，冲击起动并无实际意义。因为人们经常提出这样的问题：第一颗沙粒是如何起动的呢？

(4)斜面飞升学说

斜面飞升说的倡导者海斯特(Hiest，1959)和尼古拉(Nichola)认为，风沙作用下沙粒脱离地表是由于沙面不平，在沙面上滚动的沙粒沿凹凸不平的斜面升入气流中。切皮尔还进一步认为，除了沙面不平外，沙粒本身具有的不规则棱角在滚动过程中与地面相撞也是使之借机跃入气流中的一个原因。

贺大梁和刘大有认为风沙起动主要是斜面飞升与冲击碰撞相结合的结果。沙粒在凹凸不平沙面上的滚动与平坦地面上的滚动有很大差别，沙粒在凹凸不平沙面上的滚动过程中常有小的跳跃发生。他们根据运动学原理对沙粒飞升的临界滚动速度进行了计算，结果表明，当滚动速度为 0.04~0.05m/s 时，沙粒就可能飞离沙面。这是很小的速度，说明沙粒在滚动过程中很容易飞离沙面。在滚动过程中，沙粒一旦出现小跳跃就会更多地被加速。沙粒速度越高，跳跃会越频繁，跳跃距离越大，形成一个正反馈过程。正反馈发展到一定程度，会出现另一种机理，它有削弱气动推力的作用；沙粒不断加速使它与气流的相对速度减小，致使气动推力减小。另外，沙粒不断加速将消耗气流能量使风速降低导致气动推力减小。

(5)驻点升力学说

丁国栋(2008)根据野外实际观测和研究结果提出不同的看法，他认为沙粒起动的驱动力主要应是气动力，决定性的力应是驻点升力。一股垂直的气流吹向沙面可以使沙粒"四射飞溅"这一简单的现象就是一个佐证。驻点升力可以说是绕流升力的一种极端形式，它是把所有的气流动能在瞬间全部转换为压力能，就好像一束子弹打在一块钢板上一样。驻点升力的产生过程受几种因素的制约，一是由于表面沙粒间的空隙使气流形成"死区"；二是由于沙面本身的粗糙度造成微区域气流的改变；三是由于地面的不平整性产生了非平行气流。经计算可知，在理想状态下，5m/s 的风速可以产生的最大驻点升力为 16.16 N/m^2，可使边长 0.5mm 的正方形沙粒(石英颗粒，假设密度为 2.67×10^3 kg/m^3)受到的约 7.7×10^{-7}N 的瞬时净上升力，较脉动力、压差升力和旋转升力要大得多。

在过去的几十年里，各种风沙起动学说各抒己见，既有相互补充，又有相互批驳。风沙起动的影响因素是复杂的，各种学说都有其合理的成分，反映了真理的某个侧面，但试图仅仅靠某一种学说或某一种力来解释风沙的起动是不够完善的(董治宝，2005)。风沙起动过程同时受多种力的作用，只是这些力所起的作用各异，在分析时要分清主次。再者，同一种力在不同性质(如不同密度、粒径和形状等)沙粒的起动过程中所起的作用也可能是不同的，在研究中还需要具体问题具体分析。总之，风沙起动机制尚需全面深入和科学的研究。

3.2　沙粒的起动风速

3.2.1　沙粒的起动风速

沙粒最初是由于从气流中获取了动量而开始运动的，因此沙粒的运动要求一定的风力条件，当风速逐渐增大到某一临界值以后，地表沙粒开始脱离静止状态而进入运动状态，这个使沙粒开始运动的临界风速叫做起动风速，一切超过起动风速的风都称之为起沙风。换言之，起沙风的最低风速就是沙粒的起动风速。

关于沙粒的起动风速，拜格诺提出了流体起动值(Fluid threshold)和冲击起动值(Impact threshold)的概念，所谓流体起动值，是指沙粒的运动完全决定于风对沙表面沙粒的直接推动作用，使沙粒开始运动的临界风速；若沙粒的运动主要是由于跃移沙粒的冲击作用，其起动的临界风速称为冲击起动值。

(1)粗沙粒的起动

从理论上推导流体起动风速与沙粒粒径的关系时，大多数关于沙面沙粒受力的处理仅仅考虑迎面阻力(拖曳力)，而上升力不明确表达出来，尽管理论分析和实验研究均已证实上升力是存在的。但是，由于理论公式中的常数最终是由实验确定的，上升力和拖曳力决定于相同的变量，因而上升力的因素虽然未被考虑，但其作用已自动地被考虑进去(钱宁等，1983)。拜格诺根据流体在起动条件下，作用在沙粒上的迎面阻力(拖曳力)和有效重力的力矩平衡，导出了沙粒开始移动的临界速度与粒径关系的以下表达式

$$u_{*t}=A\sqrt{\frac{\rho_s-\rho}{\rho}gd} \tag{3-8}$$

式中　u_{*t}——摩阻起动风速(m/s)；

ρ_s——沙粒密度(kg/m^3)；

d——沙粒的粒径(m)；

g——重力加速度(m/s^2)；

A——经验系数。

我们知道，一般情况下，地表风速沿高程按对数规律分布，则把式(3-8)中的 u_{*t} 代入式(1-90)中就可求出任何高程 z 上的流体起动速度 u_t，

$$u_t=5.75A\sqrt{\frac{\rho_s-\rho}{\rho}gd}\cdot\lg\frac{z}{z_0} \tag{3-9}$$

式中，z_0 为地表粗糙度，约为沙面沙粒直径的 1/30(普兰特，1935；拜格诺，1954)。不过在流体力学中，通常可以看到系数 A 只是在流态的有限范围内为常数。流态常用雷诺数来表示。当雷诺数 $Re=u_*d/\nu>3.5$、沙粒粒径 $d\geqslant 0.25$mm 时，系数 A 接近一个常数，拜格诺根据均匀沙的试验结果，得 $A=0.1$；切皮尔(1945)则认为 A 值应在 0.09~0.11 之间变化；津格(1953)得出的 A 值为 0.12；而据莱尔斯(Lyles，1971)和克劳斯(Krauss，1971)的试验结果，A 值为 0.17~0.20。在水中，常数 A 一般在 0.20~0.25 范围内变化，较上述拜格诺和切皮尔所确定的风沙运动中相应的数字大些。各家所确定的常数所以有这样大的差别，一方面是由于判别沙粒起动的标准不同，另一方面也与确定摩阻速度的方法不同有关。

式(3-8)和式(3-9)表明，若设系数 A 是一个常数，则起动风速和沙粒粒径的平方根成正比。起动风速与沙粒粒径之间的这种关系，已得到反复的证实(Belly，1962；切皮尔和伍德鲁夫，1963；堀川和沈学汶，1960)。吴正和凌裕泉(1965)在我国新疆塔里木盆地布古里沙漠地区，用染色沙进行多次试验观测，也获得十分相似的依赖关系(表 3-3)。

表 3-3　沙粒粒径与起动风速值(新疆莎车布古里沙漠，起动风速为离地 2m 高处)

沙粒粒径(mm)	起动风速(m/s)	沙粒粒径(mm)	起动风速(m/s)
0.10~0.25	4.0	0.50~1.00	6.7
0.25~0.50	5.6	>1.00	7.1

注：据吴正，风沙地貌学。

(2)细小沙粒的起动

起动风速与粒径的平方根成正比，这种关系必须是粒径有一定范围。拜格诺的实验研究(图 3-2)，起动风速最小的石英沙粒的临界粒径为 0.08mm，小于 0.08mm 时起动风

速反而要增大。拜格诺做过实验，在一层疏松分散的水泥粉上，吹过一阵稳定的气流时，即使当超过 100cm/s 时，就是风速足以使粒径为 4.6mm 的细石发生运动，也吹不动粒径极小的水泥粉。许多学者的实验也得到相同结果。对这种现象，有的学者给出的解释为，随着沙粒径的减小，当雷诺数 <3.5 时，从流体力学观点上说，床面变成“光滑”的，靠近床面沙粒附近的流动发生了重大的变化。个别的沙粒不再放射小漩涡，紧贴着沙粒四周一层半黏性的、非紊动的层流，附面层流层开始起到隐蔽作用。阻力不再为少数几颗更为暴露的沙粒所承担，而是或多或少地均匀分布在全部床面上。因此，相对来说，要有较大的阻力才能使第一颗沙粒发生运动。这样流体起动速度必然变得更大一点。

然而，塞根(Sagan，1975)认为，细沙粒起动风速大，与其说是由于雷诺数效应，还不如用粒间的内聚力来解释更合理。艾弗森和怀特(White，1982)的风洞实验资料也都证实，决定细颗粒的起动风速，内聚力起主导作用。当然，内聚力并非是细沙粒起动风速大的唯一原因。极小沙粒不易起动，是由于颗粒之间微弱化学键的内聚力的增大、持水力较大、地表粗糙度较小等多种因素造成的。

关于冲击起动风速，从图 3-2 中可以看到，对于粒径大于 0.25mm 的粗沙来说，和流体起动值一样，也遵循平方根定律，不过系数 A 要小一点，不是 0.1，而是 0.08。因此，任何高程上的风速，都比流体起动下的风速要小 20%。对于较小的沙粒来说，冲击起动值似乎逐渐接近流体起动值。到了某一个临界粒径，这时 u_{*t} 为最小，冲击起动值也许就不再单独存在。

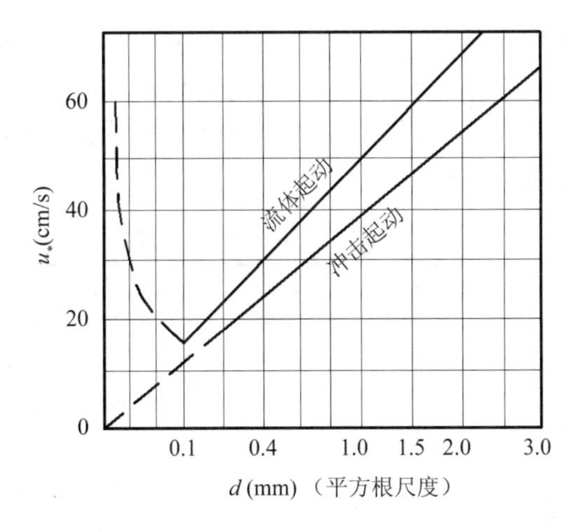

图 3-2　流体起动和冲击起动条件(据钱宁等，1983)

关于细颗粒沙物质的冲击起动条件，现在还不是十分清楚，因为这样的颗粒一旦进入气流以后，常以悬移的形式运动，而不是跳跃前进。如果有更多的跃移质进入细颗粒沙物质组成的床面，则粗颗粒沙常常会陷在细颗粒沙中间。相当长时间以后将会改变床面的性质。从目前已有的资料看，对于细小的颗粒来说，冲击起动值近乎于流体起动值。

(3)天然混合沙的起动

所谓混合沙是指其中某一粒径居主要的地位，而比之更大或更小的沙粒的重量百分数，随着粒径偏离主要粒径的程度面逐渐减少的沙物质。根据实验研究，在粒径和平均粒径相当的条件下，混合沙的起动风速稍小。如果沙样很均匀，把它撒布地面上，那么，地表上所包含的暴露的颗粒，可以假定和存在于沙样整体中的颗粒具有同一百分比。大部分细粒停留在粗颗粒之间的空隙中，受到粗颗粒的庇护，不再受到风的拖曳作用，除了少数最为暴露的细沙粒会发生极其短暂的运动以外(这些颗粒的起动流速最小)，初始起动风决定于主要粒径。

关于混合沙的冲击起动值，近似地决定于表层蠕移质中颗粒的主要粒径。

弗莱彻(Fletcher，1976)通过量纲分析和一系列的试验，提出了包括粗细沙粒在内的统一的起动摩阻流速公式

$$u_* = \left(\frac{\gamma_s - \gamma}{\gamma}\right)^{\frac{1}{2}} \left[0.13(gd)^{\frac{1}{2}} + 0.57\left(\frac{C}{\rho_S}\right)^{\frac{1}{4}}\left(\frac{\rho}{d}\right)^{\frac{1}{2}}\right] \tag{3-10}$$

式中 ρ_S——沙物质的密度(kg/m³)；

γ_s——沙物质的重度(N/m³)；

ρ——流体的密度(kg/m³)；

γ——流体的重度(N/m³)；

C——沙物质颗粒之间的黏结力(N)；

d——沙物质颗粒粒径(m)。

以上所述的各种关于起动风速的理论公式及经验公式，对于这门学科的理论研究是有一定作用的。但是，鉴于起动风速受众多因素的影响。因此，在实际运用中需要作进一步的修正。在实际工作中，多采用风速仪进行野外观测的方法来确定某一地区沙子的起动风速。根据我国沙漠地区观测结果表明，沙粒粒径与起动风速的关系见表3-4所列。

表3-4 沙物质粒径与起动风速的关系(风速为2m高处)

粒径(mm)	起动风速(m/s)	粒径(mm)	起动风速(m/s)
0.1~0.25	4.0	0.50~1.00	6.7
0.25~0.50	5.6	>1.00	7.1

3.2.2 沙粒起动风速的影响因素

(1)水分对起动风速的影响

沙物质含水率对沙粒起动风速的影响与细小粒径下沙粒的起动机制有相似之处，因为水的黏性远比空气大，含水率的增加势必会提高沙物质的内聚力和黏滞力，团聚作用加强，从而造成沙粒起动风速的加大(表3-5)。文献中已经报道许多关于表面湿度影响颗粒起动风速的模型(表3-6)。

表 3-5 不同含水率时沙粒的起动风速值(据韩庆杰等，2011)

沙粒粒径(mm)	不同含水率下沙粒的起动风速(m/s)				
	干燥状态	含水率(%)			
		1	2	3	4
2.0~1.0	9.0	10.8	12.0	—	—
1.0~0.5	6.0	7.0	9.5	12.0	—
0.5~0.25	4.8	5.8	7.5	12.0	—
0.25~0.175	3.8	4.6	6.0	10.5	12.0

表 3-6 湿润表面预测起动摩阻风速一般引用的模型

模型	方程	方法
Belly(1964)	$U_{*tm}=U_{*t}[1.8+0.6\ln(100M)]$	Empirical
Chepil(1956)	$U_{*tm}=(U^2_{*t}+0.6M^2\rho_s^{-1}M_{1.5}{}^2)^{0.5}$	Empirical
Hotta et al. (1984)	$U_{*tm}=U_{*t}+7.5M$	Empirical
Gregory and Darwish(1990)	$U_{*tm}=U_{*t}[1+M+6a_1(\pi\rho_s g)^{-1}d^{-2}+a_2M\exp(-a_3MM_{1.5}{}^{-1})(\rho_m gd)^{-1}]^{0.5}$	Theoretical
Selah and Fryrear(1995)	$U_{*tm}=U_{*t}+0.022M\,M_{1.5}{}^{-1}+0.506M^2\,M_{1.5}{}^{-2}$	Empirical
Shao et al. (1996)	$U_{*tm}=U_{*t}\exp(22.7M\rho_s\,\rho_m{}^{-1})$	Empirical
Fecan et al. (1999)	$U_{*tm}=(1+aM^b)^{0.5}$	Theoretical

注：U_{*tm} 为湿润沉积物起动摩阻风速($m \cdot s^{-1}$)；U_{*t} 为干燥沉积物的起动摩阻风速($m \cdot s^{-1}$)；d 为平均粒径(m)；ρ_s 为颗粒体积密度($kg \cdot m^{-3}$)；ρ_m 为水的密度($kg \cdot m^{-3}$)；g 为重力加速度($m \cdot s^{-2}$)；M 为重量湿度；$M_{1.5}$ 为-1.5MPa 的重量湿度($kg \cdot kg^{-1}$)；a_1、a_2 和 a_3 为回归系数($61.2\times10^{-6}kg \cdot s^{-2}$，$738.2kg \cdot m^{-1} \cdot s^{-2}$ 和 0.1)。

需要说明的是，沙物质含水率对沙粒起动风速的影响不是无限的，而是存在一个极限值，也就是说，当沙物质含水率达到一定值时，含水率的影响不再发生变化，这一含水率称为极限含水率。刘小平和董治宝(2002)利用不同粒径(平均粒径)的沙子，在不同含水率条件下进行起动风速的风洞实验，通过结果分析后得出结论，沙子的极限含水率随沙粒粒径的增大而减小，粒径为 0.05 mm 的湿沙的极限含水率为 4.46%，而粒径为 0.45mm 的湿沙的极限含水率则为 1.29%。沙漠沙(粒径一般为 0.10~ 0.25mm)的极限含水率近似为 4.0%。韩庆杰等(2011)通过风洞模拟实验，研究了表面适度(1mm)对海滩沙风蚀起动的影响，发现在给定粒径下，湿沙的起动摩阻风速随 ln100M(M，重量湿度)线性增加。他们评价了表 3-6 中的 7 个预测湿沙起动摩阻风速的模型，结果表明各模型的预测结果间存在很大差异。从图 3-3 中可以看到，在 0.0124($M_{1.5}$)的湿度下，不同模型预测的湿沙起动摩阻风速比观测的干沙起动摩阻风速大了 34%~195%。在湿度小于 0.0062(0.5$M_{1.5}$)时，Chepil 和 Saleh 的理论模型和实验数据很吻合；在湿度大于 0.0062 时，Belly 的实验模型和实验数据更趋一致。

(2)下垫面对起动风速的影响

对于特定的沙物质本身而言，沙粒的起动风速应该是固定的，但是现实中所有的沙物质都是处于不同的环境中，各种相关因素反过来会对风沙运动的动力——风造成影

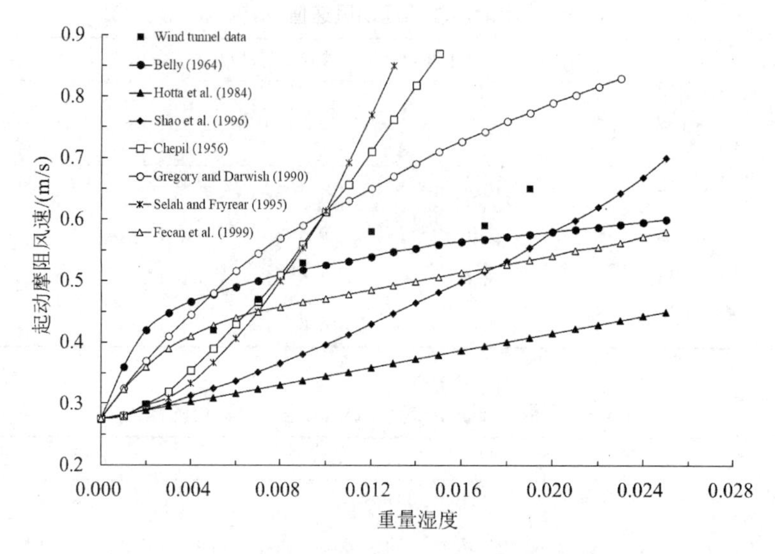

图 3-3 7 个模型模拟和风洞实验得出的湿润表面起动摩阻风速（U_{tm}^*）曲线

响，宏观尺度上可以改变沙粒的起动条件。沙质荒漠化防治所主要关注的也正是在各种不同环境情况下，是否会产生风沙运动。

以植被为核心的地面阻滞物的存在、特征与作用，已经成为人们关心的关键问题。就植被而言，从空气动力学的角度来看，应该是植被覆盖度越大、高度越高，布局越合理，即粗糙度越大，对近地面气流的减弱作用也越大，相应的以某个固定高度衡量的沙粒起动风速也就会越大。因为我们知道，地表风速随高度一般按对数规律分布，只有固定高度出现较大风速的时候，才能保证地面风速达到沙粒起动的程度。长期的实践经验总结发现，对于裸露、干燥和松散状态的沙漠沙（也称裸沙），当地面 2m 高度处的风速达到 4~5m/s 时，沙面上最容易起动的粒径为 0.1~0.25mm 的细沙就会产生风沙运动，因此，在气象学上，常把 5m/s 以上的风速作为“起沙风”进行统计应用。而当沙面的植被盖度达到 40%~60%时，除大风以上风速的风，一般起沙风都不会造成明显的风沙运动（Zhao et al.，2017）。据此，人们根据植被覆盖度的差别，将沙面状态分为固定沙地（丘）、半固定沙地（丘）和流动沙地（丘），对应的植被覆盖度分别是>40%、10%~40%和<10%。也有学者把 10%~40%的覆盖度区间细化为 10%~25%和 25%~40%2 个区段，对应的地面状态分别称为半流动沙地（丘）和半固定沙地（丘）。除植被外，其他下垫面粗糙特征也会影响沙粒的起动风速（表 3-7）。

表 3-7 不同地表状况下沙粒的起动风速

地表状况	起动风速（m/s，2m 高处）	地表状况	起动风速（m/s，2m 高处）
戈壁滩	12.0	半固定沙丘	7.0
风蚀残丘	9.0	流动沙丘	5.0

（3）坡度对起动风速的影响

Allen（1982）和 Dyer（1986）就坡度对颗粒起动的影响做出了基本分析，Hardisty 和

Whitehouse 利用可调坡度的风洞将其实验数据与理论结果进行了对比，发现二者之间有良好的一致性(图 3-4)。Iversen 和 Rasmussen(1999)也提出了水平面和一定坡度上起动剪切速度之间的关系(Iversen et al.，1999)：

$$\frac{v^2_{*t}}{v^2_{*t0}} = \frac{\sin\theta}{\tan\alpha} + \cos\theta \tag{3-11}$$

式中 v_{*t}——坡度为 θ 时颗粒的起动速度；

α——颗粒之间的内摩擦角；

v_{*t_0}——水平面上颗粒的起动速度。

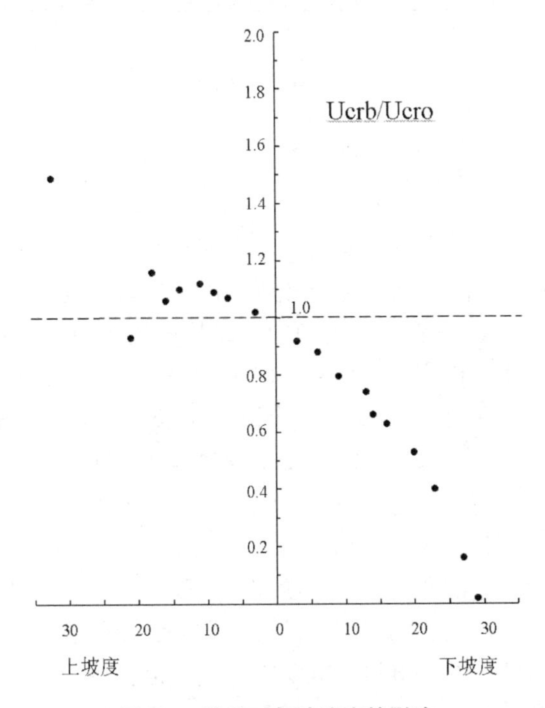

图 3-4 坡度对起动速度的影响

注：实线：Allen 和 Dyer 理论模型得出的结果，圆点：Hardisty 和 Whitehouse(1988)的实验结果。

3.3 沙粒运动的基本形式

当风速达到并超过起动风速时，地表上的沙粒便开始移动，产生风沙运动，形成风沙流。依据沙粒运动的主要动量来源不同以及风力、颗粒大小和质量的不同，研究者将颗粒运动总结为多种形式，滚动、滑移、蠕移、跃移、悬移、振动等，但运移方式之间很难有比较明确的定义。拜格诺最早将沙粒运动划分为蠕移、跃移和悬移 3 种基本形式(图 3-5)。

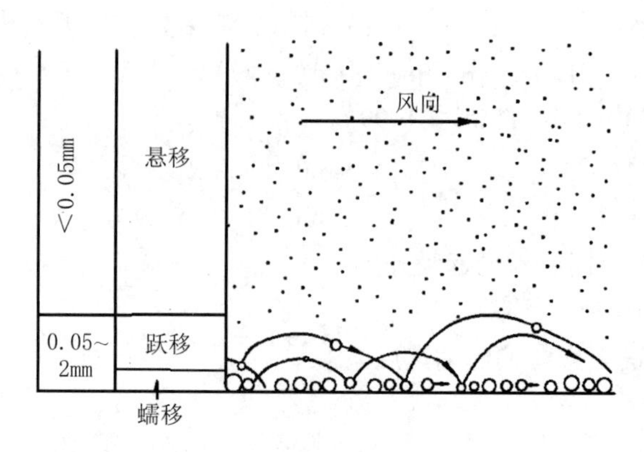

图 3-5　风沙运动基本形式

3.3.1　蠕移运动

沙粒贴地表滚动或滑动，称为蠕移运动。蠕移运动的沙粒叫做蠕移质。沙物质中粒径范围为 0.5~1.0mm 的沙粒(土壤径级划分中的粗砂)最容易以蠕移质的方式运动。根据野外观测的结果显示，在一般风沙运动中，蠕移质约占风沙流中总输沙物质的 1/4。在较小起沙风速时，肉眼可以观察到蠕移质时走时停，每次只移动几毫米；但是，当遇到较大起沙风速时，蠕移质走过的距离就会随之增长，而且有比较多的颗粒在同时运动；到了更大的起沙风速时，整个地表面变得较为模糊，好像都在缓缓向前蠕动一样。

在流动沙地区，蠕移质和微地貌——沙纹的形成有很大关系。丁国栋(2008)在野外通过细致的观察发现，当沙表面产生风沙运动的时候，蠕移质沿风向运动并开始聚集，形成不规则的、与风向垂直的非常细小的沙纹，长度很短，过程非常快，约几秒或几十秒；而后小沙纹作为整体向前运动，相互间开始合并，沙纹变长、变宽、变高，并有少量小沙粒填入；沙纹继续合并、链接，但粒级组成变得复杂起来，逐步发育成形态完整的雏形沙纹，这个过程持续的时间最长，约几分钟；雏形沙纹进一步增长，形成以近乎相等间距的、有规律地排列的成熟沙纹，并以几乎一致的速度向前运动，这时在沙纹的表面上可发现分布着次一级的小沙纹。进一步的实验研究也验证了上述结论。把沙漠沙物质用筛分法按设定的径级大小分成不同的组别，并用不同颜色的染料进行涂染，待干燥后充分混合，再均匀地洒回到流动沙地表面，被风吹刮。经过一定时间后可以发现，大颗粒的沙子会集中分布在沙纹的脊线附近。

3.3.2　跃移运动

跃移运动是指沙粒在垂直分力和水平分力的共同作用下，以类似抛物线轨迹移动的一种运动方式。以跃移形式运动的沙物质颗粒称为跃移质。跃移运动是风沙运动过程的最主要形式，在一般风沙运动中，跃移质约占风沙流总输沙量 1/2 以上，甚至达到 3/4。沙物质中粒径为 0.10~0.15mm 的沙粒(土壤径级划分中的细沙部分)，最容易以跃移质的形式运动。

跃移运动轨迹可用数学方程进行表达，其主要参数包括起跳角、起跳速度、飞升高度、空中停留时间，以及降落角、飞行速度及飞行距离等。但由于影响因素和沙粒运动的复杂性，目前很难用一个或几个方程完全、准确地加以表达。通过分析国内外众多专家学者的研究结果，可总结出跃移质的特征：

①绝大部分跃移运动的沙粒都贴地表附近，90%以上的跃移质都在地表附近30cm的高度范围内，在地表以上5cm的高度范围内运动的沙粒通常占跃移质的一半左右。

②沙粒跳跃有高有低，但降落角变化较小，一般为10°~16°(拜格诺，1959)；起跳角变化较大，约40%的颗粒起跳角在30°~50°、28%在60°~80°之间(吴正、凌裕泉)。

③跃移沙粒在运动过程中，进行高速旋转，旋转速度达200~1000r/s。

④由于空气的密度比沙粒的密度要小得多，沙粒在运动过程中受到的阻力较小，在落到沙面时仍然具有相当大的动量。因此不但下落的沙粒本身有可能反弹起来，继续跳跃前进，而且由于它的冲击作用，还能使下落点周围的一些沙粒飞溅起来进入跳跃运动，反跳的高度以粒径的十倍或百倍计，这样就会引起一连串的连锁反应，使风沙流中的输沙量很快达到相当大的密度(拜格诺，1959)。

⑤影响飞行距离和飞升高度的因素主要为地面物质组成和起跳角。一般来讲，地面物质组成越粗糙，飞行距离越长、飞升高度越大。在风洞中可以很清楚地看到跃移性质的不同，当床面是粒径均匀的细沙时，“沙云”的厚度很薄；但是当表面上散布了一些细石后，在整个风洞的高度内自床底到顶板都充满了飞跃的沙粒。俯冲的颗粒从石块上猛烈地反弹起来，上升到风洞顶板，甚至和顶板碰撞而反弹回来。随着起跳角的增大，跃移长度和高度均相应增大。由于高度的增长幅度大于长度的增长幅度，因此，反映出跃移长度与高度的比值，随起跳角加大而减少。

3.3.3 悬移运动

悬移运动是指沙物质颗粒保持一定时间悬浮于空气中而不与地面接触，并以与气流近乎相同的速度向前运移的运动形式。呈悬移状态的沙物质颗粒就称为悬移质。悬移质运动主要决定于气流的向上脉动分速必须超过颗粒的沉速。粒径 $d<0.1$mm 的沙粒，在大风状态下即可成为悬移质。而粒径 $d<0.05$mm 的粉沙和黏土颗粒，体积小、质量轻，在空气中自由沉速低，一旦被风扬起，就不易沉落，能被风悬移很长距离，甚至可远离源地千里以外。

冯·卡门曾经估计过沙物质自床面外移以后在空气中持续的时间 t 及所能够达到的距离 L。

$$t=\frac{40\varepsilon\mu^2}{\rho_s{}^2g^2d^4} \tag{3-12}$$

$$L=\frac{40\varepsilon\mu^2V}{\rho_s{}^2g^2d^4} \tag{3-13}$$

式中 μ——空气的黏滞系数(Pa·s)；

V——平均风速(m/s)；

d——颗粒粒径(m)；

ρ_s——沙土的密度(kg/m^3)；

ε——空气的紊流交换系数，对比较强的风来说，ε 可取 $10^4 \sim 10^5 cm^2/s$。

根据式(3-12)及式(3-13)，可以推算出不同粒径的沙物质在 15m/s 的平均风速下悬移时所能达到的距离和高度(表 3-8)。

表 3-8 沙物质在风力吹扬下能达到的距离和高度

沙物质粒径(mm)	沉 速(cm/s)	空中持续时间	距 离(km)	高 度
0.001	0.0083	0.95~9.5a	$4.5\times10^5 \sim 4.5\times10^6$	7.75~77.5km
0.01	0.824	0.83~8.3h	45~450	78~775m
0.1	82.4	0.3~3s	4.5~45	0.78~7.75m

从表 3-8 不难看出，对于粉沙以下的物质，在风力吹扬下可以远走高飞，甚至远渡重洋。正因为如此，在荒漠的沙丘中，往往缺乏小于 0.06mm 的物质，而在大面积的海底，却可以看到风成物质的沉积。

拜格诺经研究指出呈悬浮搬运的沙物质量尚不到 5%，池田茂(1958)在野外测定，当风速大于 6m/s 时，该值甚至不足 1%。这说明沙尘暴的尘埃很少来自沙漠。

在风沙运动的几种基本形式中，以跃移运动最为重要，不仅是风沙运动的主体，而且表层蠕移运动和悬移运动也都与它有关。表层蠕移质直接从跃移质取得动量。悬移质的细尘土，当它们沉积在地面时，由于受附面层流层的隐蔽作用和颗粒之间本身具有的黏结性，往往很难为风力所直接扬起，只有当跃移质的冲击作用把它们驱出地面以后，气流中的漩涡就很容易带着它们远走高飞。所以，防止风蚀的主要着眼点应该放在如何制止沙粒以跃移形式运动。有时一个地区的风沙运动常可以通过跃移运动的连锁反应而引起下风方向大范围内的沙物质前移，对于这些容易发生侵蚀的小区域优先进行保护，往往可以解除或减轻大面积的风蚀。

3.4 沙粒的运动轨迹和轨迹方程

3.4.1 沙粒的运动轨迹

(1)运动轨迹的含义

沙粒的运动轨迹是指跃移、滑移等运动沙粒从受力起跳，经飞行到降落的全过程，主要指起跳的高度和运行的距离。这就必然涉及到起跳角度、速度、高度，在飞行中停留在空中的时间，在降落时的落地角度、速度及飞行距离等。

(2)沙粒运动的典型轨迹

沙粒在风力作用下运动，由于沙粒在运动过程中受力不尽相同，因此运动轨迹也多种多样。沙粒在空气动量作用下脱离表面，称为第一种类型脱离，而在冲击动量作用下的脱离称作第二种类型脱离。图 3-6 列出了 8 种典型的沙粒运动轨迹，下面将分别加以说明。

①沙粒从静止状态(*A* 点)开始滚动，停于 *B* 点。

②、③空气动量作用在静止颗粒(*A* 点)上，结果使颗粒脱离表面并停在 *B* 点(第一种类型脱离)或在 *C* 点前滚动(如第三种轨迹所示)。

④颗粒由静止状态(*A* 点)开始滚动并在 *B* 点获得碰撞冲量，在此冲量的作用下颗粒脱离表面(第二种类型脱离)，然后停止于 *C* 点。

⑤颗粒在空气动量作用下由静止状态(*A* 点)脱离(第一种类型脱离)，被气流吹散并得到碰撞冲量(在 *B* 点)，因此颗粒重新脱离表面(第二种类型脱离)。

⑥运动状态与状态⑤相同，然后颗粒开始滚动后停留在沙层上或重新获得碰撞冲量。

⑦颗粒由静止状态 *A* 点经历第一种类型脱离，然后从 *B* 点滚到 *C* 点，在这里经历第二种类型的脱离并在气流中运动。在 *D* 点可能有 3 种情况：a. 第二种类型脱离并在气流中进一步运动；b. 随着第二种类型的脱离，颗粒开始滚动和停留；c. 颗粒停止在 *D* 点。

⑧下降的沙粒“1”与沙表面在 *A* 点碰撞，跳离表面作跃移运动，而被沙粒“1”击发的颗粒之一“2”以不高的跳跃开始滚动，然后在 *B* 点碰撞后过渡到跃移运动。

以上概述了沙粒的典型运动轨迹，实际情况远比这复杂得多。初步分析表明，颗粒可能从静止状态开始滚动或者具有第一种类型的脱离。在这种运动时，颗粒一般跳不出边界层的范围。但是颗粒不可能从静止状态直接变成跃移运动，即第二种类型的脱离不可能在静止点发生。

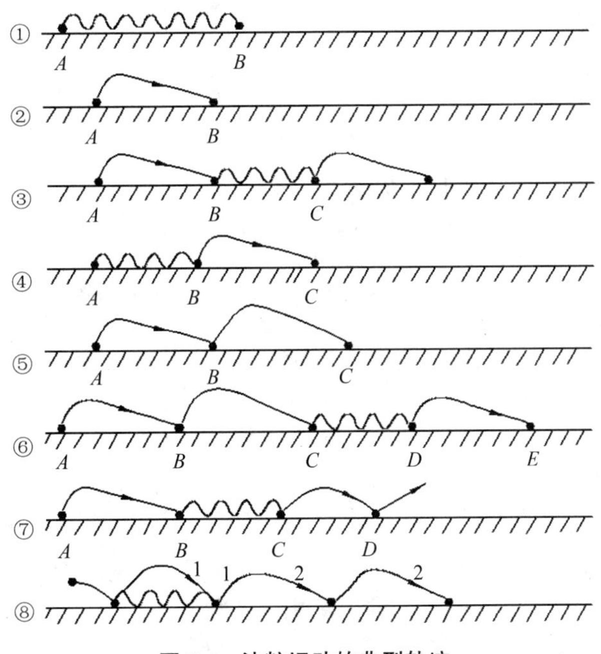

图 3-6 沙粒运动的典型轨迹

3.4.2 沙粒的运动轨迹方程

依据物理学的基本理论及实验观测的结果，把运动沙粒的起跳高度、运行长度、运行时间、速度、加速度、角度等用数学议程式予以表达，即称为运动轨迹方程。由于影响沙粒运动的因素比较复杂，沙粒的运动轨迹也是多种多样的，很难用一个或几个方程完全、准确地加以表达。目前只能把沙粒在气流中运动的轨迹，按一般规律、理想的形式、典型的模式，并遵循物理学的基本原理，用数学方程式予以表示。

沙粒的典型运动轨迹可以用方程来表示，两种类型的脱离由于受力不同，因此它们的轨迹方程也不尽相同。

为分析简化起见，我们讨论的是处于稳定传输过程和风沙流中固体颗粒含量十分稀疏的这样一种近似单一颗粒的跃移运动(运动轨迹为抛物线)，即研究颗粒所占的容积率很低(但颗粒的质量不能忽略)，颗粒间的相互作用和颗粒的存在对气流运动的影响都是很小的跃移运动。大量的室内外观测表明，在常见的风力和地表条件下，地表的风沙流和土壤风蚀所形成的沙尘暴中的沙物质颗粒，所占的容积率都在 5%以下，按照多相流的理论属于稀相。因此上述的单一颗粒模型，应该是一个良好的近似。

(1)气动力作用下沙粒跃移运动轨迹方程

下面研究半球形沙粒脱离表面的情况，并考虑到作用在颗粒上的各种力和气流速度脉动时颗粒运动的某些特征。

当气流绕流沙粒时，在沙粒的迎风面压力升高，由于近贴地表的沙粒稀疏，所以压力可以传播到颗粒底部，因此，在颗粒上下压力差的作用下，沙粒能够脱离地表。于是由于气流速度水平脉动的结果产生气动力矩

$$F = mV_0 f \tag{3-14}$$

式中　F——气动冲量的平均升力；

m——沙粒的质量；

V_0——沙粒的起飞速度；

f——气流速度水平分量的脉动频率。

伊万诺夫通过风洞试验确定了半球形沙粒的升力公式为

$$F = \frac{1}{2}CC_1\rho S_1 V_t^2 + \frac{1}{2}CC_1\rho S_2 V_t^2 \sin\alpha\cos\alpha \tag{3-15}$$

式中　S_1——颗粒迎风面压力作用的表面积，$S_1 = \pi d^2/20$；

S_2——半球底部面积，$S_2 = \pi d^2/4$；

ρ——空气密度；

V_t——气流相对于颗粒的瞬时速度；

α——颗粒的起跳角度；

C——颗粒迎面阻力系数；

C_1——迎面压力和吹扬力向上升力转化的系数。

系数 C_1 决定于颗粒的形状，通常取 $C_1 = 0.5$。

经实验测定和计算可知，颗粒面上的气流瞬时速度 V_t 与平均速度 V 几乎能相差 1/2，即

$$V_t = V \pm \frac{1}{2}V \tag{3-16}$$

于是可以得到

$$F=\frac{9CC_1\rho\pi d^2(0.2+\sin\alpha\cos\alpha)V^2}{32}=mV_0f \tag{3-17}$$

由此可以确定初始飞行速度

$$V_0=\frac{27CC_1\rho(0.2+\sin\alpha\cos\alpha)V^2}{8\rho_s df} \tag{3-18}$$

为简化上式，令 $\eta=\frac{27CC_1(0.2+\sin\alpha\cos\alpha)}{8}$，得出：

$$V_0=\frac{\eta\rho V^2}{\rho_s df} \tag{3-19}$$

要得到颗粒运动轨迹方程，可利用飞行初速度 V_0 和假定起飞角近似为 90°，设法先求出颗粒速度和坐标投影为时间函数。即：

$$V_x=(a_x-g\sin\delta)t$$

$$V_y=V_0-gt\cos\delta$$

$$x=\frac{(a_x-g\sin\delta)t^2}{2}$$

$$y=V_0t-\frac{gt^2\cos\delta}{2}$$

由此得

$$y=V_0\sqrt{\frac{2x}{a_x-g\sin\delta}}-\frac{g\cos\delta}{a_x-g\sin\delta}x \tag{3-20}$$

式中 δ——相对于水平面的倾斜角；

a_x——颗粒在 ox 轴方向的加速度，可通过气流相当颗粒高度 H_1 处的平均速度、颗粒直径和密度来表示。

$$a_x=\frac{F_x}{m}=\frac{3C\rho V^2}{2\rho_s d} \tag{3-21}$$

式中 F_x——气流对颗粒迎面压力在 ox 轴方向的平均值。

于是方程(3-20)可取如下形式(当 $\delta=0$)

$$y=\frac{2\eta\rho V}{\rho_s df}\sqrt{\frac{\rho d}{3C\rho}x}-\frac{2\rho_s gd}{3C\rho V^2}x \tag{3-22}$$

颗粒上升到高度 H_1，时间可通过 $t=V_0/g\cos\delta$ 来表达，于是

$$y_{\max}=H_1=\frac{{V_0}^2}{2g\cos\delta} \tag{3-23}$$

而颗粒飞行长度

$$X_{\max}=L_1=\frac{2{V_0}^2(a_x-g\sin\delta)}{(g\cos\delta)^2} \tag{3-24}$$

颗粒的降落角可由下列公式求得

$$\mathrm{tg}\beta = \frac{V_y}{V_x} = -g\cos\alpha/2(a_x - g\sin\delta) \tag{3-25}$$

或者

$$\beta = \mathrm{arctg}\left[-\frac{g\cos\delta}{2(a_x - g\sin\delta)}\right] \tag{3-26}$$

颗粒在降落点的速度为

$$V_1 = \sqrt{V_x^2 + V_y^2} = V_0\sqrt{1 + \frac{4(a_x - g\sin\delta)^2}{(g\cos\delta)^2}} \tag{3-27}$$

导出的公式表明，在中频和低频气流速度脉动范围内，空气动力矩能使静止的沙粒脱离表面，但上升高度 H_1 仍不大，它比颗粒跃移时上升的高度 H_2 小许多倍。

(2)碰撞力作用下沙粒跃移运动轨迹方程

为了得到颗粒在碰撞力矩和迎面压力作用下的运动方程和飞行轨道，伊万诺夫(1972)运用碰撞理论进行了探讨。首先定义在碰撞点的一些角度，如图 3-7 所示。α 为被碰撞沙粒脱离平坦沙表面的起跳角；β 为沙粒与平坦的沙表面的碰撞角；γ 为碰撞平面与平坦沙表面的倾斜角；δ 为沙面对水平面的倾斜角。许多观察表明，角 α 平均近似于 90°。

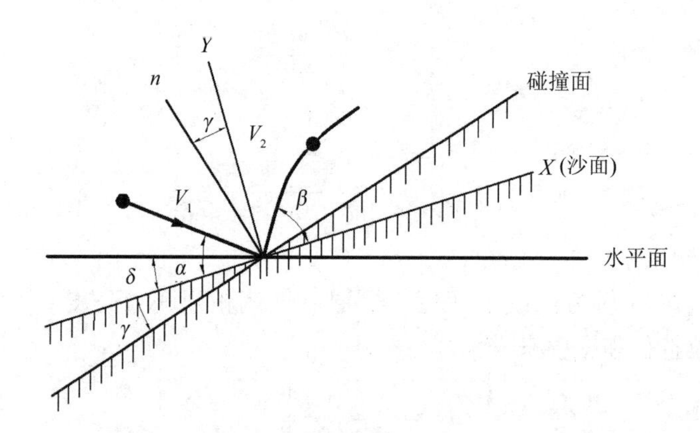

图 3-7　临近冲击点沙粒降落和脱离的轨迹(据伊万诺夫，1972)

取颗粒速度在坐标轴上的投影

$$\left.\begin{aligned} V_x &= (a - g\sin\delta) \\ V_y &= V_2 + (a_y - \cos\delta) \end{aligned}\right\} \tag{3-28}$$

可求得作为时间函数的颗粒的坐标 x 和 y

$$x = (a_x - g\sin\delta) \tag{3-29}$$

颗粒到达轨道最高点的时间可用下列方程表示。

$$t' = \frac{V_2}{g\cos\delta - a_y} \tag{3-30}$$

颗粒在空中飞行所用的时间

$$t = 2t' = \frac{2V_2}{g\cos\delta - a_y} \tag{3-31}$$

消去式(3-29)中的时间 t，便可求得颗粒飞行轨道方程

$$y = V_2\sqrt{\frac{2x}{a_x - g\sin\delta}} + \frac{a_y - g\cos\delta}{a_x - g\sin\delta}x \tag{3-32}$$

式中角 δ 之前的符号选择与沙表的倾斜有关，上升为正，降落为负；α_x 表示球状颗粒沿 x 轴的加速度。

$$a_x = \frac{F_x}{m} = \frac{3C\rho V_r^2}{4\rho_s d} \tag{3-33}$$

式中 F_x——气流对颗粒沿 x 轴的正压力；

V_r——气流相对于颗粒的速度；

a_y——由于颗粒旋转而产生的方向垂直向上的加速度(马格努斯效应)；

V_2——起跳速度。

由碰撞理论可知，起飞速度 V_2 可通过碰撞前速度 V_1、恢复系数 k、降落角 β 和起跳角 α 来表示(若 $\alpha=90°$)。

$$V_2 = V_1 k\frac{\sin(\beta + \gamma)}{\sin(90° - \gamma)} \tag{3-34}$$

此时，式(3-32)可取如下形式：

$$y = V_1 k\frac{\sin(\beta + \gamma)}{\cos\gamma}\sqrt{\frac{2x}{a_x - g\sin\delta}} + \frac{a_y - g\cos\delta}{a_x - g\sin\delta}x \tag{3-35}$$

按照拜格诺的观点，角 β 在 10°~16°变动，平均近似为 13°，而颗粒的起飞基本上近乎垂直发生($\alpha=90°$)，与碰撞理论一致，降落角约等于反射角，即 $\beta+\gamma=\alpha-(\beta+\gamma)$，或为：$(\beta+\gamma)\approx\alpha/2\approx45°$，由此得：$\gamma=45°-13°=32°$，这个角近似于干沙休止角(自然倾斜角)。沙子给降落沙粒以摩擦阻力，而摩擦系数的值与表面沙层的自然倾斜角的正切一致，于是方程(3-35)中 $\dfrac{\sin(\beta+\gamma)}{\cos\gamma}$ 经简化可得下式

$$\frac{\sin(\beta + \gamma)}{\cos\gamma} = \cos\beta(\mathrm{tg}\beta + K_T) \tag{3-36}$$

式中 K_T——沙粒对沙表面摩擦系数，在数值上等于沙子休止角的正切($K_T=\mathrm{tg}\gamma$)。

则对于沙表面降落角为 β 的颗粒的轨迹方程(3-35)可写成下列形式

$$y = k\cos\beta(\mathrm{tg}\beta + K_T)\sqrt{\frac{2x}{a_x - g\sin\delta}} + \frac{a_y - g\cos\delta}{a_x - g\sin\delta}x \tag{3-37}$$

当颗粒沿各种表面输移时，摩擦系数值用实验方法确定。

如果沙粒沿某一水平面滚动，$\beta=0$，$\gamma=0$，则方程(3-37)可取如下形式

$$y = V_1 k K_T\sqrt{\frac{2x}{a_x}} + \frac{a_y - g}{a_x}x \tag{3-38}$$

将轨迹方程等于零，由方程(3-32)可求得颗粒飞行距离，第一个根 $x_1=0$，第二个根

$$x_2 = L_2 = \frac{2V_2^{\ 2}(a_x - g\sin\delta)}{(a_y - g\cos\delta)^2} \tag{3-39}$$

第一根由脱离点 B 的坐标来确定，第二个根由降落点 C 的坐标来确定(图 3-7)，将参数方程(3-29)对时间微分，就可求得颗粒上升的高度。

$$y'(t) = 0 \qquad t = V_2/(g\cos\delta - a_y)$$

由此得

$$y_{\max} = H_2 = V_2^{\ 2}/2(g\cos\delta - a_y) \tag{3-40}$$

颗粒在降落点 C 的速度为

$$V_n = \sqrt{V_x^{\ 2} + V_y^{\ 2}} = V_2\sqrt{1 + \frac{4(a_x - g\sin\delta)^2}{(a_y - g\cos\delta)^2}} \tag{3-41}$$

在降落点的角度

$$\beta_2 = \mathrm{arctg}\left(\frac{V_y}{V_x}\right) \tag{3-42}$$

在图 3-8 中表示了与公式(3-37)和公式(3-38)计算出的颗粒轨迹作比较的跃移沙粒轨迹图。

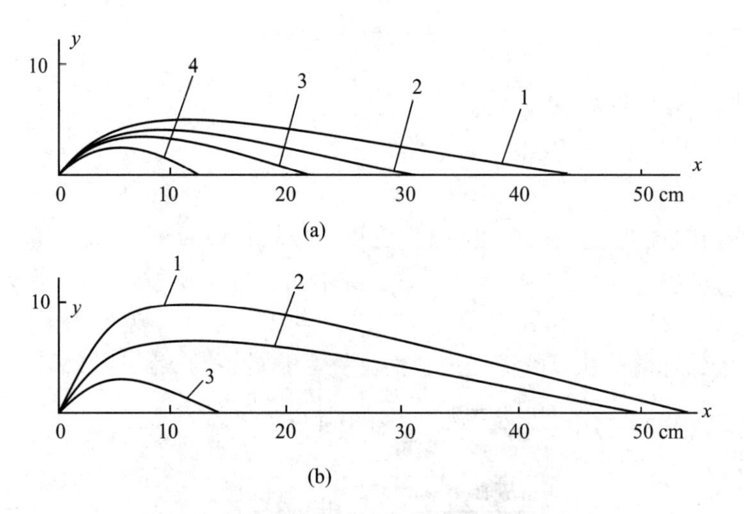

图 3-8　颗粒轨迹作比较的跃移沙粒轨迹

3.5　气流中颗粒的旋转运动

3.5.1　沙粒发生旋转运动的原因

风沙流中的沙土颗粒运动，不管是滚动、滑动，还是跃移(以至悬移)，都无不在进行各种形式和转速的旋转运动，这已被许多学者进行的沙粒运动的动态摄影资料所证明。究其原因主要有如下几个方面：

①一般沙子都是由大小不一、形态各异的稳定矿物石英等所组成，其表面粗糙，在

沙面上的排列是随机的。因此，一旦被风力所启动，在颗粒表面摩擦力矩和颗粒运动阻力矩等合力矩作用下，各种形式的颗粒运动都将是在旋转中前进的。

②在上述颗粒条件下，因下降颗粒对地表颗粒的偏心碰撞，使颗粒起跳后也都在作旋转运动，然后在惯性力作用下，颗粒在空中跃移运动中仍将继续作旋转运动。

③空中运动颗粒之间的相互碰撞，使颗粒旋转运动的旋转轴和旋转形式发生变化，从而使风沙流中沙粒的旋转运动轴的走向和旋转形式更加多变和多样化。颗粒在空中的相互碰撞作用对于大颗粒以及高浓度情况才稍为明显。

④风沙流体涡旋切变变形。

3.5.2 沙粒旋转运动特征

沙粒不论是沿着不同程度的粗糙表面运动，还是以各种速度在气流中运动，都在进行各种形式和不同转速的旋转运动。许多学者都注意了沙粒的旋转，认为它是气流中颗粒运动的极重要特性。国内外众多专家(伊万诺夫、拜格诺、迪·费利斯、吴正、凌裕泉、刘贤万等)经多年实验研究，对跃移沙粒飞行中旋转运动特征，得到了基本一致的看法和许多新的结论。

①旋转是沙粒运动的普遍形式，极少有不作旋转的运动沙粒。这是因为旋转可使运动轨迹稳定、使沙颗粒所受阻力减小和跳跃得更高更远。

②大多数沙粒在气流中运动时，本身具有螺旋形特征，它是沙粒之间或者沙粒与粗糙表面凸起，在形成弹性碰撞时，许多跃起的沙粒是以每秒200~1000r的巨大旋转速度转动，出现回转力矩作用的结果。

③由于旋转方向在不断地变化，概括起来有3种形态，即旋转轴平行于沙粒前进方向的左旋和右旋，以及旋转轴垂直于气流方向的滚动。颗粒的左旋转和右旋转的几率是一致的，且为主要运动方式。左右旋的判断方法是令大拇指顺着气流运动方向，如果麻花状轨迹的旋纹是顺着左手指的走向，则称此段旋转运动为左旋；如果是顺着右手指向则称为右旋。

④颗粒的旋转运动因颗粒的运动形式不同而有很大差别。一般作滚动的颗粒，主要的旋转形式是滚旋。由于这种颗粒较大，磨圆度也相对好些。但其作贴地表运动，因此其旋转速度较小。作滑移运动的颗粒，主要旋转形式是左旋或右旋。由于它颗粒较大，虽不与沙粒相接触，但其位移量很短，所以其旋转速度也低，有时是近乎无旋转的平移。

⑤若粒径为0.2mm的沙粒在运动过程中，其加速度可达10^3~10^4cm/s^2，旋转速度达10^2r/s，沙粒运动速度只是气流速度的几分之一。这是由于气流流经沙面时，相当一部分能量消耗与地表摩擦之中，而能够用来维持沙粒运动的能量中，又有一大部分供给沙粒旋转，从而使沙粒速度大为减小。

⑥跃移运动颗粒的转速在跃移高度很低的条件下，随起跳角的增加而降低；在各种起跳角下，整个跃移运动中的转速基本上是不变的；旋转形式在同一轨迹中一般是不变的。

3.5.3　影响旋转运动的因素

沙粒运动过程中影响其旋转的主要因素包括以下几个方面。

①粒径不同转速不同(表 3-9)　刘贤万认为，转速随颗粒粒径的平方增大而减小。

②上升的角度不同转速不同(表 3-10)　起跳角越大转速也越大。

表 3-9　沙粒粒径与转速的关系

粒　径 d(mm)	旋转速度(r/s)	粒　径 d(mm)	旋转速度(r/s)
<0.04	有旋转但很弱	>0.2	100~600
0.15~0.2	400~1000		

表 3-10　d=0.5~1.0mm 沙粒不同上升角度与转速的关系

上升角	旋转速度(r/s)	上升角	旋转速度(r/s)
90°左右	700~800	40°~50°	200~400

③沙粒的运动形式不同转速不同　大体是蠕移质转速低，平均 212r/s，跃移质转速高，平均为 278 r/s。在蠕移中滑动比滚动的转速高；跃移中降落段转速最低，其次是水平段，上升和起跳段转速最高，但两者相差不大。

④风速对旋转的影响　在沙面上 10m 高处的风速为 7m/s 时，沙粒运动轨迹与同样沙粒在一般风速时沿倾斜面滚动轨迹进行比较，它们都有螺旋形特征，当轨迹长度相同时，转速一致。刘贤万认为转速随风速的平方增大而增大。

3.5.4　沙粒旋转速度的计算

设一质量为 m、直径为 d 的球形沙粒，以 $V=1\text{m/s}$ 的速度飞行，它的动能是 $\frac{1}{2}mV^2$。如果在一次碰撞后它的动能有 1/10 转化为转动动能，即使碰撞前该沙粒的转动动能为零，则碰撞后转动动能也有 $\frac{1}{10}\times\frac{1}{2}mV^2$，由下式可推知沙粒转动角速度 ω 之值。

$$\frac{1}{10}\times\frac{1}{2}mV^2=\frac{1}{2}I\omega^2 \tag{3-43}$$

式中的 $I=\frac{1}{10}m(d^2)$，代入则可得 $\omega=V/d$。设 d=0.2mm，V=1m/s，则可得 ω=1000/0.2=5000r/s，即为 796r/s(1r=57.3°，1°=0.017r)。

3.6　输沙量

风通过自身的能量将地面沙物质吹起，并携带着一起运动所形成的风沙二相流，成为风沙流，亦指含有大量沙物质的运动气流。风沙流在单位时间内通过单位面积(或单位宽度)所搬运的沙量，叫做风沙流的固体流量，也称为输沙量，单位是 $g/(cm^2 \cdot min)$ 或 $g/(cm \cdot min)$。输沙量是衡量沙区沙害程度的重要指标之一，也是防沙治沙工程设计的主要依据，具有重要的实践意义。

3.6.1 输沙量的计算

从实际观测中人们发现，一定风力下风对颗粒的输运能力是有限的。这是因为风沙流跃移系统会因风场和运动粒子的相互作用力，而建立一种负反馈机制来控制系统输运颗粒的总量，这种负反馈机制就是所谓"风沙流自平衡机制"，或"风沙流自动调节机制"(安德森等，1991)。它的效果是在一定的风力下，如果沙源充分，风中携带的颗粒数量(即输沙量)将维持在某一个特定值(这时称风沙流达到平衡)。

20 世纪 30 年代以来，许多学者对气流与沙物质间相互作用的机理进行了研究，提出了数十个理论的和经验公式用来计算输沙量。早在 20 世纪 30 年代，奥布赖恩(O' Brien)和林德劳布(Rindlaub，1936)就曾得到风速与天然沙(平均粒径近于 0.20mm)输沙量之间的关系式，且其与拜格诺公式和河村龙马公式相类似。而最早从理论上探讨风力输沙问题的还是拜格诺(1941)和河村龙马(1951)，下面就重点介绍二者的输沙量计算公式。

(1)拜格诺的输沙量公式

拜格诺的风力输沙量计算是以动量变化为基础的。根据跃移运动的特性轨迹(图 3-9)，设静止沙粒自地面跃起时水平分速度为 V_{x_2}，且在冲击过程中全部损失掉。设沙粒的质量为 m，则沙粒从气流中获得的动量为：$m(V_{x_2}-V_{x_1})$，将这一动量损失看成是沿长度 l 分布，因而在单位长度内的动量损失为：$m(V_{x_2}-V_{x_1})/l$。

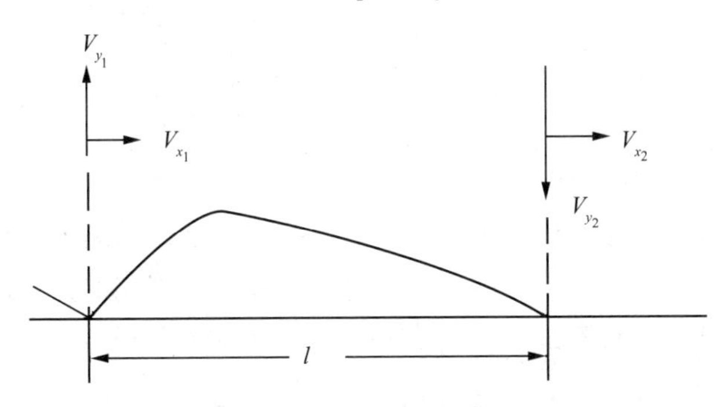

图 3-9 跃移运动特征轨迹

如果在单位时间内经过一固定地点单位宽度的全部跃移输沙量为 Q_s，那么，在每一单位地表面积上，气流的动量损失率应为 $Q_s(V_{x_2}-V_{x_1})/l$，按照牛顿定律，这一动量损失率就等于沙粒的运动而产生对空气的阻力(跃移阻力 τ)，在风沙运动的条件下，地表其他阻力和跃移阻力相比可以忽略不计，因此有

$$Q_s(V_{x_2}-V_{x_1})/l=\tau \tag{3-44}$$

而水平初速度 V_{x_1} 与末速度 V_{x_2} 相比是一个小值，作为近似分析时可以略去不计。于是式(3-44)可变为

$$Q_s \frac{V_{x_2}}{l} = \tau = \rho u_*^2 \tag{3-45}$$

另外，我们假设沙粒起跳时的竖直分速度为 V_{y_1}，落地时的竖直分速度为 V_{y_2}，如果把沙粒的运动看成是垂直方向的加速运动和水平方向的匀速运动，则有：$V_{x_2}/l \approx g/V_{y_1}$ 代入式(3-45)得

$$Q_s \frac{g}{V_{y_1}} = \rho u_*^2 \text{ 或 } Q_s = \frac{\rho}{g} u_*^2 V_{y_1} \tag{3-46}$$

由于整个风速分布决定于 u_*，因此沙粒的平均冲击速度 V_{y_1} 也受 u_* 的控制，拜格诺在这里又假定 V_{y_1} 与 u_* 成正比关系，其比例系数(又称冲击系数)为 B，因此

$$Q_s = B \frac{\rho}{g} u_*^3 \tag{3-47}$$

在全部输沙量中，应该包括跃移量 Q_s，表层蠕移量 Q_c 以及可能产生的一小部分悬移量 Q_0(悬移量在风沙运动中所占比例很小，一般情况下可以忽略不计)。因为蠕移质主要是从跃移质的冲击中取得动量，所以对于气流的阻力无贡献。此外，悬移质的沙粒是以和气流速度相同的速度运动的，所以它对气流的阻力也无贡献，实验结果指出，蠕移质沙量约占全部输沙量 1/4，跃移质沙量约占全部沙量的 3/4，所以全部输沙量为

$$Q = \frac{4}{3} B \frac{\rho}{g} u_*^3 \tag{3-48}$$

从风洞试验的结果，拜格诺进一步发现：对于与沙丘中沙粒粒径大致相同的沙，即粒径在 0.1~1.0mm 的沙物质，Q 与沙粒粒径的平方根成正比。因此，输沙量公式最终可写成如下形式

$$Q = C \sqrt{\frac{d}{D}} \frac{\rho}{g} u_*^3 \tag{3-49}$$

式中　D——0.25mm 标准沙的粒径(mm)；

d——实际的沙粒粒径(mm)；

C——沙粒分选系数，具有如下的取值：对于几乎均匀的沙，$C = 1.5$；对于天然混合沙(如沙丘沙)，$C = 1.8$；对于粒径分散很广的沙，$C = 2.8$；在极端的情况下，床面颗粒大到不能移动(细石或岩石表面)，这时 C 值要大得很多，可能超过 3.5。

如果用一定高度上测得的风速来表示输沙量时，还可得

$$Q = aC \sqrt{\frac{d}{D}} \frac{\rho}{g} (u_x - u_t)^3 \tag{3-50}$$

式中　u_x——某一高度 z 处的实际风速(m/s)；

u_t——同一高度起沙风速(m/s)；

A——常数，其值为 $A = \left(\frac{0.174}{\lg z/z_0}\right)^3$。

为了更方便地应用，拜格诺后来对这个公式进行了修改，其形式为

$$Q=\frac{1.0\times10^{-4}}{\lg(100z)^{3}}t(u_{x}-16)^{3} \tag{3-51}$$

式中 Q——风在单位时间每米宽度所携带的沙物质吨数；

u_x——某一高度 z(一般为 10m 高处)的实际风速(km/h)；

t——风速 u_x 的吹刮时间(h)。

(2)河村龙马输沙量公式

在研究输沙量的过程中，河村龙马也作了与拜格诺的类似的假定，仅是所用的剪切速度 u_* 和始动速度 u_{*t} 与之不同的计算。河村认为，存在沙粒跃移运动时，作用于沙床面上的剪切力 τ，是由两部分组成的：

$$\tau=\tau_{s}+\tau_{w}$$

其中 τ_s 是由跃移沙粒的冲击作用造成的；τ_w 为直接由风的作用产生的，在平衡状态下，τ_w 等于沙粒的起动剪切力 τ_s，则 τ_s 可表示为

$$\tau_{s}=\tau-\tau_{t} \tag{3-52}$$

另外，τ_s 也就等于沙粒打到床面上时，在运动方面所损失的动量

$$\tau_{s}=G_{o}(\overline{V_{x_2}-V_{x_1}})$$

其中 G_0 为单位时间内落到单位面积上的沙粒重量，横线代表平均值，河村进一步假定

$$|\overline{V_{x_2}-V_{x_1}}|=\xi|\overline{V_{y_2}-V_{y_1}}|$$

式中，ξ 是比例系数，并认为沙粒下落到床面时，与自床面跳起时的垂直速度值相等，符号相反，即 $V_{y_2}-V_{y_1}=-2V_{y_1}$。因此，

$$\tau_{s}=2\xi G_{0}\overline{V_{y_1}} \tag{3-53}$$

恒等式(3-52)及式(3-53)，得

$$2\xi G_{0}\overline{V_{y_1}}=\tau-\tau_{t}=\rho(u_{*}^{2}-u_{*t}^{2})$$

河村在试验中发现

$$G_{0}=K_{1}\rho(u_{*}-u_{*t}) \tag{3-54}$$

联解上面两个方程，得

$$V_{y_1}=K_{2}(u_{*}-u_{*t})$$

鉴于沙粒的跳跃高度与 $V_{y_1}/2g$ 成正比，而跳跃长度 l 又可看成与跳跃高度成正比，这样

$$\bar{l}=K_{3}\frac{(u_{*}+u_{*t})^{2}}{g} \tag{3-55}$$

如果通过垂线的单宽输沙率为 Q，这样许多沙粒在落时分布在时的范围内，则

$$Q=G_{0}\bar{l} \tag{3-56}$$

把式(3-54)、式(3-55)代入式(3-56)得

$$Q=K_{4}\frac{\rho}{g}(u_{*}-u_{*t})(u_{*}+u_{*t})^{2} \tag{3-57}$$

式中，K_4 是用实验确定的常数，对于 0.25mm 的沙，河村得出其值为 2.78，当 $u_*=u_{*t}$

时，输沙量等于零，这是河村龙马公式比拜格诺公式更为合理的地方。

(3) 其他输沙量公式

津格(1953)利用沙丘的级配沙进行风洞实验，推导出了如下输沙量经验公式

$$Q = C\left(\frac{d}{D}\right)^{\frac{3}{4}} \frac{\rho}{g} u_*^3 \tag{3-58}$$

式中，经验系数 C 通过实验测得为 0.83。

由于津格在确定输沙量时是根据跃移质在垂线上的分布延伸到床面以后进行积分得来的，实际上并没有包括蠕移质在内，因而所得输沙量偏小。

刘振兴(1960)则根据贴地面层沙粒跃移和冲击作用，推导了跃移沙粒对输沙量的贡献，并通过假说"跃移输沙占总输沙量的 75%"，得到总输沙量公式为

$$Q = 2.13\sqrt{\frac{2}{3C_D}} \frac{\rho}{g} u_*^3 \tag{3-59}$$

式中，C_D 是单个沙粒的阻力系数。

可以看出，式(3-59)与拜格诺公式比较接近，只是输沙量随沙粒粒径的变化没有明确地表达出来。

扎基罗夫(1969)在野外实验的基础上，提出了另一个经验关系式

$$Q = 0.16(u_{1.0} - 4.1)^3 \tag{3-60}$$

式中，$u_{1.0}$ 是距地面 1m 高度上的风速；4.1 是起沙风速值，单位是 m/s。

以上公式表明，输沙量与摩阻速度 u_* 的 3 次方成正比，或者说与风速超过起动速度部分的 3 次方成正比。堀川和沈学汶(1960)用中值粒径为 0.20mm 的沙进行了输沙量测定实验，用以对各家公式作出评估，最后得出在 $u_* < 40\text{cm/s}$ 时河村公式比较可靠，而在 $u_* = 40 \sim 70\text{cm/s}$ 范围，则以拜格诺公式更为可靠。他们还进一步指出，如果河村公式中的常数 K_4 取 1.02×10^{-3}，则该公式就与实验结果更为符合。而且在风速较大($u_* > 40\text{cm/s}$)时，各家公式计算结果差异不大，但是所得的输沙量与实验结果，特别是野外观测值都有不小差距。

3.6.2 输沙量的影响因素

前面我们讨论了输沙量的计算公式，实际上影响输沙量的因素是相当复杂的。所以要精确地表示风速与输沙量的关系是相当困难，而要建立一个永久不变的、适用于各地情况的万能输沙量公式目前也是难以达到的。

尽管影响输沙量的因素众多，变化较大，但归纳起来，大体上可以划分为 3 类，即动力因素——风以及沙物质和下垫面特征。这 3 类因素不仅是影响输沙量的基本因素，也是影响风沙运动的主要因素，简称输沙量"三要素"。下面我们就来分别讨论输沙量与"三要素"的关系。

(1) 输沙量与风的关系

风有方向、强弱(或大小)、多少(或频率)。很显然，风速越大，气流的输沙能力也越大。经国内外专家学者通过野外和室内风洞实验以及理论计算得出的结论是：输沙量

与风速呈幂指函数关系，幂指数≥3，高者可达到6。这一点在上面已经有所论及。

但对砾漠风沙区地区，尹永顺等(1987)在新疆地区通过野外观测认为，输沙量与风速服从e的指数规律，即

$$Q = 11.92e^{0.31(u-u_t)} \tag{3-61}$$

式中 u——风速(m/s)，限于$u \leqslant 40$m/s的情况；

u_t——临界起沙风速(m/s)，实际观测得$u_t = 20$m/s。

同样，谭立海等(2016)通过风洞实验模拟，发现10%~30%盖度戈壁床面输沙率随风速呈指数规律增加，即

$$Q = ae^{bu} + c \tag{3-62}$$

式中a，b，c为回归系数，其数值与砾石粒径和砾石盖度有关(表3-11)。

表3-11 风蚀速率与实验风速的回归方程参数

砾石粒径(cm)	砾石覆盖度(%)	a	b	c	R^2
3	10	29.24	0.123	-75.72	0.986
	20	16.91	0.118	-45.95	0.951
	30	0.792	0.253	-7.40	0.973
4	10	221.51	0.0376	-297.17	0.954
	20	0.146	0.369	-4.06	0.988

输沙过程通常因气流紊流脉动而呈现不稳定状态，风和输沙率的各个物理量具有很强的脉动特性，甚至间歇性。早期的研究者认为，紊流只对很细小的颗粒运动才有意义。随着测量技术的进步，越来越多的证据表明高频率的紊流是气流输沙的驱动力，紊流的某些特征对风沙传输会有一定的影响。紊流不仅导致土壤颗粒猝发起动(Lyles et al.，1971；Stout et al.，1997；Sterk et al.，1998)，而且使跃移颗粒的轨迹变得不稳定(Durán et al.，2011)，并诱导风对颗粒施加阻力的随机性，当这个力大于颗粒重力时，跃移运动形式将被悬移运动形式所取代(Cierco et al.，2008)。Butterfield等研究发现，近地表的输沙率与风速波动具有很好的相关性(图3-10)，如果将这些观测数据平均后，

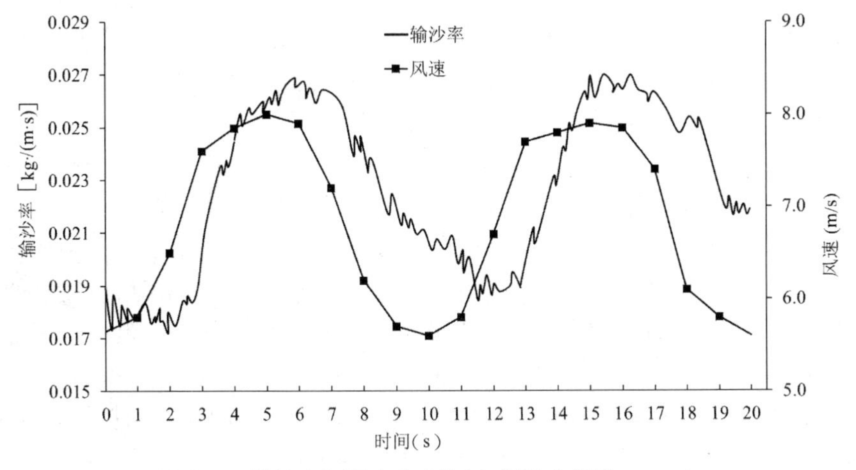

图3-10 输沙率与风速脉动特征(据张克存等，2006)

这种波动性将会消失。在众多研究中，比较一致的认识是紊流度越大，采用平均风速预测输沙率的误差越大(Zang et al.，2007)，要准确预测输沙率，输沙率方程中应包含平均风速和风速脉动等紊流特征参数(Mayaud et al.，2016；Schönfeldt，2008)。

随着测量技术的进步，对输沙率和紊流风的高频测量成为可能，并发现土壤颗粒起动与瞬时风速的联系更为紧密，而非平均风速(Xuan，2004)，风和输沙率的各个物理量都具有很强的脉动特性(Butterfield，1991；Stout et al.，1997；Barchyn et al.，2011；Wang et al.，2013)，而且这种脉动特性与对风和输沙过程的观测时间尺度有关(Schönfeldt，2003)。这主要是因为风驱动土壤颗粒起动和传输过程是由湍流风持续施加的非定常应力驱动的，颗粒运动的惯性导致颗粒起动或停止，以及传输都滞后于气流的减速或者加速。已有的风洞实验和野外观测结果表明，对于风的各向紊流脉动和雷诺应力，流向的风速脉动与输沙率相关性更好(Sterk et al.，1998；Schönfeldt，2003；Leenders et al.，2005)，是造成输沙率波动和颗粒间歇性起动的主要原因(Stout et al.，1997；Rasmussen et al.，1999)，并且输沙率随风速脉动的频率、振幅上升而增大(Butterfield，1998；Spies et al.，2000)。这意味着，自然界经常出现的大风紊流强度达20%甚至以上情形下(Zheng et al.，2010)，输沙率对其响应的波动幅度将非常显著，不考虑紊流脉动建立的输沙率方程及其计算结果，将与实际输沙率产生明显偏差。

(2)输沙量与沙物质量的关系

沙物质量包括地面可输沙的丰歉和气流中输沙的多寡。地面上沙物质量的贫富，直接影响气流中的输沙量。一般在同等风速下，若地面沙物质量丰富，气流的输沙能力极易达到饱和或过饱和；若地面沙物质量缺乏，气流的输沙能力未达到饱和，仍具有一定的载沙能力，称为非饱和风沙流。非饱和风沙流不但仍具有一定的风蚀能力，而且含沙气流的磨蚀能量惊人，因此对地面的破坏作用自然会很强。

气流中含沙量的多少，对输沙量的影响比较复杂，到目前仍有一些未解决或争论的难题。多数学者认为输沙量的多少主要是影响输沙能力，关于产生这样的结果在说明原因时有分歧：一种解释认为增加气流中的总输沙量可增加粗糙度，气流产生“补充上升力”。这种增加流体动力的情况与跃移质运动在砾石或细石床面上的状况相似。另一种解释是由于增加总输沙量，会增加沙粒之间的碰撞、冲击，增加压力梯度，使沙粒的搬运高度上升，输沙量加大。这也是风沙流比纯气流风蚀量大的原因之一。

(3)输沙量与下垫面的关系

下垫面主要包括地表物质组成和结构特征。大量的风洞实验和野外观察表明，沙粒在坚硬的细石床面(如沙砾戈壁)上运动，和在疏松的沙床上运动是不同的。在坚硬的细石床面(如沙砾戈壁)上运动，沙粒强烈地向高处弹跳，增加了上层气流中搬运的沙量，并且沙粒在飞行过程中飞得更远，在沿下风方向的一定距离内，和地面冲撞的次数减少了，因而需要气流补给颗粒动量的场合也就少了。所以，对气流的阻力也因之而减小。而在疏松的沙床上运动，沙粒的跃移高度和水平飞行距离都较小，在搬运过程中向近地面紧贴，下层输沙量增加幅度很大，从而增加了近地面气流的能量消耗，减弱了气流搬运沙子的能力，因此，使得在一定的风力作用下，松散的床面上的输沙量比坚硬细石床面上的输沙量要小得多(表3-12)。正是由于松散的沙质地表上输沙量低(即容量小)，气流易容易达到饱和。所以，我们在野外常会看到，在疏松的沙质平原上一般要比沙砾戈壁上积沙多，易于形成沙堆。当然，沙砾戈壁上在没有障碍物(地形起伏或人为障碍)的情况下，一般不易积沙的原因，还与其沙子的供应不充分(沙子因受细石的掩护，在一般风力下不易起沙)、气流不易被沙子所饱和有关。这种因地面结构改变，或由于外在阻力的影响，地表风逐渐变弱，使输沙量减小而产生的堆积，拜格诺称为停滞堆积。

表 3-12 不同地表性质的输沙量和近地面层不同高度上含沙量的影响(新疆民丰雅通古斯)

地表性质	风速(m/s)(1.5m 高处)	输沙量(g/min)	不同高程(cm)的含沙量(%)									
			1	2	3	4	5	6	7	8	9	10
流 沙	8.0	3.43	45.2	23.7	9.5	6.7	5.0	3.1	2.2	1.7	1.4	1.4
砂砾地面	8.4	6.22	14.5	14.1	12.5	11.4	10.0	10.0	7.7	7.2	6.6	5.4

此外，输沙量还受地表物质水分含量、地表植被覆盖度等因素的影响。一般认为，水分对输沙量的影响是通过提高起动剪切速度来完成的，但两者之间的本质关系至今仍未得到满意的解决。当沙子比较湿润时，沙粒间的黏结力增大，起动风速也随之增大。所以在基本相同的风况条件下，干沙比湿沙的输沙量大(表 3-13)。

表 3-13 沙物质含水率对输沙量的影响(新疆布古里沙漠)

观 测 日 期	沙物质含水率(%)	2m 高处风速(m/s)	输沙量(g/min · cm)(0~10cm 高度层)
1960 年 6 月 3 日	干 沙	7.5	2.40
1960 年 6 月 12 日	0~10cm 深度 3.2 10~20cm 深度 3.4	7.2	0.42

当沙面上长有植被时，首先植被可以削弱地表风力，另外各种沙生植物的根系对沙子也有一定的固结作用。此外，当沙面植被覆盖度较高时，植被可以起到隔离风沙流与沙表面的作用，因此有植被的沙面要比流沙上的输沙量小(表 3-14)。Buckley 基于风洞实验，Wasson 和 Nanninga 基于野外实地观测，分别建立了植被覆盖率与风蚀输沙率之间的定量关系模型。尤其是 Wasson 和 Nanninga 建立的模型，以 Bagnold 模型为基本构架，从两种角度考察植被覆盖对风蚀输沙的影响作用，不仅具有严格风沙动力学理论依据，而且与野外实际观测紧密结合起来，因此，是一种被广泛接受和应用的建模思想和方法。

表 3-14 植被盖度对输沙量的影响

植被覆盖度	风速(m/s)(77cm 高处)	输沙量(g/min · cm)(0~30cm 高度层)
无植被流沙地	6.9	5.8442
覆盖度为 10%的沙地	7.3	4.008
覆盖度为 25%的沙地	7.3	0.5125
覆盖度为 60%的沙地	9.3	0.1001

注：该表数据是原内蒙古林学院野外风洞在毛乌素沙地实测值，沙地的植被多为沙蒿。

第一种建模思路为，植被覆盖通过降低风速实现对输沙率的影响，模型形式为：

$$Q = B[uf(c) - u^*]^3 \tag{3-63}$$

式中，$f(c)$为一单调递减函数，刻画植被覆盖率对风速的影响，c为植被覆盖率，函数$f(c)$具有如下形式：

$$f(c) = e^{-k_1c-k_2c^2} \tag{3-64}$$

式中，k_1，k_2为2个正值常数。这里$f(c)$之所以采用一个负指数函数形式，是为了使之满足如下性质：①取值范围[0，1]之间，为一单调递减函数，符合风蚀有效风速随着植被覆盖率的增大而降低的实际；②满足$f(0)=1$边界条件，表示当地表植被覆盖率为0时，风速不受植被影响。

第二种建模思路为，植被覆盖增大了沙粒的起动风速，从而减少风蚀输沙，模型形式为：

$$q = B[u - ufg(c)]^3 \tag{3-65}$$

这里采用函数$g(c)$刻画植被覆盖对沙粒起动风速的提高。$g(c)$采用如下函数形式：

$$g(c) = e^{k_3c+k_4c^2} \tag{3-66}$$

式中，k_3，k_4为2个正值常数。这里$g(c)$满足如下条件：①取值为大于或等于1的正数，单调递增，表示沙粒起动风速随着植被覆盖率的增大而增大的实际情况；②满足$g(0)=l$边界条件，表示当地表植被覆盖率为0时，沙粒起动风速不发生改变。

可以预期，对于某一确定的风速大小，只要植被覆盖率达到一个相应的密集程度，植被覆盖的保护作用就可以保证风蚀输沙基本可忽略不计，即风蚀输沙率为0，这个临界的植被覆盖率水平，就是有效植被覆盖率的概念(Effective vegetation coverage)。考察不同风速条件下的有效植被覆盖率，对于探讨植被覆盖与风蚀输沙率之间的定量关系，以及干旱半干旱区用于防治风蚀和沙尘暴的植被生态建设实践，具有十分重要的理论和实践意义。黄富祥等(2001)基于毛乌素沙地实地观测数据和上述理论模型，计算了不同风速条件下毛乌素沙地的有效植被覆盖率(表3-15)。在常见的12~16 m/s风速水平下，植被有效覆盖率水平为40%~50%，而要在20~25m/s的最大风速下有效防治风蚀输沙现象的发生，植被覆盖率必须达到60%~70%的水平。

表3-15 毛乌素沙地不同风速条件下的有效植被覆盖率(%)

风速/(m/s)	10	12	14	16	20	25
模型Ⅰ计算结果	37	46	52	58	65	73
模型Ⅱ计算结果	31	40	46	51	59	66

注：这里的风速数据为距地表10m高度的风速。

除此之外，沙粒的粒径和比重也会影响到输沙量的大小，粒径较小的和比重较小的沙粒要比粒径较大的或比重稍大的沙粒所需的起动风速大些。所以说，粒径小的细沙要比粒径大的粗沙输沙量大，比重小的沙粒也要比比重大的沙子输沙量大些，不过一般的沙丘沙绝大多数为石英沙，比重对输沙量的影响通常很小。

3.7 风沙流结构特征

风沙流结构指的是气流中所搬运的沙子在搬运层内随高度的分布特性。地学工作者习惯于将风沙流结构这一概念与风沙层内沙子浓度分布等价起来；而力学工作者则认为这样的理解过于狭隘，他们认为所有反映风沙层中风、沙运动特性的物理量，包括风沙层中气流速度、沙子速度、沙子浓度以及输沙通量等沿高度的分布等，都应归于风沙流结构的范畴(董飞等，1995)。

3.7.1 含沙量的垂直分布

由于沙粒运动方式和沙粒粒径的差异，造成了风沙流中的含沙量在距地表不同高度的密度差异。对此，国内外很多专家学者都在实验室或野外进行过研究，并获得有价值的结果。拜格诺通过观测发现，在沙砾地区，沙粒的最大跃移高度可达2m；而在沙质表面，沙子最大跃移高度为9cm。切皮尔发现，在土壤表面，90%的风沙流分布高度低于31cm；0~5cm高度内搬运的沙物质量占总搬运量的60%~80%。吴正通过野外观测也证实：气流搬运的沙量绝大部分(90%以上)是在离沙质地表30cm的高度内(约占80%)，见表3-16所列。

表3-16 风沙流中不同高度层含沙量的分布

高度层(cm)	0~10	10~20	20~30	30~40	40~50	50~60	60~70
含沙量(%)	76.7	8.1	4.9	3.5	2.7	2.3	1.8

注：根据齐之尧在内蒙古乌兰布和沙漠的观测资料。在2m高处风速为8.7m/s。

由此可以说明：风沙运动是一种贴近地表的沙子搬运现象。因此采取各种防沙措施改变近地面层风的状况及风沙流结构，就可削弱或减少沙子活动的强度，从而达到防沙的效果。

关于风沙流中含沙量随高度分布的数量化研究，下面我们再举几个具体的研究实例予以说明。

(1)津格风洞实验研究结果

津格(1953年)在采用沙丘的级配沙进行风洞实验的基础上，进行量化分析，得出床面以上不同高度层输沙率Q_z与对应高度z之间的函数关系，即

$$Q_z = \left(\frac{b}{z+a}\right)^{\frac{1}{n}} \tag{3-67}$$

式中 Q_z——高度z处的输沙率；

b——随沙粒粒径和剪切力而变化的常数；

a——参考高度；

n——指数。

津格还同时给出沙粒平均跳跃高度的近似经验公式

$$z_a = 7.7d^{\frac{3}{2}}\tau^{\frac{1}{4}} \tag{3-68}$$

式中 z_a——沙粒平均跳跃高度，以英寸(in*)计；

d——沙粒粒径，以mm计；

* 1in=0.0254m；1lb/ft^2=4.88250kg/m^2。

τ——床面上的剪切力，以磅/英尺^2(lb/ft^{2*})计。

(2)马世威、高永的研究结果

马世威、高永通过野外实验观测得出结论，风沙流中的输沙率与高度呈指数函数关系。但其具体表达式有多个，即只要划分出不同高度层，并测定一定高度的风速和各层输沙率，就有一个表达式。所以采用一个通用表达式反映此规律，即

$$Q_z = a(b)^z \tag{3-69}$$

式中 Q_z——高度 z 处的输沙率；

z——距离地面高度，0~10cm；

a、b——系数，取决于风速和沙量，一般由实验确定。

此式的含义是在各种风速和沙量的条件下，距离地面0~10cm垂直高度层内，风沙流中的输沙率与高度呈指数函数关系。

3.7.2 风沙流结构特征指标

风沙流结构是风沙流一种十分重要的性质，它不仅反映了风对沙物质搬运的规律性，同时反映了风沙流的饱和程度以及对地面的蚀积作用。对此，一些专家学者曾提出用一定的指标来表示风沙流的结构特征。

兹纳门斯基对风沙流结构特征与沙子吹蚀和堆积的关系，进行了比较系统的风洞实验研究。并通过资料分析，发现在不同风速条件下，0~10cm气流层中输沙率的分布具有如下重要特点：

①第一层(0~1cm)的输沙量随着风速的增加而相对减少。

②不管风速如何变化，第二层(1~2cm)的输沙率基本上保持不变，相当于0~10cm层总输沙量的20%。

③平均沙量(10%)在3~4cm层中搬运，这一层的输沙率也基本上保持不变。

④风沙流较高层(2~10cm)中的输沙率随着风速的增大而增大。

根据上述特点，兹纳门斯基提出了用 $Q_{max}/\overline{Q}_{0\sim10}$ 的比值作为风沙流结构特征指标，来判断地表的蚀积搬运状况。这个指标称之为风沙流结构数 S，即

$$S = Q_{max}/\overline{Q}_{0\sim10} \tag{3-70}$$

式中 Q_{max}——0~10cm高度层内的最大输沙率，为0~1cm层的输沙率；

$\overline{Q}_{0\sim10}$——0~10cm高度层内的平均输沙量，等于0~10cm层内总输沙量的10%。

用风沙流结构数判断地表的蚀积，首先必须确定各种下垫面的蚀积转换临界值，兹纳门斯基通过研究提出的临界值 $S_{临}$ 如下：粗糙表面为3.6，沙质表面为3.8，平滑表面为5.6。当 $S > S_{临}$ 时为堆积，$S < S_{临}$ 时为风蚀。在实际工作中，不好确定下垫面的临界值 $S_{临}$，所以结构数只能作为理论和实验研究的参数，实际应用尚较困难。

为了进一步说明风沙流的结构特征与沙物质吹蚀、搬运和堆积的关系，吴正、凌裕泉又提出了风沙流特征值 λ，作为判断地表蚀积方向的指标，其公式为

$$\lambda = \frac{Q_{2\sim10}}{Q_{0\sim1}} \tag{3-71}$$

式中 $Q_{0\sim1}$——0~1cm 高度层内风沙流的输沙率；

$Q_{2\sim10}$——2~10cm 高度层内风沙流搬运的总沙量。

在平均情况下，λ 值接近于 1，此时表示由沙面进入气流中的沙量和从气流中落入沙面的沙量，以及气流上下层之间交换的沙量接近相等，沙物质在搬运过程中，无吹蚀也无堆积现象发生。

当 $\lambda>1$ 时，表明下层沙量处于饱和状态，气流尚有较大搬运能力，在沙源丰富时，有利于吹蚀；对于沙源不丰富的光滑坚实下垫面来说，仍是标志着形成所谓非堆积搬运的条件。

当 $\lambda<1$ 时，表明沙物质在搬运过程中向近地表面贴紧，下层沙量增大很快，增加了气流能量的消耗，从而造成了有利于沙粒从气流中跌落堆积的条件。

上述 λ 值与蚀积搬运关系虽然多次为许多学者的野外观测所证实，但是由于自然条件下引起的吹蚀堆积过程的发展和 λ 值的因素是极其错综复杂的。因此，它只能用来定性地识别和判断沙子吹蚀、搬运和堆积过程发展的趋势。

马世威、高永通过研究提出了所谓的结构式，用来说明风沙流结构特征与蚀积关系，其形式为

$$\sum \begin{cases} \longrightarrow Q_{2\sim10} \longrightarrow 40\%\text{变动} \\ \longrightarrow Q_{1\sim2} \longrightarrow 20\%\text{略变} \\ \longrightarrow Q_{0\sim1} \longrightarrow 40\%\text{变动} \end{cases}$$

此式不是等式，而是一个图示形式。式中"Σ"表示垂直于地面 0~10cm 高度内的总沙量。$Q_{0\sim1}$、$Q_{1\sim2}$、$Q_{2\sim10}$ 分别表述 0~10cm 高度层内上(2~10cm)、中(1~2cm)、下(0~1cm)3 个层次内的含沙量；40%变动、20%略变、40%变动是对上、中、下三层的相对输沙量的特征及变化规律的描述，百分数为稳定态值。此结构式表明中层的含水量比例在任何情况下基本稳定在 20%，上、下两层输沙率之和约 80%。若上层为 50%，下层则为 30%，此时为非饱和风沙流，地面产生风蚀；若上层为 30%，则下层必然为 50%，此时为过饱和风沙流，地面产生堆积；若上、下两层各为 40%，则为饱和风沙流，地面视为无蚀无积。

应用结构式可以很方便的判断地表的蚀积搬运状况，因为只要知道下层沙量也就可知上层沙量，故而确定其对比关系，判断风沙流的性质、地表的蚀积状况等。当然以上所述还需进一步研究。

3.7.3 风沙流结构的影响因素

影响风沙流结构的因素较多，如风速、输沙量、下垫面性质等，它们不仅本身在发生变化，而且相互又具有促进和制约的关系。

3.7.3.1 风速对风沙流结构的影响

在总输沙量相同的情况下，风速对风沙流结构的影响表现为随着风速的增大，贴近

床面风沙流层中搬运的沙量的比例相对减少，并相应地增加了上层风沙流中搬运的沙量。表3-17所列野外观测资料能很好的说明这一规律，可以看出，0~10cm高度层内，在风沙流中搬运的总沙量相同(或相近)时，随着风速的增加，贴近床面的下层(0~1cm)无论是绝对的输沙量还是相对输沙量(%)都减少，中层(1~2cm)变化很小，上层(2~10cm)则都增加。反映在风沙流结构的特征值λ，也是逐渐增大。

表3-17 不同风速、相同(或相近)输沙量时的风沙流结构

风速(2m高处)(m/s)			7.3	8.5	9.0	10.2
总输沙量($Q_{0\sim10}$)[g/(min·10cm^2)]			5.998	5.998	5.999	5.928
各层搬运沙量	上层	Q	3.124	3.305	3.340	3.475
	(2~10cm)	%	52.0	55.1	57.2	58.6
	中层	Q	1.299	1.307	1.272	1.193
	(1~2cm)	%	21.7	21.8	21.2	20.1
	下层	Q	1.575	1.386	1.297	1.260
	(0~1cm)	%	26.3	23.1	21.6	21.3
特征值λ			1.98	2.38	2.65	2.76

(据马世威，1988)

当风速不同、总输沙量也不同时，其观测结果如表3-18所示。可以看出：随着风速的增大，气流中的总输沙量增加，10cm高度层内各层的绝对输沙量增加，但相对输沙量(%)则是下层减少，中层略变，上层增加。反映在风沙流结构的特征值λ也逐渐增大。

表3-18 不同风速、不同输沙量时的风沙流结构

风速(2m高处)(m/s)			6.8	7.2	7.6	8.5	9.0	9.5
总输沙量($Q_{0\sim10}$)[g/(min·10cm^2)]			0.9107	1.2326	1.5483	3.5056	4.3098	8.0050
各层搬运沙量	上层	Q	0.4004	0.5804	0.7728	1.9460	2.5000	4.7156
	(2~10cm)	%	44.0	47.1	49.9	55.5	58.0	58.9
	中层	Q	0.1704	0.2399	0.3505	0.7578	0.8949	1.5904
	(1~2cm)	%	18.7	19.5	22.6	21.6	20.8	19.9
	下层	Q	0.3399	0.4123	0.4250	0.8017	0.9150	1.6990
	(0~1cm)	%	37.3	33.4	27.5	22.9	21.2	21.2
特征值λ			1.18	1.41	1.82	2.43	2.73	2.89

(据马世威，1988)

因此，不难看出，无论总输沙量有无变化，随着风速的增大，增加了沙粒的搬运高度，使近床面气流中搬运的沙量都相对减少，而处于未饱和状态，有利于沙质地表风蚀的加强。

3.7.3.2 输沙量对风沙流结构的影响

沙量的多少对风沙流结构也有很大影响。在相同(或相近)的风速条件下，随着气流中总搬运沙量的增大，一般会引起各层绝对输沙量都相应增加的同时，而使相对输沙量(%)在下层增加、上层减少。反映在风沙流结构特征值λ逐渐减小，甚至可小于1(表3-19)，不利于风沙流对地表的吹蚀，甚至造成沙子下落堆积。

表 3-19 相同风速下输沙量对风沙流结构的影响

风速(1.5m 高处)(m/s)	输沙量(g/min)	不同高度(cm)气流层内搬运的沙量(%)			特征值 λ
		下层(0~1cm)	中层(1~2cm)	上层(2~10cm)	
8.2	2.8	33.2	22.9	43.9	1.33
8.1	3.5	40.0	23.2	36.8	0.92

(据吴正等，1965)

马世威(1988)还观测到风速相同条件下，随着气流中总沙量的增加，引起各层绝对输沙量相应增加的同时，却出现相对输沙量(%)下层减少、上层增加的有悖于常规的情况。他认为这是由于增加总沙量，会增加沙粒之间的碰撞与冲击，使沙粒的搬运高度上升所致。其实，总沙量增加使沙粒之间的碰撞更频繁，沙粒在碰撞过程中能量损失加大，只会大幅度地降低沙粒搬运高度。因此，产生上述反常情况的真正原因还有待于进一步研究。

3.7.3.3 下垫面性质对风沙流结构的影响

下垫面是个多变复合体，其性质包括地势的高低起伏、地表的紧实程度、沙粒粒径大小、沙物质水分含量、沙纹的分布、沙丘的不同部位、植被类型及覆盖度状况等。下面就其中几个方面的影响进行讨论。

(1)沙砾戈壁下垫面条件下的风沙流结构特点

吴正(1987)、尹永顺等(1989)、邹学勇等(1995)，都曾对沙砾戈壁地区的风沙流结构特征做过野外观测和风洞实验研究。研究结果表明：

①戈壁风沙流的总体分布高度远大于沙质地表风沙流，且其风沙流中平均约80%以上的沙量分布在距地面200c 高度的气流层内(表 3-20)；而不像沙质地表那样，80%以上的沙量集中分布在近地面 10cm 的高度范围内。尹永顺等(1989)根据实际观测结果，将沙砾戈壁状态下的风沙流按高度划分为 3 个层次(图 3-11)。

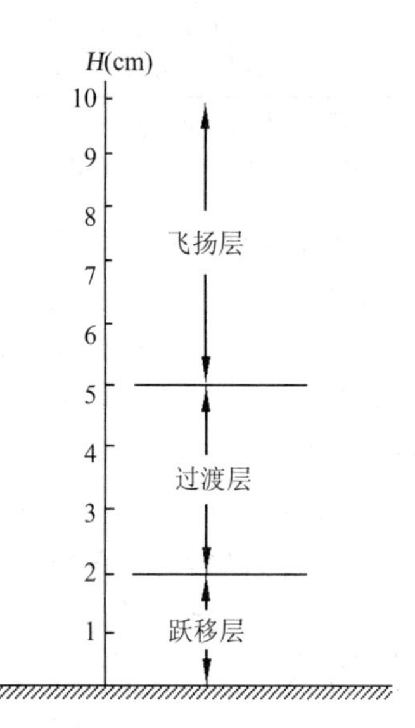

图 3-11 风沙流分层示意

表 3-20 砂砾戈壁的风沙流结构(野外观测，新疆吐鲁番盆地)

风力等级	不同高度(cm)气流层内搬运的沙量(%)					
	50	100	200	500	900	1000
9	41.7	73.8	94.7	99.9	100.0	
10	34.8	64.2	89.2	99.7	100.0	
11	28.0	53.5	82.4	99.9	100.0	
12	25.5	36.4	62.4	92.6	99.6	100.0
平　均	32.5	56.9	82.2	96.6	99.9	100.0

(据尹永顺等，1989)

跃移层：在2m以下范围内，风沙流粗沙占主要成分，以跃移为主，粒径级配曲线极值点向右偏移。

飞扬层：在5m以上，风沙流运动以飞扬为主。沙粒直径明显变小，$H=10$m时，细沙占83%($d<0.25$)，粒径级配曲线极值点向左偏移。

过渡层：在2~5m范围内，风沙流运动既有跃移，也有飞扬。粒径级配曲线上出现两个峰值。

②相同风速情况下，戈壁风沙流中沙量随高度增加而减少，其递减率比流沙地表要小得多。随着风速的增大，戈壁风沙流中的沙量随高度增加，不同高度层内沙量的递减速率相对较慢；但流沙地表风沙流的这种减小很快(表3-21)。

表3-21 沙砾戈壁与流沙地表风沙流结构的变化(风洞实验结果)

风速（m/s）		8		10		12		14		16		18		20	
地表状况		戈壁	流沙	戈壁	流沙	戈壁	流沙	戈壁	流沙	戈壁	流沙	戈壁	流沙	戈壁	流沙
高度(cm)	0~2	1.000	1.000	1.000	1.000	1.000	1.000	1.000	1.000	1.000	1.000	1.000	1.000	1.000	1.000
	2~4	0.931	0.863	0.863	0.754	0.831	0.693	0.805	0.651	0.785	0.619	0.770	0.595	0.756	0.574
	4~6	0.882	0.741	0.778	0.568	0.720	0.481	0.681	0.425	0.652	0.386	0.629	0.356	0.610	0.332
	6~8	0.808	0.601	0.661	0.388	0.584	0.294	0.533	0.240	0.497	0.205	0.486	0.179	0.446	0.160
	8~10	0.760	0.482	0.587	0.265	0.500	0.181	0.455	0.137	0.496	0.110	0.377	0.092	0.354	0.079

(据邹学勇等，1995)

注：表中数字以最底一层(0~2cm)的沙量作为基数1.000，其他各层的数则为该层内的沙量与最底层沙量之比。

沙砾戈壁风沙流与沙质地表风沙流结构变化的上述显著差异，主要原因是沙砾戈壁组成物质粗大，地面坚实，风沙流中的降落沙粒与砾石床面碰撞过程中的能量损失小，几乎是完全弹性碰撞，沙粒弹跳高度大。所以，沙砾戈壁风沙流的高度较大，沙量随高度增加而减少的递减率就缓慢。沙砾戈壁风沙流高度大，沙粒弹跳高，分散在较高的空间，利用不同高度气流(风)的能量较充分，这也是沙砾戈壁风沙流常处于非饱和搬运状态，风蚀作用强烈，却少见风沙堆积的原因。

为了反映沙砾戈壁地区大风条件下风沙流随高度的变化特征，有的学者引入风沙流强度的概念。其定义为单位时间内，某一高度上单位面积内所通过的沙量，用q表示，其表达式为

$$q=\frac{P_i}{S_i T} \tag{3-72}$$

式中 q——风沙流强度[g/(cm^2·h)]；

T——某级大风持续的时间(h)；

P_i——第i层集沙仪取样的重量(g)；

S_i——第i层集沙器进沙口面积(cm^2)。

(2)沙丘不同部位的风沙流结构特征

研究结果表面，在相同风速、总沙量相似的状况下，因沙丘部位不同，其风沙流结构也会发生变化，如表3-22所示。背风坡因涡旋作用的结果，使沙粒搬运高度降低，故下层输沙量(%)高于迎风坡；而在迎风坡的不同部位，由于沙粒大小，地表紧实程度不

同，风沙流结构也有很大变化。

表 3-22 沙丘不同部位的风沙流结构(7.1m/s 风速)

沙丘部位			背风坡	迎风坡上部	迎风坡下部
总输沙量($Q_{0\sim10}$) [g/(min·10cm^2)]		Q	0.379 95	0.370 43	0.371 46
		%	100	100	100
平均输沙量 [g/(min·10cm^2)]		Q	0.038 00	0.037 04	0.037 15
		%	10	10	10
各层搬运沙量	上层 (2~10cm)	Q	0.225 15	0.230 10	0.258 48
		%	59.3	62.14	69.6
	中层 (1~2cm)	Q	0.065 09	0.064 25	0.055 85
		%	17.1	17.4	15.0
	下层 (0~1cm)	Q	0.089 71	0.079 08	0.057 13
		%	23.6	20.5	15.4
	特征值 λ		2.51	3.02	4.52
	结构数 S		2.36	2.05	1.54

（据马世威，1988）

(3)地面覆盖条件下的风沙流结构特征

地面覆盖对风沙流结构也有很大影响。表 3-23 为几种不同类型下垫面的实验结果。可以看出，丘间低地(为沙质裸露地)风速虽小，但总输沙量比花棒林地(风速较大)高，这是由于花棒固定流沙，阻挡风沙流，降低了沙粒的搬运高度。同样，1m×1m 黏土沙障，固定了沙丘，使沙面供沙不足，这样风速虽然较高，但气流中的沙量还是很小，所以上层输沙率较高。

表 3-23 不同地面覆盖状态下的风沙流结构(7.1m/s 风速)

风速(m/s)			7.0	7.5	8.5	15.0
下垫面			丘间低地	花棒林地	沙丘迎风坡	黏土沙障
总输沙量($Q_{0\sim10}$) [g/(min·10cm^2)]		Q	4.7600	2.3974	2.2779	1.2200
		%	100	100	100	100
平均输沙量 [g/(min·10cm^2)]		Q	0.4760	0.239 74	0.2278	0.1220
		%	10	10	10	10
各层搬运沙量	上层 (2~10cm)	Q	2.8900	1.3214	1.1444	0.7750
		%	60.7	55.1	50.3	63.5
	中层 (1~2cm)	Q	0.9000	0.5055	0.4543	0.1820
		%	18.9	21.1	19.9	14.9
	下层 (0~1cm)	Q	0.9700	0.5705	0.6792	0.2630
		%	20.4	23.8	29.8	21.6
	特征值 λ		2.98	2.32	1.68	2.95
	结构数 S		2.04	2.38	2.98	2.16

（据马世威，1988）

3.8 风沙流运动模型

风沙流是一种气固两相流，但同许多常见的气固流相比，它又有一系列显著的特点，具有更加复杂的性质，因此给风沙两相流体动力学理论的研究带来很多困难。国内外许多学者都试图用流体理论研究风沙两相流体运动，原苏联学者曾尝试利用气固两相流理论研究自然界中的风沙两相流体运动。杜宁(1965)继承了弗兰克林的理论工作，直接利用气固两相流体各参数的瞬时量，建立分别适合于气相和固相的连续方程和动量迁移方程(没有给出能量方程)。然后对方程进行时空平均，初步建立了风沙两相流体运动所满足的方程组，但由于所给出的方程组仍然十分复杂，距实际去解决风沙运动问题尚远。

柏实义(1985)采用连续理论的双流体模型，在二元定常无源和忽略气固两相温差，以及不考虑其他附加能量的条件下，建立了宏观气固两相流体动力方程组。在把固体颗粒流看作拟流体的气固两相流体动力方程组的基础上，可把其方程组在简化为适合风沙运动的条件。但是即使简化后由于数学上的困难要直接进行解析解也是不可能的，而要进行数值解在目前对各参数的研究还十分不足的重要条件下，困难也不小。考虑到今后的应用，还是解析解方便，为此刘贤万等对方程组再进行了适当的简化，然后求出解析解。

3.8.1 刘贤万的研究结果

刘贤万(1995)认为，风沙流是一种由气体和沙土颗粒组成的气固两相拟流体，在平坦均一地表上作二维、不可压缩和各参数水平变化很小、而垂直变化剧烈的准定常运动。因此。他采用连续介质力学方法，对双流体(一种流体代表气相，另一种是固相拟流体)模型方程的建立、求解等做了初步研究。

整理后的柏实义的气体连续方程为

$$\frac{\partial \rho_g u_g}{\partial x} + \frac{\partial \rho_g w_g}{\partial y} = 0 \tag{3-73}$$

式中 ρ_g——空气的密度；

u_g、w_g——气流的水平和垂直分速度。

气体能量方程为

$$\begin{aligned}&\frac{\partial}{\partial x}\left\{\rho_g u_g\left[C_V T + \frac{1}{2}(u_g^2 + w_g^2)\right] - u_g \tau_{gx} + u_g P_g\right\} + \\ &\frac{\partial}{\partial y}\left\{\rho_g w_g\left[C_V T + \frac{1}{2}(u_g^2 + w_g^2)\right] - w_g \tau_{gy} + w_g P_g\right\} = 0\end{aligned} \tag{3-74}$$

式中 $C_V T$——气体内能；

τ_{gx}、τ_{gy}——黏性应力的水平和垂直分量；

P_g——气流压力。

刘贤万对柏实义方程进一步简化的根据是：组成风沙流体动力学诸量的水平变化比

起垂直变化来说，都可认为是水平均一的，因此，各参数的水平变化都可予以忽略。这样，就可以把偏微分方程组变为常微分方程组。于是，采用解析解的方法来解方程组将成为可能。在写出进一步简化的方程组之前，先写出各作用力的具体表达式

$$F_{Dx} = K_1 V(_g^u - u_s)2$$
$$F_{Dy} = K_1 V(_g^w - w_s)2 \tag{3-75}$$

式中 F_{Dx}、F_{Dy}——阻力的水平与垂直分量；

K_1——系数，$K_1 = 3C_D\rho_g/4d$，其中 C_D 为阻力系数，d 为沙粒的粒径；

u_s、w_s——固体颗粒拟流体的水平和垂直分速度；

V——气固两相流中所含固体颗粒容积率，它是研究气固两相流中的一个极重要的参数。而黏性应力为

$$\tau_{gx} = \mu\frac{\partial u_g}{y},\ \tau_{gy} = \mu\frac{\partial w_g}{\partial y},\ \tau_{sx} = \mu'\frac{\partial u_s}{\partial y},\ \tau_{sy} = \mu'\frac{\partial w_s}{\partial y} \tag{3-76}$$

式中 μ——气体的动力黏性系数；

μ'——固体颗粒拟流体的动力黏性系数。

其他力的关系有：$F_{gg} = (1 - V)\rho_g g$，$F_{gs} = V\rho_s g$，$F_L = V\rho_g g$。至于分密度和分压力，根据定义有：

$$\rho_g = (1 - V)\rho_g,\ \rho_s = V\rho_s,\ P_g = (1 - V)P,\ P_s = VP \tag{3-77}$$

式中 P——气固两相流体的总压。

把各力的表达式代入式(3-73)和式(3-74)中，经过整理得到如下方程组

$$(1 - V)\frac{\partial w_g}{\partial y} - w_g\frac{\partial V}{\partial y} = 0 \tag{3-78}$$

$$V\frac{\partial w_g}{\partial y} + w_g\frac{\partial V}{\partial y} = 0 \tag{3-79}$$

$$\rho_g(1 - V)w_g\frac{\partial u_g}{\partial y} = -K_1V(u_g - u_s)^2 + \mu\frac{\partial^2 u_g}{\partial y^2} \tag{3-80}$$

$$\rho_g(1 - V)w_g\frac{\partial w_g}{\partial y} = -(1 - V)\frac{\partial P}{\partial y} + \rho\frac{\partial V}{\partial y} + K_1V(w_g - w_s)^2 - g\rho_g + \mu\frac{\partial^2 w_g}{\partial y^2} \tag{3-81}$$

$$V\rho_s w_g\partial u_s/\partial y = K_1V(u_g - u_s)^2 + \mu\partial^2 u_g/\partial y^2 \tag{3-82}$$

$$V\rho_s w_s\frac{\partial w_s}{\partial y} = -V\frac{\partial P}{\partial y} - P\frac{\partial V}{\partial y} - K_1(w_g - w_s)^2 + V(\rho_s - \rho_g)g + \mu'\frac{\partial^2 w_g}{\partial y^2} \tag{3-83}$$

$$\frac{\partial}{\partial y}\left\{(1 - V)\rho_g w_g\left[C_V T + \frac{1}{2}(u_g^2 + w_g^2)\right] + (1 - V)w_g P - w_g\mu\frac{\partial w_g}{\partial y}\right\} = 0 \tag{3-84}$$

上述方程组包含有7个变量：u_g，w_g，u_s，w_s，V，P 和 T，它们由式(3-78)至式(3-84)等7个方程所组成的方程组所描述，方程组是闭合的。为了求得方程组的解析解，还需给出运动的边界条件：

当 $y=0$ 时，$u_g=u_{g0}$，$w_g=w_{g0}$，$u_s=u_{s0}$，$w_s=w_{s0}$，$V=V_0$，$P=P_0$ 和 $T=T_0$；当 $y=h$ 时，$u_g=u_{gh}$，$w_g=w_{gh}$，$u_s=u_{sh}$，$w_s=0$，$V=0$，$P=P_h$ 和 $T=T_h$。

上述 $y=0$ 指的是平均沙面的高度。由于有了这个简化条件，使求解减少了不少困难。最后完成了风沙两相流体动力学方程组的解析求解，各组成未知量都有自己一个或数个繁简程度不同的解析表达式。

3.8.2 刘大有等的研究结果

刘大有等(1996)研究认为，无限大平坦沙地上定常充分发展的二元风沙运动，虽属于气固两相流的范畴，但又与通常的气固两相流有很大差异。风沙流中的固相拟流体，在床面附近常有较大的水平分速度(滑移速度)，有很强的垂向速度脉动，但垂向的平均速度却为零。因此，这种速度脉动既不属于热运动，也不是湍流脉动。它是一种新形式的无规则运动，称之为"PL 类脉动"。由 PL 类脉动产生的剪应力称为"PL 类剪应力"，对风沙流动有着十分重要的影响。

在风沙两相流中，总剪应力 τ_{tot} 主要由两部分组成

$$\tau_{tot} = \tau_g^T + \tau_p^{PL} = \rho_g u_*^2 \tag{3-85}$$

式中 τ_g^T ——湍流剪应力；

τ_p^{PL} ——PL 类剪应力；

ρ_g ——气相密度；

u_* ——摩阻速度。

在定常、充分发展的风沙流中，总剪应力 τ_{tot} 是常数，在上层以 τ_g^T 为主，下层以 τ_p^{PL} 为主。

固相的 PL 类剪应力 τ_p^{PL} 可近似表示为：

$$\tau_p^{PL} = mn_A w_A (u_B - u_A) \tag{3-86}$$

式中 $mn_A w_A$ ——向上颗粒的垂向质量通量($= -mn_B w_B$)；

u_A，u_B ——分别为向上颗粒与向下颗粒的水平平均速度。

基于对风沙两相流运动特点的上述认识，刘大有、董飞(1996)发现，用通常气固两相流研究中常用的双流体模型，在研究风沙运动时会有相当的缺陷。于是，提出了采用将向上、向下运动的颗粒用2种拟流体来表征的三流体模型，来描写风沙两相流；并对方程组的建立、边界条件的提法进行了有益的探讨。

研究定常充分发展的二维风沙气固两相流，记 x 为风沙流宏观运动的方向，z 为从地面算起垂直向上的方向；用 u，w 标记 x，z 方向的速度分量。在风沙运动的三流体模型中，固相拟流体按垂向分速的正与负将颗粒分成两组，并分别进行统计平均。记垂向分速为正的颗粒(简称为向上颗粒)用下标"u"表示，其分密度为 ρ_u，平均速度分量为 u_u 和 w_u；垂向分速为负的颗粒(简称向下颗粒)用下标"d"表示，其分密度为 ρ_d，平均速度分量为 u_d 和 w_d。由于重力的作用，上升颗粒会变成下降颗粒，这种现象发生在整个流场中，说明固相的两种拟流体之间存在质量交换，以及伴随它的动量交换。对于气相，用下标"g"表示，ρ_g 为其分密度，则用 u_g 和 w_g 表示它的平均速度分量。

3.8.3 贺大良、高有广的研究结果

贺大良、高有广(1998)经实验观察指出，在床面以上(即在流场中)发生颗粒间碰撞

的几率很小，因此，假说在流场中无颗粒间的碰撞，则对于定常充分发展的二维风沙流，可有如下的三维流体模型方程组

$$\frac{\partial}{\partial z}(\sigma_g w_g)=0,\ w_g=0 \tag{3-87}$$

$$\frac{\partial}{\partial z}(\sigma_u \bar{w}_u)=-S \tag{3-88}$$

$$\frac{\partial}{\partial z}(\sigma_d \bar{w}_d)=S \tag{3-89}$$

$$0=\frac{\partial}{\partial z}(\sigma_g u_g w_g)=\frac{\partial}{\partial z}\left[(\mu^T+\mu)\frac{\partial u_g}{\partial z}\right]-F_{ux}-F_{dx} \tag{3-90}$$

$$\frac{\partial}{\partial z}(\sigma_u \bar{u}_u \bar{w}_u)=\frac{\partial \tau_{k,\ zx}^{PL}}{\partial z}+F_{ux}-u^* S \tag{3-91}$$

$$\frac{\partial}{\partial z}(\sigma_d \bar{u}_d \bar{w}_d)=\frac{\partial \tau_{k,\ zx}^{PL}}{\partial z}+F_{dx}+u^* S \tag{3-92}$$

$$0=\frac{\partial}{\partial z}(\sigma_g w_g^2)=-\frac{\partial P}{\partial z}-\sigma_g g-F_{uz}-F_{dz} \tag{3-93}$$

$$\frac{\partial}{\partial z}(\sigma_u \bar{w}_z^2)=\frac{\partial \tau_{k,\ zz}^{PL}}{\partial z}-\sigma_u g+F_{uz}-v^* S \tag{3-94}$$

$$\frac{\partial}{\partial z}(\sigma_d \bar{w}_d^2)=\frac{\partial \tau_{k,\ zz}^{PL}}{\partial z}-\sigma_d g+F_{dz}+v^* S \tag{3-95}$$

式中 F_{ux}、F_{uz}——气相作用于向上颗粒相的作用力；

F_{dx}、F_{dz}——气相作用于向下颗粒相的作用力；

S——从向上颗粒相转移到向下颗粒相的质量交换率；

$u^* S$、$v^* S$——质量携带的水平动量和垂向动量；

$\tau_{k,\ zx}^{PL}$、$\tau_{k,\ zz}^{PL}$ $(k=u,\ d)$——固相的剪应力和 z 向正应力。

对于平坦沙地上的定常充分发展的风沙流，由以上式(3-87)至式(3-95)共9个方程可求解9个变量：P，u_g，w_g，ρ_u，u_u，w_u，ρ_d，u_d 和 w_d。方程组除对 u_g 是二阶的外，对其余变量均是一阶的，加上求解域的上边界(即风沙层高度 h)是待定的动边界，所以共需11个边界条件。认为可提如下的边界条件：

在床面上，即 $z=0$ 处有

$$w_g=0,\ u_g=0,\ \rho_u w_u=\Phi_1,\ \rho_u u_u=\Phi_2$$

在风沙流上边界，即 $z=h$ 处有

$$\rho_u=\rho_d=0,\ w_u=w_d=0,\ u_u=u_d,\ \frac{\partial u_g}{\partial z}=u_*/kz,\ P=0$$

其中，k 是卡曼常数，u_* 是气流摩阻速度。

为了使式(3-87)至式(3-95)可解，需要给定关于 Φ_1，Φ_2，S，$\tau_{k,\ zx}^{PL}$ 和 $\tau_{k,\ zz}^{PL}$ $(k=u,\ d)$ 的表达式，这需要采用理论与实验相结合的方法作进一步研究加以解决。从微观上讲，这7个量都与颗粒从床面起跳时速度的统计分布，和单位时间内单位面积上起跳颗粒的

总量有关。

吴正(2003)认为，相对于双流体模型，三流体模型较好地反映了流场的内部结构，及边界状况对流动的影响，而且固相应力的主要部分也可用应变量显式表示，对近似求解相当有利。

思 考 题

1. 沙粒起动受哪些因素的影响？沙粒运动形式主要有哪些？
2. 气流中风沙运动和水流中泥沙运动有哪些异同点？
3. 什么叫输沙量？什么叫风沙流的结构？他们的影响因素主要有哪些？
4. 在野外如何获取风沙流的结构特征？
5. 请用风沙运动基本理论解释为什么有些地方采用低矮草方格阻沙，而有些地方采用高立式水泥挡墙阻沙？
6. 防护林能否全面阻止沙尘的扩散？

拓展阅读

风沙流起动阶段沙粒输运特征．亢力强，张军杰，邹学勇，等．中国沙漠，2017，37(6)：1051-1058.

用创新思维破解风沙运动机理——两种理论体系核心的剖析．孙显科，张学利．地理学报，2015，70(1)：73-84.

库布齐沙漠南缘抛物线形沙丘表面风沙流结构变异．陶彬彬，刘丹，管超，等．地理科学进展，2016，35：98-107.

沙粒起动风速的影响因素研究．武建军，孙焕青，何丽红．中国沙漠，2010，30(4)：743-748.

Aeolian sand transport above three desert surfaces in northern China with different characteristics (shifting sand，straw checkerboard，and gravel)：field observations. Lu Ping，Dong Zhibao，Ma Xiaoming，Environmental Earth Sciences，2016，75(7).

Turbulent flow structures and aeolian sediment transport over a barchan sand dune. Wiggs G F S，Weaver C M. Geophysical Research Letters，2012，39(5).

第4章

风沙地貌及其演变机制

风沙运动过程是沙粒的起动、运移和沉积过程，而对地面来说则表现为吹蚀和堆积2个基本过程。所谓吹蚀，就是当风或风沙流经过地表时，由于风的动力作用，将地表松散沉积物(沙物质)吹走的现象；所谓堆积，就是风沙流中的沙物质向地面跌落的现象。两者在各种不同尺度上进行的相互转换(即蚀积转换)的结果，在地表上塑造出大小和形态各异的风沙地貌，即风蚀地貌和风积地貌。与此同时，由于风沙流的活动，而又推动了风沙地貌的演变。

4.1 基本原理

4.1.1 风蚀能量与磨蚀作用

地表物质在风力作用下脱离原地称为风蚀作用。风蚀作用包括吹蚀作用和磨蚀作用。地表的松散沙粒或基岩上的分化产物，在紊动气流作用下将被吹扬离开地面，使地表物质遭受破坏，称吹蚀作用。风携带沙粒移动(风沙流)，对岩石或不同胶结程度的泥沙块体进行碰撞、冲击和摩擦，或者在岩石裂隙和凹坑内进行旋磨，称为磨蚀作用。

风沙流动能：

$$E = 1/2mv^2 \tag{4-1}$$

净风条件下，公式中的 m 为空气质点质量，风蚀能量较小；

携沙条件下，公式中的 m 为沙粒质量，其集合体表现为输沙率 Q；

风蚀能量是输沙率与风速的函数 $E=f(Q, U)$；

输沙率随高度递减，风速随高度增加，风蚀能量随高度分布出现“拐点”；

磨蚀作用还取决于物质结构单元的机械稳定性(抗磨蚀能力)，这也是造成风蚀地貌差异的重要因素。

Chepil(1951)磨蚀公式：

$$A = w_r\left(\frac{25}{u}\right)^2 \tag{4-2}$$

式中 A——磨蚀系数；

w_r——风速 u 条件下的单位重量的物体被磨蚀重量。

4.1.2 蚀积原理

吹蚀和堆积是风沙运动过程中矛盾对立的统一体。从沙粒起动角度来看，不存在绝对的吹扬和单纯的跌落，而是同时既有沙粒的吹扬，又有沙粒的跌落。就某一地段来说，如果跃起的沙粒数量多于跌落的沙粒数量时，其结果就表现为吹蚀；反之则表现为堆积。在平衡情况下，即跌落沙粒与跃起沙粒数量基本相同时，我们就叫做非堆积搬运。气流(或风沙流)由吹蚀变为堆积在时间上要有一段间隔，空间上表现为一定的距离，这段距离称为饱和路径长度。

对于蚀积过程的判别，主要从考查风沙流结构入手。而风沙流结构数 S 和特征值 λ 是表征风沙流结构的主要指标，所以可以以此判断风沙流的蚀积现象。

兹纳门斯基经过长期观测实验，确定 S 值的临界值为：沙质地表 3.8，粗糙表面 3.6，平滑表面 5.6。当 S 大于该地表状况下的临界值时，就会出现堆积现象，当 S 值小于该地表状况下的临界值时，就会发生吹蚀现象。

用 λ 值作为界定指标，前面已经论及，λ 的临界值为 1，此时由沙质表面进入气流中的沙量与风沙流中落入沙面的沙量，以及气流的上下层之间交换的沙量近似相等，风沙流表现为非堆积搬运。当 $\lambda<1$ 时(过饱和风沙流)为堆积，当 $\lambda>1$(非饱和风沙流)为吹蚀。

蚀积过程的产生，主要受风速、沙源状况和地表粗糙度的影响。

(1)风速与蚀积过程

由于输沙量与风速之间一般呈幂函数关系，所以当风速改变时，就会造成输沙量大幅度变化。当风速增大时，气流携带沙物质的能力增强，风沙流呈非饱和状态，所以要求沙表面有更多的沙物质给以补充，因而地面产生吹蚀；当风速减弱时，气流的输沙能力变弱，风沙流达到饱和或超饱和状态，多余的沙粒就会跌落于地表，从而出现堆积现象。

(2)沙源状况与蚀积过程

沙源丰富时，沙物质对气流的补给充足，气流的输沙能力在很短的时间内即可达到饱和，进而发生堆积。所以沙源丰富的地段，地表的吹蚀与堆积转化频繁，循环周期短，其饱和路径长度也大大缩短。反之，在沙源不充足的地段，由于地表没有充足的沙物质补给气流，气流在较短的时间内不易达到饱和。所以饱和路径长度大大增长，风沙流对于地表多呈现吹蚀状态，并且在这种情况下吹蚀与堆积的转化较慢。

(3)地表粗糙度与蚀积过程

地表粗糙度不同会造成一系列因素的变化，直接或间接地影响着蚀积的转化。粗糙度的变化将会引起临界起动风速、输沙率及风沙流结构等其他因素的变化。

粗糙度大的地表，由于对气流的阻力增大造成一定的气流能量损失，从而消弱了地表风速，所以容易使风沙流产生堆积现象。风沙流结构 S 与粗糙度 z_0 的关系可用下面的经验公式确定：

$$z_0 = \exp\left(\frac{\sum \lg z}{B - 3\sqrt[3]{S}}\right) \tag{4-3}$$

式中 B——系数；

$\sum \lg z$——各测风高度的对数和。

从式(4-3)可以看出，对于固定的测风高度来说粗糙度 z_0 与结构数 S 呈正相关，即随着地表粗糙度 z_0 的变大，S 值也相应增大，有利于堆积的发生。

4.2 风沙地貌的分类

风积地貌是指被风搬运的沙物质，在一定条件下堆积所形成的各种地貌。其中包括由风成沙堆积成的形态各异、大小不同的沙丘及流沙地上分布的沙波纹。当然，大部分沙丘并不是独立分布的，而是群集构成巨大的连绵起伏的浩瀚沙海；而且，也并不是所有风成沙堆积都是沙丘，还可以形成面积广阔而又比较平坦(可能出现稍有波状起伏或小沙丘状的地形)的平沙地，或称小沙原，例如，苏丹与埃及边界附近面积逾 $6\times10^4 km^2$ 的塞利马沙原就是这样。

另外，在一些强风区，特别是一些山隘、峡谷风口地带，风力特大，形成大风区，甚至可以形成一些少见的风积砾石堆积地貌。如我国新疆的阿拉山口(准葛尔门)的大风是极其著名的，全年有155天出现大风，最大风速常超过40m/s，能将艾比湖岸上直径2~3cm的砾石吹起，堆成为30cm高的砾坡；更惊人的是，在古尔图河大桥以南9km处的东岸，风暴卷起河岸上直径1~2cm的砾石，堆成高5~7m，宽为70m的砾丘，沿河分布达1km以上(陈治平，1963)。

风沙地貌分为风蚀地貌和风积地貌两类。

4.2.1 风蚀地貌

风蚀地貌是地表长期遭受风或风沙流吹蚀的产物，主要表现为地面局部或全部区域物质流失、形态支离破碎。这种地貌广泛分布于干旱大风地区，特别是正对风口的迎风地段，发育更为典型。常见的较大中尺度风蚀地貌形态主要有风蚀雅丹、风蚀洼地、风蚀谷和风蚀劣地。小尺度的风蚀地貌形态主要有风蚀柱、风蚀蘑菇、风蚀残丘、风蚀坑等。

(1)风蚀雅丹

雅丹一词源于维吾尔语“雅丹尔”。1899—1903年，瑞典探险家斯文赫定在中国新疆罗布泊考察时，将古湖周围成群分布，长数百米，高2~3m以上，走向东北—西南，先水蚀后风蚀而形成的形态各异的地貌，按当地维吾尔语称其为Yardang(原意是“具有陡壁的小丘”)。之后，随着他的著作《中亚和西藏》(Central Asia and Tibet)在国内外学界的广泛传播，在中国被音译为“雅丹”。根据斯文赫定的描述和研究，“雅丹”概念具有以下限定：①形成于极端干旱区；②物质组成以第四纪河湖相沉积物为主，岩性松软—中等固结；③外营力以水蚀和风蚀为主；④分布范围较大，相对集中且排列整齐；⑤高度和长度达到一定规模；⑥形态千姿百态。后来泛指风蚀陇脊、土墩、沟槽和洼地等地貌形态组合。它也被称为“风蚀林”“风蚀槽陇”“砂蚀林”。它是一种奇特的风蚀地貌，对该地貌类型国外被称之为“开特米里克”。

目前，除大洋洲和南极洲外，其他各大洲均有发现。主要分布于降雨稀少、植被稀疏、风蚀作用强烈的干旱区和极端干旱区的沙漠边缘，如西亚(特别是阿拉伯半岛)和中亚，非洲撒哈拉沙漠和纳米布沙漠，北美西部荒漠地区、南美洲西部海岸荒漠区，欧洲西班牙的埃布罗低地。中国以新疆罗布泊洼地地区的风蚀雅丹最为典型，分布面积约计3000km^2，新疆克拉玛依、柴达木盆地、库姆塔格沙漠等也有大面积分布。雅丹地貌发育的物质基础广泛，有河湖相沉积物，也有火成岩、变质岩等；组成物质地质年代跨度大，从全新世到元古代均有报道。

雅丹地貌形态特征主要采用定性和定量描述2种方法研究。在雅丹研究史上，定性描述始终占有重要地位。斯文赫定在描述罗布泊地区雅丹时，曾形象地描述为桌状、飞檐、雕塑、塔形、城墙状、古屋、壁垒、卧狮、伏龙、狮身人面像和睡犬等。此后在其他各地的研究中，有学者也描述了长垄状、覆舟状和流线型等。在敦煌雅丹国家地质公园内，还有舰队出海、孔雀台、天生桥、凯旋门、比萨斜塔、蒙古包等各种形象，可谓"千姿百态"。

雅丹地貌的形成一般认为是风对土壤表面进行选择性风蚀的结果，当然，也有人认为流水在雅丹形成中的修饰作用很重要。

雅丹地貌出现于干旱荒漠地区，而且通常是在有深厚沉积物的湖积平原上发育而成。它是自然界中风和水不断作用的杰作，但也与地质作用密切相关。这些地区一般降雨量稀少，因此风沙侵蚀乃是雅丹不断变化的最主要动力。就青海西北部一里坪—南八仙和黄瓜梁—大风山一带的雅丹地貌而言，它形成物质主要是第四系中下更新统及部分第三系上新统和上更新统的湖相沉积物，沉积物质以泥土为主，局部夹有砂、石膏、芒硝等盐类沉积。在它们沉积成岩的数十万至上百万年中，因湖水干涸，湖中泥质沉积物干缩而产生龟裂，后经流水及盛行风的不断梳刮和镌刻。使其中的疏松砂层和较软物质逐渐被风蚀吹扬而消失，而相对坚硬的泥质层和膏盐层则残留下来形成荒原上凹凸有致，千姿百态的天然浮雕，这就是当今我们所见的雅丹地貌。

(2)风蚀洼地

风蚀洼地，也称之为风蚀坑。Melton于1940年描述沙面受风蚀凹陷而形成抛物线沙丘时，首次使用"风蚀坑"这个词。多数学者所认同的定义：由风蚀作用在原有的沙质沉积物上形成的碟、杯、槽形的凹地，风蚀所搬运的风成沙堆积于临近地段，属于风蚀坑的一部分。

由于发育环境与影响因素不同，风蚀坑的形态存在区域性差异，形态参数的变率较大，对其类型的划分主要以几何形状为依据。Ritchie定义了包括雪茄形、"V"形、勺形洼地及锅形、廊道5种类型。张德平等将风蚀坑分为卵圆形、串珠状、带状或槽状等简单类型，以及裸地型、肾形、花朵状、葫芦状、掌状、方形等复合型共9种。王帅等将沙质草原风蚀坑分为平坦草地风蚀坑和沙丘风蚀坑。其中，平坦草地风蚀坑又可以根据发育阶段和形态将其分为沙斑、碟形坑和槽形坑等简单风蚀坑。

风蚀坑是人为和自然因素作用下，沙面植被减少和破坏，强风对裸沙表面进行侵蚀形成的。初始的形状、尺寸和位置以及后续的发育取决于波蚀、气候变化、水蚀、植被类型和覆盖的程度、区域风况和人类活动等诸多因素。例如，Smith发现在宽广的前丘脊线上发育的风蚀坑通常是浅碟形的，而发育在陡峭迎风坡上的通常是槽形的。浑善达克沙地中发育的风蚀坑深度一般不超过5m，荷兰海岸发育的风蚀坑长度一般小于30m。

Jungerius 认为侵蚀坑的形成归因于侵蚀性阵风的累积作用；也有研究发现坡向在风蚀坑形态的发育中也起重要作用，并影响沉积物沙源供应的空间变化，Du 等研究表明过渡放牧等人为活动要比自然因素更能影响风蚀坑的发育。

目前普遍认为，风蚀坑的演化是由输沙过程来控制的。当携沙气流进入风蚀坑，坑内地形会改变气流垂直结构和水平格局，形成独特的气流场，侧壁上方气流的掏蚀作用，使侧壁变陡并引起坍塌，导致了风蚀坑的侧向扩张；随后侵蚀坑底部的气流会将崩落物向下风向输送，同时使侵蚀坑加深。不同部位蚀积速率的差异，导致风蚀坑形态及尺寸的变化。也有研究发现，风蚀坑的演化与 6.25~12.5 m/s 的气流关联性最大，因为该风速是 0.15~0.42 mm 颗粒移动的临界风速。王帅等认为槽形风蚀坑是在碟形风蚀坑的基础上，沿强风方向延伸扩展，最终合并而形成的大型风蚀地貌形态。

风蚀坑不会无限扩张，当其面积达到一定程度后受底土层和周边植被的阻力以及坑内局部气流影响，将进入固定或稳定阶段。荷兰的海岸风蚀坑发育到一定的规模会自行固定，Hugenholtz 在对两个不同尺寸的风蚀坑进行输沙观测时发现，当较大的风蚀坑达到了临界尺寸时，侵蚀坑底部不再发生侵蚀；而较小风蚀坑则继续向底部侵蚀。若继续向下侵蚀达到水位，或不易侵蚀的土层，也能阻止侵蚀坑向下侵蚀。因此，地下水位或不易侵蚀的土层，就成为限制风蚀加深的局部基准面。

松散物质组成的土壤表面，经风的长期均匀性吹蚀(面蚀)的结果，可形成大小不同的蝶形洼地。规模较大、下切较深的称风蚀洼地，或叫风蚀盆地，其面积可从几平方千米到几百平方千米。如我国甘肃河西走廊的弱水(额济纳河)东西两侧，风蚀洼地的面积有数平方千米至数十数千平方千米的，深度达 5~10m 或更大。蝶形洼地面积较小、深度较浅的一般称为风蚀坑。沙漠中分布的风蚀坑，其直径多在 100m 以下，深度 2~4m 左右。如在我国新疆准格尔盆地 3 个泉子干谷以北的平坦薄层粗沙地上分布风蚀坑，直径大都在 50m 以下，深度仅 1m 左右。

风蚀洼地的形状和进度既取决于风况，也取决于大于起动风速和可蚀物质之间相互关系表达的地区风蚀情况。洼地发育到一定的尺度和形状，便与盛行的风蚀环境达到平衡。往下风蚀达到水位或达到抗蚀能力很强的土层(如黏土、古土壤层)，也能阻止洼地表面的风蚀。

(3)风蚀谷

在干旱地区偶有暴雨，产生洪流冲刷地表，形成许多冲沟。风沿着冲沟长期吹蚀、改造，便形成加深扩大的风蚀谷。风蚀谷无一定形状，有的为狭长的壕沟，也有宽广的谷地或围场，底部不平，宽窄不均，沿着主风向延伸，长者达数万米。

其次还有一些不规则的风蚀地貌形态，由于风蚀时间短，其特征主要表现为土壤地表面粗化、基岩裸露、植被发育不良，甚至地表出现一些风蚀洞穴和风蚀小坑，这种地貌形态在内蒙古的后山地区分布很广。

(4)风蚀蘑菇和风蚀柱

突起孤立，尤其是水平节理和裂隙很发育而不甚坚实的岩石，经长期风蚀作用后，会形成上部大、基部小，状如蘑菇的岩石，称风蚀蘑菇或蘑菇石。蘑菇石细小的基部，一般高出地面 1m 左右。

形成磨菇石的原因，主要是由于风沙对岩石的磨蚀，受到高度的限制所致。在距地面一定高度的地方，气流中的沙量少，磨蚀较弱，而在近地低层的空间含沙量高，磨蚀作用强。于是，经长期磨蚀，岩体下部就变得越来越细，形成蘑菇状。但也有人认为，蘑菇石的形成不是因风沙磨蚀作用(因为有的蘑菇石的高度可达数米，甚至数十米，远远超过了风沙所能达到的高度)，而主要是由于岩石上下部岩性软硬不同产生的差别风化，导致剥蚀率不一致所致。即当构成岩石下部的岩性比上部软弱时，易于风化而变得比较疏松，也就很容易受到风的吹蚀或雨水的冲刷，具有较大的剥蚀率。这样，经长期风化剥蚀结果，就形成了上大下小状的岩石。

一些岩性较为一致而垂直裂隙发育的岩石，在风的长期吹蚀下，易形成一些柱状岩石，称为风蚀柱。它可以单独挺立，也可成群分布，其大小高低不一。

(5)风蚀残丘

由基岩组成的地面，经风化作用、暂时性流水的冲刷，以及长期的风蚀作用后，原始地面不断破坏缩小，最后残留下一些孤立的小丘，称为风蚀残丘。

它常成群或呈带状分布，丘顶呈尖峰状或平顶状，但以平顶状居多。其高度一般10~30 m。中国青海柴达木盆地风蚀残丘分布面积达22 400km^2，是中国最大的风蚀地貌分布区。在柴达木盆地西北部，由于那里是由第三纪泥岩、粉砂岩和砂岩所构成的北西—南东走向的短轴背斜构造，岩层疏松，软硬互层，且多断崖和节理，在风向与构造方向相近似的情况下，强烈的风蚀作用形成了高度为10~20 m，长度为10~100 m，并与构造方向和风向一致或平行的垄岗状风蚀丘。

4.2.2 风积地貌

4.2.2.1 沙 波

沙波是沙质或砾质地表上由风沙流塑造的、呈波状起伏的微地貌。与几十米、几百米高大的沙丘相比，它虽谈不上壮观，然而，它却构成浩瀚沙海中的另一道风景线。沙波可以说是千姿百态、种类繁多，但归纳起来，不外乎3种基本类型：沙纹、沙脊和沙条。

(1)沙 纹

沙纹是沙质地表上一种最常见的微地貌，特别在流沙表面分布更为常见。风成沙纹一般具有长而平行的脊，剖面形态两坡明显不对称(图4-1)。沙纹的分布遵循流体力学的绕流理论，其走向总是与风向垂直。野外观测表明，沙纹一般波长在7.5~15cm之间，最大波长是25cm，最小波长是2.5cm；沙纹高度大都在0.5~1.0cm之间(夏普，1963)。沙纹形态与沙粒粒径、风速、地貌及地面障蔽物特征有关。由较粗大的、分选差的沙形成的沙纹较高大，反之则较矮小。斯通(Stome)和萨默斯(Summers，1972)经过研究，得出沙纹脊部沙粒粒径d(mm)与平均沙纹波长L(m)之间的关系：$L=63.8d^{-0.75}$。唐进年等(2007)根据野外观测结果，指出地表沙机械组成中不同粒径的颗粒组成对风成沙纹形态影响中，沙纹的波长、坡长和高度与大于0.25 mm的颗粒组成即中粗沙和极粗沙含量呈正相关关系，与占主体的颗粒组成(0.25~0.05 mm)即细沙和极细沙含量呈负相关关系。在塑造沙纹的过程中，并不是所有的颗粒组分都起作用，研究表明粒径为1~0.25 mm的

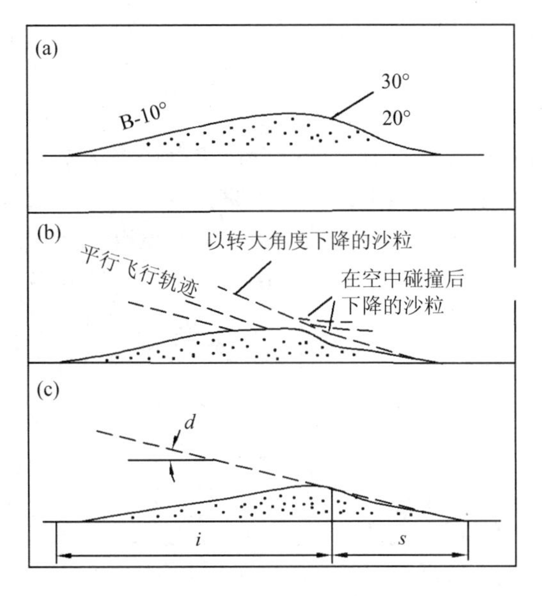

图 4-1 沙纹剖面

中粗沙在塑造风成沙纹中扮演着重要角色。

一般情况下，粗沙形成的沙纹比细沙形成的沙纹要高(表 4-1)。原因是粗沙不易被带到较高层中搬运，只在地面滚动而聚集，使沙纹高度增加；同时，较粗的沙粒停在顶部后，受冲击的角度改变，降低了冲击作用的强度，所以可以在峰顶停留下来。而较小的沙粒则易被冲击过波峰带入波谷停留下来。当粒径均匀时，只能形成极低的沙纹。

表 4-1 沙粒粒度和沙纹高度的关系

地表性质	风速(m/s)	沙纹移动速度(cm/min)
粗沙 30% 细沙 70%	6.8	0.65
粗沙 10% 细沙 90%	6.8	0.50
粗沙 5% 细沙 95%	6.8	0.30

关于风速对沙纹波长的影响，A. П. 伊万诺夫根据实验的分析研究，推导出了沙纹波长与风速的关系，即

$$L = \frac{[0.94k(\mathrm{tg}\beta + \mathrm{tg}\alpha)(u_{1.0} - 4.1)]}{g(\cos\delta = 0.2)} \tag{4-4}$$

式中 L——沙纹波长(m)；

α——沙粒与沙米的碰撞角(弧度)；

β——沙粒脱离沙面时的角度(弧度)；

δ——沙面与水平面的夹角(弧度)；

k——碰撞恢复系数；

$u_{1.0}$——距离地面1m高处的风速(m/s)。

关于沙纹的形成机制，迄今为止，并未有统一的看法，较为流行的有3种观点。

①拜格诺(1954)认为，沙纹主要是由跃移沙粒对沙面的碰撞产生的，称为弹道或碰撞理论。因为他发现在风洞里存在着与沙纹波长相当的跳跃沙粒飞行轨迹的长度。其具体形成过程可表述为：由于沙面是由大小不等的沙粒构成，因此原始沙面不可能十分平整(从微观上看)，可以设想存在着若干微小的、分布没有一定规律的不平整之处。经风的作用，由于从某一小区域中被带出的沙粒正好暂时比带进的多，结果形成了一个小洼坑。这样，发生冲击作用的跃移沙粒以极平的、接近均匀的角度下降(用一系列平行的、距离相等的线来代表)，在对沙面的轰击中(图4-2)，落到洼坑的背风面*AB*上的冲击点稀；但是在迎风面*BC*上，点子要密集的多，表明冲击力也较强。因此，迎风面外移的沙粒多，发生风蚀，斜坡前移，促进了原洼坑进一步扩大。同时，因为斜坡*BC*所受到的冲击要比下风方向平整沙面上所受到的冲击为大，就这两个面的交界点*C*来说，来自上风方向的沙子要比移向下风方向的沙子多，结果就会使沙粒在*C*点附近聚集起来，逐渐堆积加高，又形成第二个背风坡*CD*，而其后的*D*点同样会由于外移沙粒多于来沙而受到风蚀，形成第二个洼坑。这样不断循环向下风向延伸，沙面就出现有规则的高低起伏的沙纹。

因此，拜格诺认为，沙纹的波长相当于跃移颗粒的特性轨迹长度(图4-3)，而后者为风速的函数。表4-2为不同的摩阻速度下，跃移颗粒的飞程与实测沙纹长度的对比，明显的反映了这种关系。不过，拜格诺又指出，当风速超过一定强度，即超过三倍于特定沙粒的起动风速时，沙纹又会变平消失。

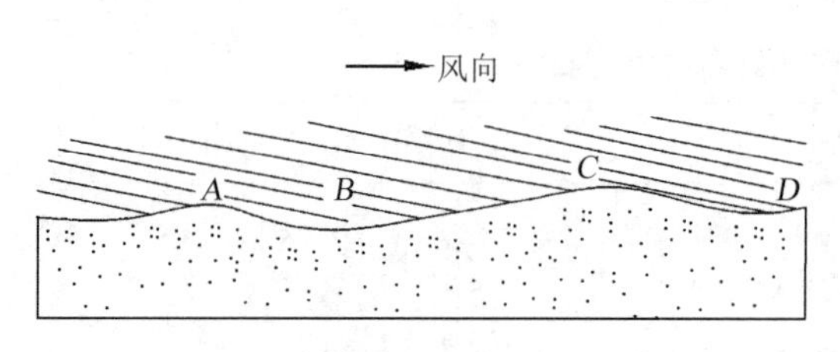

图4-2 沙粒对沙纹迎风坡面与背风坡冲击强度变化

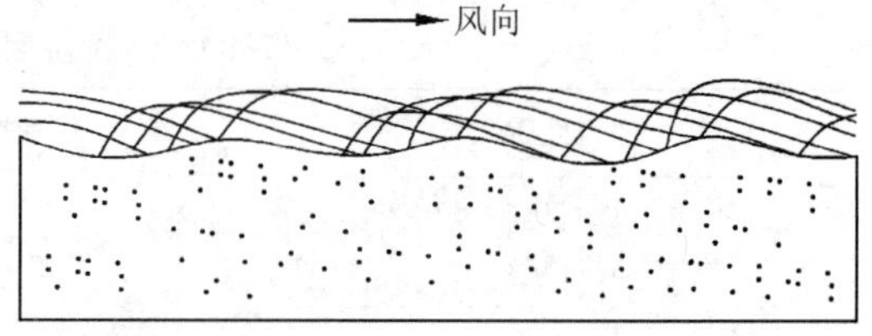

图4-3 沙纹的波长与跃移轨迹的关系
(粗沙集中在波峰附近)

表4-2 风成沙纹的波长与平均沙粒飞跃距离的对比

摩阻流速(cm/s)	19.2	25.0	40.4	50.5	62.5
平均沙粒的飞程(cm)	2.5	3.0	5.4	8.0	11.6
实测沙纹的波长(cm)	2.4	3.0	5.3	9.15	11.3

(引自钱宁等，1983)

兹纳门斯基(1958)认为，沙纹的形成是因为风对沙面颗粒的分选作用而形成的。由于不同粒径的颗粒存在着非均匀运动，粗沙颗粒较重，留在原地后便聚集成波峰。彼得洛夫(1948)、鲍尔卡特(1928)等认为，气流有规则的小尺度湍流导致了沙纹的形成；柏实义(1985)提出所谓沉积波的概念，并认为沙纹就是在沉积波的直接作用下形成的。

对于上述3种观点，可以说拜格诺的弹道或碰撞理论一向得到学术界大多数人的接受，并被广为引用，但也有人对此提出疑义。夏普(R. T. Sharp)认为，关于沙纹除了特征轨迹长度以外，沙粒粒径和风速还应该有更直接的影响。为此夏普还做了物理方面的解释，并提出了"组成沙纹的物质主要是表层蠕移质"的观点。孙显科在分析弹道理论特点后指出，跃移质等量、等高、等距的三等特性是拜氏冲击起动学说在沙纹成因上的具体运用和观点的集中体现。但实际中沙粒跃移特征轨迹只存在于少量的跃移质中，且很少具有连续性，它不能取代普遍存在于风沙运动之中沙粒的3种运动形式，也无法体现沙粒两种起动的相互关系和沙粒在移动中所表现出来的高低不一、移距长短不同的差异性和分选性。事实上，按着拜格诺的假设，如果开始时沙面是无规则分布的坑凹，那么在均匀风沙流冲击下，只能在其下方产生一系列相似分布的坑凹，不可能形成形态均一、走向平行和曲线优美的沙纹。

然而，关于彼得洛夫的气流小尺度紊流理论和兹纳门斯基的颗粒非均匀运动理论，学术界也不乏有认同者，特别是近期的一些研究人员在这方面做了相当多的工作。劳德基维(A. J. Raudikivi，1976)在水槽中对沙纹进行了详细的力学测量，其中包括沙纹表面的速度分布、剪切应力等，欲以此探讨沙纹的生命历程，并试图解释波动对沙纹形成的影响；张广兴等从分析沙面流体边界层特征入手，研究了气流水平涡度对沙纹形成的动力作用；丁国栋等根据流体力学的绕流理论探讨了沙纹的分布规律；凌裕泉等通过风洞模拟实验研究指出：风成沙纹形成于沙质床面下游的沙粒蠕移，发展于沙粒跃移—风沙流的"波粒二重性"作用，消亡于气流与风沙流的正弦波共振"。但总体上看，这些工作还都是探索性的，没有形成突破性的进展。

综合上述评析结果不难看出，人们关于风成沙纹形成机制问题所提出的这些观点和理论，似乎都有一定的道理，但也都存在着不能自圆其说、不能令人完全信服和可疑之处。为此，丁国栋(2008)在野外进行了细致的观察，并做了一些初步实验。指出天然风成沙沙纹的形成过程可分为以下4个阶段：①在起沙风的作用下，较大的颗粒首先聚集，形成不规则的、与风向垂直的非常细小的沙纹，而且长度也很短，这个过程非常快，约几秒或几十秒；②小沙纹整体向前运动，相互间开始合并，沙纹变长、变宽、变高，但仍以粗大颗粒为主；③沙纹继续合并、链接，但粒级组成变得复杂起来，逐步发育成形态完整的雏形沙纹，这个过程持续的时间最长，约几分钟；④雏形沙纹进一步增长，形成以近乎相等间距的、有规律地排列的成熟沙纹，并以几乎一致的速度向前运动，这时在沙纹的表面上可发现分布着次一级的小沙纹。由此可以断定：沙粒粒径的不均匀性以及所导致的运动的非平衡性是沙纹形成的前提和基础；风沙流运动过程中类似左右沙丘运动的蚀积转换规律是使沙纹能够维持其稳定形态的必要条件，迎风坡风蚀，背风坡沉积，二者的量近于相等，所以沙纹始终保持一种固有的状态。

至于沙纹为什么如此有规律、整齐划一的分布与排列，可能与沙纹背风面气流小尺度的涡流有关，还有待今后继续进行深入探讨。

(2)沙 脊

沙脊同沙纹一样，也是一种横向沙波，通常是在有粗沙(其粒径应该是跃移质平均粒径的3~7倍)补给，而且又遭受了过分风蚀的地区中形成的。

沙脊是比沙波纹更大的地表形态，有人把它叫做沙浪。其波长一般在60~100cm左右，波高达5~10cm，波长与波高的比值(波纹指数)平均在15左右。但在非洲利比亚沙漠，经常可以看到波长达20m，波高超过60cm的大沙脊。沙纹的波长限度(指特性轨迹长度对波长的限度)在这里不再是有效的。沙脊的波长可以随时间的延长而增大。

沙纹与沙脊的主要区别在于风与波峰颗粒粒径的相对值有所不同。在沙纹中，只要波峰超过一定的极限高度，风的强度就足够把峰顶的颗粒带走。在沙脊中，与峰顶颗粒的大小相对地说来，风力过弱，不足以做到这一点。有利于沙脊形成的风情，可以看成是强度介于冲击极限及流体极限之间的广大范围内。

相对于沙纹来说，沙脊要稳定得多。能够较长时间地保存下来。这样，如果当地的风向不断有反复逆转，则所形成的沙脊底座就比较对称，只有在波峰附近的部分具有明显的不对称。反映了当时的风向[图4-4(a)]，在风向比较单一的地区，所形成的沙脊仍然是不对称。在图4-4(b)中还可以看到沙脊中不同大小沙粒的分配情况，在沙脊的波谷表面，粗沙粒不会超过10%~20%，但在峰顶附近，则往往占到50%~80%。最粗的沙粗可以达到2~5mm，甚至有超过10mm以上的。

拜格诺曾在风洞中对沙脊的形成做过实验，沙脊的成长非常缓慢。需要2h之久才达到18cm的波长，如果跃移质保持不变，沙脊的成长度将因时间的增长而越来越缓，事实上沙脊的大小应该和它年龄的平方根成正比。

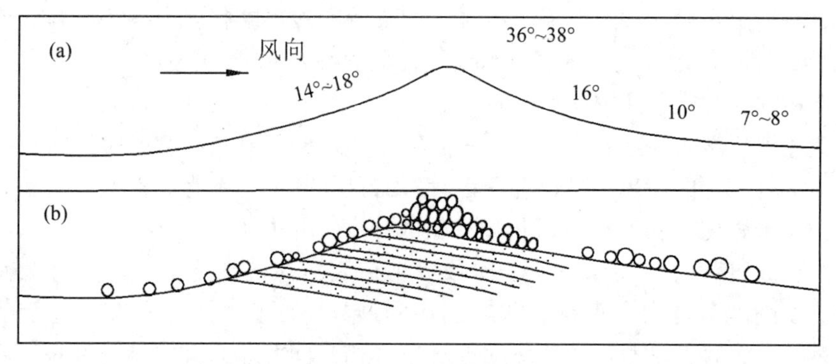

图4-4 沙脊剖面

(3)沙 条

沙条是纵向沙纹的一种，在开阔的荒漠中，当强风挟带大量沙子吹过覆盖着砾石的地面时，如果由于偶然的机会在某一个地方有小量沙子集中，使沙子暂时堆积笼罩床面，则和周围的砾石床面比较起来，在这一小块沙床上的沙粒运动强度、跃移阻力都要大得多，从而使沙床上地表附近的风速要比栎石床面上的风速为小。这种风速的差异会沿着不同地表的界线产生涡流，使沙子进一步自两侧向沙堆集中，形成一条条相互平行的沙条(图4-5)。拜格诺曾报道，在埃及南部大沙漠中见到200条以上的一连串沙条，每条沙条有13m宽，12cm厚，平均长度达500m，间距在40~60m。当风速逐渐减低，沙粒运动强度减弱以后，跃移阻力降低到不再重要的地位，这时砾石床面的粗糙度使得通过其上面的风速不及光滑的沙床上面的风速为高，从而沿交界线产生一种和图4-5所示相反方向的涡辊，沙子向四周分散，沙条逐渐消失不见。

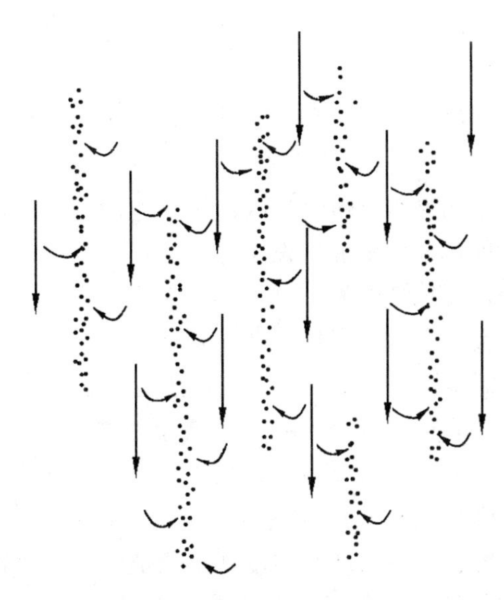

图 4-5　沙条平面分布及气流循环示意(据拜格诺，1954)

4.2.2.2　沙　丘

沙丘是组成沙漠的最基本的地貌单元，其形态复杂多样。根据沙丘与风向的关系，可归纳为横向沙丘、纵向沙丘和星状沙丘3种类型。横向沙丘的形态走向和起沙风合成风向相垂直，或成不小于60°的交角，如新月形沙丘和沙丘链、梁窝状沙丘、抛物线沙丘、复合新月形沙丘及复合型沙丘等；纵向沙丘形态的走向与起沙风合成风向平行，或成30°以内的交角，如沙垄、复合纵向沙垄、羽毛状沙垄等；星状沙丘形态的发育系在起沙风具有多方向性，且风力又大致相似的情况下，形态本身不与起沙风合成风向或任何一种风向相平行或垂直，如金字塔沙丘、蜂窝状沙丘等。下面我们就来讨论一些常见沙丘的形成过程和机理。

(1)新月形沙丘和沙丘链

新月形沙丘是沙漠地区分布最广泛、形态最简单的一类沙丘，主要形成于单一风向或两个相反风向的风交互作用的地区。这种沙丘的平面形态具有新月的外形(图4-6)，故定名之。新月形沙丘的两个夹端顺风向向前伸出，称做兽角或翼。沙丘两翼之间交角的大小(即所谓两翼开展度)各地不一，它取决于主导风的强弱。主风风速越强，交角角度就越小，也就是说，沙丘两翼的开展度小。新月形沙丘的剖面形态是有两个不对称的斜坡，迎风坡凸出而平缓，坡度介于5°~8°之间，它决定于风力、移动的沙量、沙粒的形状、大小和比重；背风坡

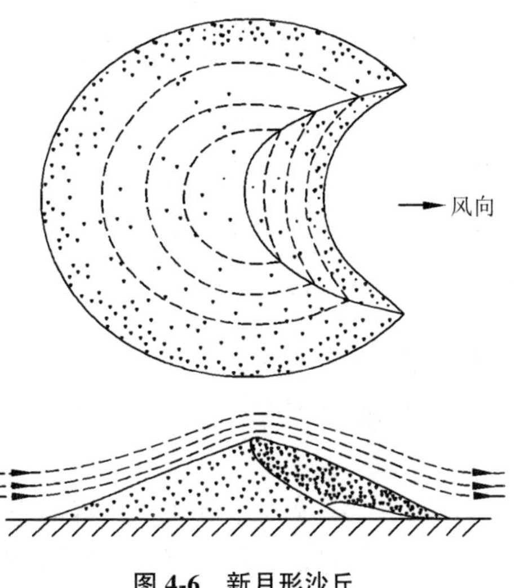

图 4-6　新月形沙丘

凹而陡峻，倾角一般为28°~34°，相当于沙子的最大休止角。新月形沙丘的高度不大，一般在1~5m，很少超过15m。

新月形沙丘是一种流动沙丘，大多分布在沙漠边缘地区。风力作用下的新月形沙丘形成过程解释如下。

气流在运动过程中，遇到障碍物就会形成沙堆。地面沙堆形成后，沙堆本身就成了风沙流运动的障碍。在沙堆背风坡附面层发生分离，形成具有水平轴的涡旋，速度减弱使气流搬运来的沙子在沙堆背风坡的涡旋区内不断聚积。随着沙子的不断沉积和沙堆尺寸的增长背风坡沉积量最大点便相对更接近沙丘顶部，使得沙堆背风坡的上部比下部前进得更快，坡面因之而不断变陡。最后，当坡度达到沙子最大休止角(约34°)以后，便形成了沙丘的最初形态——盾形沙丘(沙饼)。气流通过这样一个突起的地面时，在背风坡的低处风速减小，前方压力比后方要大，结果产生涡流，并开始在背风坡形成浅而小的马蹄形凹地，进而过渡到雏形新月形沙丘(图4-7)。随着雏形新月形沙丘的不断堆积增高，气流分离愈来愈厉害，涡旋尺度和强度都不断加大，小落沙坡进一步扩大。在同一发展过程中，沿沙堆两侧绕过的气流将沙子搬运到前方堆积(由于两侧较顶部低矮，移动比较快)，形成了两个顺着风向延伸的兽角(翼)(图4-8)。这样，就形成了典型的新月形沙丘。这是沙漠中最常见的一种沙丘形态，了解新月形沙丘的形成是了解其他沙丘形成的基础。

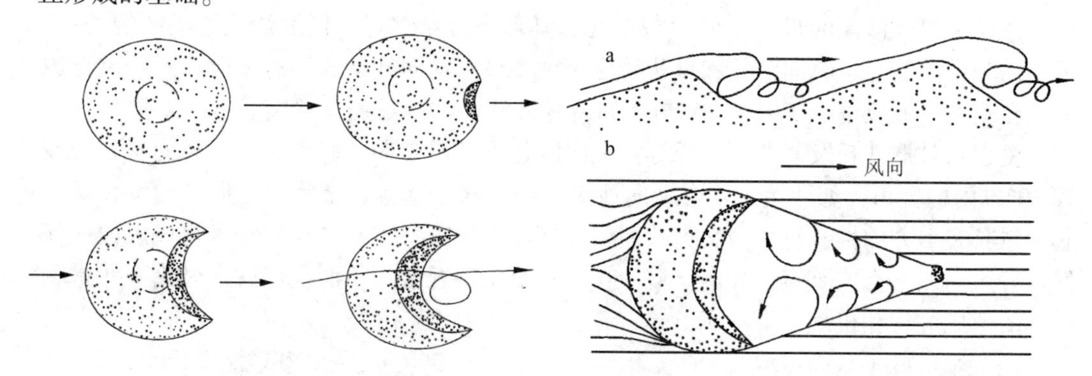

图4-7 新月形沙丘的形成过程　　图4-8 新月形沙丘的流场分布示意

在沙源供应比较丰富的情况下，许多密集的新月形沙丘相互连接，即形成与风向垂直的新月形沙丘链。其高度一般在10~30m，长度可达数百米甚至几千米。在风向单一的地区，沙丘链在形态上仍然保持原来单个新月形沙丘的特征，在两个相反方向风交替作用的地区，沙丘链的平面图形比较平直。

密集的新月形沙丘或沙丘链，在长有植被的情况下，被植物所固定、半固定时称之为梁窝状沙丘。其形态为有一半月形的深凹的沙窝，每一沙窝有一弧形沙梁围，迎风坡较陡，两坡比较对称。

(2)抛物线沙丘

抛物线形沙丘是一种比较特殊的固定、半固定沙丘类型。其形态特征正好与新月形沙丘相反，即沙丘上的两个兽角指上风向，迎风坡平缓而凹进，背风坡陡而呈弧形凸出，平面上像一条抛物线，因而称之为抛物线沙丘。一般高度2~8m，抛物线沙丘的形成和发展，植物草丛起很大作用。沙丘两侧边缘水分条件较好，生长植物，使两侧沙子不再移动，而沙丘的中、上部植物稀少，仍然受风力吹扬，不断向前移动，结果就形成了与新月形沙丘相反的沙丘形态。

抛物线沙丘在水分、植被条件较好的半干旱地区的沙地上常见。在我国的毛乌素沙地和浑善达克沙地，抛物线形沙丘有大量分布，但都比较矮小，高度一般在10~20m。

(3)格状沙丘

格状沙丘是在两个近乎相互垂直方向风的作用下而形成的。主风形成沙丘链(主梁)，而与主风相垂直的次方向风则在沙丘链间产生低矮的沙埂(副梁)，分隔丘间低地而呈格状形态。主梁丘高5~20m，副梁丘高2~3m。这种沙丘在世界沙漠中分布比较普遍。在我国主要分布在腾格里沙漠的东部和南部，库布齐沙漠的中部。

(4)蜂窝状沙丘

蜂窝状沙丘是一种固定、半固定的沙丘形态，和格状沙丘的区别是缺乏固定方向的沙梁，是一种中间低而四周围以无一定方向的沙埂所形成的圆形或椭圆形的沙窝地形。蜂窝状沙丘是在多种方向风，且各个方向风的风力又比较均衡的情况下形成的，典型的蜂窝状沙丘只能在气流的交汇中心看到(我国比较典型的蜂窝状沙丘主要分布在古尔班通古特沙漠的西南部)。除此以外，在热天无风的季节，沙漠地表强烈受热，会产生对流，被强烈加热的空气质点作螺旋状上升，称为龙卷风。这种龙卷风在北半球朝顺时针方向旋转，在南半球朝逆时针方向旋转，它们在上升时将卷起地面的沙粒，把地面冲蚀成小的洼地，上升至一定高度后气流冲散、沙粒下降沉积，这样形成的地形没有选择的方向，表现为浑圆的洼地和分割它们的小丘。

(5)穹状沙丘

穹状沙丘又叫圆形沙丘，是在一个主风向和多个次风向的风力作用下形成的。沙丘两侧斜坡较为对称，没有明显的曲弧状落沙坡，长、宽大致相等，平面图呈圆形或椭圆形，有如馒头；沙丘一般低矮，有的穹状沙丘上有次生沙丘层层迭置，成为复合型穹状沙丘，高度一般在40~60m之间，一般呈现不规则的个体分布，部分地区也有相连的，但仍保持每个穹体的形态特征。穹状沙丘形成的地区，沙源一般不甚丰富，而且常有零星灌丛植被的分布。

(6)金字塔沙丘

金字塔沙丘是风积地貌中一种特殊的地貌形态类型，在我国腾格里沙漠东北部、塔克拉玛干沙漠和田河下游两岸均可看到。金字塔沙丘因其形态与非洲尼罗河畔的金字塔相似而得名，也有因其形态总体特征是成角锥体状，而称为角锥状沙丘。金字塔沙丘具有三角形的斜面(坡度一般在25°~30°)，尖尖的顶和狭窄的棱脊线。它丘体高大，一般为50~100m，每个棱面往往代表着一种风向。这种沙丘稳定少动，一般只作零星的单个分布。

影响风沙地貌的因素十分复杂，因而长期以来人们对金字塔沙丘形成的机制分析也就众说纷云。B·A·费多罗维奇认为金字塔沙丘形成在较大的山体之前，因山势障碍，气流遇阻，返回气流与原气流产生干扰而成；法国学者认为金字塔沙丘形成于对流产生的上升气流；我国学者朱震达等认为金字塔沙丘形成和发育条件是：多方向的风信且各方向的风力相差不大、在邻近山岭地区，特别是山岭的迎风面，下伏地形有起伏，存在残余丘陵和台地地区发育。徐叔鹰等认为山地对气流运动的干扰造成多风向和均衡风力在金字塔沙丘形成中起重要作用。贺大良认为一定频数的起沙风而又不致有较大的风速或地面上空有逆温层结使高处风速不至过大而使沙丘不断加高、直至形成高大的金字塔沙丘等。

迄今为止，对于金字塔沙丘的形成机制问题仍然没有统一的认识。综合大多数研究者的观点，可以把金字塔沙丘形成发育的基本条件概括如下：

①丰富的沙物质来源的供给，这是必要的物质基础。

②多方向风的风信情况，而且各个方向的风力都相差不大。

③下伏地面有起伏，特别是在一些残余丘陵和台地的地区。地形的起伏可使近地面气流运行的方向发生变化，即使在单一风向地区，受特殊原始地形起伏或巨大的沙丘复合体形态的干扰，可出现局部多组风向交替情况，就可形成有利于金字塔沙丘发育的风场结构。

金字塔沙丘的形成和发育除了上述必要条件外，以下2个条件也是不可忽视的：一是两组风向交互作用要有近90°的夹角。过小或过大的两组风向夹角所形成的新月形沙丘组合体，在某个三角面内不可能造就足够强度的一对向心环流(上升的螺旋流)，使复合的沙脊线呈正交状态，也就形不成金字塔沙丘典型的三角面。二是相均衡的两组风向的风力塑造作用。金字塔沙丘的形成要有一主一副的风力塑造作用，主副风力既要相当又要有差异。在2种风力均衡的作用下，沙脊线可以不断加高，但平面位置很少移动呈稳定状态。

(7) 鱼鳞状沙丘群

鱼鳞状沙丘的特点是沙丘不作个体分布，而是成密集的群体分布，丘间地很不明显，前一个沙丘的迎风坡脚即为后一个沙丘的背风坡坡麓，似鱼鳞状层层迭置。若从群体上的每一个沙丘形态来看，则沙丘与主风向相垂直，两翼顺风向延伸并与其前方沙丘的迎风坡相连，造成沙丘与沙丘之间顺风向延伸的沙埂。正是这样，因而从整个沙丘群体来看，则具有着与主风相平行的纵向沙丘形态特征，沙丘的高度一般在10~30m。

(8) 复合新月形沙丘和复合型沙丘链

在大的沙丘链上层层迭置着次一级沙丘及新月形沙丘，是一种巨型的横向沙丘形态，迎风坡缓而长，背风坡陡而短。总的特征是沙丘高大，一般高度为50~100m，最高可达600m；长度一般为数千米，最长达30km(塔克拉玛干沙漠)；宽度通常是300~800m，最宽的可达1000~1500m。沙丘复合体的走向与风向大体垂直，或成60°~90°的交角。巨大的复合型沙丘除了丰富的沙子供应、沙丘发育时间较长以外，还与局部地形起伏阻滞气流及沙物质特征有关。

对于复合新月形沙丘和复合型沙丘链的形成机制现在有两种看法：一种是用单个新月形沙丘的相互接迭来解释，即由一些个体比较小、运动快的沙丘在其运动中，追上一个体积比较大，运动慢的沙丘，进而爬上它们的迎风坡形成的；另一种认为是与气流本身的结构有关。由于地形的阻碍和两种相反方向风的交替，而使整个气流层受到强大的抑制，产生垂直于风向的横向涡流，导致沙子大量堆积形成高大的沙丘链。并由于巨大沙丘体本身对气流运动的阻碍发生摩擦，以及沙子充足，气流负载过多而造成贴地层气流的抑制，使其上面产生了次生沙丘(费道洛维奇，1956)。局部地形起伏时气流的阻滞越厉害，沙丘高度越大。但是，不论何种成因，复合型沙丘链的发育都与时间(年龄)尺度有关。费道洛维奇根据中亚沙漠研究的结果指出：沙丘发育时间越古老，成风阻滞越厉害，则沙丘越高大复杂。威尔逊(1970)利用从风的资料计算的风沙流速度，估算了阿尔及利亚东部大沙漠一些连绵不断的复合利沙丘链。他估计，如果全部沙子通过25m高的复合型沙丘链和大约1km宽的风沙流被落沙坡截获。其最小年龄应为1400年。由于一些沙子可能只是经过而未加入沙丘，所以其年龄往往更长些，可达4000年左右。

(9)沙垄及复合型沙垄

沙垄是一种排列方向(走向)基本平行于起沙风年合成方向的线形沙丘，通常称为纵向沙丘，多分布在地形开阔而平坦的地区。复合型沙垄的主要特征是在垄体表面又迭置着许多次生沙丘或沙丘链，垄体高大、延伸很长。复合型沙垄的长度一般为10~20km，最长达45km，垄高50~80m，垄体宽500~1000m，垄间地宽400~600m。

(10)羽毛状沙垄

这是一种特殊的复合型沙垄，其分布具有典型的地域性，在中国仅分布在库姆塔格沙漠。羽毛状沙垄一般有两种形成类型。一种是在沙垄和沙垄之间为一些低矮的弧形沙埂所分割，从而形成如羽毛状的沙丘；另一种是在高大的垄脊两侧宽大基座上，发育一系列与沙垄斜交的、呈雁翅状排列的有星状丘峰的沙丘，或其他沙垄、沙丘链等次生沙丘。前者垄高不大，一般为10~15m，最高达20m；沙垄背风坡30°，迎风坡24°；沙垄间距主要集中在300~600m范围内，其平均宽度为560m；沙埂间距约70~370m左右，平均170m；沙埂两翼宽度140~460m，平均260m。

关于羽毛状沙垄形成机制问题，曲建军等(2007年)根据野外观测、高精度航片判读解译和风洞模拟实验研究，结合拜格诺关于“赛夫沙丘”的形成过程，认为羽毛状沙垄是由新月形沙垄和舌状沙丘二者组合而成。其形成过程可归纳为下列模式：新月形沙丘→新月形沙垄→舌状沙丘→羽毛状沙垄。形成的基本条件是：①具有广大平坦倾斜的地面；②地表沙物质不甚丰富；③两组相近风向是其形成动力因素；④舌状沙丘是在新月形沙垄形成之后的次一级沙丘形态。二者组合成羽毛状沙垄。

羽毛状沙垄的羽管为纵向沙丘，是在g和s两种风向呈锐角斜交的情况下，由新月形沙丘的一个兽角向前延伸所形成(图4-9)，拜格诺的新月形沙丘演变为纵向沙丘(赛夫沙丘)过程基本一致。即最初的新月形沙丘是由来自g风向的和缓而稳定的风力形成的，它在受从s方向(侧向)吹来的强风作用时，迎风兽角A朝新方向前进，同时因有大量新来沙在那里沉积下来，而变得日益肥大。兽角B因处于背风面不但不能扩大和增长，反而萎缩。以后当风又恢复到风向g时，新月形沙丘伸长的兽角A又会沿g方向伸长。这样经和风与强风的较长时间的交互作用，新月形沙丘的兽角A会逐渐沿着两种风的合力方向延伸很长，形成外形像钓鱼钩状的新月形沙垄，即赛夫沙丘。

而舌状沙丘(沙埂)，是在新月形沙垄形成后，在沙垄间，由于受狭管效应和沙垄坡脚边界黏滞效应，在合成方向作用下，垄间低地风沙流的运动速度一般是轴部运动速度快，两侧因受沙垄坡脚的影响运动速度较慢，于是形成舌状沙丘。

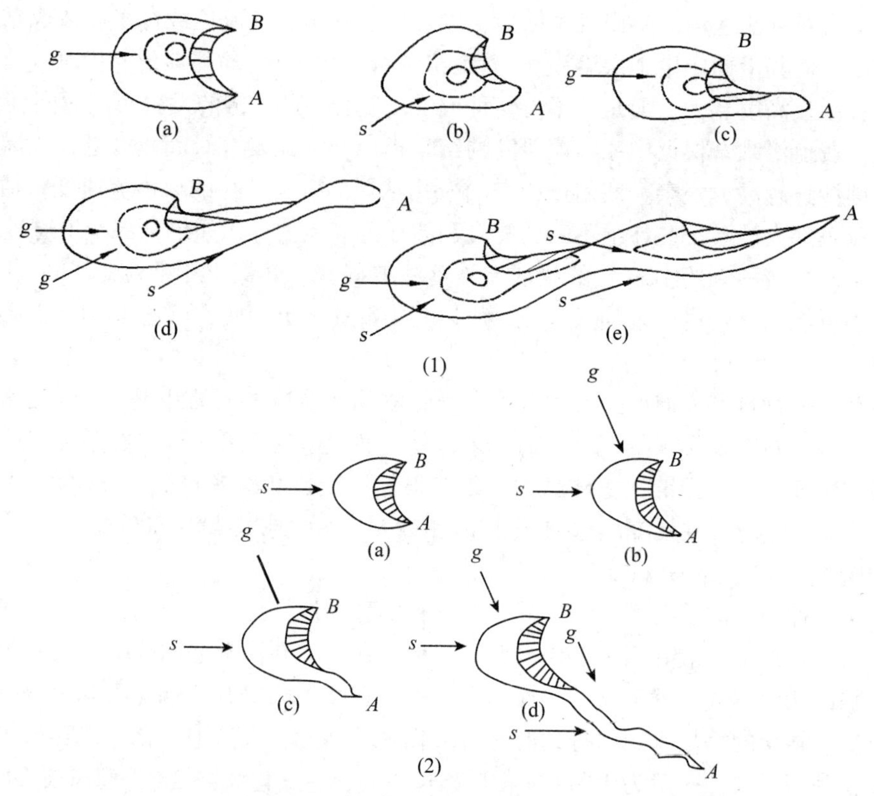

图4-9 由两种锐角相交作用，新月形沙丘过渡到新月形沙垄

图(1)拜格诺(1941)绘制，图(2)Tsoar(1984)修订；s表示强风，g表示弱风

4.3 风沙地貌的形成及运动

4.3.1 沙波纹的形成及运动

风成沙波纹是风吹过松散沙质地表时，在短时间内形成的、呈波状起伏、随风速快速变化的微风沙地貌单元，普遍存在于地球以及火星的沙漠中。它是沙质地表在风力作用下形成的最基本的、尺度最小的地貌类型，它既与沙粒输移过程紧密联系，又是理解其他类型风沙地貌的基础，是风沙运动研究的重要内容之一。

流沙表面的沙纹并不是静止不变的，而是处于不断的运动之中，在风与风沙流的作用下以波动的方式整体向前推移。沙纹在移动过程中，由于输沙率水平分布的非均一性影响，很容易产生变形。

沙纹移动速度主要取决于风速和沙粒粒径。一般情况下，风速越大，沙纹运动的速度越快。凌裕泉等(2003)首次采用近景摄影方法，在无干扰条件下，较为准确地确定了沙纹形态几何参数和沙纹移动平均速度，指出沙纹以波状蠕动的方式向前游推移，移动速度较为缓慢。移动速度 V_R 与有效起沙风速($V_L-5.5$)呈正相关关系，其实验关系式为

$V_R = 1.58 \times (V_L - 5.5)^{0.67}$，数量级为 $10^{-1} \sim 10^{1}$cm · min^{-1}。他们的实验还证实，当 $V_L \geq 5.5$m · s^{-1} 时，床面开始形成沙纹，当 $V_L > 15.0$ m · s^{-1} 时，沙纹消亡。关于这一点，Б. А. Сенкевич 曾经指出，当风速大于 16m/s 时，整个沙面表层各粒级的沙粒均被搬运，此时没有沙纹形成；拜格诺也曾提出，当风速超过一定强度，即超过 3 倍特定沙粒的起动风速时，沙纹就会变平而消失。

关于沙粒粒径对沙纹移动速度的影响，有关的研究结果表明，在相同风速的情况下，较大粒径沙粒形成的沙纹，运动速度缓慢，而较小粒径沙粒形成的沙纹，移动速度则较快(表 4-3)。

表 4-3 风对沙丘移动速度的影响

地表性质	风速(m/s)	沙纹移动速度(cm/min)
粗沙 30% 细沙 70%	6.8	0.48
粗沙 5% 细沙 95%	6.8	1.14

4.3.2 沙丘的形成及运动

沙漠中各种形态的沙丘，无论是简单的新月形沙丘和沙垄，或是复杂的复合型沙丘链等，它们都不是固定静止的，而是移动发展的；即使是有较多植被覆盖的所谓固定沙丘，也是在不断变化发展的，而仅仅是因其发展变化的过程十分缓慢，在较短的时间内一般不易被人们察觉到而已。下面我们讨论移动比较明显的流动沙丘的移动规律。

4.3.2.1 沙丘的运动过程与动力学特征

新月形沙丘和沙丘链是横向沙丘形态中最基本与最普遍的形态，它们的运动机制已为许多专家学者阐述过。因此，我们先讨论新月形沙丘和沙丘链的运动过程和动力学特征，有了这个基础，进而就可以比较容易地了解其他较为复杂的沙丘运动规律。

在沙丘成因的讨论中，我们已经知道新月形沙丘和沙丘链是在单一风向或两个相反方向的风作用下形成的。单一风向作用的地区，主风向和起沙风的年合成风向之间较一致，因而也与沙丘脊线的垂直线方向(沙丘轴向)之间的偏角不大。彼得洛夫等学者的研究表明：与沙丘轴线的偏角小于一定极限值(30°~45°)的风作用沙丘时，并不发生气流转向落沙坡的现象。不能引起沙粒沿落沙坡的侧向运动。在这种情况下，沙粒沿落沙坡滚落的方向并不决定于气流流动的方向，而是借助于重力影响垂直于脊线的方向降落到落沙坡。因此，新月形沙丘在主风作用下，其运动过程的模式和动力学特征为：沙粒在迎风坡下部为风力吹动，以后顺着斜坡跳跃和滚动(表层蠕动沙粒成沙纹运动形式进行)搬运，向着丘顶推进；跳跃上移的沙粒到达丘顶后，因气流在背风坡受到沙丘本身掩护作用，于背风坡形成具有水平轴的涡流，气流速度减弱，跳跃沙粒不能继续被气流搬运，借助于惯性的作用跳越沙脊一段距离后，受重力影响下落堆积于背风坡。呈沙纹形式滚动的沙粒移至沙脊后，在重力作用下跌入落沙坡。但是，所有这些沙粒，无论是从气流中跌落的跃移沙粒，或是滚入落沙坡的蠕移沙粒，它们都是沿着垂直于丘脊的方向落入落沙坡堆积的。所以，在与沙丘轴向偏角不大的风作用沙丘时，沙丘运动并不是以气流运动方向前进的，而总是以垂直于丘脊的方向移动。

实际上即使在单方向风的地区，风向也不是绝对单一的，除主风向外还有其他一些次要方向风的作用。这些次方向风一般都与沙丘轴向偏角较大，在次方向风作用下，新月形沙丘和沙丘链表面的吹蚀、堆积部位将发生变化，重新塑造沙丘形态以适应新的气流条件。

在两个相反方向风作用的地区，由于反向风的作用，使原来沙丘的背风坡成了反方向风的迎风坡，新的迎风坡因坡度较陡与风力不相适应，风力不能吹动斜坡下部沙粒使其沿斜坡往上搬动。沙粒的起动风速值除取决于颗粒大小外，还与沙粒所处表面的倾斜角(坡度)有关(表4-4)。在沙丘的基部(原沙丘形态背风坡脚)堆积了风从沙丘前携带来的沙粒，沙丘不但没有后退，反而又向前移动，与此同时，顶部因所受风力较大，发生强烈的吹蚀，吹扬的沙子被搬运堆积于原迎风坡的上部，形成了新的次一级落沙坡，脊线后退(图4-10)，在反方向风作用下，新的迎风坡上部发生吹蚀，下部发生堆积的这种过程，一直持续到它的坡度调整到适应新的风向的风力时为止。

表4-4 沙丘坡度与起动风速的关系

地面倾斜角度	近地表处沙粒起动风速(m/s)		
	d<0.25mm	d：0.25~0.5mm	d：0.5~1.0mm
0°	2.9	3.2	3.3
20°	4.1	4.2	4.3

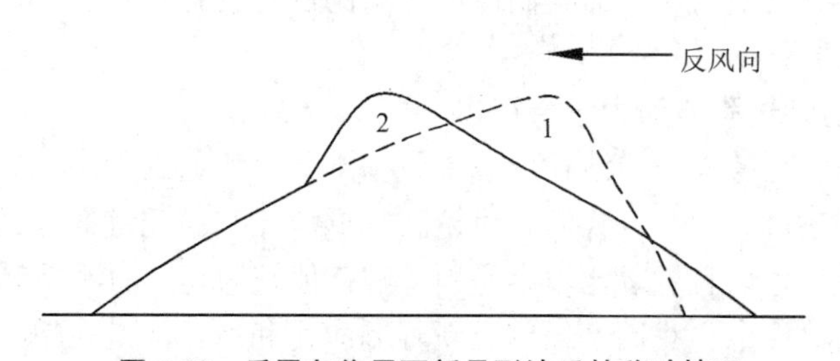

图4-10 反风向作用下新月形沙丘的移动情况

1. 主风作用下的沙丘形态剖面 2. 反向风作用下的沙丘形态剖面

无论是哪种方向风的作用，沙丘形态塑造过程都是渐变的，并不会立刻就能适应于新的气流条件，两者之间存在着一个时间差。时差的大小取决于沙丘形态的规模和风速的大小。观测研究表明：沙丘规模越大，越需要较长时间才能改变其形态，气流条件改变后的风速越大，则原来的沙丘形态适应于改变后的气流条件的时间也就较短。此外，风向变换时，新月形沙丘各部位运动的状况也不尽相同，变化最大，最显著的是丘顶部分，风向一经变化，顶部形态也随着变化。丘顶的摆动幅度总是大大超过背风坡脚。

对于复合新月形沙丘和复合型沙丘链的运动，根据野外观察可知，这类沙丘主要是通过其上覆次生沙丘的运动来实现的。复合新月形沙丘上的每一个次生新月形沙丘或沙丘链，各自构成一个独立、严格的空气动力学系统。每个次生沙丘的沙体，在风力作用下各自经历了沿着下伏主体沙丘的斜坡向主体沙丘顶部独立的运动过程，当次生沙丘运动到主体沙丘的顶部，其落沙坡与主体沙丘落沙坡发生重合，这时沙粒顺着重合了的落沙被下落堆积，这样，就引起了整个复合新月形沙丘的前移。由于复合新月形沙丘高度很大，所以它的运动速度远远小于上覆低矮的次生沙丘的运动速度。复合新月形沙丘的运动方向，若上覆沙丘的排列方向与主体沙丘排列方向一致时，则两者运动方向基本上相同，沿着沙丘轴向运动。若两者排列方向不一致，具有一定的角度相交时，运动方向也就不同，整个复合新月形沙丘的运动过程并不完全沿沙丘轴向，而存在一定的偏角。偏角大小随上覆次生沙丘排列方向与主体沙丘排列方向不一致的程度而定，越不一致，偏角也就越大。

大多数形态较为简单的沙丘，特别是新月形沙丘的移动是通过滑动面的作用来实现的。在风向与沙丘形态相符合情况下，在起沙风的作用下，迎风坡吹蚀，背风坡堆积并发生滑塌现象，形成倾斜度(休止角)较为稳定的滑动面。滑动面的前移是通过一系列不连续的突变——表现为一系列的滑塌而实现的。

对于纵向沙丘形态系统，由于它们经常产生旁侧气流和沙子的侧向搬运作用，所以说它与横向沙丘形态的起动过程和动力学特征之间是有差别的。

现在引用我国塔克拉玛干沙漠南缘于田地区新月形沙垄运动的资料，来说明纵向沙丘形态在两个锐角相交的风力交互作用下的运动特点。

借助于1956年和1958年两次重合航空照片的测量，于田东南地区的新月形沙垄(以3号为例)，在这一阶段内NE向横向位移2.86m，向SE方向的纵向移动3.64m，总的移动方向为ESE移动距离为4.62m(表4-5)，从表中可以看出，运动的总方向既不与沙垄垂直，也不与沙垄平行，而是与沙垄构成一个斜交的角度。

表4-5 于田ES地区新月形沙垄的移动特征

沙丘编号	新月形沙垄的走向(方位角)	移动状况						
		横向移动		纵向移动		总移向和移距		
		移向	移距(m)	移向	移距(m)	总移向(方位角)	移向与沙垄交角	总移距(m)
1	332°	ENE	2.08	SSE	2.60	113°	39°	3.33
2	329°	ENE	2.34	SSE	3.12	122°	27°	3.90
3	323°	NE	2.86	SE	3.64	106°	37°	4.62

根据于田地区的风信资料，本地区西偏北风占优势，它和新月形沙垄之间存在斜交关系，当这种斜交风作用于沙垄时，在沙垄的后坡产生旁侧气流，沿背风坡向东南方向运行。正是由于这种旁侧气流发展的结果，沙子从前坡表面吹扬且被气流搬运越过新月形沙垄脊线后，从气流中跌落。但不发生在穿越脊部的沙子进入地点，而为旁侧气流所卷，在其CE下风方向上堆积，因而导致沙粒沿后坡向ES方向运动。运动的总方向与沙垄构成的交角的大小随各地主风强度及主风向与沙垄之间偏角的大小而异，主风越强和偏角越小，则纵向位移量越大，交角也越小。

对于多方向风作用下所形成的沙丘，如金字塔沙丘，它虽属于裸露的沙丘地貌形态，但因其形成的动力条件是多方向风的作用，且各个方向风的风力较为均衡，沙丘因来回摆动，总的移动量不大，相对来说比较稳定。

(1)新月形沙丘

新月形沙丘的形态参数，包括长、宽、高、兽角(翼)、迎风坡、背风坡和沙脊线。新月形沙丘横截面呈抛物线状，迎风坡角度介于8~20°，背风坡角度介于28~34°，高度差异较大。新月形沙丘的宽高比固定，介于8~18°，存在区域差异。新月形沙丘是多种因素的地貌表现，任一影响因素的变化，均可能导致其形态的变化。移动速度与高度、宽度均成反比。以往研究建立了很多新月形沙丘移动速度，公式如：

$$D = Q/\gamma H \tag{4-5}$$

$$D = b + aH \tag{4-6}$$

式中，Q 为单位时间内通过单位宽度的沙量；H 为沙丘的高度；γ 为沙粒比重；D 为新月形沙丘的运动速度；a、b 为回归系数。以上公式分别从形态和过程出发，衡量沙丘输沙量。同理，也可以用沙丘移动速度估算沙丘的输沙量。沙丘的移动速度只能通过实地的观测和遥感影像解译获得。已有研究结果中，不同研究区的新月形沙丘年平均移动速度介于0.5~60 m/a之间，差异较大，移动方向各异，大致与起沙风的年合成方向一致，研究方法较多样。可根据新月形沙丘的移动速度的大小划分其移动强度。其为防风固沙工程的参考指标。新月形沙丘移动速度的大小除风力状况外，还受水分条件、植被覆盖状况的影响。移动方向随起沙风风向的变异而变化。

(2)新月形沙丘流场与蚀积特征

气流是新月形沙丘形成的动力因子，是新月形沙丘研究的重点和难点。由于沙丘形态对气流的影响，把新月形沙丘的流场分为3个区：迎风坡区、背风坡区和丘间地，但对迎风坡的流场关注更多。从沙丘迎风坡坡脚至沙丘顶部，风速值逐渐被放大，气流加速约为1.3~2倍，风速的增加量与迎风坡的坡度、沙丘高度成正相关，随坡度、高度的增加，风速的加速率减小，风速趋于稳定，到一定高度，气流速度几乎不再增加，风速从丘顶到沙脊线减小；迎风坡各点的风速廓线除坡脚外，均符合对数律；坡脚风速廓线异常，是湍流的剪切压力增大所致，而且从坡脚到沙脊线湍流强度在减小。

沙丘背风坡气流主要包括分离气流、偏向气流，以及与主风向一致的表面附流，它们均属于二次流的范畴，可分为回流区、恢复区、上部尾流区、下部尾流区。从背风坡坡脚至沙丘下风向一定距离，气流方向从与沙丘走向近似于垂直渐渐转向，形成一个回流区，直至一定距离以后，气流方向才会与沙丘上风向气流方向基本一致，把气流开始转向与上风向一致的位置叫附着点，其与迎风坡的形态密切相关，综合学者们的研究附着点位于4~15 H的位置。Walker和Nickling通过风洞实验测得回流区的气流有扩张和减弱的趋势，剪切压力波动的增大，在附着点达到了最大，整个区域湍流一直存在。随着迎风坡坡度的增大，回流区气流水平速度也在增大，且其最大值出现的高度约在沙丘高度的1/2处，气流速度约为外流区速度的30%~70%或沙丘顶部气流速度的30%~80%。尾流区的湍流会间歇性的冲击上边界层，从而影响该区域的沙粒运动。

对丘间地气流的研究集中在距背风坡较近的区域，即附着点以内的区域，对其以外的区域研究较少。直至2007年，Baddock在野外对丘间地的流场进行了研究，认为按照沙丘间的距离可把沙丘分为距离较小(Closed)和距离较大的沙丘(Extended)。当沙丘间的距离较小时，前面沙丘的流场不会影响下风向沙丘的流场，附着点出现在4H的距离；当丘间距较大时，气流在下风向沙丘迎风坡坡脚的加积效应较小，使得在迎风坡坡脚的侵蚀力加强。

(3)蚀积特征

新月形沙丘的流场、输沙率、形态之间相互影响，相互制约。不同位置输沙率的大小，控制着沙丘的形态。输沙率由迎风坡坡脚至丘顶总体呈递增趋势，但是迎风坡坡脚的输沙率不是最小的，而且坡度变缓、剪切风速降低的部位输沙率也相应减小。且在低风速的情况下，呈对数律增加；在高风速的情况下，呈线性增加。输沙率从兽角一个到另一个兽角，先增大后减小，在沙丘顶部达到了最大值。值得一提的是当把输沙率与风速联系起来时，在迎风坡坡脚出现了低风速高输沙率的矛盾，后来认为是由于湍流造成的，湍流对输沙率的影响可用流线的曲率来表示，且有一定的滞后效应，迎风坡流线的曲率从坡脚到坡中是凹的，从坡中到坡顶是凸的。

挟沙气流输沙量(率)垂线分布及其变化规律为风沙流结构。由于新月形沙丘迎风坡和背风坡坡度的影响，使得新月形沙丘不同部位的风沙流结构较平坦沙地出现了变异，而且不同部位的风沙流结构不一致，不同学者的研究结果也存在差异。韩致文等对新月沙丘不同部位1m高度风沙流结构的研究表明，不同部位风沙流结构均成分段函数，且表达式差异较大。这一结论与哈斯的研究结果不一致。这种差异可能是集沙仪规格或者不同研究区风况和沙粒性质差异所致，还需进一步研究。新月形沙丘不同部位风沙流中，沙粒的粒径分布也存在差异。

输沙率的变化导致蚀积强度的差异。沙丘迎风坡坡度变缓的部位沉积大于侵蚀，其他部位侵蚀大于沉积，其中丘顶侵蚀强度最大。迎风坡上部以及丘顶部为强烈风蚀区，落沙坡和兽角表现为堆积区。蚀积强度受风向的季节变化在交替变化。新月形沙丘的净蚀积量体现在其总沙量的变化，是由上风向的来沙量和下风向的损失量决定。

(4)粒度与构造特征

侵蚀强度决定着沙丘表层沉积物的分布，就粒度分布而言，研究结论并不一致。有些研究认为从迎风坡坡脚至丘顶总体略呈变细趋势，但丘顶反而变粗，沙丘表面侵蚀强度是粒度特征的决定因素。而另外一些研究认为新月形沙丘从坡脚至丘顶，粒度有变粗的趋势，背风坡的粒径较迎风坡细，分选程度以沙丘脊部最好向两坡逐渐较差。新月形沙丘的沉积构造既取决于滑落面顶脊线与丘顶是否分离，也取决于滑落面是否伸展到背风坡的底部，同时，季节性和更长周期的风向变化程度、沙丘大小和形状的变化也影响到沉积构造特征。沙丘的沉积构造反映沙丘的形成过程和沙丘的形成环境，以往对新月形沙丘的沉积构造方面的研究主要是通过刨挖、测量剖面的方法，由于工作量大，加之，沙物质的塌陷性，对构造方面的研究较少。

(5)抛物线沙丘

抛物线形沙丘分类的主要依据包括沙丘形态的复杂程度、与相邻沙丘的关系、横断面形状、植被覆盖状况、沙丘表面活动性等，且几乎是定性描述。根据沙丘形态复杂程度或空间组合可分为3类，即简单型、复合型和复杂型。其中，简单型按照不同长宽比分为反新月形、半轮生形、舌状和发卡形；复合型由相邻的抛物线形沙丘连接或叠加形成，按照平面形态分为嵌套形、耙状、掌状和叠覆状；复杂型是由抛物线形沙丘与其他类型沙丘组合而成。根据沙丘形态、发生环境、起源分为开放型、封闭型、未填充—部分填充—填充型、合并型以及叠覆型。按植被覆盖程度或活动性分为完全植被覆盖(固定)、部分植被覆盖(半固定或半流动)和完全裸露(流动)3种类型。根据海、湖岸等地的一些研究结果，完全裸露和部分植被覆盖的抛物线形沙丘都有不同程度的移动，且不同地区之间和同一地区不同时段之间移动速率相差较大。抛物线形沙丘本身的形态类型复杂，同时它还可与新月形、横向沙丘相互转变。

抛物线形沙丘主要分布于半干旱、半湿润的沙质草原环境，以及沙质海岸、湖岸和干旱沙漠边缘。广泛分布于印度和巴基斯坦的塔尔沙漠、南非的喀拉哈里沙漠以及美国海岸，此外在澳大利亚、阿拉伯半岛、加拿大、巴西、荷兰、丹麦、以色列、英国北威尔士、瑞典等地都有分布。在我国，抛物线形沙丘主要分布在毛乌素、浑善达克、科尔沁和呼伦贝尔等内陆沙区，以及辽东半岛西北岸、冀东滦河口至洋河口间海岸、山东半岛北岸、华南沿海等海岸地区。最近的研究表明，在库布齐沙漠东南缘和新疆伊犁地区也有分布。

(6)成因及影响因素

由于抛物线形沙丘形态类型复杂多样，各地区沙丘形态之间差异较大，对其形态变化及其机理的个别研究，结果之间尚有不少争议。抛物线形沙丘的研究主要集中在海岸地区，研究内容主要有沙丘形态类型、移动速度、形成环境、植物种类和密度对沙物质运动和沉积的影响、沙源供应、地形对近地表风速和风向的影响、水分对输沙率的影响等。此外，美国对一些湖岸进行了相关研究。在广大内陆地区开展的研究很少，包括对美国西南部沙丘地和加拿大半湿润草原沙丘形态、沉积特征和形成环境的研究，以及对印度塔尔沙漠抛物线形沙丘形态与分布特征等的研究。

目前，抛物线形沙丘的成因尚无定论，存在许多争论。主要有3种：①新月形沙丘移动到环境条件较好地区，由于两翼离地下水位较近而易被植被固定、中间部分较难固定而继续前移形成抛物线形沙丘，如果两个丘臂被拉伸近于平行，则沙丘外形呈U字型，又似发夹，称U形沙丘(Ushaped dune)或发夹沙丘(hairpin dune)；②沙质海岸沙丘迎风坡遭受强烈侵蚀形成风蚀坑，沙粒在风蚀坑下风侧沉积受植被作用而形成抛物线形沙丘；③流动新月形或横向沙丘经固定后，沙丘迎风坡遭受侵蚀，沙物质在丘顶和背风坡堆积生成抛物线形沙丘。

目前普遍认为控制沙丘生成和移动速率的主要因素包括沙源、风况、降水和植被等，但是其中关键控制因素在各地有所不同。

(7)动力过程与移动

沙丘表面沉积物的输送和沙丘形态的演变是风在时间和空间尺度上综合作用的结果。由于大气边界层与地表的相互作用，产生能量的消耗(即摩擦热)和沉积物的重新分配。不同地区抛物线形沙丘移动速率差别很大。一般，在高风能单一风向条件下，抛物线形沙丘移动速率较快；反之，在低风能多风向条件下其移动速率较慢。

对于抛物线形沙丘的形态演变过程，目前尚无定论。Finnigan 等通过抛物线形沙丘模型风洞实验，证实了气流分离在决定沙丘迁移方向中所起到的重要作用。在对苏格兰的抛物线形沙丘的研究中，Robertson-Rintoul 利用风速计、风向标和烟雾罐对沙丘的气流分布进行了研究，鉴别出沙丘迎风坡和背风坡的脊部流、封闭涡流，以及沿翼运动的螺旋涡流。在加拿大英属哥伦比亚地区格雷厄姆岛东北海岸，Anderson 和 Walker 通过对后滨海边低沙丘风蚀坑抛物线形沙丘复杂系统(325m×30m)气流、沙物质输送、植被密度、地表高程变化的观测，指出植被和地形对气流和沉积物性质、输移具有重要的影响，并受季节变化的控制。Baas 通过计算机建立 CA 扩展模型(extended cellular automation model)，模拟了复杂系统下(考虑植被因子)抛物线形沙丘的蚀积和演变过程，证明垂直方向的紊流可能是沙丘发展演变中最为关键的影响因子。在新墨西哥州白沙区，Ghrefat 等利用 AVIRIS 数据研究了丘脊和丘间沙粒粒径和分选性的变化，探讨了沉积物的输送、沙丘的迁移以及固定过程。在加拿大萨斯喀彻温省大棒沙山，Hugenholtz 等利用插钎法对抛物线形沙丘蚀积两年观测的基础上探讨了内陆沙丘风沙沉积物输移的空间和时间变化模式，通过对沙物质输送和气象因子的相关分析，结果表明地表状况如植被盖度、地表湿度、地表冻结等可以缓解温度和降水对沉积物输移的影响，且风况作为沙物质运动的驱动力在任何地表条件下与沉积物输移都有很好的相关性。在以色列南部海岸，Ardon 等通过遥感测量和对抛物线形沙丘上 30 个灌丛沙堆动力过程的监测，提出灌丛沙堆最先固定在蚀积平衡的沙丘脊线处，其阻沙作用是促使新月形沙丘转变为抛物线形沙丘的决定因素，但还受到风况和人类活动的影响。

(8)金字塔沙丘

金字塔沙丘是沙漠中最高的沙丘，以其类似金字塔的外部形态、大尺度和由顶部放射状弯曲的沙臂为特征。西方学者多称之为星状沙丘、塔状沙丘、星形沙丘，以及角锥形沙丘或兽角形沙丘。一般以金字塔沙丘和星状沙丘的叫法比较常见。根据金字塔沙丘的外部形态，可以分为 3 类。简单金字塔沙丘、复合金字塔沙丘和复杂金字塔沙丘。简单金字塔沙丘的外部形态为 3 个或多个呈放射状的沙臂汇聚在一个峰顶，每个沙臂对应一个三角形的落沙面，体积比较小；复合的金字塔沙丘一般由一个较大的主沙臂和几个较小的副沙臂连接在一起形成，往往有多个峰顶，体积相对较大；复杂的金字塔沙丘尺度较大，具有金字塔沙丘的基本形态，其坡面或沙臂上叠加较小的金字塔沙丘或其他类型的沙丘。简单金字塔沙丘又有 3 种变体，即尖狭的放射状金字塔沙丘；沙臂尖狭且在某一方向伸展很长的金字塔沙丘；沙臂很短的浑圆形团块状的金字塔沙丘。

由于金字塔沙丘表面的流场非常复杂，没有一个统一的形成原因。但比较一致的看法是：金字塔沙丘形成于多方向的信风，且各方向风力相当；金字塔沙丘的形成处要有大于起沙风的风况，但极端风速不能过大，否则会影响沙丘的高度，但是现在仍不能确定金字塔沙丘形态本身导致的次级环流在其成长发育和形态塑造过程中的重要性。临近山岭地区，尤其是山岭的迎风坡面，下伏地形有起伏，特别是在台地和残余丘陵地区。大尺度地形的屏障作用既可以增加区域气流的复杂性，不同性质地表的加热作用又可产生次生气流地形屏障还能阻挡高能风沙流，导致沙物质的沉积要有构成庞大的沙丘体的丰富的沙源，一是沙漠本身所汇集的沉积物的集合体，也称静态沙源；二是以风沙流的形式向下风区域搬运的动态沙量(输沙量)，这种输沙量又受沿途地表性质的影响。

金字塔沙丘相对其他类型的沙丘来说，移动不太明显。能整体移动的，也仅限于体积较小，短时存在的金字塔沙丘，区域风向的改变会很大程度的影响他们的形态和移动速度，有些可能消失或与周围的沙丘融为一体。但是对于体积较大的沙丘来说，很少有整体发生移动，但其沙臂走向会随着风向的季节性变化有所改变，而沙臂随风向的季节性移动反过来又阻止了金字塔沙丘形态任何形式的长周期位移一个沙丘的侵蚀与堆积的发生，与风向和脊线之间的夹角有很大关系。当风向与脊线之间的夹角大于 30°时，一个反向的涡旋就会形成。由于风沙流从迎风坡和背风坡向沙脊附近集聚，沙物质沉积在那里，造成了沙脊在垂直方向的增长。

4.3.2.2　沙丘移动的影响因素

沙丘的移动是相当复杂的，与风况、沙丘高度、水分、植被等很多因子有关。

(1)风信与沙丘移动的关系

风是产生沙丘移动的动力因素。沙丘的移动主要是风力作用下沙子从迎风坡吹扬而在背风坡堆积的结果。但并不是所有的风都对沙丘移动起作用，只有大于临界起动风速(称之为起沙风)才是有效的。从观测资料统计中可以看出，这种有效的起沙风，仅仅占各个地区全年风的一小部分，而沙丘的移动性质和强度正是取决于这一小部分起沙风的状况。

根据野外观察，沙丘移动的性质和风信的关系如：沙丘移动的总方向随着起沙风风面的变化而变化，移动的总方向是和年合成风向大致相同；沙丘移动的方式取决于风向及其变律。

沙丘移动速度，当然也和风向及其变律有关，很明显，在单一风向作用下沙丘移动速度要比多方向风作用下快(表 4-6)。由于任何具有一定能量的风，都应有与其相适应的沙丘形态，当有与原有沙丘形态不相适应的风作用于沙丘时，首先要重新调整和改造原有的沙丘形态，使其和改变后的风向、风力条件相适应。这样多风向地区每当风向发生变换时，起始风的能量被大量的消耗于为适应于改变后的风向而重新塑造沙丘形态的过程中，从而大大减小了真正用于推动沙丘移动的“实际有效风速”，沙丘移动速度必然相应减小。沙丘移动速度主要取决于风速的大小，由于输沙量和风速呈幂函数关系(幂指数 3~5)，所以随着风速的增大，输沙量急剧增大，从而使沙丘移动速度也增加很快。强风与弱风对沙丘的移动表现为明显的不同作用，沙丘移动主要集中于每年不长的风季内，甚至主要集中在几次暴风的作用。野外观察表明，强风对沙丘(尤其是比较小的沙丘)具有破坏性作用，而弱风则起修饰和发展作用，它们对沙丘的作用表现在下列两个方面。

表 4-6 风信状况对沙丘移动速度的影响

沙丘高度(m)	沙丘年平均前移值(m)	
	单方向风地区(皮山)	多方向风地区(民丰)
2.0	12.5	9.8
3.0	8.7	6.5
4.0	—	5.0
6.0	5.5	3.5
7.0	4.7	2.2
12.0	2.4	1.4

①外表形态的变化(图 4-11) 一场暴风使新月形沙丘的落沙坡发生变化，即由两个倾斜度不同的斜面所组成。

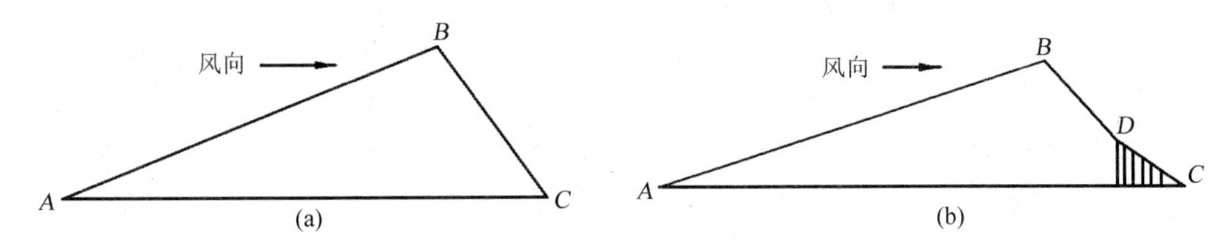

图 4-11 暴风前后沙丘外表形态变化

(a)暴风前剖面图 (b)暴风后剖面图

②沙丘高度的变化 从表 4-7 我们可以看出，强风对沙丘的影响是相当大的，它对沙丘一般起着削平的作用，而一般的风速起发展、修饰的作用，但是这一过程和前者比较起来要缓慢很多。

表 4-7 强风对沙丘高度的影响

观测日期		4 月 22 日	5 月 4 日	5 月 14 日	5 月 24 日
风力状况		4 月 27—28 日刮暴风		一般起沙风	
沙丘高度(m)	Ⅰ	2.15	1.40	1.40	2.02
	Ⅱ	1.70	1.32	1.38	1.69

(2)沙丘高度及其他因素对沙丘移动的影响

在风信状况及其他条件相同的条件下，沙丘的体积越大(高度越高)，其运动速度就越慢(表 4-8)，这一点从空气动力学的观点来考察也是十分清楚的，一定能量的风只能作一定量的功。能量一定的风在移动大新月形沙丘时，消耗于搬运沙物质的能量是体积较小的新月形沙丘在移动时所需能量的几倍。因此，在风力相同的情况下，沙丘高度(体积)越高移动速度也就越慢，这种关系已为野外观察资料所证实。

表 4-8 不同高度沙丘的移动速度

沙丘高度(m)	4.5	5.5	6.0	8.0	9.0	13.0
移动速度(m/a)	10	8.7	7.5	6.2	5.0	4.0

沙丘水分状况，也影响着沙丘移动的速度，因为沙子湿润时，它的黏滞性和团聚作用加强了，因而提高了沙子的起动风速。在野外观察到下雨后(下雨时间 70min，降水量 2.24mm)吹刮着平均风速(2m 高处)达 11.9m/s 的强风仍不见起沙，只有等到强风吹干表层湿沙后，才开始出现沙子的搬运现象。所以，在沙子湿润情况下，沙丘移动速度要比干燥情况下小。

植被对沙丘移动速度的影响在于沙丘上生长了植物以后，增加了地表粗糙度，大大地削弱了近地表层的风速，减少沙子吹扬搬运的数量，从而使沙丘移动速度大大减慢。植物除增加沙表面的粗糙度外，植物的根系还可对沙表面有一定的固结作用，此外植被还可以起到隔离风沙流与沙表面的相互作用。

沙丘下伏地面有起伏，能大大限制其上覆沙丘的移动。因此，在地形不够平坦的地区沙丘移动就较慢。

沙丘的密度也影响着沙丘的移动速度，沙丘密度小的沙区，沙丘的移动速度一般要比密度较大的沙区快些，所以说，沙漠的边缘或零星分布的沙丘移动速度一般较快。

(3) 沙丘移动方式

沙丘移动的方向取决于具有一定延续时间的起沙风的合成风向。起沙风合成风向，在大气环流影响下，不仅因地区而异，亦随季节而变。因此，沙丘移动方向也是处于变动状态。各地区主导风向不同，沙丘移动方向不一。沙丘移动方式可以分为以下三种类型(图 4-12)。

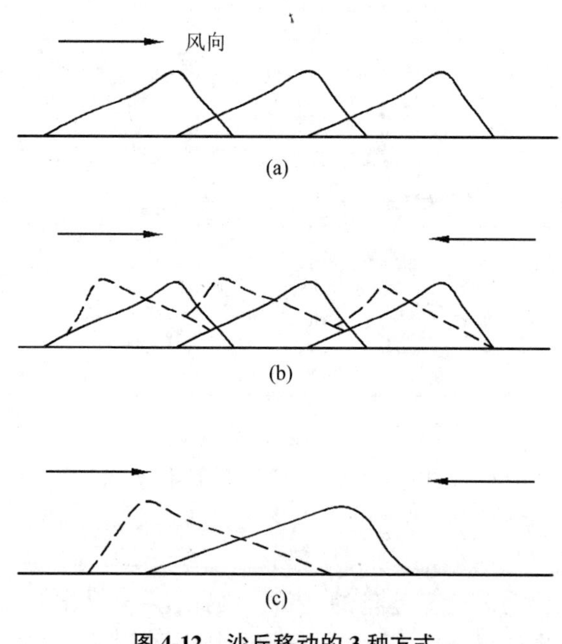

图 4-12 沙丘移动的 3 种方式

(a)前进式 (b)往复前进式 (c)往复式

第一种是前进式，这是在单一风向作用下产生的。如我国塔克拉玛干沙漠的一部分(除托克拉克库姆、于田民丰之间的沙漠南缘和塔里木河北岸与西部之外的其他地区)，柴达木盆地的沙漠，巴丹吉林沙漠和腾格里沙漠的西南部等地区是受单一的西北风或东北风的作用，沙丘均以前进式运动为主。

第二种是往复前进式，它是在两个风向相反而风力大小不等的情况下产生的。在冬、夏季风交替的地区，沙丘移动都具有这种特点。如我国东部各沙区，冬季在主导风西北风的作用下，沙丘由西北向东南移动；到夏季，受东南季风的影响时，沙丘则产生逆向运动。不过由于东南风的风力一般较弱，还不能完全抵消西北风的作风，故总的说来，沙丘还是缓慢地向东南移动。

第三种是往复式，是在风力大小相等，方向相反的情况下产生的。这种情况一般较少见。苏联卡拉库姆东南部沙丘的移动方式属于这种类型。

(4)沙丘移动速度

沙丘移动的速度，主要取决于风速和沙丘本身的高度，如果沙丘在移动过程中，形状和大小保持不变，则迎风坡吹蚀的沙量，应等于背风坡堆积的沙量(图 4-13)。据此，可以从理论上推导出沙丘在单位时间内前移的距离 D。

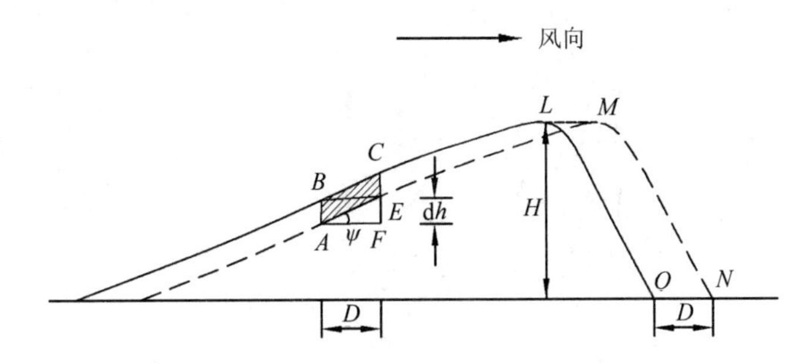

图 4-13　沙丘移动速度的几何图解(拜格诺，1954)

如图 4-13 所示，取一小面积 $ABCE$，其中 BE 为沙丘在单位时间内的前移距离，也就是沙丘的移动速度，用 D 来表示。由图看出，$ABCE=ABEF$，如果在单位宽度通过这一小面积的沙量为 $\mathrm{d}Q$，则有下面的关系式

$$\mathrm{d}Q = \gamma_s D\mathrm{d}h \tag{4-7}$$

式中　γ_s——沙子容重。

在单位时间内通过单位宽度，从迎风坡搬运到背风的总沙量为

$$\int_0^Q \mathrm{d}Q = \int_0^H \gamma_s D\mathrm{d}h \tag{4-8}$$

积分得

$$Q = \gamma_s DH \tag{4-9}$$

$$D = \frac{Q}{\gamma_s H} \tag{4-10}$$

式中 H 为沙丘高度，由上式可以看出，沙丘移动速度与其高度成反比，而与输沙量成正比。又因输沙量和起沙风速的 3~5 次方成正比，所以沙丘移动的速度也就同样和风速的 3~5 次方成正比，刘振兴(1960 年)还根据其推导的沙丘移动速度公式，制出了计算沙丘移动速度的图表(图 4-14)，只要知道风速和沙丘高度，即可很快地查算出沙丘移动的速度。芬克尔用秘鲁的实测沙丘移动作进一步的比较，发现拜格诺的公式(4-10)对

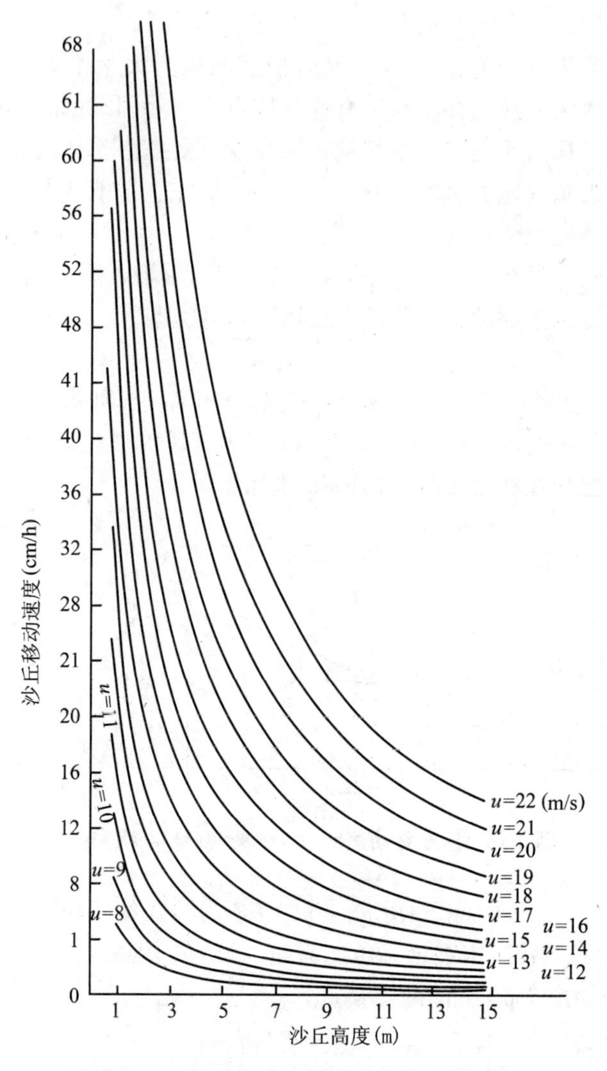

图4-14 沙丘移动速度计算图(刘振华，1960)

于2~7m的沙丘很适用，但对于较小的沙丘形态有较大的出入。产生这种差异的原因，主要是受沙丘形态变化的影响。因为由于受风速和输沙量变化的影响，沙丘迎风坡的吹蚀量与背风坡的堆积量并不能保持平衡。当吹蚀量大于堆积量时，沙丘高度就会降低，反之则增高。因此，沙丘在其运动过程中会出现成长式收缩现象。即沙丘形态会发生变化，特别是那些较小的沙丘变化将更为明显。这样，就使得在实测中，即使在高度相同、风速不变的情况下，和计算的速度比较起来，一个正在收缩中的沙丘移动得要更快一点，正在成长中的沙丘则移动得要慢一些。

沙丘移动的实测值与理论计算值有差别，表明沙丘移动速度除了主要与风速和沙丘本身高度有关外，还受到许多其他因素的影响。鉴于影响沙丘移动的因素是相当复杂的，沙丘移动的实际速度是随当地条件而变化的，因此，在实际工作中，通常采用野外定位和半定位观测。以及量测不同时期航空或卫星像片上沙丘形态变动的资料等方法，以求得各个地区沙丘移动的实际速度。

根据我国各地沙丘移动的野外定位和半定位观测，以及不同时期航空照片上沙丘形态变动的量测资料，可以看出，我国绝大部分地区沙漠的沙丘年平均移动速度不到5m。只有沙漠边缘地区，由于沙丘比较低矮、稀疏，移动速度才较大，一般前移值达5~10m/a，有的可超过10m/a。

按照各地沙丘年平均移动速度的大小，我国沙漠地区沙丘移动的强度可以分为以下3种类型：

①慢速类型，沙丘平均年前移值不到5m。

②中速类型，沙丘平均年前移值在5~10m。

③快速类型，沙丘平均年前移值在10m以上。

在沙漠边缘地区，由于沙丘一般都比较低矮，移动速度也比较快，因此，经常向外围扩展，掩埋农田，侵袭道路，毁坏各种建筑物，给工农牧业生产和人民生活带来巨大的危害。所以说，防止沙丘移动，变流动沙丘为固定沙丘已成为沙漠治理的重要研究项目。

思考题

1. 简述新月形沙丘的形成机理与过程。
2. 比较新月形沙丘与抛物线形沙丘的异同。
3. 比较横向沙丘与纵向沙丘的形成机制。
4. 论述新月形沙丘在单一风向与相反作用风向下的动力学特性。
5. 图示并说明沙丘的3种运动方式。
6. 试述影响沙丘运动的影响因子。

扩展阅读

70年来中国风沙地貌学的发展. 董治宝，吕萍. 地理学报，2020，75(3)，509-528.

火星风沙地貌研究进展. 李继彦，董治宝. 中国沙漠，2016，36(4)，951-961.

风沙地貌形态动力学研究进展. 张正偲，董治宝. 地球科学进展，2014，29(6)，734-747.

Remote sensing and spatial analysis of aeolian sand dunes: A review and outlook. Hugenholtz, C. H., Levin, N., Barchyn, T. E., et al. Earth-Science Reviews, 2012, 111(3-4), 319-334.

第5章

土壤风蚀

土壤风蚀是指土壤或土壤母质在一定风力作用下，土壤结构遭受破坏以及土壤颗粒(或简称土粒)发生位移的过程。它是干旱、半干旱地区及部分亚湿润地区土地沙漠化过程的首要环节。与土壤风蚀相伴而生的地表破坏、物质运移及再堆积，均可对人类生存环境造成不同程度的危害甚至灾难性的损害，越来越受到国际社会的广泛关注。

关于风蚀影响的记载可追溯到古希腊时代，19世纪后半叶美国西部大平原、20世纪初加拿大西部大草原及前苏联中亚地区的大开发，加快了土壤风蚀的速度，并导致20世纪30年代“黑风暴”和“尘暴”的频繁发生，引起全世界的注意。这些土壤风蚀灾害推动了风蚀研究的开展。从20世纪40年代开始以土壤风蚀控制为目标，进行土壤风蚀的空气动力学原理及主要影响因子的研究，建立风蚀方程。近年来，国内外主要采用野外观测、遥感监测、模拟实验、同位素示踪和风蚀模型评价等方法，定量、半定量地确定自然因素和人为因素在土壤风蚀中的作用，深化对风蚀物理过程的认识，为不同区域的风蚀防治提供科学参考依据，从而因地制宜地提出防治措施，减免土壤风蚀的发生与危害。

5.1 土壤风蚀原理

土壤风蚀是一个综合自然地理过程，受人为和自然多种因子的制约。在影响土壤风蚀的诸多因子中，风是土壤风蚀最直接的动力，其风速大小、强度、风向、风压等特征值的变化均会导致土壤风蚀程度、强度乃至方向的变化，使土壤风蚀在时空上表现出异质性。

土壤风蚀的发生和土粒的运动是由于土粒从气流中获取了使之运动的能量，给予土粒能量的动力便是风。而风速决定了气流的动能大小，风的动能计算方程为

$$E=\frac{1}{2}mV^2 \tag{5-1}$$

式中 E——动能(J)；

m——空气质量(kg)；

V——风速(m/s)。

垂直于气流方向的平面风压可用下面的方程表示之，即

$$P=\frac{\rho g}{2}V^2 \tag{5-2}$$

式中 P——风压(Pa 或 kg/m^2);

ρ——空气密度(kg/m^3);

g——重力加速度(m^2/s)。

朱瑞兆曾根据中国北方的实际情况，推导出 P 的一个简单而实用的表达式:

$$P=0.0625V^2 \tag{5-3}$$

据式(5-3)可计算得 10m 高处蒲福(Beaufort)分级各风速相应的风压(表 5-1)。

表 5-1 Beaufort 风级及相应风压对照表(10m 高处)

风力等级	名称	风速范围(m/s)	平均风速(m/s)	风压(kg/m^2)	风力等级	名称	风速范围(m/s)	平均风速(m/s)	风压(kg/m^2)
0	静风	0~0.2	0	0	7	疾风	13.9~17.1	15.5	15.00
1	软风	0.3~1.5	0.9	0.05	8	大风	17.2~20.7	18.9	22.39
2	轻风	1.6~3.3	2.4	0.36	9	烈风	20.8~24.4	22.6	31.90
3	微风	3.4~5.4	4.4	1.20	10	狂风	24.5~28.4	26.4	43.60
4	和风	5.5~7.9	6.7	2.80	11	暴风	28.5~32.6	30.5	58.10
5	劲风	8.0~10.7	9.3	5.40	12	飓风	>32.6	34.8	75.70
6	强风	10.8~13.8	12.3	9.50					

风暴的风压可以达到很高的数值，如飓风的风压可达 75.70kg/m^2。

风力引起风蚀，风蚀的最主要因素是风向及其地表面风速。地面可降低风速，丘陵和粗糙的地表条件下，这种效应最为显著，而在平坦旷野条件下则不太明显。在平均空气动力面以上，风速是随着在地面上的高度而增大的。

风向可由气流与地面的角度得知。冲击角 α 可用来表示所谓地面迎风方向 K_n，即

$$K_n=\cos\alpha \tag{5-4}$$

最易发生风蚀的地区是 $K_n=1$ 的地区，即气流方向平行于地面的地方；$K_n=0$ 的地方，即气流垂直于地表面的地方不易产生风蚀。

5.2 土壤风蚀的一般过程

5.2.1 可蚀风与土壤的初始运动

土壤风蚀的发生和土粒的运动是由于土粒从气流中获取了使之运动的能量，给予土粒能量的动力便是风。风是土壤风蚀的直接动力，气流对土粒的作用力可以表示为

$$P=\frac{1}{2}C\rho V^2A \tag{5-5}$$

式中 P——风的作用力;

C——与土粒形状有关的作用系数;

ρ——空气密度;

V——气流速度;

A——土粒迎风面面积。

由式(5-5)可见，随风速增大，风的作用力增大。如果流经土壤表面的风速很小时，即便对于最易蚀的土粒，风的能量还不足以使土粒产生运动，这种风称为非侵蚀风。当风速逐渐增大到某一临界值时，地表最易蚀土粒开始脱离静止状态而进入运动，这个使土粒开始运动的风速称为最小临界起动风速。风速继续增大，会引起更多数量的土粒发生运动，最后风速达到一个很大的值，足以使所有大小的土粒都发生运动，这个风速称为最大临界起动风速。一切超过最小临界起动风速的风称为可蚀风。实际上，所有土壤都是由可蚀和不可蚀两种颗粒组成。没有一个风速，能够吹去所有的土粒，对于这样的土壤就不存在最大临界起动风速。

在可蚀风的作用下，松散地表土粒开始形成风蚀。风蚀过程主要包括土壤团聚体和基本粒子的分离起跳(脱离表面)、搬运和沉积3个阶段(Fryrearetc，1988；兹纳门斯基，1962；Hudson N. W，1971；Schwab，1981)(图5-1)。当有效风速达到临界值时，某些土粒开始前后摆动，当风力或运动的土粒碰撞强到足以迫使稳定的表面土粒运动时，分离就发生了。分离之后，土粒通过风可以在空中或沿着土壤表面输送，直到最后风速降低时沉积(Bisal & Nielsen，1962；Lyles 和 Krauss，1971)。显然，风蚀过程的这3个阶段同时发生，相互联系，不可分割。而且，只有当风超过临界风速值后，土粒才开始起动；只有土粒脱离地表后，才会发生土粒的搬运和堆积，这些阶段共同构成了风蚀过程。

5.2.2 土壤风蚀阶段

5.2.2.1 土粒起动

土壤风蚀的动力是风，风的扰动和风速的大小诱导了土壤的分离。在风力作用下，当平均风速约等于某一临界值时，突出于松散地表的个别土粒受紊流流速和风动压力的影响，开始振动或前后摆动，但并不离开原来位置；当风速增大超过临界值后，振动也随之加强，并促使一些最不稳定的土粒首先沿着表面滚动或滑动。由于土粒几何形状和所处的空间位置的多样性，以及受力状况的多变性，在滚动过程中，一部分土粒当碰到地面凸起土粒，或被其他运动土粒冲击时，都会获得巨大的冲量。受到突然的冲击力作用的土粒，就会在碰撞的瞬间由水平运动急剧地转变为垂直运动，骤然向上(有时几乎是垂直的)起跳进入气流运动。随着土粒起跳的发生，地表物质开始发生位移，风蚀形成。因此，只有当风速超过某个临界值时，才能诱导土粒从地表中分离出来形成风蚀。因诱导风蚀发生的气流性质的不同，风蚀发生存在两种不同的起动风速，拜格诺(1941)称为流体临界起动风速和冲击临界起动风速，对应于两种起动风速而存在吹蚀与磨蚀两种风蚀方式。流体临界起动风速是完全依赖于风力的直接作用而引起地表松散的土壤易蚀土粒开始运动时的最低速度，由此而引发的风蚀为吹蚀或净风侵蚀；冲击临界起动风速主要由于挟沙风中跃移土粒的冲击作用而使土壤易蚀土粒开始运动的最小风速，由此而发生的风蚀为磨蚀或风沙流侵蚀。对于最易风蚀的土粒来说，流体临界起动风速和冲击临界起动风速是相同的，但对于较大体积和较小体积的土粒，这两种临界值不等，一般情况下，流体临界起动风速比冲击临界起动风速为大。

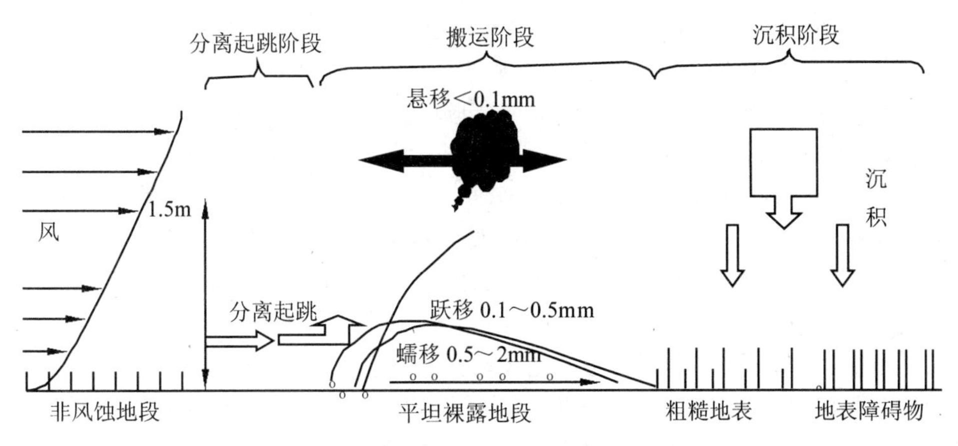

图 5-1 土壤风蚀过程示意(董智，2004)

5.2.2.2 土粒搬运

(1)搬运形式

土粒一经起动，便以各种形式运动，第一种运动形式是一系列的跳跃，称为跃移。跃移土粒在重力作用下，达到某个高度后便逐渐下降并返回地面。土粒跳得越高，它们从气流中获取的能量越大，当其降落于地面时，具有的冲击作用也就越大。跃移粒子在重新返回地面过程中，若风力不足或陷落在某些地表的结构内，便会中止其运动，可称之为“湮灭”(董智，2004)。但是大多数跃移土粒在落回地表时会对地表进行冲击，并将其在运动中获得的能量重新分配。其能量的一部分用来把下落点附近的土粒冲击溅起，促进原来处于静止状态的土粒进入运动状态。这样，因冲击作用使仅靠风力而无法起动的过大或过小土粒发生冲击蠕动或者升离地面形成悬移或跃移。另一部分能量则用以造成土壤团粒破裂磨蚀，使难蚀性或不可蚀物质变为可蚀性土粒，从而增加了可蚀性物质的供给量。跃移粒子的这种连续冲击使得土壤风蚀可从某个孤立点开始，在时空上得以延续，一直达到该风速在该种地表条件下的最大挟沙量时为止。此时，风能全部用于输运土粒和克服摩擦阻力，没有多余的风能可继续起动更多的土粒。表现在外观上，在一定的风速条件下发生的风蚀使细土颗粒被吹失，较粗土粒残留，在风力不再增大的情况下，则处于相对稳定状态，或风蚀很弱，只有当风力再度增强，达到能搬运残留于地表上较大土粒的起动值时，风蚀才能得以进一步发展。

由此看来，跃移运动是土壤运动的前奏，由跃移运动会引起另外两种形式的运动即蠕移运动和悬移运动。3 种运动形式相互交错，构成了极其复杂的土壤运动。每种运动形式主要取决于风力的强弱和土粒尺寸的大小(图 5-1)。关于土粒的 3 种运动形式与沙粒的运动形式具有同样的特征，在此不作赘述。

一般而言，在每次风蚀现象中这 3 种运动形式往往是同时发生的，而且其中的跃移是最主要的模式，没有跃移就不能出现大量的蠕动与悬移。虽然跃移质可引起土壤中体积大或体积小的粒子发生蠕移和悬移，但土壤中较粗大的颗粒和细微的尘粒都会妨碍土粒的跃移运动。粗大颗粒像一个保护者，它通过防止风对较细的易蚀土粒的保护作用来影响其运动；尘粒由于具有较强的吸附性能，它和土粒黏合在一起，在大土粒的掩护下，很难被吹动，但它很容易被跃移的土粒击起而以悬浮质的形式被搬运，搬运的距离也最长，因而由此造成的土壤损失也最为明显。此外，风蚀过程中产生的悬移质悬浮于大气中随气流运动，常常能达到3~5km高，形成最为明显和最壮观的"尘暴"场面，是造成所在地区乃至周边地区出现沙尘天气的重要尘源。对于蠕移质而言，其搬运的距离很近，且主要沿地表运动，可对植物造成伤害。若被磨蚀作用崩解成细小土粒，可转化成悬移和跃移方式。跃移质是风蚀物质的主要组成部分，跃移土粒的升起高度(H)与前进距离(L)比约为1∶10，跃移可搬运较远的距离，主要在近地表活动，且搬运的土粒较大，是植物伤害的主要原因。

由于土壤类型不同，3种运动形式的土粒比例变化很大。切皮尔(W. S. Chepil)研究了悬移质、跃移质和蠕移质的搬运比例，不同土壤中团聚体及颗粒的大小有不同搬运比例，而与风速无关。在团聚良好的土壤上，无论其结构很粗或很细，悬移质很少而蠕移质较多；在粉沙土和细沙土上悬移搬运相对增多。对各种土壤，跃移质搬运总是大于蠕移质和悬移质。3种搬运方式的土粒所占比例大约为悬移质占3%~38%，跃移质占55%~72%，蠕移质占7%~25%。

(2)土壤风蚀量

土壤风蚀量即是一定条件下单位时间单位面积上风蚀的土壤重量。而风蚀过程的发生主要是从地面分离的土粒被搬运损失的过程，因而，风蚀量可用一定条件下的风的搬运量来表示。据拜格诺对沙丘沙和土壤搬运能力的研究结果表明，在一定条件下，风的搬动能力与摩阻流速的三次方成正比，即

$$Q=f\left(\frac{\rho}{g}u_*^3\right) \tag{5-6}$$

式中 Q——土壤风蚀量($g/min \cdot cm^2$)；

u_*——摩阻流速(m/s)；

ρ——空气密度(g/cm^3)。

由此看出，风蚀量主要取决于风速，与被搬动的粒径关系不密切。同样的风速可搬运多数量的小土粒或较少的大土粒，其搬动总重量基本不变。

而自然界影响风的搬运能力的因素十分复杂，它不仅取决于风力的大小，还受土粒的粒径、形状、比重、沙粒的湿润程度、地表状况和空气稳定度等影响。因此，关于风蚀量的研究，目前多在特定条件下研究风蚀量与风速的关系，并进而推导出一些经验公式来近似计算，但随着风洞实验和计算机模拟的技术手段的日渐完善，现在出现了更多的涉及多个因子的风蚀方程，只要测定出方程中的参数，便可通过方程来计算土壤的风蚀量。具体的风蚀模型或方程，在以后的内容中进行详细论述。

(3)尘粒浓度

切皮尔和伍德拉夫(Woodruff)发现，风蚀的输移物质中尘粒浓度(单位体积内的尘粒重量)随高度的变化值符合一个经验的指数方程形式，即

$$C_z=\frac{a}{z^b} \tag{5-7}$$

式中 C_z——地表以上高度z处的尘粒浓度；

a、b——常数，a 随着风蚀程度的变化而变化，b 约等于 0.28。

5.2.2.3 土粒沉积

沉积过程则是指风吹土粒重新返回并停留在地表的现象。它是反映土粒迁移机制的重要过程。在土粒搬运过程中，当风速变弱或遇到障碍物，如遇到植被、残茬、微地形起伏，以及地面结构、下垫面性质改变(地表变粗)时(图 5-1)，都会引起土粒从气流中跌落而沉积在障碍物周围。地表障碍物的阻滞而使土粒在障碍物附近发生堆积的现象，称为遇阻堆积。由于地表结构、下垫面性质改变而使风沙流过饱和沉积称为停滞堆积。此外，当风速减弱，使紊流漩涡的垂直分速小于重力产生的沉速时，悬移质发生降落并在地面堆积下来称为沉降堆积。土粒沉速随粒径增大而增大(表 5-2)。

表 5-2 土粒直径与沉速的关系

土粒直径(mm)	沉速(cm/s)	土粒直径(mm)	沉速(cm/s)
0.01	2.8	0.10	167.0
0.02	5.5	0.20	250.0
0.05	16.0	2.00	500.0
0.06	50.0		

5.2.3 土 崩

在无保护的风蚀地段，上风侧边缘处的土壤运动速率为零，也即无风蚀量。随着顺风向距离的增大，运动速率也逐渐增加，如果风蚀地段足够大，就一直增加到给定风速的最大值。这种在无保护物地段随顺风距离的增加而加速土壤运动的现象称为土崩。所有土壤的最大运动速率(风蚀率)大致相等，且等于沙物质的输沙率，不过由于各种条件的影响，在大部分地段达不到土壤运动速率的最大值。

由风蚀开始沿顺风向达到给定风速土壤风蚀最大值所经过的距离称为饱和路径。对于任何起沙风，给定土壤运动的最大距离也是相同的。但它随地段表面的可蚀性呈反向变化，即地表容易风蚀，土壤移动速率达到最大值的距离就短(表 5-3)。

表 5-3 地表可蚀性与饱和路径的关系(风洞实验结果)

风洞中的可蚀性 Iw(无量纲)	土壤运动速率达最大值的距离(饱和路径)(m)	风洞中的可蚀性 Iw(无量纲)	土壤运动速率达最大值的距离(饱和路径)(m)
920.0	54	19.0	670
300.0	91	7.5	1189
50.0	335	6.1	1250
39.0	488	5.1	1585

5.2.4 分 选

风力搬运细小、质轻的土粒要比搬运粗大、沉重的土粒容易。土粒越细小，移动速度越快，上升的高度越高，运输的距离也越远，虽然细微土粒不易风蚀，但具有更大的可动性。

风力搬运后，将土壤分成下列不同等级：

①残留的土壤物质，包括一些大而重的土块和石质物质，由于不易被风所搬运，于是留在原地。

②滞后的砾石、土壤团聚体和大粒沙子，它们是以蠕动为主的可蚀性中等土粒，搬运距离较近。

③沙粒和小土粒，这些物质是以跃移为主的容易移动的颗粒集合体形式存在。

④黄土和尘粒，黄土通过跃移离开地面进入空气，然后在沙丘远处和近处堆积一层；尘粒是真正的悬移质，它们随空气一起运动，搬运的距离最远，有的可达几十甚至上千公里。

应当指出的是，上述所划分的各个等级的分选物质的大小并无明显界线，一个等级的大小主要根据另一等级的尺寸而定。

对于不同的土壤组成物质来说，土壤的风蚀分选状况也不同。对于黄土组成的土壤来说，因其在地质年代已经经过了风蚀的分选，因而，整个土壤的表层均可被风蚀，即无分选的风蚀。而对冰川土、残积物、洪积物和各种成因的沙壤土来说，则分选作用十分明显，风力总是试图吹掉其中的粉沙和黏粒而留下沙和砾石，这些过程往往会引起土壤表层沙质化，因而更容易风蚀，且使其生产力下降。

由此看出，分选使地表土壤趋于粗化、沙砾化，土壤中的细粒物质损失。而细粒物质中含有丰富的有机质和土壤养分，因而，受风蚀的分选作用，土壤中有机质和养分大量损失。据中国科学院试验测算，我国荒漠化地区每年因风蚀损失土壤有机质及氮、磷、钾等达 5590×10^4t，折合 2.7×10^8t 标准化肥，相当于 1996 年全国农用化肥产量的 9.5 倍。

5.2.5 风力侵蚀作用

虽然风蚀作用的根本动力是风，但风动力可通过不同的形式传输给地表。根据引起地表破坏和物质损失直接动力的差异，风蚀作用可以分为吹蚀和磨蚀。

5.2.5.1 吹 蚀

吹蚀又称净风侵蚀，指风吹经地表时，由于风的动压力作用等，将地表的松散沉积物或基岩风化物（沙物质）吹走，使地表遭到破坏的过程。在吹蚀过程中地表物质的位移是在风力的直接作用下发生的，所以吹蚀又叫流体风蚀。吹蚀对地表颗粒间的凝聚作用是十分敏感的，因而一般发生在干燥松散的沙质地表，黏土含量较高和有胶结的地表吹蚀作用较弱。在同一风蚀事件中，吹蚀强度随时间减弱。在吹蚀过程中，地表物质的抗蚀能力会逐渐增强。

5.2.5.2 磨 蚀

磨蚀又称作风沙流侵蚀，指当风沙流（挟沙气流）吹经地表时，由运动土粒撞击地表而引起的地表破坏和物质的位移称为磨蚀。在所有土壤风蚀的过程中，磨蚀都占有相当重要的地位。磨蚀强度一般要比吹蚀大得多。因为土粒的密度是空气密度的2000多倍，当其以与气流相当的速度运动时，能量是很大的。跃移土粒冲击松散地表会使更多的土粒进入气流中或其本身被反弹回气流中，在气流中不断加速，从而获得更多的能量在冲击地表，如此反复更多的风动量被传输给地表，使风蚀强度增加。当运动土粒撞击比较坚实的地表时，首先是因土粒冲击作用破坏地表，产生松散土粒。在磨蚀过程中冲击土粒是风动量的传递者，是风蚀能量的直接携带者，所以也叫冲击风蚀。一旦有风蚀发生，磨蚀是风蚀的主要形式，成为塑造风蚀地貌的主要动力。风洞实验表明，在相同风速时挟沙风侵蚀，即磨蚀强度是吹蚀强度的4~5倍(董光荣等，1987)。

磨蚀强度用单位质量的运动土粒从被蚀物上磨掉的物质量来表示。对于一定的土粒与被磨物，磨蚀强度是土粒的运动速度、粒径及入射角的函数：

$$W=f(V_p, d_p, S_a, \alpha) \tag{5-8}$$

式中 W——磨蚀量(g/kg)；

V_p——土粒速度(cm/s)；

d_p——土粒直径(mm)；

S_a——被蚀物稳定度(J/m^2)；

α——入射角(°)。

哈根(L. J. Hagen)用细沙壤、粉壤和粉黏壤土作磨蚀对象，以同一结构的土壤及石英沙作磨蚀物进行研究，结果表明沙质磨蚀物比土质磨蚀物的磨蚀强度大；磨蚀度随磨蚀物颗粒速度 V_p 按幂函数增加，幂值变化在1.5~2.3；随着被磨物稳定度 S_a 增加，磨蚀度 W 非线性减小。当 S_a 从1增加到14 J/m^2，W 约减小10；入射角 α 在10°~30°时，磨蚀度最大；当磨蚀物颗粒平均直径由0.125mm增加到0.715mm时，磨蚀度只有轻微的增加。

磨蚀作用也会因被磨蚀物体的部位不同而有所差异，其中最为明显的是垂向变化。格里利等认为，越靠近地表磨蚀越强。夏普(1964)及苏鲁克等(1981)在实验中发现，磨蚀作用最强的位置出现地距地表10~15cm的高度上。安德森(1988)通过风沙流能量的理论计算发现，最强磨蚀作用发生在距地表6cm的高度处，邹学勇等(1994)通过风沙流能量分布的实验研究得出与安德森相似的结论。

由风所引起的土壤磨蚀作用，对农作物也是非常有害的。例如，在1.83m高度上12.5m/s的风吹蚀10min，成熟期的冬小麦产量下降78%，稻子产量下降86%。风蚀强度越大，持续时间越长，风蚀区顺风侧的农作物受害越严重。在野外，丘陵、山脊和其他最暴露的地段首先开始风蚀，风蚀一旦开始，便从脊部向背风面扩展。

5.3 土壤风蚀分类与分级

土壤风蚀虽然是一种渐进过程，被称为无声无息的危机，但有时却能在很短的时间内，造成极强的损失或震惊世界的事件。为了从更高层次上认识风蚀规律，以便采取有效措施来制止土壤风蚀的发展，消除风蚀危害，改造风蚀土壤，有必要对土壤风蚀进行分类和分级。风蚀的分类主要依据影响风蚀的主要因素，风蚀的分级包括风蚀强度和风蚀程度级别的划分。

5.3.1 风蚀分类

前面所述及的吹蚀和磨蚀实际上就是按照风蚀能量的直接提供者划分出的2种风蚀类型。按照主要影响因素，风蚀可以划分为自然风蚀和人为风蚀两大类。自然风蚀是指无人类活动干预的风蚀过程，又称地质风蚀，如荒漠地区的风蚀。根据风蚀对土壤剖面发育的影响，自然风蚀可以又分为常态风蚀和非常态风蚀。常态风蚀是指不影响土壤发生层正常发育的风蚀过程，而非常态风蚀是指使土壤发生层不能正常发育的风蚀过程。

人为风蚀是指在潜在的自然条件下，由于人类活动的参与导致强度发生明显变化的风蚀过程。人类活动对风蚀的影响作用是双向的，既可以加速风蚀，也可以减弱甚至控制风蚀。所以，人为风蚀又可以分为人为加速风蚀和人为减速风蚀。根据人类历史时期人类活动的方式与强度，可以将人为风蚀划分为若干次一级的类型。如内蒙古后山地区的人为风蚀可划分为古代风蚀、近代风蚀和现代风蚀(董治宝，陈广庭，1997)，其中古代风蚀是20世纪初之前，在没有土地开垦时出现的人为风蚀。影响风蚀的人类活动方式主要是游牧和古代战争，在时间、空间和影响程度上都十分有限，人类风蚀是暂时的，呈斑点状分布，近代人为风蚀是发生于20世纪初至50年代之间的人为风蚀。这一时期，人类活动方式开始多样化，由单一的牧业开始走向农牧交错。现代人为风蚀出现于20世纪50年代以后，随着国民经济建设的大规模展开，农牧业迅速增长，大部分草原辟为农田，资源开发、工矿和道路建设规模空前所引起的风蚀。

此外，有些学者以土壤发生层吹蚀深度、土壤表面风积沙覆盖厚度及耕层沙化程度为指标，进行了下面的分类(表5-4)。

弱度吹蚀的土壤对耕作和作物生长的影响不大；中度吹蚀的土壤在耕作时钙积层被翻至上层，作物生长不良；强吹蚀的土壤因腐殖质层全被吹走，土壤无法耕作，作物不能生长；很强吹蚀的土壤很难利用和改良。浅覆沙的土壤由于覆沙不厚，不影响地形变化，采用一般的农业技术还能耕作和利用，在放牧地上，主要优良牧草尚能生长；中覆沙的土壤因地形微呈起伏，需采用较复杂的农业技术措施才能耕作和利用，在牧地上，禾本科难以生长，油蒿等菊科植物大量出现；厚覆沙的土壤，地形呈波状起伏，流沙裸露，一般不适宜耕作栽培，菊科植物稀疏，主要为一年生或短命植物(如绵蓬、沙米)，放牧地上利用价值甚低；极厚覆沙的土壤，已呈流动的新月形沙丘，不长植物或仅有稀疏的短命植物，不仅无利用价值，而且对邻近的田地和牧场造成威胁，必须进行流沙的固定和改良。轻沙化土壤的有机质含量减低，保水性能减弱，影响作物及牧草生长；中沙化土壤的结构性变松散，土壤水肥气热状况恶化，作物和牧草生长不良；重沙化土壤几乎成为松散的流沙，不采取农业技术改良措施，就不能种植，草场也必须采取封育等手段，进行治理、更新。

表 5-4 不同指标划分下土壤风蚀分类表

指 标	吹蚀度	覆沙厚度	沙化程度
风蚀分类	弱吹蚀	浅覆沙	轻沙化
	中吹蚀	中覆沙	中沙化
	强吹蚀	厚覆沙	重沙化
	很强吹蚀	极厚覆沙	

除了对已风蚀的土壤进行分类外，对风蚀区未风蚀的土壤可按其机械组成和表面结构特点，划分出土壤的可蚀性，以便于拟定其利用和预防风蚀的措施。

①极易风蚀的土壤，剖面质地主要由细沙组成，结构疏松，生态平衡非常脆弱。稍不注意合理利用就会带来风蚀，如固定风沙土。

②容易风蚀的土壤，质地为沙壤—轻壤，结构不紧密，在缺乏严格农业技术措施下开垦，或在过度放牧下，土壤容易遭受风蚀，如轻质的棕钙土和栗钙土。

③不易风蚀的土壤，质地为重壤或黏土，地下水条件好，植被繁茂，土壤表面草根盘结，结构紧密，难以风蚀。

5.3.2 风蚀强度分级

风蚀强度分级是根据风蚀量将风蚀强度划分为不同的等级。扎切尔(D. Zachar, 1982)将风蚀划分为 6 个强度等级，即无感风蚀、轻微风蚀、中度风蚀、重度风蚀、极重度风蚀以及灾难性风蚀。各等级的定量指标见表 5-5 所列。

我国根据风蚀区风蚀厚度、侵蚀模数等特征，对应于 Zachar 的各等级，分别列出了其相应的强度指标分级(表 5-6)。

表 5-7 为中国北方若干地区的风蚀强度。流动沙地和沙漠化土地风蚀最强，年风蚀深度一般大于 3mm，最强者超过 5mm，按扎切尔的分级标准，处于重度风蚀。农田年风蚀深度为 0.89~2.74 mm，大部分为中度风蚀，少数为重度风蚀。干草原风蚀最弱，为轻微风蚀。

表 5-5 风蚀强度分级标准(Zachar，1982)

等级	定性描述	Zachar 分级	
		风蚀强度[$m^3/(hm^2 \cdot a)$]	风蚀深度(mm)
1	无感风蚀	<0.5	<0.05
2	轻微风蚀	0.5~5	0.05~0.5
3	中度风蚀	5~15	0.5~1.5
4	重度风蚀	15~50	1.5~5.0
5	极重度风蚀	50~200	5.0~20.0
6	灾难性风蚀	>200	>20.0

表 5-6 风蚀强度分级表

等级描述	床面形态（地表形态）	植被覆盖(%)（非流沙面积）	风蚀厚度(mm/a)	侵蚀模数[t/(km^2·a)]
1 微度	固定沙丘，沙地和滩地	>70	<2	<200
2 轻度	固定沙丘，半固定沙丘，沙地	70~50	2~10	200~2500
3 中度	半固定沙丘，沙地	50~30	10~25	2500~5000
4 强度	半固定沙丘，流动沙丘，沙地	30~10	25~50	5000~8000
5 极强度	流动沙丘，沙地	<10	20~100	8000~15 000
6 剧烈	大片流动沙丘	<10	>100	>15 000

注：在判别侵蚀程度时，根据风险最小原则，应将该评价单元判别为较高级别的侵蚀程度。

表 5-7 中国北方若干地区的风蚀强度

地　点	实验方法	土地利用	风蚀模数[t/(hm^2·a)]	参考文献
新疆罗布泊	风蚀遗迹	雅　丹	60.00	斯文赫定(1905)
内蒙古呼伦贝尔	插钎法	沙　地	156.00	马玉堂(1981)
内蒙古四子王旗	土壤剖面测定法	农　田	335.00	朱震达等(1981)
内蒙古科尔沁	插钎法	沙　地	174.00~349.50	赵羽等(1988)
山东夏津	插钎法	沙　地	21.00	赵存玉(1992)
青海共和盆地	风洞试验	四种沙化土地	157.00~1510.00	董光荣等(1993)
内蒙古奈曼旗	插钎法	沙　地	80.00	徐斌等(1993)
晋陕蒙边界地区	遥感观测	沙　地	15.90	刘连友(1999)
内蒙古后山地区	剖面粒度分析	农田/草地	14.4~41.1	董治宝等(1997)
青海共和盆地	^{137}Cs 法	农田/草地/沙地	7.44~43.68	严平(2000)
青藏高原中南部地区	^{137}Cs 法	农田/草地/沙地	22.62~69.43	严平等(2001)
青海格尔木	^{137}Cs 法	沙　地	84.14	
青海格尔木	^{137}Cs 法	农田/沙地	11.19~38.63	严平(2003)
内蒙古太仆寺旗	^{137}Cs 法	农田/草地	30.39~79.9	胡云锋等(2005)
内蒙古四子王旗	剖面粒度分析	沙　地	6214.70	李晓丽等(2006)
河北张北	风蚀圈法	农田/草地/沙地	0.72~3.74	王云超等(2006)
河北宣化	插钎法	农田/草地/沙地	46.77~518.94	孟树标等(2006)
内蒙古锡林浩特	^{137}Cs 法	草　地	3.60	刘纪远等(2007)
内蒙古正镶白旗	^{137}Cs 法	草　地	3.51	
青海龙羊峡	^{137}Cs 法	农田/沙地	6.23~7.81	沙占江等(2009)
河北康保	插钎法	农田/草地	37.45~48.28	郭晓妮等(2009)
内蒙古多伦	插钎法	农田/草地/沙地	0.05~8.24	郑兵等(2010)
内蒙古武川	风蚀圈法	四种农田	2.80~12.60	赵君等(2010)
河北康保	137Cs 法	两种农田	67.00~89.53	张春来等(2011)
河北康保	粒度对比法	农　田	9.5~57.00	王仁德等(2015)

5.3.3 土壤风蚀程度分级

风蚀程度等级主要是针对风蚀对土壤剖面发育的影响，进而影响土壤肥力的一种划分。干旱、半干旱地区的土壤长期遭受风蚀后，土壤本身的特性将会发生改变。当风蚀十分强烈时，可能会对整个土壤层产生破坏性影响。土壤本身特性的改变包括由于风使表层土壤厚度降低，或者使土壤的面积缩小。此外，还包括土壤的一些特性如有机质含量的降低等。

降水量比较缺乏的干旱、半干旱区，风蚀的作用主要表现在2个方面：土壤表层的细粒物质被风吹蚀和粗颗粒物质在土壤表面聚集。在这2种形式下，吹蚀有更大的危害。它是主要作用于含细颗粒物质比较多的土壤。当细颗粒的物质吹蚀后，聚集的粗颗粒覆盖于地表可防止风蚀进一步发生。吹蚀尤其对沙质土壤有更大的危害性。扎切尔将土壤风蚀程度分为六级(Zachar，1982)(表5-8)。

表5-8 土壤风蚀程度分级标准(Zachar，1982)

等 级	定性描述	表层土壤被风蚀的百分数
1	无感风蚀	—
2	轻微风蚀	0%~25%
3	中度风蚀	25%~75%
4	严重风蚀	75%~100%
5	极严重风蚀	整个表层土壤包括25%~75%的下层土壤被风蚀
6	灾害性风蚀	整个表层土壤包括75%以上的下层土壤被风蚀

2005年，由中国环境保护总局施行，中国科学院根据《中华人民共和国环境保护法》和《全国生态环境保护纲要》编制的《生态功能区划暂行规程》，对我国的风蚀沙漠化程度进行3级划分，并制定了分级标准(表5-9)。

表5-9 风蚀沙漠化程度分级指标

程度	风积地表形态占该地面积%	风蚀地表形态占该地面积%	植被覆盖度(%)	地表景观综合特征	土地生物生产量较沙漠化前下降(%)
轻度	<10	<10	50~30	斑点状流沙或风蚀地。2m以下低矮沙丘或吹扬的灌丛沙堆。固定沙丘群中有零星分布的流沙(风蚀窝)。旱作农地表面有风蚀痕迹和粗化地表，局部地段有积沙	10~30
中度	10~30	10~30	50~30	2~5m高流动沙丘成片状分布。固定沙丘群中沙丘活化显著。旱作农地有明显风蚀洼地和风蚀残丘。广泛分布的粗化砂砾地表	30~50
强度	≥30	≥30	≤30	5m高以上密集的流动沙丘或风蚀地	≥50

注：在判别侵蚀程度时，根据风险最小原则，应将该评价单元判别为较高级别的侵蚀程度。

5.4　土壤风蚀的影响因子

土壤风蚀的实质是气流或气固两相流对地表物质的吹蚀和磨蚀过程，是大气圈(风)与岩石圈或土壤圈之间能量传输和转化的产物，也是风沙活动的首要环节。因此，任何影响上述过程的因素都有可能影响风蚀的形成、发展及风蚀强度、程度。土壤风蚀的产生起源于风力对土粒的作用，其风蚀速率依赖于风的侵蚀力和土壤本身的抗蚀性。据此，将影响土壤风蚀强度的所有因素称作风蚀因子。影响土壤风蚀的风蚀因子是繁多的，一般地，按其在风蚀过程中的作用性质，可以分为侵蚀性因子和可蚀性因子。侵蚀性因子指的是为风蚀提供动力的气候因子及其影响因子，也即影响气流对土壤作用力的因子，如植被、土垄等；可蚀性因子指的是与土壤可蚀性有关的因子，主要是地表物质如土壤和岩石的性质的因子。此外，人为活动作为一种因子也在很大程度上影响了风蚀，它可起到抑制或增强土壤的风蚀活动。

5.4.1　风蚀侵蚀性因子

影响侵蚀性的主要因素是风对地表的作用力。影响这一作用力的因子可分为两大类，即与气流自身特性有关的因子；以及对气流的主要限制因子和地表粗糙度有关的因子。

5.4.1.1　气候因子

风是引起土壤风蚀的直接动力，风速越大，其风蚀能力越强。在沙质地表条件下，风蚀率与风速的立方成正比。在对风蚀力更详细的评价中，斯基德莫尔(E. L. Skidmore)和伍德拉夫(1968)在分析了200多个地区的风速记录后认为，只有每小时平均风速大于5.4m/s的风，才具有侵蚀性，且风蚀力与风速、风向和盛行风向的时间相关。他们对每个地区计算了3个值，即：风蚀力的大小、盛行风蚀方向、在盛行风蚀方向时风蚀力的优势。并把每个月出现的大于临界起动值的风速划分为若干组，用下式计算每月16个方位上每一个方位的风蚀量，即

$$Q_{ij} = \sum_{j=0}^{15} \sum_{i=1}^{n} V_{ij}^3 f_{ij} \tag{5-9}$$

式中　Q_{ij}——每月的相对风蚀量；

V_{ij}——所有大于5.4m/s风速中第i风速组的平均风速；

f_{ij}——历时，第j方位第i风速组内的观测值占总观测值的百分数表示。

$i=1, 2, \cdots, n$，为风速分组；气象记录中关于风的资料按12个风速组(蒲福风级)记载，如果各个方向的平均风速是相同的，并且各个方位观测值的百分率是相等的，则各方向风蚀力就是一样的。

$j=0, 1, \cdots, 15$，为风的16个基本方位，从东($j=0$)逆时针方向编号(图5-2)。

通过上式可计算出一个地区的土壤吹蚀的风力的相对量，据此可进行不同地区侵蚀力的比较。计算主风向侵蚀量比较复杂，但可以根据平行于主风向的力的最大值及垂直

于主风向的力的最小值来计算。当找出主风向后，“平行”力与“垂直”力之比达到最大，而且，它的数值是主风向的优势值。如果最大值等于1，则没有主风向，而当最大值等于2时，则意味着平行于主风向的风蚀力两倍于垂直于主风向的侵蚀力。

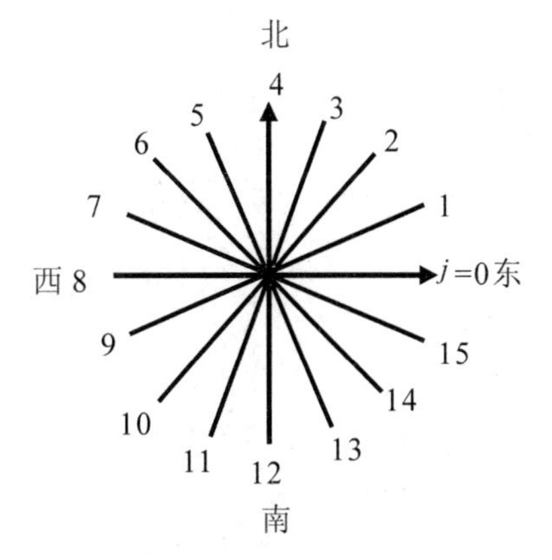

图 5-2 风向编号

这个方法的一个主要缺点是没有考察与特定方向的风有关的其他天气条件。例如，温度、降水等因子。事实上，温度和降水量决定着一个地区的干旱程度。持续的少雨、高温和大风往往要造成严重的土壤风蚀。连续的干旱影响植被的生长，使下垫面条件变得更易风蚀，但反过来说，短期的气候恢复不能改变植被状况，只有连续两年或两年以上恢复湿润的气候和良好的植被生长，才有可能使强烈的风蚀减弱。

切皮尔等(1962)提出以一个气候因子去估算一系列气候条件下的年平均潜在风蚀量。他所提出的气候因子是平均风速和土壤湿度的函数。风速一项以拜格诺等的研究为基础，即在动力限制型的松散沙质地表上，输沙率与平均风速的立方成正比。土壤湿度项基于与地表表层几毫米内土壤含水量的平方成反比，并假设土壤含水量遵循桑斯威特(Thomthwate)有效降水指数的变化规律

$$C = 386\frac{u^3}{(PE)^2} \tag{5-10}$$

式中 u——9.1m 高度的年平均风速；

PE——桑斯威特指数。

经验系数386代表在美国堪萨斯加尔登城(Garden City)条件下的经验系数。桑斯威特降水有效率指数为

$$PE = 3.16\sum_{i=1}^{12}\left(\frac{P_i}{1.8T_i + 22}\right)^{10/9} \tag{5-11}$$

式中 P_i——月降水量(mm)；

T_i——月均气温(℃)。

但式(5-11)的关键不足是当降水量为零时，气候因子趋于无穷大，这给实际应用带来很大的不便。再者，经验系数386是根据加尔登城的条件确定的，在应用到其他地方时亦有局限性。为了解决上述问题，联合国粮农组织(FAO，1979)修订了切皮尔等的气候指数。修订后的气候指数为

$$C = \frac{1}{100}\sum_{i=1}^{12}u^3\left(\frac{ETP_i - P_i}{ETP_i}\right)d \tag{5-12}$$

式中 u——2m 高度上的月平均风速(m/s)；

ETP_i——月潜在蒸发量(mm)；

P_i——月降水量(mm)；

d——当月的总天数。

粮农组织公式中，水分条件的影响较 Chepil 公式的影响小。按照式(5-12)，当降水量为零时，风速就成了风蚀气候因子的决定因素。相反地，当降水量接近蒸发量时，气候因子趋于零，即无风蚀发生。董玉祥等(1994)以 FAO 提出的公式计算分析我国干旱半干旱地区风蚀气候力的基本特征时指出，其中的 ETP_i 可采用程天文等人的气温相对湿度公式求得

$$ETP_i = 0.19(20+T_i)^2(1-r_i) \tag{5-13}$$

式中 T_i——月平均气温(℃)；

r_i——月相对湿度(%)。

通过采用我国干旱半干旱地区 233 个气象台站 1951—1980 年的气候统计资料，计算出各地的风蚀气候因子指数 C 值如图 5-3 所示。

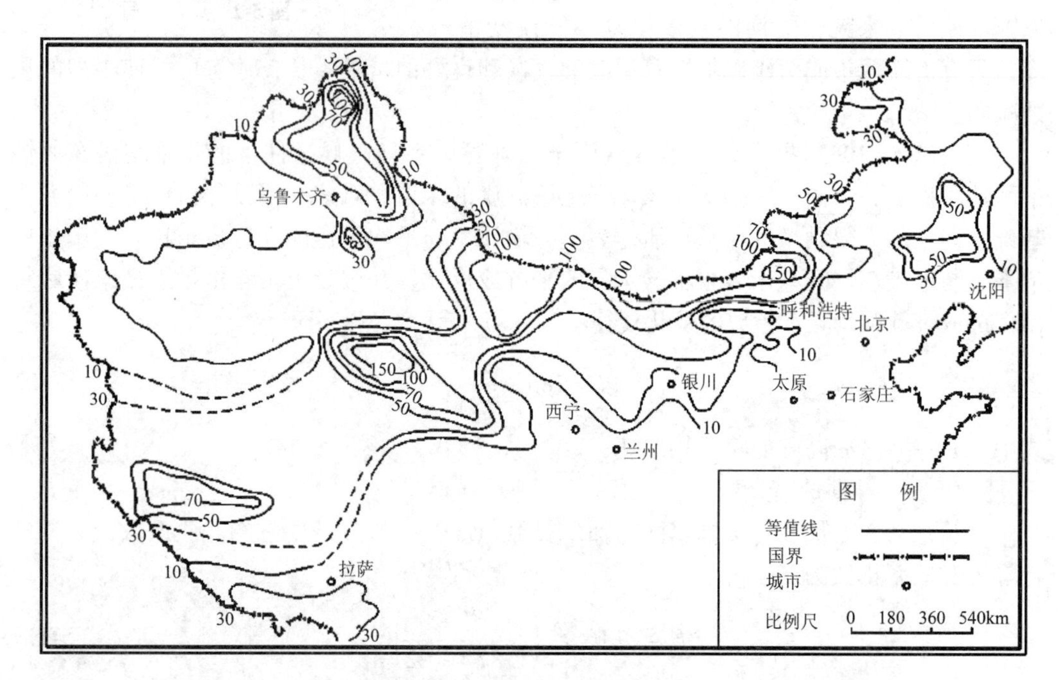

图 5-3 中国干旱半干旱地区年风蚀气候因子 C 值(据董玉祥，1994)

5.4.1.2 粗糙度因子

粗糙度因素是对风力有削弱作用的因素。尽管各类对地表粗糙度有影响的因子都很重要，但在野外，地表粗糙度本身常常难以确定，为了便于描述，把粗糙度因素分为以下8类。

(1)植被

植物作为地理环境的重要组成部分，着生于大气圈与土壤圈之间，强烈地影响着大气圈与土壤圈之间的能量转换与传递，因而是影响地表风蚀最活跃的因素之一。活的植被是土壤的永久保护层，其对风蚀过程的影响可表现在4个方面：①覆盖地表使被覆盖部分免受风力作用；②分散地面上一定高度内的风动量，从而减弱到达地面的风力作用；③拦截运动土粒，促其沉积；④固结土壤，改善土壤结构，提高土壤抗蚀性。

风对土壤的风蚀率是随着植被盖度的减少呈指数增加的。风洞试验表明，植被盖度在60%左右，当风速达到12.7m/s时，风蚀率几乎仍为零。随着植被盖度减少，风蚀率开始缓慢增加。当植被盖度减少至20%左右时，风蚀率突然猛增，这一趋势一直维持到植被全部消失。这样，我们可以将植被盖度对风蚀率的影响划分为3种阶段和程度类型：即植被盖度>60%时为无风蚀或轻微风蚀；植被盖度20%~60%时为风蚀率缓慢增加的中度风蚀阶段；植被盖度<20%时为强烈风蚀阶段。植被盖度变化的同时，土壤风蚀的量和质也在发生着变化。

Ash和wasson(1983)的观测表明，风流场在植物周围及植物之间形成5个区域：植被覆盖区、植物后部的微风区、下风向尾流区、两侧加速区以及植物间受影响区。当植被盖度较小时，5个区域发育比较完整，此时的气流称作单独粗糙流。当植被盖度增大时，周围的五个区域，尤其尾流区相互联结，此时的气流称为尾流相干流。植被盖度进一步增大时，植被间会出现程度不同的涡流，此时的气流就被称作敷涂气流，主要发展表面附着流。风蚀作用也随着改变。Ash和wasson的试验(风速为14m/s)研究表明，上述3种气流形式的变化主要取决于植物的间距(SP)与高度(h)之比值(Sp/h)。当Sp/h > 3.5时，气流为单独粗糙流；当Sp/h为3.5~2.25时气流为尾流相干流；当Sp/h <2.25时，气流为敷涂气流。中国科学院区旱区环境与工程研究沙漠与沙漠化重点试验室所做试验的风速为13.7m/s，与上述试验所用风速较为接近，采用上述指标所计算出的3种形势的气流所对应的植被盖度、粗糙度及相应的风蚀性质，见表5-10所列。

表5-10 风洞实验中植被特征与气流场形式

流场形式	植被间距与高度比	植被盖度(%)	糙度位移高度	风蚀程度
孤立粗糙流	>3.50	<18.64	<0.045	强烈风沙流风蚀
尾流相干流	3.50~2.25	18.64~30.20	0.045~0.100	净风与弱风沙流风蚀
表面附着流	<2.25	>30.20	>0.100	净风风蚀

(据董治宝等，1996)

从表5-10可以看出，在植被盖度的变化过程中，粗糙度、气流特征数及风蚀性质之间存在着较好的辩证统一关系。在植被盖度小于18.64%时，气流为单独粗糙流，其风蚀强度以强烈风沙流侵蚀为主；当植被盖度为18.64%~30.20%时，气流为尾流相干流，其风蚀兼有净风和风沙流侵蚀；当植被大于30.20%时，气流为表面附着流，其风蚀以净风侵蚀为主。

植被覆盖层在地表粗糙性的关系中，最重要的特性是其高度和密度，因为这两个特性决定气流接触地面的范围，并影响平均空气动力学表面的高度。高度和密度值随植被类型和环境条件而变化，但对于一定的植被类型，其高度和密度因季节而变化。对于一年生植物，生长季节特别重要。一种植物，生长到足以良好地保护土壤免于风蚀的高度所需要的时间，是一个基本因子，一般暖季茂盛，冷季生长缓慢甚至枯萎。正是由于植被的这一特性，加之于气候因素的季节性变化，造成了土壤风蚀的季节性变化。研究认为，草本和豆科植物最能有效地形成一稠密覆盖层，从而有效地保护土壤。过度放牧、不合理的耕作等破坏了原有的植被后，严重的风蚀就会随之而产生。

(2)作物残留覆盖

大多数作物收割以后，田间留有不同数量的作物残余物。这些残余物作为地面抗蚀性覆盖物对控制风蚀具有重要的作用。作物残余物控制风蚀的作用主要表现在：作物残余物或秸秆覆盖直接隔离了风与土壤的接触，加大了地面的粗糙度，防止风对土壤的侵蚀；此外，覆盖还能使土壤蓄积更多的水分，为以后的农作物生长提供水分需要，客观上也起到了防止风蚀的作用。据中国农业科学院土壤肥料研究所1992—1993年的试验，免耕秸秆覆盖，夏闲期2m土体比传统耕作法多蓄水9.9~11.5mm，休闲蓄水效率增加3.5%；深松秸秆覆盖，夏闲期比传统耕作法多蓄水23.8~34.9 mm，休闲蓄水效率增加9.3%~10.8%。

据研究，留茬地近地面风速比秋翻裸露旱地相对削弱50%，同时其地表粗糙度相对提高3倍。风季，裸露旱地吹失表土60t/hm^2，而留茬地不仅没有受到风蚀，反而沉积细沙和尘土3.8kg/hm^2，沉积细沙和尘土具有一定肥力，俗称“油沙”。可见，风蚀性旱地留茬，对于防止和削弱风蚀确有一定作用。风洞实验也表明，作物残余物对土壤风蚀起到明显的抑制作用。作物残余物控制风蚀的有效性与作物种类、覆盖量和覆盖方式有关。表5-11列出了各种类型和数量的作物残余物对沙壤土风蚀量影响的风洞试验结果。由表可以看出，直立留茬较平铺的高度大，能更好地控制风蚀，降低风蚀量；不同作物因密度的不同，对风蚀控制的效果也明显不同。

表5-11 稳定风速下不同类型的作物残余物对风蚀量平均作用的风洞试验

残余物数量(kg/hm^2)	风洞中的土壤风蚀量(t/hm^2)			
	小麦直立	小麦平铺	大豆直立	大豆平铺
0	6.47	6.47	6.47	6.47
91.9	1.14	3.49	5.34	5.96
183.8	0.04	1.02	3.33	4.27
367.6	T	0.04	1.6	2.18
551.4	T	T	0.57	0.90
1102.8	T	T	T	0.08

注：土壤为沙壤土；小麦与大豆直立高度均为25.4cm，T表示很小的风蚀量。

关于不同作物残余物控制风蚀的有效性，Siddoway等进行过系统研究。他们通过对不同种类、不同数量的残余物在不同取向时，控制风蚀效果的比较(风洞实验)，发现同一种类残余物控制风蚀的效果以直立状最好，倾斜状次之，倒伏时效果最差。当重量一定时，较纤细的作物残余物控制风蚀的作用更显著。

(3)土块和难蚀性碎片

在裸露的土壤表面上，如果没有足够多的难蚀性物质覆盖在地面，那么风蚀就将继续发展下去。在这个阶段，土块和难蚀性物质提供了直接覆盖，遮盖了留在地表的易蚀性颗粒。如果土壤是由可蚀和难蚀两部分物质组成，随着风蚀的发展，难蚀性物质的比例将随可蚀性物质的移走而逐渐增加，从而控制了风蚀的继续发展。但是，土块和难蚀性碎片在风力作用下，也会被渐渐风化、磨蚀，失去保护地表的功能(表5-12)，因此它们也不是理想的永久性保护物。土块和难蚀性碎片对易蚀颗粒的遮盖情况，也会随风向

表 5-12 不同摩阻流速条件下土块含量、土垄高度对土壤风蚀的影响

模拟土块含量(%)	土垄高度(cm)	不同摩阻风速下的风蚀量(kg/cm^2)		
		90cm/s	99cm/s	108cm/s
6	0	11.43	14.23	19.06
	1.3	6.05	10.65	16.70
	2.5	5.83	8.63	13.46
	5.1	3.81	6.05	7.96
	10.2	3.81	6.05	6.72
	20.3	4.26	6.96	10.98
12	0	3.36	5.24	5.40
	1.3	2.02	3.47	4.48
	2.5	1.79	2.58	3.70
	5.1	1.46	2.46	3.36
	10.2	1.93	2.24	3.02
	20.3	2.13	3.47	4.48
28	0	1.12	1.34	1.91
	1.3	0.22	0.34	0.56
	2.5	0.27	0.38	0.52
	5.1	0.34	0.49	0.74
	10.2	0.66	0.60	1.16
	20.3	1.03	1.14	2.13

的变化而变化。在某一风向下的遮盖程度与在另外风向下的作用不同。

难蚀性物质的遮盖情况可用遮挡率表示。正好满足阻止正在移动或开始移动的覆盖度，叫做临界地表遮挡率(或称为临界地表糙度常数)。把临界地表遮挡率还可定义为：两个无侵蚀障碍物之间的距离除以障碍物的高度。研究发现，耕作土壤上遮挡率在4~10之间变化，依赖于当时风的摩阻流速和易蚀部分的临界摩阻流速。一般说来，风的摩阻流速越高，并且土壤临界摩阻流速值越低，则临界地表遮挡率越低。

(4)土 垄

对于耕作土壤，人们在耕种时常常打起一条条的土垄，来阻截雨水、防止水土流失。实际上，土垄能够通过降低地表风速、增加动力粗糙度和拦截运动的风沙颗粒而有效地降低农田土壤风蚀，因而在减少土壤风蚀方面的作用也是相当大的。表5-12为不同风速下土垄对风蚀量的影响，特别是当风向与土垄走向成直角时，耕地后形成的垄沟，可以大量地阻止和捕捉土壤颗粒；而当风向与土垄平行时，其作用就减弱。土垄的高与宽的比例很重要，土垄太低，遮挡和捕捉作用弱，土垄越高，使土层土粒暴露于强风之下，以致在某些情况下，增大了土壤的风蚀量，失去了土垄的作用。Potter等对15°防护角时不同高度(14~290mm)和间隔(200~890mm)土垄的作用(土垄保护下地面不受磨蚀的比例)进行研究，结果表明土垄的作用与土垄高度关系密切，当土垄高度较低时，土垄作用随土垄高度的增加而迅速增大，当土垄高度大于100 mm时，土垄作用的增加很小。阿姆拉斯特(D. V. Armbrust)等研究了不同高低土垄的作用得出：当土垄边坡比为

1∶4、高5~10cm时，减缓风蚀的效果最好；低于这个高度的土垄在降低风速和拦截过境土壤物质方面，效果不明显；当土垄高度大于10cm时，在其顶部产生较多的涡旋，摩阻流速增大，从而加剧了风蚀的发展。此外，由易蚀物质组成的土垄的防风蚀作用也很小，它们很容易被风夷平。

(5)风 障

风障是设置在气流路径上的立式障碍物，它采用各种材料做成，如树枝、作物秸杆、卵石、编织物等。风障在防止土壤风蚀中的地位和作用，绝非简单的只是植被的辅助措施所能概括的，有时它将是极其重要的关键性措施，而且是植物措施无法代替的。尤其是在植物生长受到水分条件或季节的限制，植被难以发挥作用时，要防止风蚀和沙害，保护急需保护的地段，只有依靠风障这些工程措施。

风障分透风和不透风两种类型。当气流遇到风障时，在风障前产生大量漩涡，消耗了部分能量，同时在风障前的一定范围内气流形成弱风区；在风障下侧，同样会产生漩涡，消耗气流能量，形成弱风区。运动的气流遇到风障，在风障前速度变小，产生高压区，而再上方的气流受其影响较小，风速仍然较大，为低压区，于是风障前下部受阻的部分气流必然抬升，越过风障则增加了风障上方的气流能量。在风障下侧，上层的气流能量又逐渐补充到底层，因此在风障后一定距离处，风速值几乎达到与来流相同。对于透风性风障，部分气流通过风障间隙，必然产生了气流与风障之间的摩擦，也消耗了部分能量。所以，一般认为透风风障较不透风风障防护效果好。

不透风风障的防护效果依赖于风障与风向的交角和风障高度；而透风风障的防护效果还必须考虑透风率、风障材料等因素。严格说来，农田防护林也属于风障的一种，研究表明：垂直于风向布置林带，可使林带背风面的风速明显减小，而迎风面也有一较小的弱风区，这个减少值一般用自由风沙流的百分数表示，由于减少的程度与林带高度成正比，因此，就可以把这个值表示为林带高度的百分数。

风障及防风林带降低风速的作用与其高度及孔隙度(疏透度)有关，这一点在“荒漠化防治工程学”与“防护林学”等有关书籍中都有详细的论述，此处不再赘述。

(6)裸露田面长度

风力侵蚀强度随被侵蚀地块长度而增加，在宽阔无防护的地块上，靠近上风的地块边缘，风开始将土壤颗粒吹起并带入气流中，接着吹过全地块，所携带的吹蚀物质也逐渐增多，直到饱和。把风开始发生吹蚀至风沙流达到饱和需要经过的距离称饱和路径长度。对于一定的风力，它的挟沙能力是一定的。当风沙流达到饱和后，还可能将土壤物质吹起带入气流，但同时也会有大约相等重量的土壤物质从风沙流中沉积下来。

尽管一定的风力所携带的土壤物质的总量是一定的，但饱和路径长度随土壤可蚀性的不同而不同。土壤可蚀性越高(抗蚀性越低)，则饱和路径长度越短。切皮尔和伍德拉夫的观测表明，当距地面10m高处风速约18m/s时，对于无结构的细沙土，饱和路径长度约50m，而对结构体较多的中壤土，则在1500m以上。

若风沙流由可蚀区域进入受保护的地面时，蠕移质和跃移质会沉积下来，而悬移质仍可能随风飘移；风沙流再进入另一可蚀性区域时，又会有风蚀发生。

(7)地形的局部变化

拜格诺在沙丘链上做风剪切力局部变化特征的实验表明，在迎风坡上部剪切力最大。切皮尔等人发现，在小圆丘地形上，这个规律同样适用。试验表明，在水平地面及坡度为1.5%的缓坡地形上，一般风速梯度和摩阻流速基本不变。但对于短而较陡的坡，坡顶处风的流线密集，风速梯度变大，使高风速层更贴近地面。这就使坡顶部的摩阻流速比其他部位都大，风蚀程度也较严重。即随着坡度增加和接近小丘顶部，土壤损失量增加很快。

表5-13为切皮尔计算出的不同坡度土丘顶部及坡上部相对于平坦地面的风蚀量。

表5-13　坡面上相对于平坦地面的风蚀量

坡度(%)	相对风蚀量		坡度(%)	相对风蚀量	
	坡顶	坡上部		坡顶	坡上部
0~1.5(平坦)	100	100	6.0	320	230
3.0	150	130	10.0	660	370

(8)降　雨

降雨使表层土壤湿润而不能被风吹蚀。切皮尔在美国大平原地区的研究表明，当地上15cm高处风速为8.9~14.3m/s、表层土壤实际含水量相当于水分张力在15个大气压时土壤含水量的0.81~1.16倍的状态下，风蚀可能发生。比索尔(F. Bisal Etal，1966)等在加拿大的研究也得出类似的结果。然而，表层土壤湿润持续时间很短，在强风作用下很快干燥，即使下层很湿，风蚀也会发生。

降雨还通过促进植物生长间接地减少风蚀。特别是在干旱地区，这种作用更加明显。由于植物覆盖是控制风蚀最有效的途径之一，作物对降雨的这种反应也就显得特别重要。

降雨还有促进风蚀的一面。原因是雨滴的打击破坏了地表抗蚀性土块和团聚体，并使地面变平坦，从而提高了土壤的可蚀性。一旦表层土壤变干，将会发生更严重的风蚀。

5.4.2　可蚀性因子

地表物质的可蚀性主要是由其固有的性质决定的。每一种颗粒的可蚀性依赖于它的直径、密度和形状；而大部分土壤主要地由各种力把单粒结合在一起的土块组成。这些结构单位的状态和稳定性(抗蚀性)在很大程度上决定着野外土壤的可蚀性。切皮尔发现，直接影响风蚀的土壤特性有：受水和雨滴的黏结力和耗散力影响的土壤抗蚀稳定性；土壤结构体的状态，比如可蚀与不可蚀土粒的大小、形状和密度；土壤结构体抗机械破坏的稳定性，如耕作、磨蚀和风力的直接作用；土壤结构体抗自然因素破坏的稳定性，如旱、涝、冻、融等。这些土壤特性直接影响着土壤的风蚀性，被称为土壤的基本特性，它们大都受土壤的固有或附加的土壤基本因子的影响。

5.4.2.1　水和雨滴的黏结力和耗散力

土壤可蚀性是单个颗粒周围水膜黏结力的一个函数。土粒的水膜黏结力和重力共同形成了阻力 r，只有克服这一阻力，才可能发生风蚀。

对于光滑的土壤表面(粗糙度在2.5cm以下)，若摩阻流速 $u_* = \sqrt{\tau/\rho}$，则含有水分的可蚀性颗粒的风蚀量可利用公式表示为

$$Q = C\sqrt{\frac{d}{D}}\,\frac{\rho}{g}\left(\frac{\tau - r}{\rho}\right)^{\frac{3}{2}} \tag{5-14}$$

并且，在一定面积内含水土壤运动的相对量为

$$I_w = C\left(\frac{\tau - r}{\rho}\right)^{1.5} \tag{5-15}$$

式(5-14)和式(5-15)只适用于含水量低的松散干燥土壤，而不能用于湿润后又干燥到一定程度的土壤，因这时已引起土壤的固结作用——由细小颗粒水膜收缩产生的固结作用。

湿润和干燥对堆积物只会引起微弱的固结作用，如风积物，但可引起其他物质较强的固结。覆盖于大部分风蚀区域表面的堆积物是由水稳性颗粒组成的，没有可以与它们黏附的细小颗粒。只有跃移颗粒的冲击，才能破坏这些水稳性颗粒，并使其开始运动。

另一方面，松散的土壤(而不是堆积物质)经历先湿润后干燥变化时，细小的颗粒趋于黏结整个土体形成坚硬的大块，从而使抗风蚀力大大加强。在雨滴的作用下，表皮壳也是这样形成的。除了近地表处外，初次形成的二次团聚体或土块在经过湿润和干燥的作用一般不变形，只是一些可辨认团聚体的紧实度和胶结度之间的变化。这种胶结作用对于防止土壤风蚀是很重要的，但往往胶结度太弱，以致不能用干筛或湿筛法测定。

5.4.2.2 土壤结构单元的机械稳定性和磨蚀性

干燥土壤对机械破坏作用(如耕耘、风力)或对风挟物质磨蚀的阻抗性能称为机械稳定性。它是由土壤颗粒间的黏结作用而产生的，采用干筛法在旋转筛上重复干筛，便可很容易地测定出土壤的机械稳定性。机械稳定性是地表对磨蚀和风蚀阻抗的一个相对测量值。

磨蚀作用是风蚀过程的一个重要方面，磨蚀的强度取决于物质结构单元(团聚体)的机械稳定性，磨蚀的强弱常用磨蚀系数 A 表示，即

$$A = W_r\left(\frac{15.54}{V}\right)^2 \tag{5-16}$$

式中 W_r——在风速 V 的风吹刮作用下，单位重量土壤被磨损的重量；

V——风速。

不同结构的土壤的磨蚀系数与土壤机械稳定性的变化相反，可由干筛法重复测定。

由于水和雨滴的作用使土壤形成了表面结皮，对风蚀有一定抗性，因此在土壤开始移动时就需要一个很高的摩阻流速，但土壤一旦开始运动，结皮被破坏，极易遭受风蚀，所以，对于任何土壤，其临界摩阻流速依赖于先期的风蚀情况，它总是小于未受侵蚀土壤的原始起动风速，而大于干沙物质的起动风速。

土壤表皮是不均匀的，它由各种胶结程度不同的结构单元组成，对于不同的土壤和不同土壤结构单元来说，其胶结程度和土壤可蚀性变化很大，常见的胶结物质有两种：非水溶性的和水溶性的。它们对下列不同机械稳定性的结构单元是有影响的。①初次团

聚体；②二次团聚体或土块；③二次团聚体间的细粒物质；④表层结皮。

5.4.2.3　土壤结构的状态和稳定性的相对性

土壤的可蚀性主要取决于土壤结构单元的大小、形状、密度及结构单元的机械稳定性。前者称为土壤结构的状态，后者称为结构的稳定性。二者哪个占主导地位，便是土壤结构状态和稳定性的相对势度，它随区域面积、地表粗糙度和其他一些因素的变化而变化。如果区域面积很小，磨蚀作用很微弱，则结构的状态就相对地重要，势度就大；若区域面积很大，磨蚀又较为严重，则机械稳定性相对来说就较为重要，势度就大。

5.4.2.4　季节对土壤结构和可蚀性的影响

生物活动以及旱涝、冻融的交替变化对土壤结构和可蚀性有很大的影响。由此，土壤的结构情况和可蚀性也便随季节的变化而波动。风洞实验结果表明，对于同样深度的土壤来说，土壤中大于0.84mm的土块含量(%)、土块的机械稳定性(%)秋季的值均高于春季的值，从而使得风洞中直到运动停止时的总风蚀量呈现反向变化，即春季的总风蚀量总是大于秋季的风蚀量。这种规律性的变化在越接近地表的情况下表现得越为明显。在冬季里，土壤一般总是湿润的，此时它的成块性及机械稳定性均降低，而可蚀性却升高了。这种变化在地表或接近地表处最为明显。

5.4.2.5　地表物质可蚀性基本因子

土壤基本因子可通过影响土壤结构单元的机械稳定性而间接地影响风蚀。这些基本因子最主要的包括土壤质地、水稳性结构、土壤有机质、土壤水分、土壤结皮、碳酸钙、有机质分解的各种产物和土壤胶体的性质等。

(1)土壤质地

由于不同粒径土壤颗粒间内聚力、地表粗糙度与持水力等的不同，不同土壤粒径的风蚀临界风速值差异显著，使得其风蚀量差别极大。因此，由不同粒级的颗粒组成的质地不同的土壤，在同一级风力作用下的风蚀量大不相同。风洞模拟实验结果说明，各类土壤的风蚀量相差悬殊，其中风蚀量以砂土最高、黏壤土最低，风蚀量最大的砂土的风蚀量是风蚀量最小的粉砂黏壤土风蚀量的41.5倍(表5-14)。吴正(1962)的野外观测资料表明，在相似风速条件下，松散无结构的砂土要比具有一定土粒结构稳定性的砂壤土的抗风蚀能力低得多，其风蚀量大5.6倍，董光荣等(1987)对同一沙丘上下两层土样的风蚀实验结果表明，下伏古风成沙风蚀量是上覆粉质壤土的131倍。

表5-14　不同质地土壤风蚀量的风洞实验

土壤类型	干土团粒径(mm)				风蚀量(T/A)
	>6.4	6.4~0.84	0.84~0.42	<0.42	
砂土	0.6	2.7	15.7	81.0	49.8
壤砂土	0.3	5.6	16.6	76.5	29.4
砂壤土	19.9	16.7	20.1	43.3	5.4
粉砂壤土	24.3	20.1	19.3	36.3	2.2

（续）

土壤类型	干土团粒径(mm)				风蚀量(T/A)
	>6.4	6.4~0.84	0.84~0.42	<0.42	
黏壤土	26.7	21.9	18.3	33.1	1.9
粉砂黏壤土	117.5	26.1	29.8	26.6	1.5
粉砂黏土	25.1	24.3	27.3	23.3	1.2
黏土	0.3	16.9	41.4	39.4	3.4
	2.5	17.7	28.2	51.6	6.7

（据 Chepil，1953）

对于由单一机械组成(砂、粉砂或黏土)的土样，直径在0.005~0.01mm的粉砂土具有最大的团聚度和抗风蚀度，土壤中粉砂的比率越大，砂的比率越小，则风蚀度越低。在不同质地的土壤中，沙土和黏土是最易被风蚀的土壤。因为，质地较粗的沙土中缺少黏粒物质，不能将沙粒胶结成有结构的土壤；黏土易于形成团聚体和土块，但稳定性很差，特别是冻融作用和干湿交替而使其破碎。切皮尔的分析表明，当土壤中黏粒含量约在27%时，最有利于抗风蚀性团聚体或土块的形成；小于15%时，很难形成抗风蚀的团聚结构。极粗沙和砾石很难被风所移动，有助于提高土壤的抗蚀性。

一般地，土壤可蚀性指标 I_w 和黏土量的关系符合以下方程

$$I_w = aW^b c^W \tag{5-17}$$

式中 W——土壤中黏土含量的百分率；

a、b、c——常数。

我国干旱区风成沙的粒度成分，以细沙(0.25~0.10mm)为主，其次为极细沙和中沙，粉沙含量不多，粗沙最少，几乎不含极粗沙。特别是表层土壤中黏粒含量均在10%以下(表5-15)，这样的土壤质地很难形成抗风蚀的结构单位，因而造成干旱、半干旱风沙区土壤极易被吹蚀的特点。

表 5-15 毛乌素沙区地带性土壤的机械组成

土壤名称	表层各粒级(mm)百分比(%)						土壤质地
	1~0.25	0.25~0.05	0.05~0.01	0.01~0.005	0.005~0.001	<0.001	
普通淡栗钙土	5.44	80.53	2.08	0.90	3.81	7.24	砂壤土
薄层淡栗钙土	13.18	58.41	20.69	1.66	2.87	3.19	紧砂土
碳酸盐淡栗钙土	11.08	61.36	17.64	1.43	6.67	1.81	紧砂土
原始栗钙土	57.68	38.00	1.60	1.04	0.50	0.28	松砂土
碳酸盐棕钙土	5.29	51.86	34.52	2.26	3.93	2.14	紧砂土
原始棕钙土	37.26	55.16	1.29	0.31	0.97	2.98	松砂土

(2)水稳性结构与不可蚀颗粒

切皮尔发现，粗的(粒径大于0.84mm)和细的(粒径小于0.02mm)水稳性颗粒均能增加土壤中土块的数量并降低土壤风蚀，但能显著抵抗风蚀的却是大于1mm团聚体含量高的土壤。较小的团聚体通常形成较大的结构单位——土块。土壤中大于0.84mm的干

燥不可蚀土粒比例 B 与水稳性部分的关系符合线性方程 $B=a(y-b)$。其中，y 为水稳性部分(小于 0.02mm 和大于 0.84mm)的百分比；a，b 为常数。在地表下 2.5cm 的地方，a 和 b 的值分别为 3 和 4，它们随距土壤表面的深度变化，可能取决于土壤的坚实度。土壤可蚀性指标 Iw 与小于 0.02mm 和大于 0.84mm 水稳性颗粒百分比的关系符合 $I_w=ab-y$。其中 a，b 为常数，分别取值为 1000 和 1.35。可蚀性指标的对数值与水稳性部分百分比之间的相关系数为 0.72，也是十分显著的。

切皮尔(1953)通过风洞实验将土壤粒度组分按其抗风蚀性的差异划分为 3 部分：小于 0.42mm(0.05～0.42mm)的为高度可蚀因子；0.42～0.84mm 为半可蚀因子；大于 0.84 则为不可蚀因子。格里高利(J. M. Gregory)和威尔逊(1992)通过量纲分析认为，松散土粒的可蚀性与颗粒起动风速的平方成反比，对于松散土壤表面，颗粒的起动风速主要取决于粒度组成，地表物质的粒度组成特征与风蚀的关系十分密切。

(3)土壤有机质

有机质含量高的土壤肥力相应较高，且便于耕作，但却易受风蚀。在土壤中施入麦秸增强土壤有机质的试验表明，麦秸在分解过程中，能增强土壤有机质，促进土壤团聚体的形成并提高其稳定性，不利于风蚀发展；但超过一定年限后，麦秸分解完，土块形成率降低，又向反方向变化，即风蚀性增加。在研究同一气候条件下受同样处理的土壤样本时发现，含有高比例有机质的黑色土与棕色土和栗色土相比，含有的可蚀成分更高，而易受风蚀。由此可以断定：对于改善土壤团聚性来说，给土壤中不断掺施有机物是必要的，而且，这些物质留在地表，破碎率较低，比把它们犁入土中更有效。因而，在生产中常通过增施有机肥及植物秸秆来改良土壤结构，提高抗蚀能力。

此外，在植物性物质加速分解期间，粒径大于 0.84mm 的粗粒水稳性团聚体比例增加，而粒径小于 0.02mm 的细粒水稳性团聚体含量减少，由大于 0.84mm 不可蚀干燥土壤团聚体含量所决定的土壤成块性也增加了，风洞实验测得的风蚀率也降低了。土壤中植物性物质越多，这种作用开始就越明显，当停止在土壤中增加植物残体，这些作用就逐渐变小，2～8 年后作用消失，而转向风蚀增强的反向变化。根据土壤中植物残体的多少，这个反向变化要持续 2～5 年。有机质的减蚀作用持续时间依赖于开始向土壤中添加的植物物质的量，添加的越多，这些作用持续越久。停止添加植物物质 4 年后，几种不同类型土壤都表现为十分低弱的成块性和十分高的可蚀性(表 5-16)。

表 5-16 分解作用和被分解植物物质对土壤结构和可蚀的影响

添加年限与分解状态	添加植物数量(%)	水稳性颗粒(%)		>0.84mm土块含量(%)	风洞中的相对风蚀量(%)
		>0.84mm	<0.02mm		
添加半年后，植物仍在分解	0	1.4	16.3	38.1	100
	1	2.0	13.2	39.1	90
	6	5.1	11.3	43.7	79
添加 4 年后，植被已被分解	0	0.9	11.5	48.8	100
	1	0.8	10.9	47.6	118
	6	1.2	9.4	42.4	282

植物在分解过程中，在微生物的作用下形成大量的胶结物质，它们把土粒黏结在一起，最后形成团聚体。但分解的初始产物的团聚作用是暂时的，随着这些产物被微生物的转化，团聚作用会下降。将植物体加入土壤中就不像将其置于土壤表面作用显著，在土壤表面植物体分解缓慢，可连续补充胶结物质很长时间，改进的团聚作用在细菌数量减少后还能持续很长一段时间，并非仅在初始分解产物存在时起团聚作用。

(4)土壤水分

颗粒间的黏聚力对小于0.1mm的细粒物质的风蚀过程是相当重要的影响因素。大于0.1mm的粗粒物质在干燥状态下，颗粒间的黏聚力可以忽略。风洞实验和野外观测研究表明，风蚀强度对被蚀物质中的水分含量是特别敏感的。众所周知，土壤风蚀程度是随干旱期到来而增加、随适宜的湿润条件而减少。水分是通过提高起动风速来影响风蚀的。当土壤物质中有水分存在时，水分子被颗粒所吸附，在颗粒间的接触处形成一层膜，增加了颗粒间的黏聚力，使起动风速提高，风蚀强度减弱。

土壤含水量越高，抗风蚀能力越强，风蚀临界风速值越大。切皮尔(1956)根据其风洞实验结果指出，土壤可蚀性与水分含量成反比，且随土壤水分增加量的平方而减小，含水量2%基本上是一个转折点，当含水量小于2%时，抗风蚀能力随含水量增加而增大，风蚀临界风速值也随之增大，且变化较大；当含水量大于2%时，抗风蚀能力变化趋于稳定，随含水量增大的变化较小。当土壤水分的黏性力达到大气压的15%，则土壤不会发生风蚀。Belly(1964)指出，临界摩阻流速随含水量的增加而迅速增加，直到含水量为2%~3%时，临界摩阻流速仍然非常高(图5-4)。但比萨尔(Bisal)等(1966)通过风洞实验发现，若要有效地控制风蚀，颗粒较细的物质需要较高的含水率，砂壤土在水分含量超过4%时，一般不出现风蚀。艾兹佐夫(A. Azizov，1977)提出，起动风速与含水率之间的关系为指数函数，当含水量超过4%时即无风蚀发生。尼科令(1978)通过野外观测发现，发生土壤风蚀的上限含水率为3%~4%。洛吉(1982)也认为，土壤风蚀的上限含水量为4%。在自然界的大多数风速条件下，若含水率大于5%时，一般不发生风蚀。

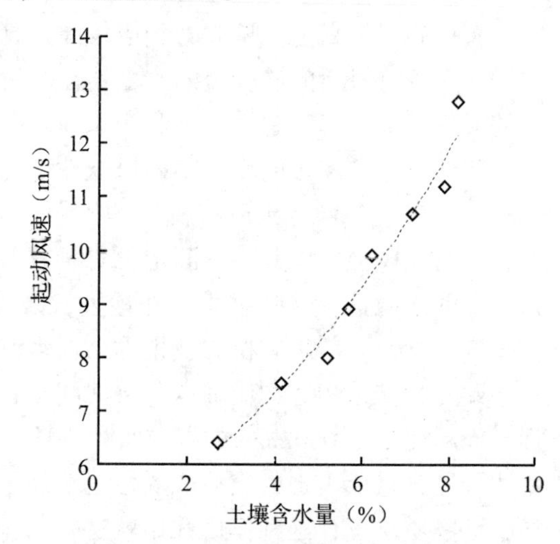

图5-4 土壤含水量与起动风速的关系

在土壤风蚀中，水分的另一个主要作用是通过雨滴的打击作用将粉粒和黏粒物质形成地表结皮，从而完全阻止风蚀过程和发生。在土壤结皮的形成过程中，易风蚀的物质常在地表集结并呈现松散的状态，当易风蚀物质被风蚀后，残留物形成结皮或直接覆盖地表，可保护地表的下层物质免遭风蚀。在风力等的作用下，结皮会被磨蚀，磨蚀的速度主要取决于风力的大小、土壤种类、外界环境因素等。地表结皮在自然条件下抵御损坏的时间很长，但在人为因素如耕作等的破坏下，则很快就会失去对地表的保护作用，从而使地表遭受风蚀。

(5)碳酸钙

大量的研究结果表明，碳酸钙或石灰含量高的土壤，其成块性和机械稳定性会大大降低，土壤的可蚀性也明显大，但沙质土壤例外。这是由于碳酸钙为一种弱度胶结物，在沙质土中施入碳酸钙后，利于土壤的胶结，从而利于抵抗风蚀，特别对冬季风蚀的降低有一定的作用。实验表明，在粉砂壤土和砂质壤土中，含1%~5%碳酸钙将会大幅度引起土块碎裂、土块机械稳定性的降低，并增加风蚀度。土壤中的碳酸钙含量超过10%，对防治风蚀是比较危险的；而不超过0.3%时，不会影响土壤的可蚀性。

在半干旱地区，土壤中一般总是积累有一层碳酸钙，且该层经常被耕犁带到土壤表层，尤其是土壤的已被风蚀搬运的地段，更易被带到表层。在较高的地段(如丘部)，碳酸钙层总会因风蚀而暴露于表面，这就更增加了风蚀的危险性，并且以丘部碳酸钙层作为扩散点，将迅速引起周围土壤的风蚀。

5.4.3 人为因素

人为因素可以改变地表气流与地表物质之间的平衡，增加地表物质的可蚀性。从本质上说，各种人类经济活动如不合理的土地翻耕、放牧、樵采等都会破坏原始地表的保护物或削弱原地表的抗风蚀能力而影响风蚀及其过程。董光荣等(1987)的风洞模拟实验结果表明，翻耕与未翻耕土地的风蚀量在7~12级的风力条件下相差悬殊，翻耕地总风蚀量为未翻耕地的约15倍，牲畜践踏可使风蚀量增加15%。

5.4.3.1 土地开垦

土地开垦与农作翻耕可彻底破坏地表植被，破坏表层土壤结构，极大地降低了土壤颗粒间的结持力，从而使土壤抗风蚀能力急剧降低，风蚀量急剧扩大。风洞实验数据(表5-17)表明，当地表破损率大于34%时，地表风蚀率将显著增加，而小于34%时，风蚀量远小于破损率在34%时的状况。因此，保持比较低的地表破损率，对防止强风蚀具有积极的意义。风蚀率(E)与地表破损率之间的关系可用幂函数表达

$$E=A+B\times SDR^2 \tag{5-18}$$

式中 A，B——实验特定系数；

SDR——地表破损率(%)。

表5-17 风洞实验中风蚀率与地表破损率之间的关系

破损率	项目					
破损率 2.4%	风速(m/s)	5.0	10.0	15.0	20.0	25.0
	风蚀率(g/min)	0.00	0.40	0.49	0.69	1.04
破损率 6.90%	风速(m/s)	7.0	12.0	17.0	22.0	27.08
	风蚀率(g/min)	0.56	0.80	1.15	1.74	2.71
破损率 16.26%	风速(m/s)	6.8	11.6	16.2	20.8	26.4
	风蚀率(g/min)	0.72	0.84	1.37	2.51	5.39
破损率 25.50%	风速(m/s)	7.1	11.9	16.0	21.2	24.0
	风蚀率(g/min)	0.89	1.62	4.29	6.84	11.34

（续）

破损率 34.4%	风速(m/s)	7.0	11.8	16.8	22.0	25.6
	风蚀率(g/min)	1.10	2.80	10.03	20.27	43.07
破损率 47.4%	风速(m/s)	7.0	11.6	15.9	21.9	24.7
	风蚀率(g/min)	4.62	9.51	36.63	70.59	117.99
破损率 62.7%	风速(m/s)	6.9	12.1	17.2	21.9	27.2
	风蚀率(g/min)	5.37	20.03	86.10	214.37	351.67
破损率 100%	风速(m/s)	7.1	12.7	16.7	21.3	26.1
	风蚀率(g/min)	17.00	55.75	145.75	375.05	926.75

（董治宝等，1997）

土地开垦同时破坏土体结构和植被覆盖，其影响风蚀的作用为植被盖度减小与土体结构破坏影响的总和。假设由植被盖度减小造成的风蚀率为植被风蚀率，由土体结构遭破坏引起的风蚀率为结构风蚀率，则根据对风洞实验结果的计算机模拟，土地开垦引起的风蚀量，见表5-18所列。风蚀强度随土地开垦率的增加呈指数增大。

表5-18 风洞实验中风蚀率与土地开垦之间的关系

土地开垦率(%)	2.40	6.90	16.26	25.60	34.40	47.40	62.70	100.00
植被风蚀率(g/min)	0.09	0.13	0.31	0.76	1.73	5.89	24.84	830.14
结构风蚀率(g/min)	0.36	0.82	0.92	2.77	5.12	15.40	36.25	53.72
总风蚀率(%)	0.45	0.95	1.23	3.53	6.85	21.83	61.08	883.86

（董治宝等，1997）

5.4.3.2 牲畜践踏

风洞实验结果表明(表5-19)，遭践踏的土壤总风蚀量相当于未践踏的1.144倍，即践踏后的土壤风蚀速度加快了14.40%，而我国常见风速(4~5级)下践踏后的土壤风蚀速度比未践踏的加快了66.67%，足见牲畜超载或放牧不合理，其加速值会更大。

表5-19 牲畜践踏对土壤风蚀的影响

地表状况	各级风10min的风蚀量(kg)					
	4~5	6~7	8~9	10~11	12	合计
未践踏	0.12	0.44	0.43	0.70	0.46	2.15
已践踏	0.20	0.47	0.53	0.64	0.62	2.46
增加百分比(%)	66.67	6.82	23.26	-8.57	34.78	14.42

5.4.3.3 樵　采

打柴和挖药材(樵采)破坏植被，造成沙质地表的裸露，成为风蚀的突破口，在风力作用下加剧了原地表的风蚀强度(表5-20)。因此，滥樵同样也是风蚀的重要影响因素。

表 5-20 不同樵采面积的风蚀量对比

樵采面积(%)	吹风时间(min)	风力等级(级)	总风蚀量(kg)
0	15	10	0.34
10	15	10	0.40
30	15	10	0.46
60	15	10	1.68
100	15	10	9.12

通过以上因子的分析可见，人类的农牧等生产活动对土壤风蚀有着重要的加速与加剧作用，其加速值可达 10 余倍以上。许多学者经过大量的野外观测和风洞试验研究指出，人类不合理翻耕土地、放牧和樵采等经济活动是加剧土壤风蚀的重要人为因素；耕作通过改变土壤特性、微地形和作物残体等因素而影响土壤风蚀等(Fryrear，1984，1985；董光荣等，1987；董治宝等，1997)。人为活动对土壤风蚀的影响形式见表 5-21 所列。但人为活动如果采取防治风蚀的措施，也会减缓风蚀的速度。因此，在生产实践上，消除不合理的人为活动应是防治土壤风蚀、沙漠化的重要措施。

表 5-21 乌兰布和沙漠绿洲人为活动对绿洲农田土壤风蚀的影响(据董智，2004)

人为活动	影响形式				
	破坏天然植被	破坏土壤结构	扩大可蚀面积	降低粗糙度	减少可蚀成分和覆盖
开荒造田	++		+	+	
平整田地		+		++	
播　种		++			
收割作物			+	+	++
翻　地		++	+		
破碎土块		+			++
耙磨地		++	+	++	+
过度放牧	++				
打　草	++		+	+	+

注：++为主要作用，+为将要作用。

5.5 土壤风蚀模型

土壤风蚀预报技术是为维护风蚀土地的可持续利用而发展起来的。它以风蚀动力过程及风蚀因子的影响作用研究为基础，用定量模型来估算风蚀强度，广泛应用于指导风蚀防治实践，是近年来土壤风蚀研究的核心。风蚀模型是风蚀规律的定量表达形式，建立风蚀模型的目的是为了定量揭示风蚀的强度与程度、预测可能的发展趋势和确定有效的控制措施。

最简单的风蚀模型为 Bagnold 的输沙率方程，其中只包含了风速和沙粒粒径 2 个变量，远不能满足预报复杂的风蚀过程的需要。20 世纪 40 年代以后，有不少科学家致力于风蚀模型研究。过去的半个多世纪，风沙科学家们根据各国的实际情况，利用不同的方法建立了不同的土壤风蚀模型。建立预报模型的基本思想是用定量函数表示土壤风蚀过程中诸影响因子的作用及其定量关系。根据目前研究成果，已有的风蚀模型可分为经验模型、物理模型和数学模型3类。经验模型主要是根据实验或野外观测结果用统计分析方法建立起来的，缺乏严密的物理和数学基础。物理模型是在确定模型变量的基础上，通过各变量在风蚀过程中作用物理机制的分析研究，应用物理学方法建立起来的。因为目前土壤风蚀过程中的很多物理机制尚不清楚，所以，所建立的物理模型都是高度简化的，难以反映风蚀的客观规律。数学模型主要是通过风沙两相流体动力学方程组的求解得出。一般而言，针对风蚀过程列的方程组是十分复杂的，在求解的过程中不得不逐步简化。再者，数学模型中的许多参数的物理意义不明确，在实际应用中无法确定。

5.5.1 通用风蚀方程(Wind erosion equation)

1954年，切皮尔(Chepil)提出了土壤风蚀量X与土壤可蚀性团聚体百分数I、地面作物残余数量R、土垄粗糙度K之间的关系式

$$X=491.3\frac{I}{(R+K)^{0.853}} \tag{5-19}$$

随着研究成果的不断积累，风蚀预报模式也不断得到修正。在综合大量先期研究成果的基础上，1965年，伍德拉夫(Woodruff)和西多威(Siddoway)提出了直至目前仍广为应用的风蚀模型(Wind erosion equation，*WEQ*)。该模型是第一个用来计算田间土壤风蚀量的经验模型，曾被广泛应用并不断修订。*WEQ*可以预测农田风蚀量，并可通过方程确定风蚀防治措施以达到风蚀容忍量以下，确定防护带的间距，估算农田风蚀悬移物总量，估计风蚀对农田土地生产力的影响，因而被推广应用于美国大平原地区及全国的风蚀量估计。

*WEQ*包括气候因子、土壤可蚀性因子、地表粗糙度因子、地面裸露区域长度和植被覆盖等5组11个变量，其表达式为，

$$E=f(I,\ C,\ K,\ L,\ V) \tag{5-20}$$

式中 E——单位面积土壤年风蚀量；
I——土壤可蚀性因子；
K——土垄粗糙度因子，无量纲；
C——气候因子，无量纲；
L——地块沿着主导风向的宽度因子；
V——植被覆盖因子。

5个变量组分分别是若干子变量的参数，各变量组彼此相互独立，变量组之间为乘积关系。利用*WEQ*计算土壤风蚀量时，计算方法非常复杂，要经过5步查法图解才能得出土壤风蚀量。一般计算步骤为：$E_1=I\cdot Is$，$E_2=E_1\cdot K$，$E_3=E_2\cdot C$，$E_4=E_3\cdot f(L)$，$E_5=E_4\cdot f(V)$，$E=E_5=I\cdot Is\cdot K\cdot C\cdot f(L)\cdot f(V)$。其中$E$，$I$，$K$，$C$，$L$，$V$参数意义同上，$Is$为对应上风向土丘坡度(%)的土壤可蚀性(%)，$E_1\sim E_5$表示计算步骤次序。为了简化计算，研究者们准备了很多图表，用来求解*WEQ*所涉及的各种函数关系。尽管如此，通过*WEQ*计算土壤风蚀的工作量仍然很大。直到20世纪70年代，随着计算机求解的运用和野外工作中滑动计算尺的成功制作，*WEQ*计算工作量大的问题在一定程度上得

以解决。

WEQ 是建立在大量野外观测基础上的风蚀方程，它首次引入综合性思想来预报风蚀，为后来的风蚀预报提供了思路，因而被广泛应用。但 *WEQ* 也有其一定的局限性，主要表现在：① *WEQ* 是建立在美国堪萨斯州的气候条件基础上的经验模型，应用于气候条件差异较大的地区时，误差较大。② *WEQ* 在计算中没有考虑各种风蚀因子之间的复杂关系，将各因子视为彼此独立的，因而风蚀因子的总体效应均用乘积的方式来表达，由此会夸大某些因子的作用。③ *WEQ* 假设风蚀过程类似于沿山坡而下的雪崩与碎屑物，对于其他地形区域，其应用受到限制。④ *WEQ* 是一个纯经验模型，只注重宏观上应用的方便，与微观的风蚀机制研究脱节，得不到风蚀基础理论的支持。因此，*WEQ* 被不断修订，已被 *RWEQ* 替代。

5.5.2 修正风蚀方程(RWEQ)

针对 *WEQ* 的局限性，美国农业部组织一些学者于 20 世纪 80 年代后期开始对 *WEQ* 进行了修正，提出了修正风蚀方程(Revised wind erosion equation，*RWEQ*)(Fryrear et al.，1994)，其目的是应用简单的模型变量输入方式来计算农田风蚀量，其基本前提是牛顿第一运动定律。

RWEQ 充分考虑了气象、土壤、植物、田块大小、耕作以及灌溉等因子，通过下列 3 个公式来预测土壤风蚀量，即

$$Q_x = Q_{max}\left[1 - e^{-\left(\frac{x}{L}\right)^2}\right] \tag{5-21}$$

$$Q_{max} = 109.8(WF \times EF \times SCF \times K' \times COG) \tag{5-22}$$

$$s = 150.7(WF \times EF \times SCF \times K' \times COG)^{-0.3711} \tag{5-23}$$

式中 $\frac{x}{L}$——从不可蚀边界起算在田块下风向长度 x 处的风蚀量(kg/m^2)；

Q_{max}——风力的最大输沙量(kg/m)；

s——关键地块长度(m)，定义为达到风力的最大输沙能力 63.2% 处的田块长度；

WF——气象因子；

EF——土壤可蚀性成分；

SCF——土壤结皮因子；

K'——土壤粗糙度；

COG——植被因子，包括平铺作物残留物、直立作物残留物和植被冠层。

其中上述各因子又可通过以下一系列的公式进行计算：

$$WF = Wf\frac{\rho}{g} \times SW \times SD \tag{5-24}$$

$$SW = \frac{ET_p - (R+I)\frac{R_d}{N_d}}{ET_p} \tag{5-25}$$

$$ET_p = 0.0162\left(\frac{SR}{58.5}\right) \times (DT + 17.8) \tag{5-26}$$

式中　WF——气象因子(kg/m)；

Wf——风因子(m/s)；

ρ——空气密度(kg/m^3)；

g——重力加速度(m/s^2)；

SW——土壤湿度；

SD——雪覆盖因子；

ET_p——潜在相对蒸散量(mm)；

R_d——降雨日数和/或灌溉次数；

$R+I$——降雨量和灌溉量(mm)；

N_d——日数(一般为 15d)。

其中，风因子 Wf 可通过下式计算：

$$Wf = \sum_{i=1}^{N} u_2(u_2 - u_t)^2 N_d / N \tag{5-27}$$

式中　u_2——2m 处的风速(m/s)；

u_t——2m 处的临界风速(假定 5m/s)；

N——风速的观察次数(一般用试验期间天数 1~15d 的 500 次测定数值)；

N_d——试验期间天数。

土壤结皮因子 SCF 由下式计算：

$$SCF = \frac{1}{1+0.0066(CI)^2+0.021(OM)^2} \tag{5-28}$$

式中　CI——黏土含量(%)；

OM——有机质含量(%)。

土壤可蚀性成分通过下式计算：

$$EF = \frac{29.09+0.31Sa+0.17Si+0.33Sa/CI-2.59\mathrm{OM}-0.95\mathrm{CaCO_3}}{100} \tag{5-29}$$

式中　Sa——沙粒含量(%)；

Si——粉粒含量(%)；

Sa/CI——沙粒与黏粒比例；

$CaCO_3$——碳酸钙含量(%)。

植被因子 COG 通过下列一系列公式获得：

$$COG = SLR_f \times SLR_s \times SLR_c \tag{5-30}$$

$$SLR_f = \mathrm{e}^{-0.0438(SC)} \tag{5-31}$$

$$SLR_s = \mathrm{e}^{-0.0344(SA^{0.6413})} \tag{5-32}$$

$$SLR_c = \mathrm{e}^{-5.614(cc^{0.7366})} \tag{5-33}$$

$$cc = \mathrm{e}^{pgca+\left(\frac{pgcb}{P_d^2}\right)} \tag{5-34}$$

式中　SLR_f——平铺覆盖土壤损失率系数；

SC——土壤表层平铺覆盖率(%)；

SLR_s——倾斜植物覆盖下土壤损失率；

SA——倾斜覆盖面积，数值等于 $1m^2$ 上直立秸秆数量×秸秆平均直径(cm)×直立高度(cm)；

SLR_c——生长作物冠层下土壤损失率；

cc——土壤表面受作物冠层覆盖部分；

P_d——种植天数；

$pgca$——植物生长系数 a；

$pgcb$——植物生长系数 b。

RWEQ 具有模型简单、输入参数少的优点，可用于估算任何尺寸和形状的地块风蚀量；主要借助计算机求解，界面以视窗的形式实现人机对话，操作方便。对美国大平原地区 40 多个试验点的预测结果表明，只要有理想的气象、土壤、作物和农田管理数据输入，应用 *RWEQ* 是可以取得比较精确的预报结果的。但 *RWEQ* 并未摆脱 *WEQ* 的思想束缚，各变量的综合作用效果仍用乘积的形式表达。此外，*RWEQ* 仍是根据美国大平原地区的实际条件建立起来的，缺乏理论和物理过程基础，大多数参数仍是经验型，其普适性仍有待于进一步验证和修正。

2000 年以来，很多学者尝试将风蚀模型进行尺度推绎，使之在区域尺度上进行更广泛的应用(Zobeck et al.，2000)。国内学者也结合研究区具体情况，对 *RWEQ* 模型参数进行本地化，开展了大量风蚀强度的模拟研究，使得 *RWEQ* 模型在中国干旱、半干旱区得到广泛的应用(Chi et al.，2019；Zhao et al.，2018；Du et al.，2016)。

5.5.3 帕萨克(Pasak)模型

帕萨克于 1973 年根据长期野外风蚀观测和风洞试验资料，提出了一个用来预测单一风蚀事件的风蚀模型。该模型只包括风速、土壤含水率和不可蚀颗粒所占比例 3 个自变量，用简单函数关系预测土壤风蚀量，其表达形式如下

$$E_p = 22.02 - 0.72P'' - 1.69W + 2.64V_{5.0} \tag{5-35}$$

式中 E_p——$t = 15min$ 时段内，风力作用引起的土壤侵蚀度(kg/hm^2)；

P''——土壤中不可蚀颗粒(>0.8mm)所占百分比(%)；

W——相对土壤水分含量(湿度)，是由相对于凋萎点的瞬时水分含量关系确定的；

$V_{5.0}$——地面(地面以上 5cm)风速(m/s)。

此方程可使用列线图求解，为了实用，列线图中不仅包括地面风速，而且还包括气象站(地面以上 8m 处)的风速。土壤风蚀量是由以 kg/hm^2 为单位的土壤吹失量和所谓侵蚀率(风蚀许可值) lc 的乘积决定的，即由风蚀关系及其许可值决定的。帕萨克由含有 60%不可蚀土壤的平均土粒逸出量确定了风蚀许可值($lc = 1$)。帕萨克还指出，土壤中不可蚀土粒比例应用土壤表层平均取样，经风干并通过 0.8mm 的网眼筛子筛的办法来确定。其公式如下

$$P'' = P/C \tag{5-36}$$

式中 P——筛分后样品重量；

C——筛分前样品重量。

式(5-36)可转化为每分钟内的土壤侵蚀量，只要把式(5-35)左边除以15即可。

该模型以简单的函数关系来预测风蚀量，应用起来方便，但缺少一些其他必要的变量，如作物残留物及土壤表面粗糙度等因子，从而造成了在实际应用中的局限性。此外，即便是在单一风蚀事件中，土壤水分含量以及风速等并非恒量，因而有一定的误差。再者，该模型系经验性模型，存在类似 *WEQ* 的不足。

5.5.4 克拉瓦洛维克(Cravailovic)风蚀模型

克拉瓦洛维克基于在贝尔格莱德(Belgrade)地区10年的观测基础，研究地表粗糙度对风蚀的影响，以此为基础构建了风蚀模型，其表达方式为：

$$E_p = TVD_e yX_a F \tag{5-37}$$

式中 E_p——年风蚀量；

T——温度系数，$T=t/10+0.1$（t 为年平均温度）；

V——年平均风速；

D_e——无雪覆盖时期的平均年风日数；

y——土壤抗蚀系数，沙土 $y=2$，最抗蚀土壤 $y=0.25$，其他土壤在0.25~2之间取值；

X_a——汇水区结构系数，耕地或裸地 $X_a=0.9\sim1.0$，荒地 $X_a=1$，森林地 $X_a=0.05$；

F——汇水区面积(km^2)。

5.5.5 波查罗夫(Bocharov)风蚀模型

1984年，前苏联科学家波查罗夫以系统论思想为基础，提出了波查罗夫模型，该模型包括4组25个风蚀因子：

$$E=f(W, S, M, A) \tag{5-38}$$

式中 E——风蚀强度；

W——风况特征，包括风向、风速(瞬时风速、日平均风速、年平均风速、最大风速等)、气流湍流度、风速频率分布；

S——土壤表层特征，包括机械组成、湿度、团块结构(不可蚀成分含量)、结皮、土壤结构、水稳定性等；

M——除风况外的其他气象要素特征，包括气温、降雨强度与降雨量、空气相对湿度等；

A——人为因素对土壤表面的干扰以及与农业活动有关的其余一些因子，包括田块起伏、上年风蚀性质、顺风向田块长度、邻近田块性质、周围防风条件(防护林结构、高度与间距)、土壤表面垄沟的状况(垄沟高度、形状与间距)、土壤表面粗糙度、植被覆盖状况(植被高度、密度和投影盖度)、秋收后作物残留物的覆盖度、耕作方法和放牧程度等。这些因子具有一个共同特点，即在其余因子保持不变的情况下，任一因子的变化都可以引起风蚀量的变化；但各因子并非等效作用，它们相互影响，具有复杂的内在联系。波查罗夫模型从系统论思想出发，全面归纳了各种风蚀因子，并使其具有明显的层次，同时充分考虑到各因子之间的相互作用，较 *WEQ* 的思想前进了一步，尤其是将人类活动这一在现代风蚀过程中活跃的因素纳入模型中，为风蚀预报提供了又一新思路。但该模型的主要缺陷是没有给出具体的定量关系，仍主要依赖实验和野外观测，只是一个抽象的模型，很难在实际中应用。

5.5.6 得克萨斯侵蚀分析模型(TEAM)

得克萨斯(Texas)侵蚀分析模型(Texas Erosion Analysis Model，简写为 TEAM)由格里高利于 1988 年提出。主要利用计算机程序来模拟风速廓线的发育以及各种长度田块上的土壤运动过程。其基本方程为：

$$X=C(Su_{*}^{2}-u_{*t}^{2})u_{*}(1-e^{-0.00169AIL}) \tag{5-39}$$

$$A=(1-A_{1})(1-e^{-0.00079IL})+A_{1} \tag{5-40}$$

式中 X——在长度 L 处(顺风向裸露地表之长度 L 处)的土壤移动速率；

$C(Su_{*}^{2}-u_{*t}^{2})$——地表为细的非胶聚物覆盖时的最大土壤运动速率；

C——取决于采样宽度及剪切速度 U_{*} 单位的常量；

S——地表覆盖因子；

u_{*}——剪切速度；

u_{*t}——临界剪切速度；

A——磨蚀调整系数；

I——土壤可蚀性因子，包括剪切强度与剪切角；

L——顺风向裸露地表；

A_{1}——磨蚀效应的下限，一般取 0.23。

TEAM 模型从理论分析出发，结合实地观测资料确定了其中的若干系数，开辟了理论模型与经验模型相结合的思路，但考虑的因子十分有限，不能够全面反映风蚀过程，因而不能应用于复杂的实际情况。

5.5.7 风蚀评价模型(WEAM)

澳大利亚学者邵亚平等于 1996 年在综合目前有关风沙流及大气尘输移的实验与理论研究成果基础上，提出了风蚀评价模型(WEAM)用以估算农田风沙流及大气尘输移量。模型的基本框架结构如图 5-5 所示。其主要包括大气模型、地表结构模型、风蚀过程模型、输送和沉积模型以及地表信息数据库(GIS)。大气模型主要为其他 3 个模型输入数据；地表结构模型主要模拟大气、土壤、植被之间的能量、动量与物质的交换，以及向风蚀模型输出土壤水分等参数；风蚀过程模型是整个模型中的核心部分，其数据来源主要是大气模型中获取的摩阻速度、地表结构模型中的土壤水分以及 GIS 数据库中其他参数，模型主要预报不同粒度组成的土壤风蚀过程中跃移通量和大气尘输移量；输送和沉积模型从其他模型中输入流体速度、湍流数据、降水量以及大气尘输移量。

WEAM模型注意到了土壤风蚀预报中宏观研究与微观研究相脱节的研究现状，力图通过微观与宏观研究的理论的集成来建立主要基于物理过程的风蚀预报模型，其中引进了地理信息系统(GIS)，在土壤风蚀研究与其他环境科学研究的接轨方面作了探索。模型主要包含4个变量，即摩阻速度(u_*)、土壤粒度分布特征(P)、土壤水分含量(W)以及土壤表面覆盖因子(λ)。但模型中的变量未能覆盖影响风蚀过程的各种主要因素以及因素之间的相互作用。如土壤粒度组成会影响土壤水分对土壤风蚀的作用的性质，而风蚀又影响起动摩阻风速等。

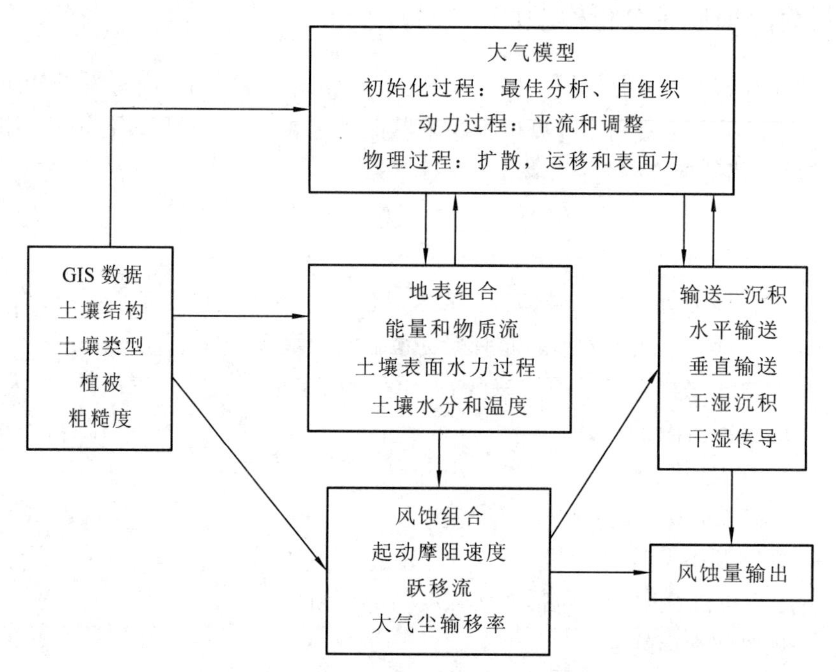

图5-5 WEAM流程(据邵亚平等，1996)

5.5.8 风蚀预报系统(WEPS)

20世纪90年代以后，针对风蚀方程的局限性，美国农业部组织一批科学家综合风蚀、数据库以及计算机技术来推进土壤风蚀预报技术，经过修正风蚀方程的过渡，最终形成了风蚀预报系统(wind erosion prediction system，WEPS)，以取代风蚀方程(L. J. Hagen，1991)。WEPS的目标不仅主要针对农田，而且兼顾草原地区，并适用于不同的时间尺度系列。风蚀预报系统(WEPS)是一个连续的以过程为基础的模型，可以模拟每日的天气、田间条件及风蚀状况等。

风蚀预报系统为模块化设计，风蚀预报系统的每一个子程序包含在一个独立的文件中，这使风蚀预报系统子模型的各个组成部分易于维护和升级。预报系统由主程序控制时间间隔的长短。为了减少计算时间，除了水文子模型和侵蚀子模型中选定的子程序使用小时或不足小时的计算步长，风蚀预报系统以日为计算步长。主程序调用子模型的顺序如图 5-6 所示。每个子模型控制其内部的运算顺序，然而，管理子模型模拟各种田间作业是按照它们在管理计划中出现的次序进行的。目前，管理计划必须涵盖至少 1 年，可涵盖多年。管理计划可以从一年的任何一天开始，而风蚀预报系统模型模拟必须从没有生长作物的时间开始。

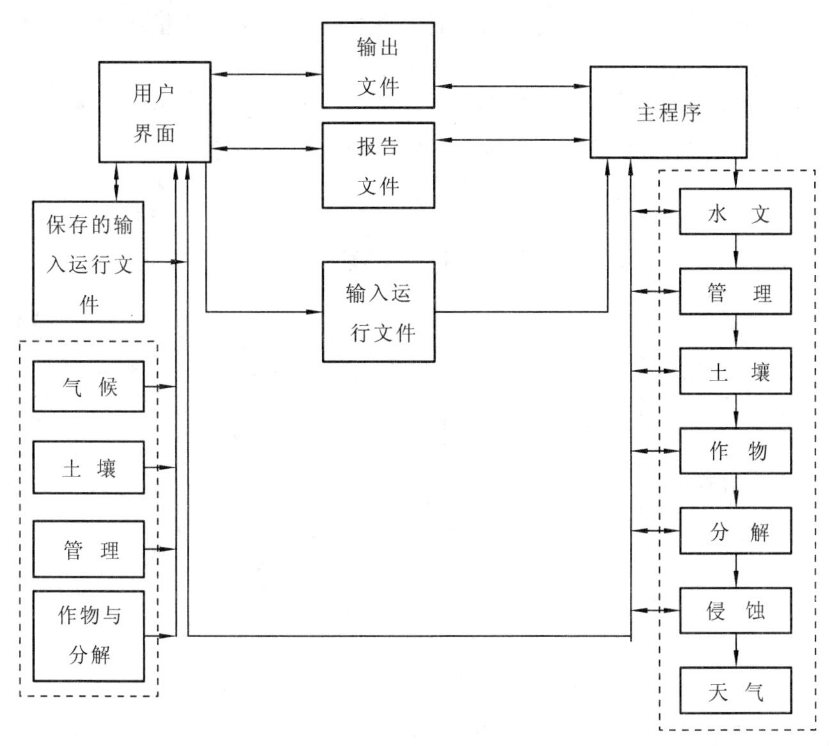

图 5-6 风蚀预报系统模型结构

风蚀预报系统为模块化结构，由 1 个用户界面、1 个主程序(管理程序)、7 个子模型和 4 个数据库组成(图 5-6)，用户界面根据数据库和天气生成程序提供的信息，产生“输入运行”文件。在实际应用中，常常是通过编辑用户界面中默认的“输入运行”文件来生成新的“输入运行”文件。风蚀预报系统中大多数子模型以每日天气作为改变田间条件物理过程的自然驱动力。气象子模型产生驱动作物生长、分解、水文、土壤以及侵蚀子模型所必须的变量，主要包括降水强度、降水量、降水持续时间、最低和最高气温、太阳辐射、露点以及日最大风速等。水文子模型说明土壤温度和水分状况的变化，模拟土壤能量和水分平衡、冻融循环和冻解深度。土壤子模型模拟土壤性质的变化过程，包括预测暂时性土壤特性的固有土壤性质。作物子模型和分解子模型分别模拟植物生长过程和植物分解过程，包括有关各种作物的生长、叶茎关系、分解和收获等方面的信息。管理子模型评价其对暂时性土壤特性及地表形态的影响，进而评价其对水文、土壤、作物及分解子模型的影响。侵蚀子模型的作用是计算所预报区域的临界摩阻风速和摩阻风速，根据当时地表粗糙度(定向糙度及随机糙度)、平铺及直立生物量、土壤团聚体大小分布、结皮及岩石覆盖状况、结皮表面松散可蚀性物质状况及土壤表面湿度，判断风蚀是否发生。最后，当风速大于侵蚀临界时，用侵蚀子模型来计算土壤流失量或沉积量。

风蚀预报系统中，模拟区域是一块或几块相邻的田野如图5-7所示。用户必须输入模拟区域及任何具有不同土壤、管理或作物亚区的几何图形。此外，还须输入地表及土壤的初始条件。风蚀预报系统可输出用户选定时间间隔计量区内的土壤流失量或沉积量。通过选择多样的和重叠的计量区，可获得模拟区域内不同空间尺度的输出结果。风蚀预报系统还可分别给出跃移—蠕移土壤流失量和悬浮土壤流失量，这对于评价风蚀对其他地区的影响非常有用。

*WEPS*是当前土壤风蚀预报中考虑因素最完整、手段最先进的风蚀模型，其全面总结了前人的成果，但建模工作繁杂，目前仍处于试验和完善阶段。

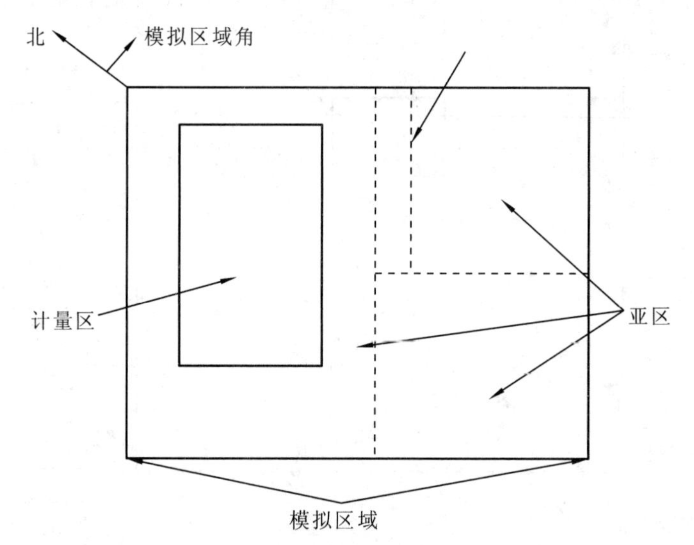

图5-7 风蚀预报系统模拟区域

5.5.9 流域多变量风蚀预测模型

国内的风蚀方程多是基于野外实测或风洞模拟的单因子风蚀预报经验模型，1998年，中国科学院寒区与旱区环境与工程研究所沙漠与沙漠化研究室的董治宝，以陕北神木县六道沟小流域为单元，通过风洞实验与野外观测对比，进行了风蚀模型多变量的时空变化规律的研究。对野外瞬时点风蚀流失通量进行时间及空间积分，从而得出了风蚀量与多变量之间的关系模型，其表达式为：

$$Q = \int_T\int_X\int_Y \{3.90(1.041 + 0.0441\theta + 0.021\theta^2 - 0.0001\theta^3) \cdot [V^2(8.2 \times 10^{-5})V_{CR} \cdot S_{DR}{}^2/(H^2 d^2 F)x,\ y,\ t]\}\mathrm{d}x \cdot \mathrm{d}y \cdot \mathrm{d}t \tag{5-41}$$

式中 Q——风蚀流失量(t)；

V——风速(m/s)；

H——空气相对湿度(%)；

V_{CR}——植被盖度(%)；

S_{DR}——人为地表结构破损率(%)；

d——颗粒平均粒径(mm);
F——土体硬度(N/cm^2);
θ——坡度(°);
x——距参照点距离(km);
y——距参照点距离(km);
t——时间。

该模型也为中国第一个关于野外风蚀量的多变量预测模型。该模型以陕北神木县六道沟小流域为例，基于大量的风洞实验和野外实测而得的经验估算模型。但该模型的地域局限性强，计算过程也较为复杂。

5.5.10 第一次全国水利普查风蚀模型

2010年我国启动了第一次全国水利普查，其中一项重要的任务是土壤风蚀普查，以摸清我国土壤风力侵蚀的分布、面积和强度。由于现有的风蚀模型难以满足普查需要，普查专家组决定根据风洞实验资料，考虑风速、空气动力学糙度、植被覆盖度、风速修订和尺度修订等因子，分别建立耕地、草(灌)地和沙(漠)地的风蚀预报经验模型，计算公式分别为:

$$Q_{fa} = 0.018 \cdot (1 - W) \cdot \sum_{j=1} T_j \cdot \exp\{a_1 + b_1/z_0 + c_1 \cdot [(A \cdot U_j)^{0.5}]\} \tag{5-42}$$

$$Q_{fg} = 0.018 \cdot (1 - W) \cdot \sum_{j=1} T_j \cdot \exp[a_2 + b_2V^2 + c_2/(A \cdot U_j)] \tag{5-43}$$

$$Q_{fs} = 0.018 \cdot (1 - W) \cdot \sum_{j=1} T_j \cdot \exp[a_3 + b_3V + c_3 \cdot \ln[(A \cdot U_j)/(A \cdot U_j)] \tag{5-44}$$

式(5-42)、式(5-43)和式(5-44)中 Q_{fa}——耕地土壤风力侵蚀模数($t/hm^2/a$);
Q_{fg}——草(灌)地土壤风力侵蚀模数($t/hm^2/a$);
Q_{fs}——沙(漠)地土壤风力侵蚀模数($t/hm^2/a$);
U_j——发生风蚀的第j个风速等级，U_j最小值通过查表获得(m/s);
T_j——一年内有风力侵蚀发生期间风速为U_j的累积时间(min);
W——表土湿度因子(%);
z_0——地表粗糙度(cm);
V——植被盖度(%);
A——与下垫面(耕作技术措施)有关的风速修订系数;
a_1、b_1、c_1——分别取值-9.208、0.018和1.955;
a_2、b_2、c_2——分别取值2.4869、-0.0014和-54.9472;
a_3、b_3、c_3——分别取值6.1689、-0.0743和-27.9613。

该经验模型先后用于京津风沙源治理效益评价和第一次全国水利普查水土流失普查，经与实测风蚀数据对比发现，模型的预测结果基本可靠。但是该模型一些主要计算过程依然根据经验算法获得，缺乏严格的物理基础，且仅能用于年尺度的风蚀量估算，从而不能用于模拟土壤风蚀过程。

5.5.11 土壤风蚀动力模型

鉴于现有风蚀模型存在风蚀影响因子分类不合理、各影响因子计算方法和物理含义不统一、难以准确刻画土壤风蚀动力学过程的功能等缺陷和不足。北京师范大学地表过程与资源生态国家重点实验室邹学勇等于2014年提出基于土壤风蚀动力过程的土壤风蚀动力模型(Dynamic Model of Soil Wind Erosion，DMSWE)。从模型构架上，DMSWE自上而下分为4个层次(图5-8)，第一层为“风蚀动力学理论基础的模型”；第二层为“风蚀影响因子参数化(子模型)层次”，各影响因子(子模型)及其之间关系物理意义明确且以风蚀力(抗侵蚀力)的方式表达；第三层为“风蚀影响因子中各具体要素的描述层次”，该层次中的各要素基于统计学描述，其基本参数来自于野外实际调查和实验；第四层为“各要素算法层次”，本层次根据实际情况确定每个要素的算法。

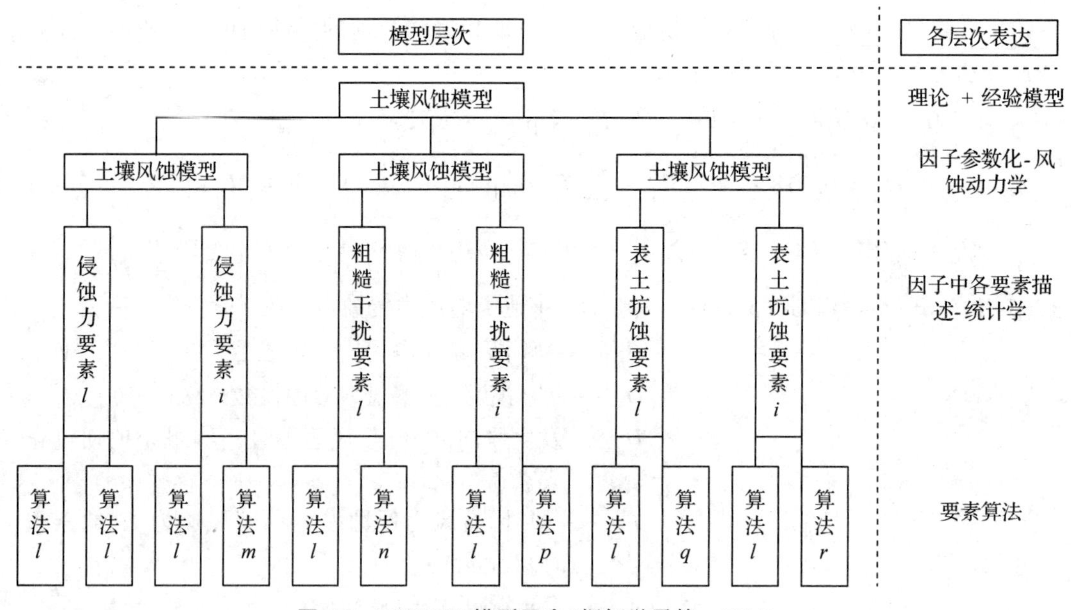

图5-8 DMSWE模型层次(据邹学勇等，2014)

框架上，DMSWE包括“DMSWE主模型”“风蚀影响因子(风力因子、地表粗糙度因子、表土抗蚀因子)参数化子模型”和“基础数据库”三大部分，以及相应的模型运算主程序(图5-9)。DMSWE引入“土壤风蚀标准小区”的概念，从风蚀动力学角度计算不同情形下的土壤风蚀模数，并对土壤风蚀量进行空间尺度转换。“风蚀影响因子参数化子模型”根据土壤风蚀的动力学过程将影响土壤风蚀的要素归纳为风力侵蚀力、地表粗糙干扰力、土壤抗侵蚀力三大影响因子，并在此基础上建立这三大影响因子的力学表达式。“基础数据库”包括风力因子数据库、地表粗糙因子数据库、土壤抗蚀因子数据库、气候因子数据库，每个数据库由多个影响土壤风蚀的要素组成。为了更好地耦合各风蚀因子

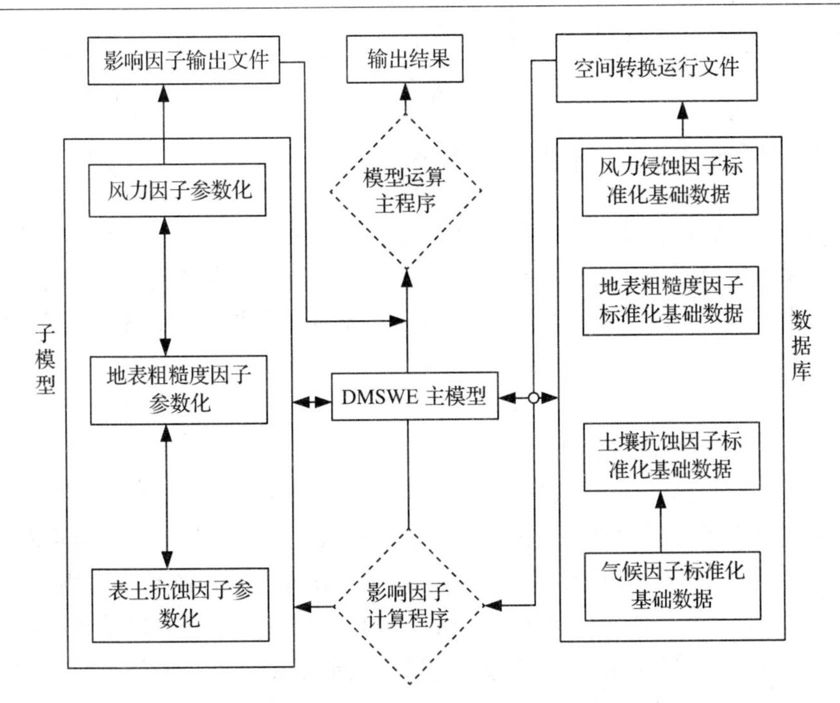

图 5-9 DMSWE 模型结构(据邹学勇等，2014)

和 GIS 技术，基础数据库中的数据都赋有空间属性，在模型运算主程序的支持下生成不同类型的空间数据。

DMSWE 模型从风蚀动力学角度，将影响土壤风蚀各要素归纳为地表粗糙因子、风力因子、表土抗蚀性因子 3 类，并统一到风蚀动力学表达方式的框架下，突破现有的以统计量为基础的经验模型研究思路和方法。从应用范围上，DMSWE 模型既可以预报耕地风蚀量，也可以预测草(灌)地、沙地等地类的风蚀量。从应用空间尺度上，DMSWE 模型既可以预测田块尺度土壤风蚀，也可以预测区域尺度土壤风蚀的时空变化。目前，DMSWE 正处于模型的研制和试验阶段，要想完全实现模型构架，仍然需要大量的野外和风洞实验。

5.6 土壤风蚀的影响及危害

土壤风蚀会导致土壤肥力下降，吹走土壤中的细颗粒物质和营养物质，破坏土壤结构，导致土壤粗化甚至荒漠化，严重影响土壤有机质含量、土壤的保肥保水能力，制约粮食生产；土壤风蚀会使大气中的尘埃浓度增加，空气质量下降，威胁人类健康；土壤风蚀产生的沙尘气溶胶还会对大气化学、大气辐射及降水过程产生影响，使地水气系统内部的辐射能量收支和水循环发生改变，进而对全球的气候产生影响；土壤荒漠化使得植物群落发生逆行演替，土壤从固定沙地演化到半固定沙地再到流动沙地，植物群落的种类组成覆盖度、生物量、土壤理化性质发生显著变化，土壤呼吸速率及生态系统的碳固持也随之变化。沙尘灾害还会对畜牧业、养殖业产生影响。本章简要介绍了土壤风蚀对土壤理化性质的影响，土壤风蚀对植物生长及农林牧业的影响，土壤风蚀对气候的影响，土壤风蚀对人类生产生活及健康的危害和土壤风蚀对土壤碳库的影响等。

5.6.1 土壤风蚀对土壤理化性质的影响

土壤风蚀对土壤理化性质的影响主要表现在以下几个方面：土壤风蚀导致土壤结构破坏、土壤腐殖质层变薄，使土壤有机质含量和其他养分含量降低，进而引起土壤肥力和土地生产力下降；土壤有机质含量降低改变了土壤理化性质，影响土壤的机械组成，使土壤更易于发生风蚀。

5.6.1.1 造成土壤养分的降低

土壤中有机质的含量并不高，但它是土壤肥力高低的一个重要标志，同时也间接影响和改变土壤的物理化学性状(土壤容量、结构以及孔隙度等)，是植物营养元素的源泉。在土壤矿质化过程作用下，土壤有机质被分解成可供生物体吸收利用的无机养分。例如，植物生长所需的CO_2中，有机质分解占70%~95%。土壤有机质在改善土壤的物理化学性质方面具有重要作用，是创造土壤结构的最主要因素。例如，有机质可促进土壤形成团粒结构，进而使土壤通透、疏松，减少黏着性。土壤有机质含量增加，能提高土壤粒间微结构的胶结力和土壤结构体间的抵抗离散力，也能增强土壤的抵抗风蚀能力。土壤有机质具有离子代换作用、络合作用、合作用和缓冲作用。例如，土壤有机酸与钙、镁、铁等可以形成稳定的络合物，从而影响金属元素和人为释放的污染物质在地表环境的地球化学迁移和富集过程。土壤金属离子的螯合作用还能够使土壤元素相对固定。1992年6月3~14日，联合国在巴西里约热内卢举行了联合国环境与发展大会，其中首脑会议通过的《21世纪议程》中第十二章专门论述制止沙漠化蔓延的问题，指出沙漠化的结果是造成土地肥力下降，牧场及旱作农田退化，最终导致土地生产力的降低和贫困。这些地区的土地有一定的生产能力，支撑着众多的人口，但一般也处于轻微至中等退化过程中。土壤风蚀造成土壤养分含量变化可从两个角度进行分析，即土壤中养分含量的降低和土壤风蚀物中富集养分两个方面。一方面，农田土壤有机质在风蚀作用下呈现减少态势。随着全球荒漠化的日益严重，农田荒漠化威胁着绿洲农田，可能导致绿洲土壤养分含量降低，造成绿洲衰退，并引发一系列生态环境及社会经济问题。例如，甘肃省民勤绿洲位于石羊河流域下游，东西长203km，南北最宽处约为150km，面积约为$0.144\times10^4km^2$，绿洲南靠武威盆地，东北被腾格里沙漠包围，西北有巴丹吉林沙漠环绕，绿洲边缘风沙线长达408km，长期以来都是阻止两大沙漠汇合的屏障；近年来，随着石羊河上游来水量的减少和地下水资源过度开发，再加上人类其他不合理的经济活动，民勤地区已成为中国荒漠化程度最为严重的地区之一和中国三大沙尘暴源区之一。民勤绿洲农田荒漠化过程中0~30cm深度土壤养分的变化情况见表5-22所列。

表 5-22 民勤绿洲农田荒漠化过程中土壤养分含量的变化

样地类型	土壤有机质(%)	全氮(%)	全磷(%)	速效氮(mg/kg)	有效磷(mg/kg)	速效钾(mg/kg)	电导率	水溶液体pH
ND	4.62	0.35	1.38	19.23	53.50	156.67	0.24	9.38
LD	3.66	0.26	1.19	17.04	46.74	116.67	0.11	9.36
MD	3.61	0.24	1.08	16.05	38.88	86.67	0.10	9.32
SD	3.54	0.23	1.15	16.52	45.52	86.67	0.13	9.26
ED	3.36	0.21	1.05	16.56	35.86	83.33	0.09	9.02

注：ND为正常农田；LD为轻度荒漠化；MD为中度荒漠化；SD为重度荒漠化；ED为极严重荒漠化。

资料来源：魏林源等，2013。

由表5-23可以看出，0~30cm农田养分含量随着荒漠化程度的加深呈下降趋势。与非荒漠化农田相比，极严重荒漠化农田土壤有机质含量下降27.3%，全氮、全磷分别下降40%和24%，速效氮、有效磷、速效钾、电导率、水溶液体pH分别下降13.9%、49.2%、46.8%、62.5%、3.8%。可见，民勤绿洲农田荒漠化过程中土壤的有机质分解速度大于积累速度，导致土壤有机质含量降低，缺磷少氮，从而影响土壤肥力，使得农田产量降低。

另一方面，土壤风蚀会造成土壤中营养物质的损失，黏粒、粉砂被吹失。以土壤风蚀物的有机质及养分富集率作为表征土壤风蚀过程中土壤肥力迁移的指标，见表5-23所列。结果表明，传统耕作农田和保护性耕作农田两种地表有机质和全氮、全磷、全钾的富集率均随高度的增加而增大，平均富集率分别为1.93、1.79、2.26和1.03(冯晓静等，2007)。这充分说明了风蚀会降低农田土壤养分，减少农田土壤肥力损失。

表 5-23 地表风蚀物有机质及养分的富集率

地表	高度(cm)	有机质	全氮	全磷	全钾
传统翻耕耙碎农田	10	1.06	1.03	1.13	1.09
	25	1.67	1.37	1.69	1.12
	60	1.92	1.84	2.25	1.08
	100	2.18	2.14	2.75	1.05
	150	2.39	2.33	3.16	1.07
	平均	1.84	1.74	2.20	1.08
小麦秸秆残茬覆盖保护性耕作农田	10	1.08	1.39	1.59	0.95
	25	1.66	1.61	1.82	0.99
	60	2.15	1.86	2.24	1.02
	100	2.72	1.83	2.71	0.97
	150	2.83	2.45	3.24	0.98
	平均	2.01	1.83	2.32	0.98

资料来源：冯晓静等，2007。

中国每年因土壤风蚀而损失的土壤有机质、氮素和磷素高达5.59×10^7t，约折合化肥2.68×10^8t，价值近170亿元。每年因此而损失的粮食超过3.0×10^9t，这些粮食可供750万人食用1年。如果想要通过人工措施使这些已经严重荒漠化的土地中的营养元素恢复到原生土壤状况需要几十年、上百年甚至更长时间。

5.6.1.2 影响土壤机械组成

土壤机械组成表征土壤粒度特征，对研究土壤风蚀具有重要意义。表层土壤机械组成对土壤风蚀强度有重要影响。通过分析粒度，可以确定不同时期的沙漠化成因；通过分析区域地表沉积物、降尘粒度特征，能够确定沙尘暴的源区、地表对环境空气颗粒物的贡献以及可蚀性。在相同的气候条件下，植被覆盖盖度、土地利用方式和耕作方式等影响土壤机械组成。张正偲和董治宝(2012)的研究表明，地表风蚀后，地表中不同粒径的土壤颗粒含量不同，总体表现为由灌丛—推平耕地—草地—吹蚀地，地表细颗粒物质逐渐降低，沙粒粒径逐渐增大(表5-24)。灌丛表面以细砂为主，占34.86%；推平耕地和草地以中砂为主，占32.70%和39.11%；吹蚀地以粗砂为主，占44.17%。草地和灌丛地地表没有极粗砂，推平地和吹蚀地则含有少量的极粗砂。这是由于灌丛降低了风速，利于灌丛沙丘表面细颗粒物物质堆积；而在吹蚀地，植被覆盖度最小，风蚀最为严重，地表的粒度最大。

表5-24 不同地表土壤砂粒级配和粒度参数(%)

类型	黏粒	粉砂	细砂	中砂	粗砂	极粗砂
灌丛	10.98	20.01	34.86	26.70	7.44	0.00
推平耕地	9.58	12.22	27.90	32.70	16.63	0.97
草地	6.34	10.30	25.18	39.11	19.07	0.00
吹蚀地	2.52	3.72	6.09	41.78	44.17	1.72

资料来源：张正偲和董治宝，2012。

从灌丛—推平耕地—草地—吹蚀地，地表中的细砂、粉砂和黏粒的含量逐渐降低，而中砂和粗砂的含量逐渐增加。这主要是因为风对地表物质的风蚀造成的，推平耕地多由草地和灌丛地转变而来，所以地表土壤中不同粒径沙粒的含量介于草地表面和灌丛之间。涨丛由于自身降低了风速，而导致风沙流中携带的细颗粒物质堆积在其附近，所以土壤中细砂、粉砂和黏粒的含量最大，中砂和粗砂含量较少。草地地表土壤不易被吹走而基本保持了原来的粒径特征，以中砂为主，其次为细砂。吹蚀地由于强烈的风蚀作用，地表细砂、粉砂和黏粒的含量大幅降低，并以粉砂降低最为明显，其次为黏粒，最后为细砂；中砂和粗砂含量大大增加，分别为耕地的1.28和2.66。

随着风蚀程度的增加，表层土壤粒度逐渐变粗，地表中的细砂、粉粒和黏粒含量逐渐降低，而中砂和粗砂含量逐渐增加，导致土壤沙化。

5.6.2 土壤风蚀对植物生长及农牧业的影响

土壤风蚀对植物生长季农牧业的影响主要包括2个方面：首先是尘污染对植物及农作物生长的影响，其次是土壤退化对农作物生长的影响。

5.6.2.1 沙尘对植物生长的影响

国外学者很早就注意到灰尘对植物的影响，但他们的研究主要侧重于人为粉尘对植物的影响。例如，Pandey 和 Sinda(1991)研究了玉米在煤粉尘的污染下其叶绿素含量及生物量的变化，得到的结论为播种后 90d 受污染的玉米的叶绿素总含量比未受污染的下降了 13.68%，研究中还发现收获后玉米种子的千粒重和体积，以及粮食、水分、蛋白质脂肪等含量均比未受污染的少。Fluckiger 和 Bornkamn(1982)在《城市生态》一书中通过对煤粉尘下辣椒、番茄等进行观测，得出在煤粉尘的胁迫下被测作物叶片的气孔被堵塞时，叶片的光合速率明显下降。

沙尘主要由气孔进入细胞，从而破坏叶肉组织。叶片水分减少，叶绿素 a/叶绿素 b 值变小，糖类和氨基酸减少，严重时细胞发生质壁分离现象，叶片逐渐枯焦，甚至死亡。植物叶片受害后，大多数叶片在叶脉间会出现褐色斑点或斑块，颜色随时间逐渐加深，最后引起叶脱落。粉尘落在植物叶片上，布满植物叶片的整个叶面，使叶片气孔堵塞，妨碍叶片的光合作用、呼吸作用和蒸腾作用，从而危害植物。同时，微尘中的一些有毒物质会通过溶解渗透进入植物体内，对植物产生毒害作用。

沙尘对植物的危害程度主要与空气中尘的浓度以及危害时间密切相关。当沙尘浓度高时，在几天、几小时，甚至几分钟内便会破坏植物叶片组织，叶片产生许多明显的斑点，甚至使整个叶片脱落，植株长势显著衰弱和枯萎。若植物长期接触低浓度的沙尘，会出现植物叶片逐渐失绿黄化，或产生斑点、枯梢、烂根等生长发育不良现象。一般在植物外表可见的被害症状出现以前，植物内部的生理活动已经出现了异常。沙尘覆盖在叶片上，妨碍了叶片与外界环境之间的气体交换，减少了叶片对光的吸收，从而造成叶片的光合作用降低，进一步影响到植物的新陈代谢和整个生育期的进程。

(1)对光合作用的影响

叶片表面上覆盖的沙尘越多、时间越长，叶片受到沙尘的影响也越严重，光合作物受影响的程度也越明显。Chen(2000)通过室内模拟试验的方法，对北京地区常见的 22 种绿化植物在短时间(2h)的沙尘处理后叶片生理指标的变化进行测定，得出植物叶片覆尘后光合速率均受到不同程度的影响，表现为下降趋势。

(2)对气孔开放的影响

气孔主要在叶片的表面上分布，是植物与外界进行气体交换的门户，其孔径大小随着植物种类以及生理状态的不同而变化。气孔对外界环境中的刺激有很强的敏感性。王宏炜等(2007)研究发现，蒙尘后叶片的气孔导度比未蒙尘叶片的明显下降，有的甚至下降了 50%。首先，沙尘颗粒降落在叶片上会阻塞叶片表面的气孔。Naidoo 和 Chirkoot (2004)在扫描电镜下通过对覆尘叶片进行观察，发现大多数气孔被尘颗粒阻塞，有的甚至因为尘颗粒多而关闭。Hirano 等(1994)对黄瓜叶片滞尘的研究结果表明，即使清洗掉叶片表面覆盖的灰尘，在有光照的条件下仍会抑制叶片的气孔开放。这可能是因为尘颗粒滞留在气孔内部并且与细胞表面结合较紧密，以及气孔受物理刺激后自动收缩从而限制了尘颗粒的排出。其次，由于灰尘覆盖在叶片上，使得叶片对红光的吸收减小，而红光正是植物进行光合作用所必需的。影响叶片气孔开闭的因素很多，其中，红光是主要的影响因素，它能够促进叶片气孔的开放，叶表灰尘的积累使叶片能够吸收到的红光减少。另外，光能的性质和强弱对气孔开闭也起到直接或间接的影响，由于叶片对光能的吸收减少，使植物光合速率的进程受到影响，细胞中的 CO，在短时间内不能得到利用使得细胞间CO浓度升高进而促使叶片气孔关闭。

(3)对色素含量、代谢的影响

环境中的光照、气体、水和土壤等各种因素对植物的新陈代谢和生长发育均有不同程度的影响。植物叶片中的色素含量对大气污染的变化较敏感，常常被用来指示大气污染物对植物生理状态的影响程度。尘污染能够降低叶片的叶绿素含量。例如，Prusty等(2005)对路边6种常见植物进行了研究，发现在自然条件下，植物暴露于道路灰尘环境24h后，叶片中色素含量发生了变化，几乎所有植物的叶绿素含量都明显下降。一般情况下，植物中类胡萝卜素的含量与叶绿素含量呈负相关关系。但是Prusty等观察表明随着叶绿素含量的下降，植物类胡萝卜素也相应降低。灰尘对植物叶片细胞内不同色素代谢都产生了不同程度的影响。

(4)对呼吸作用的影响

细小的灰尘颗粒覆盖在叶片上使得气孔堵塞，使叶片表面的温度升高，细胞内CO_2浓度升高、O_2浓度降低，同时也对叶片的机械组织造成了不同程度的损伤，导致叶片呼吸作用减弱，呼吸速率下降。国内外鲜有关于灰尘对植物呼吸作用的影响方面的报道。Chen等(2000)通过室内模拟试验的方法，测定了经过2h蒙尘胁迫处理后的植物叶片的呼吸速率，发现蒙尘处理后，叶片的呼吸速率显著提高。究其原因可能是由于叶片表面温度升高、细胞内CO_2浓度升高、O_2的浓度降低等因素造成的。

(5)对蒸腾作用的影响

光是蒸腾作用的主要影响因素之一，它不仅能够提高大气温度，还可以使叶片温度升高，大气温度升高引起蒸发速率增大。叶面温度大于大气温度，蒸腾速率加快。同时光照还可以促进气孔开放，减少内部蒸腾阻力，从而增强蒸腾作用。当叶片被灰尘覆盖后，影响了叶片对光的吸收，植物的蒸腾作用下降。但是，Eveling(1969)和Pajenkamp(1961)研究发现，叶片在覆尘后其蒸腾作用呈现上升趋势，这可能是由于叶片覆尘后细胞内外水蒸气压力增大所引起的。另外还有一些研究发现灰尘污染对部分植物的蒸腾作用没有影响。

(6)对叶片温度的影响

植物的生长发育需要适宜的温度，当环境温度超出了它们的适应范围，环境温度就对植物产生胁迫；温度胁迫持续一段时间，就对植物产生不同程度的损伤。当环境温度超过植物生长的最高温度就形成高温胁迫，将促进某些酶的活性，而钝化另外一些酶的活性，从而导致植物异常的生化反应乃至细胞死亡，引起一些植物异常的开花和结实。在自然界，高温往往会与强光照和低湿度等其他环境因素相结合对植物产生胁迫作用。

灰尘能够提高叶表温度，这主要是因为：一是灰尘吸收太阳的近红外光，造成叶片被灰尘覆盖后表面温度上升；二是气孔堵塞使叶片不能与外界进行气体交换，从而导致温度升高；三是由于灰尘的覆盖，叶片对水分的利用效率降低，细胞内水分的含量比较多，热量不能释放出去，以致叶表温度升高。

5.6.2.2 土壤风蚀对农牧业的影响

(1)土壤风蚀对农业的影响

①土壤风蚀影响农作物生长，造成产量下降　受到生产经营水平的限制，农业生产受风沙危害的影响较大。农作物在播种、生长、成熟等各个生长阶段都会受到土壤风蚀的影响，这常造成农业大面积减产，危害巨大。在靠近沙漠、沙地、戈壁滩的地区，地表因为风力强劲而强烈风蚀，给农业生产带来极为惨重的损失。沙尘弥漫的空气会吞蚀农田，埋压农作物和牧草，将果树上的花蕾全部吹落，毁坏蔬菜，造成农作物产量下降。大风刮走大量的地表浮土，剧烈的大风还会刮走农田沃土，甚至将小麦等农作物的幼苗连根拔起。

②土壤风蚀降低土壤肥力，制约粮食增产　风蚀破坏了表土层，使耕层变薄，沃土被吹蚀，土壤肥力大幅下降，土地生产力降低，严重制约了粮食增产。同时，土壤肥力越低，农民使用化肥的数量也就越大，随之进入水体大气和土壤的各种化学污染物质也就越多，严重污染环境。因此，如果不采取有效的防治措施，按照现在的风蚀程度和速度，大量的旱作农田再过几十年甚至十几年就无法种植了，而这样的旱作农田是我国干旱、半干旱地区的主要耕地。

③土壤风蚀促进土地沙化，使可利用农田面积减少　土地沙化是指因气候变化和人类活动所导致的天然沙漠扩张和沙质土壤上植被破坏、沙土裸露的过程。人类活动加剧了土壤风蚀，土壤风蚀和人类共同作用加剧土地沙化。我国北方旱作农田土壤干燥，质地疏松，再加上人类剧烈的农业耕作，旱风同期的气候特点，以及严重的土壤风蚀，最容易促进土壤沙化。尤其是春季降水稀少、风力强劲，翻耕后的农田逐渐解冻，土壤处于干燥疏松的状态，很容易发生风蚀。地面不断受到风蚀细粒土壤越来越少，地面只剩下沙砾，这就形成了土地沙化。土地沙漠化使可利用农田面积减少，作物产量下降；同时必须继续开垦土地以增加土地数量来满足人口不断增长对粮食的要求，从而形成了沙化与开垦的恶性循环。我国是全球土地荒漠化面积较大、分布较广、危害较为严重的国家之一，共有荒漠化土地 $262.2\times10^4 km^2$，占整个国土面积的 27.3%，主要分布在西北、东北和华北地区的 13 个省(自治区、直辖市)。有大约 4×10^8 人口生活在受荒漠化影响的区域内，60%的贫困县集中在沙区。土壤风蚀荒漠化也是一个全球性的问题。迄今为止全球因风蚀而退化、沙化的土地面积大约为 $5.05\times10^6 km^2$，占全世界土地退化面积的 46.4%，每年因此造成的直接经济损失可达 4.23×10^{10} 美元。

(2)土壤风蚀对牧业的影响

在我国的西北部地区，草地荒漠化很严重，大面积的耕地出现退化。其主要原因是：土壤风蚀严重的地区，春天强烈的风沙会造成草场地表水分蒸发加速，造成草场返青迟缓。刚刚返青不久的嫩草则常常会被高速的沙粒打死或打伤，春季由于牧草缺乏而影响畜牧业生产，而草场的返青迟缓及土地沙化使得这一问题更加严重。土地沙化使草场的生物量降低，草场的载畜能力也大幅降低。由于草场质量降低及数量减少，牲畜经常处于饥饿、半饥饿状态，从而导致牲畜生长发育迟缓，体重小，出栏率低。尤其是附着在草叶上的沙尘，常被牲畜吃到体内；在牧草低矮的情况下，牲畜在啃食的过程中，也会将沙粒吸食进体内，这就使牲畜容易患沙结病，重者可能导致牲畜死亡。

5.6.3 土壤风蚀对气候的影响

风蚀产生的大气颗粒物对地球气候会产生重要影响。大气颗粒物的气候效应可以分为两类：一是颗粒物的直接气候效应，即颗粒物通过吸收、散射、反射太阳短波辐射以及地面长波辐射，影响地气系统的辐射差额，进而对地球气候效应产生影响；二是颗粒物的间接气候效应，即颗粒物在云的形成过程中可以起到凝结核的作用，所以颗粒物可以通过影响云凝结作用，对大气降水产生重要影响，进而影响地球气候系统。

5.6.3.1 土壤风蚀对低层大气的加热效应

迄今为止，已经出现了很多土壤风蚀对低层大气加热效应的相关研究。沙尘气溶胶的净辐射效应，表现为地面的辐射冷却和气溶胶层的加热，原因是沙尘气溶胶在短波和长波光谱区域均有散射、吸收作用。沙尘气溶胶在短波的作用超过在长波的作用。Haywood 和 Shine(1995) Hansen 等(1997)发现对于不同的地面，反照率 ω 是决定太阳辐射效应正负的关键性因素，沙尘的长波辐射效应为正，但是其量级强弱与颗粒尺度、折射指数和所在高度有关。所以净辐射效应(短波与长波之和)具有较大的区域变化。Carlson 和 Benjamin(1980)用长短波结合的辐射传输模式，计算了撒哈拉沙尘对大气辐射通量和加热/冷却率的影响，发现沙尘可以使到达地表和云顶的辐射通量减少，从而使其冷却；另外，在沙尘层中的短波辐射加热和长波辐射冷却均增大，加热大于冷却，总的加热率随气溶胶光学厚度的增大而增大。Tegen 和 Lacis(1996)用嵌套在戈达德太空研究所(Goddard Institute for Space Studies，GISS)大气环流模型(GCM)中的辐射传输模式，对来自土壤的矿物气溶胶的辐射强迫进行了计算。在大气层顶，土壤尘的热辐射强迫总是为正，在太阳波段则或正或负，这主要取决于天空状况以及地面反照率，其总的强迫在局地为 $-2.1\sim5.5W/m^2$。

陈霞等(2012)的研究表明，沙漠腹地沙尘过程对低层大气有显著的增温效应，扬沙在冬季和春季最剧烈，日平均温度分别高出晴空温度3.4℃和3.8℃；沙尘暴的增温效应其次；浮尘最小。沙尘会对低层大气的温度梯度分布产生影响，减弱逆温强度，缩短逆温时间。因为季节不同，沙尘过程对低层大气增温的机理也不相同。春季低层大气增温；是由于大粒子浓度的显著增大，冬季是吸收性粒子的增多，而夏、秋季则为小粒子浓度的增大和散射系数的增大。

5.6.3.2 土壤风蚀对区域降水的影响

越来越多的观测和研究表明，云量和降水会受到沙尘气溶胶的影响。一方面，沙尘会通过影响辐射传输而改变降水系统能量平衡；另一方面，它直接影响云的形成过程，从而影响降水过程的产生和发展。

沙尘气溶胶能够通过影响云的形成过程而影响降水。对此，以往国际上存在两种相反的观点：有些学者通过纯理论分析认为，沙尘气溶胶中的大量大粒子可充当凝结核中的巨核，从而使碰并过程加速，由此增强降水作用；但近年来越来越多的观测事实与之相反，沙尘气溶胶中的小粒子会使初始云滴浓度增加而阻碍降水的发展，虽然有大粒子的存在，但其可溶性小，成核较难。Rosenfeld 等(2001)的观测显示，沙尘暴路径上的云滴有效半径小于启动降水过程的阈值 14μm，从而出现明显的沿沙尘输送路径上的带状无降水或微弱降水现象。以上两种观点都已经考虑了沙尘粒子在传输中的硫化过程，区别在于起活化作用的粒子尺度范围不一样，但并未讨论出现这样两种不同结果的原因。王春明和叶家东(1997)认为影响云及其降水形成和发展的重要因子之一是气溶胶浓度，气溶胶浓度的大小不仅会对云的发展过程、降水量产生影响，还会影响降水历时。当气溶胶浓度较大时，能够对云中的暖云降水过程产生抑制作用，延缓暖云降水，减少地面的累积降水量。而且使云维持更持久；而当气溶胶浓度较小时，云中暖雨过程就会变得活跃。何宏让和刘晓明(1999)认为，冷云对流性降水会受到初始冰核浓度的影响，增大初始冰核浓度会抑制云内雨水和雹的含量，进而削弱地面累积和局地降水量。

沙尘天气可能会增加下游大气中冰核浓度，若此时再遇到有利的降水条件，增加的冰核将会影响降水量及其分布。

(1)对强降水中心降水量的影响

在锋后以稳定性云系为主体的冷云降水过程中，冰核浓度的增加会抑制降水产生抑制作用，并且冰核浓度增加得越多，对降水的抑制作用也就越明显。这主要是因为冰核浓度的增加会使得云冰迅速增加，与此同时雪、雨水等水成物却在减少，这就会使大量的冰晶无法长大并下落到地面，从而抑制大气降水。而冰核浓度减少则会促进降水，这可能是因为大气中已经存在足够的冰核，沙尘粒子的增加使得冰核浓度过量，反而会抑制降水的形成。但在锋前以不稳定性云系为主体的冷云降水中，其云体内部的过程比较复杂和活跃，冰核浓度的增加或减少对降水都有不同程度的促进作用，这可能是由于不稳定性云系内的小尺度对流旺盛，能够促进冰核在垂直方向的扩散。

(2)对降水分布的影响

增加冰核浓度会加大强降水中心后面的降水，减弱降水区域边缘的降水。这种作用随着冰核浓度增加而变得越发明显。相反，减小冰核浓度会加强降水区域的前半部分的降水，而后半部分的降水则会减弱。

5.6.4 土壤风蚀对人类生活及健康的危害

与洪水、地震、火山喷发和泥石流等自然现象类似，沙尘暴也逐渐成为威胁人类生存环境的自然灾害之一。沙尘暴使建筑物被大量破坏，吹倒树木、电杆甚至会将其连根拔起，引起停水停电，通信中断，影响工农业生产。风沙进入风机会导致转子磨损，严重影响风机的使用寿命，直接威胁风电工业。大风还会撕毁农民的塑料温室大棚和农田地膜等，使瓜果蔬菜、经济作物受灾。由此可见，土壤风蚀对人类的生产生活已经造成了不可忽视的影响，下面将分别予以介绍。

5.6.4.1 沙尘影响环境空气质量

2006 年，沙尘暴天气等级(GB/T 20480—2006)发布并实施。该标准规定沙尘天气是指将地面尘土、沙粒卷入空中，使空气混浊的天气现象。沙尘天气等级划分以能见度为依据，依次分为浮尘、扬沙、沙尘暴、强沙尘暴、特强沙尘暴5个等级。浮尘：当天气条件为无风或平均风速≤3.0m/s时，尘沙浮游在空中，使水平能见度<10km的天气现象。扬沙：风将地面尘沙吹起，使空气相当混浊，水平能见度在1~10km的天气现象。沙尘暴：强风将地面大量尘沙吹起，使空气很混浊，水平能见度<1km的天气现象。强沙尘暴：大风将地面尘沙吹起，使空气非常混浊，水平能见度<500m的天气现象。特强沙尘暴：狂风将地面尘沙吹起，使空气特别混浊，水平能见度<50m的天气现象。《沙尘天气分级技术规定(试行)》中规定了沙尘天气分级颗粒物浓度限值(表5-25)。

表5-25 沙尘天气分级颗粒物浓度限值

沙尘天气等级	总悬浮颗粒物小时浓度范围(mg/m³)	可吸人颗粒物小时浓度范围(mg/m³)	持续时间/h
一级沙尘天气(浮尘)	1.0≤TSP<2.0	0.60≤PM_0<1.00	>2
二级沙尘天气(扬沙)	2.0≤TSP<5.0	1.00≤PMia<2.00	
三级沙尘天气(沙尘暴)	5.0≤TSP<9.0	2.00≤PM_{10}<4.00	>1
四级沙尘天气(强沙尘暴)	>9.0	PM_{10}>4.00	

资料来源：李晓红，2013。

城市空气颗粒物PM10，浓度变化与上风向的沙尘浓度关系密切。例如，2000年的一次强沙尘暴当天，北京的降尘量高达20g/m²，总悬浮颗粒物浓度为11mg/m³，超过国家标准的十几倍。再如，2004年3月16日和3月29日，唐山监测得到室外空气中总悬浮颗粒物浓度分别为1.29mg/m³和2.02mg/m³，分别超过国家环境空气质量标准的4.3倍和6.7倍。有研究对2005—2007年影响兰州市的15次沙尘天气过程中不同粒径颗粒物(TSP、PM10、PM2.5~10、PM2.5和PM1.0)浓度变化进行了统计分析，结果表明：沙尘天气发生时，兰州市颗粒物浓度大幅提升，其中PM2.5~10浓度升幅最大；冷锋过境时，大风将本地排放的细颗粒污染物快速扩散，PM2.5浓度有短暂的下降，但大风也将当地地表的沙尘吹起造成扬沙天气，在这种扬沙天气以及上游沙尘输送的共同影响下，使得细颗粒物PM2.5浓度随后也达到峰值。

中国沙尘暴主要分布于中国西北、华北和东北西部地区，尤其以西北地区沙尘暴的分布范围广、情况最为严重。中国北方地区作为中亚沙尘暴区的一部分，属全球现代沙尘暴的频发地区之一。

一次颗粒物排放源中土壤风蚀型开放源类(土壤风蚀尘或土壤风沙尘)排放的颗粒物对城市空气颗粒物的贡献率达到20%~60%，如对常州市1992—1995年的分析显示，土壤风沙尘对环境空气颗粒物TSP和PM10贡献率分别为29.4%和40%，居各排放源之首；天津市2001年土壤尘对TSP的贡献率为39%，居各排放源之首；唐山市土壤尘对城市空气颗粒物TSP的贡献率采暖期39.2%；非采暖期40.75%，全年平均39.97%；太原市土壤尘冬、夏两季对城市空气颗粒物TSP的贡献率分别为35.2%、58.8%；济南市土壤尘对PM的贡献率为19%，排第二位；山东省东营市土壤尘对PM10的贡献率为8.3%，排第三位。王帅杰等的研究表明，石家庄市区地面起尘量总计28559t/a，主要来源于农田和裸地的土壤风蚀。可见，在我国尤其北方地区，土壤风蚀尘源已经成为城市空气颗粒物主要尘源；是城市空气颗粒物污染超标的主要因素，是影响我国城市环境空气质量达标的关键因素。

5.6.4.2 沙尘影响交通安全

现代交通工具主要包括飞机、轮船、火车、汽车等。土壤风蚀造成的沙尘天气给不同交通工具的出行和使用带来较大的交通隐患和问题。例如，沙尘暴天气会使得车辆不得不停运，严重影响出行。按规定，列车安全行驶能见度不能低于200m，沙尘天气会严重削减视程，使驾驶员看不清道路的情况，影响行车速度和司乘人员的人身安全。沙尘天气还会使汽车车厢玻璃破损，给司乘人员带来安全隐患。例如，沈济等(1986)通过主成分分析认为，空气污染能解释消光系数变化率的26.0%，相对湿度能解释消光系数变化率的14.4%。

目前沙尘暴已成为民航气象预警预报的要素之一。由于飞机所带设备主要用于监视雷暴，并不能有效监测沙尘暴。而沙尘暴具有极强的破坏力，再加上它所造成的低能见度会危及飞行安全，因此飞机在沙尘暴中飞行是极其危险的。强沙尘暴时，会造成大量的交通事故，飞机、火车、汽车等常被迫停运。1973年1月，约旦航空公司的一架波音707飞机受到北非哈马丹风(沙尘暴)袭击，坠毁于尼日利亚的卡诺机场，机上176名乘客全部遇难。另外，沙尘暴对停放在地面的交通设备也会造成一定的破坏。

下面以直升机为例，介绍沙尘对飞行器造成的危害。

直升机机动性较强，用途广泛。在执行军事任务时，使用的起降场地经常是简易场地，甚至是野外临时的沙地或草地。直升机在近地低空飞行或者悬停时，空气受旋翼旋转形成的下洗气流作用，会从地面搅起大量的沙尘，直升机进气道吸入空中的沙尘，这给直升机带来了很大的安全隐患。特别在我国自然条件较恶劣的西部地区，沙尘对直升机的危害更为严重。

沙尘对直升机的危害分为外部损伤和内部损伤2部分。在风力作用下，沙尘会在直升机的有机玻璃、旋翼和铝制蒙皮上打出划纹、凹坑和麻点。如果沙尘进入直升机内部，也会对发动机、工作系统和仪电设备造成损伤。

沙尘对机体外部的损伤主要包括：第一，沙尘容易腐蚀金属材料表面，降低金属材料的使用寿命。第二，空气中的固体颗粒容易划伤驾驶舱挡风玻璃，降低玻璃的透明度，影响飞行员观察。第三，麻点对材料表面的破坏还是造成裂纹的罪魁祸首。裂纹首先在应力集中的区域产生，在连续反复循环应力作用下，裂纹不断扩展，最后导致构件突然断裂，发生事故。

沙尘对直升机的内部造成的损伤首先表现在发动机的损伤。当沙尘进入发动机时，会造成发动机、燃气通道中的各个部件损伤，特别是转子叶片会受到剧烈的磨损，使得发动机的功率下降，耗油率增加，严重时可能会造成工作叶片温度过高，甚至烧毁。其次是沙尘对工作系统的损伤。沙尘在进入操作系统后会造成机械卡滞；进入液压系统、滑油系统及燃油系统会造成油液污染，严重时发生柱塞卡滞，喷油嘴堵塞等一系列故障。最后，沙尘也会对仪电设备造成损害。例如，沙尘进入空速管，堵塞空速管，进而影响空速表指针的正常指示。

5.6.4.3 沙尘天气影响电力通信

风沙对电力光缆线路的影响可以分为短时剧烈破坏和长期缓慢风蚀两类。

①风沙短时剧烈破坏 一般会出现在沙尘暴的爆发时期，在10级以上风力的情况下，大风裹挟沙尘可以瞬间将光缆撕裂，造成通信中断。2007年3月，沙尘暴曾造成宁夏平罗县部分地区的输电线和电力光缆断裂，导致供电中断。2008年5月2日，甘肃河西、白银等地区遭遇强沙尘暴，金昌地区瞬间风力达到10级，电网、电力通信网遭到严重破坏，几近瘫痪。风沙短时间剧烈破坏的主要特征是时间短，破坏大。

②长期缓慢风蚀 它的影响主要体现为浮尘和扬沙对电力、光通信线路的风振效应和侵蚀作用，降低线路传输性能，加速电力光缆老化。

20世纪80年代中期以来，国内外的学者已经注意到沙尘暴也会影响陆地微波、毫米波通信线路。据有关文献报道，国外学者已经就沙尘暴对微波传播的影响做了理论研究和实际测量工作。沙尘暴对陆地微波、毫米波通信线路的影响可以归纳为：①由于沙尘粒子对微波、毫米波的散射和吸收而导致信号增益的衰减；②由于沙尘粒子形状不规则和粒子在空间取向有一定的分布规律而造成的信号传播时交叉去极化效应；③由于沙尘暴中粒子纵向分布不均匀性而造成的信号多途径传播效应；④由于沙尘土在微波、毫米波天线上的沉积而导致的沉积效应。

5.6.4.4 沙尘对人类健康的危害

土壤风蚀会使空气中混有大量的粉尘颗粒、花粉、细菌和病毒以及其他一些危害人体健康的物质。因此，沙尘天气易于传播某些疾病；而且因为沙尘天气波及范围较大，因此沙尘会引起严重的公共健康问题。沙尘暴也会使空气中的含尘量大量增加，载带病毒和细菌的可吸入颗粒物进入肺部后，会诱发咳嗽和哮喘等严重的呼吸道疾病，还可能会引起眼病，过敏性疾病和传染病等，威胁人类健康。

(1)大气颗粒物对人体健康的危害

风蚀过程中会产生大量的大气颗粒物，大气颗粒物对人类健康有着明显的直接毒害作用，会引起机体呼吸系统、免疫系统和内分泌系统、心脏及血液系统等人体各部分机能的广泛损伤，并导致呼吸系统、心血管系统疾病的发生。另外，大气颗粒物浓度过高导致的低能见度还有可能会引起人心理不适，使某些敏感群体产生抑郁等心理疾病。

风蚀引起的大气颗粒物主要通过表面接触和呼吸吸入两种途径对人体产生危害，还有极少量的颗粒物可以通过消化道进入人体内部。表面接触可引起皮肤病、结膜炎和角膜混浊，但是如果大气中颗粒物浓度较低，颗粒物的接触性危害相对较小，其主要的健康危害是颗粒物通过呼吸进入到人体内部之后造成的。颗粒物对人体危害最严重的部位是呼吸系统，会引起诸如上呼吸道炎症、肺炎、肺癌及过敏性肺部疾患等一系列疾病。从毒理学角度分析，首先，颗粒物通过呼吸道进入人体之后，会刺激肺部，打破机体原有平衡，降低肺泡巨噬细胞活力。其次，颗粒物上附着大量有毒物质，如多环芳烃和邻苯二甲酸酯类等，随颗粒物进入人体后与人体细胞发生相互作用，影响人体正常生理机能。另外，通过肺泡里气血交换，颗粒物上的某些有害物质可以进入血液系统并被带到其他脏器，从而损害呼吸系统以外的器官和组织。大气颗粒物的几种主要的毒性作用见表5-26所列。

表5-26 大气颗粒物主要毒性作用简表

影响方面	毒性作用
肺功能	有损于肺部呼吸氧气的能力；使肺泡中的巨噬细胞的吞噬功能和生存能力下降，导致肺部排出污染物的能力降低
呼吸系统	使鼻炎、慢性咽炎、慢性支气管炎、支气管哮喘、肺气肿、尘肺等呼吸系统疾病恶化，甚至引起哮喘等过敏性疾病和硅肺、石棉肺、肺气肿等肺病
炎症	刺激肺部，导致肺部出现急性炎症，表现为中性粒细胞大量局部渗出
免疫系统	致使巨噬细胞的数量和活性的改变，降低免疫功能，增加对细菌、病毒等感染的敏感性，使机体免疫系统对传染病的抵抗能力下降；病原微生物随可吸入颗粒物进入体内后，可使机体抵抗力下降，诱发感染性疾病
癌症的发生	可吸入颗粒所吸附的多环芳烃化合物(PAHs)是对机体健康危害最大的环境"三致"(致癌、致突变、致残)物质，其中苯并(a)芘能诱发皮肤癌、肺癌和胃癌
神经系统	带有铅的小颗粒物(粒径1μm)在肺内沉着后极易进入血液系统，大部分与红细胞结合，小部分神经系统形成铅的磷酸盐和甘油磷酸盐，然后进入肝、肾、肺和脑，几周后进入骨内，导致高级神经系统紊乱和器官调节失能，表现为头痛、头晕、嗜睡和狂躁严重的中毒性脑病
胎儿生长发育	影响儿童的生长发育和免疫功能
儿童生长发育	影响儿童的生长发育和免疫功能
死亡	导致患有心血管疾病、呼吸系统疾病和其他疾病的敏感体质患者的过早死亡

资料来源：陈晓兰，2008.2。

(2)沙尘暴对人体健康的危害

由风蚀引起的沙尘暴可将细颗粒物长途传输数万公里甚至更远而恶化环境，同时在细颗粒物形成和传输途中，尘埃中含有的许多有毒物质，从而给大气环境和人类健康带来危害。

①沙尘对人体的刺激症状　当突然遭遇高密度沙尘而未加防护时，首先会引起眼鼻等的各种刺激症状，如流鼻涕、流泪、咳嗽、咯痰等，严重时会引发气短、乏力、发热、盗汗等全身症状。这些病症多为短期症状，是人体清除异物的自我保护方式，一般不会长期存在。不过，有时也会出现剧烈反应很严重，特别是首次或突然大量接触高密度沙尘会表现为突发气促、胸痛、胸闷、头痛、头晕等症状，原有哮喘、慢性肺病、心脏病等患者则会更加明显。

②沙尘暴对肺部的影响　亚洲地区沙尘暴源地的粒径分布在10~30μm的颗粒占50%，但经过远距离输送后，则演变成尘暴或浮尘，粒径小于10μm的颗粒占55%以上，可吸入颗粒物由于比表面积大而吸附力强，可载带重金属、硫酸盐、有机物、病毒等进入人体。主要沉积在气管和支气管；PM，由于粒径较小可达到肺泡，危害更为严重。进入肺部的颗粒物可导致支气管的通气功能下降、肺泡的换气功能丧失，并可引起其他方面的危害。

美国健康学家首先提出，空气中的细颗粒物与肺病和心脏病死亡之间存在一定的相关关系；澳大利亚研究显示，土壤风蚀引起的沙尘暴是导致该国200万人哮喘的罪魁祸首。我国的一项调查显示，在新疆部分地区居住30年以上的居民中非职业性尘肺患者占一定比例，这与他们生活在扬沙、浮尘环境密切相关，称为风沙尘肺。黄玉霞和王宝鉴(2001)报道的兰州市呼吸道疾病与沙尘天气的分析表明，沙尘暴发生次数与呼吸道疾病发病人数之间呈正相关(r=0.767)，对呼吸道疾病起激化作用，与气管炎、细支气管炎及肺炎等呼吸道疾病之间有一定的关系。

③沙尘暴对皮肤的影响　沙尘暴多发季节，天气一般较干燥，皮肤表层的水分极易流失，造成皮肤干燥且粗糙，降落在皮肤上的颗粒物进入毛孔后易堵塞皮脂腺和汗腺，若不及时去除，可能会引起痤疮，易过敏人群还可能发生过敏性皮炎及皮疹。

④沙尘对各种疾病发病率的影响　王式功等(2011)对沙尘污染的急性不良健康效应进行了研究，通过对21项儿童呼吸系统症状进行分析，结果表明沙尘暴发生当天儿童呼吸系统症状发生率升高，在沙尘暴过境4d后儿童呼吸道症状发生率逐渐降低并接近正常水平。通过统计分析成人眼部、鼻腔、咽喉部、口唇部、皮肤等症状发现，沙尘暴发生当天各系统症状发生率显著升高，且在沙尘暴过境4d后成人呼吸道症状发生率逐渐降低并接近正常水平。

此外，大量的沙尘颗粒通过降低紫外线的强度而降低了紫外线杀菌和抗佝偻病的作用。因此，在颗粒物污染严重的地区儿童佝偻病的发生率处于较高水平，扁桃腺炎、感冒发病率也增加。此外，严重的强沙尘暴还会引起人员的伤亡，1993年5月5日我国的一次强沙尘暴，造成85人死亡，264人受伤，31人失踪。

5.6.5 土壤风蚀对土壤碳库的影响

土壤风蚀使土壤中的大量营养物质损失，导致土地生产力下降，促进地表养分再分配，促进碳在土壤圈、大气圈和生物圈中的循环。一次土壤风蚀过程包括土壤起沙、空间输移和沉降淀积(即空间再分配)3个阶段。在风蚀的每个阶段，土壤中碳的变化都要受到温度、湿度、土壤成分、质地、结构、有机碳形态及其活性、微地形地貌、地表植被以及风场动力等众多因素的影响。

5.6.5.1 土壤风蚀起沙阶段土壤碳库的变化

在风蚀发生地，风蚀将降低土壤碳库储量。主要原因：第一，风蚀会吹走富含有机质的表层土壤，这将直接导致当地土壤有机碳库储量减少；第二，风蚀会破坏地表植被，增强地表反照率，进而使表层土壤温度升高，湿度降低，这将加速表层裸露的土壤有机碳的氧化速率；第三，风蚀将破坏土壤结构、降低土壤肥力，使地表植物对水分和肥分的利用率降低，土地生产力下降，这会削弱植物残体对土壤的回馈作用。此外严重的风蚀还会使含有无机碳酸盐岩的地层直接出露地表暴露于空气中，在酸性环境下，这些碳酸盐岩会更容易被氧化生成CO，并释放到大气中。碳的矿化促使碳从土壤系统向大气的净释放。

土壤风蚀是干旱半干旱易发生风蚀的区域土壤有机碳(soil organic carbon，SOC)损失的主导因素。例如，加拿大草原土壤50%的SOC损失是由土壤侵蚀(风蚀和水蚀)；在某些地区，草地开垦并耕作的最初几年中，矿化是SOC的损失的最主要原因，而耕作时间超过20年后，风蚀引起SOC的损失超过矿化的损失。Su等(2004)在科尔沁沙地的研究发现，沙化草地开垦3年后，由于加速的土壤风蚀使表土层细颗粒被吹蚀，0~15cm耕层SOC含量下降了38%。陶波等(2001)研究指出：近年来，中国土壤碳库成为一个小小的碳源，其主要原因之一是中国北方草地开垦、过度放牧、草场退化，风蚀沙化严重，导致SOC的释放。在不同土壤风蚀强度影响下，土壤中有机碳风蚀量的变化见表5-27所列，随着土壤风蚀强度的增加，表层土壤有机碳风蚀量呈现出一种明显的逐渐增大的变化规律。在微度侵蚀区，表层土壤有机碳风蚀量为2.3g·C/m^2，而在剧烈侵蚀区，表层土壤有机碳风蚀量为61.6g·C/m^2。

表5-27 不同土壤风蚀强度影响下的有机碳风蚀量的变化(g·C/m^2)

土壤风蚀强度	微度侵蚀	轻度侵蚀	中度侵蚀	强度侵蚀	极强度侵蚀	剧烈侵蚀
土壤有机碳风蚀量	2.3	11.0	29.7	32.6	30.6	61.6

资料来源：延具等，2004。

5.6.5.2 土壤风蚀物输运阶段土壤碳库的变化

风蚀物在输运途中，原先较为密实的大块土壤团聚体会在风中被风的剪切力切碎，或被团聚体内部的压缩气体挤破，或被其他土壤颗粒撞击破碎，从而将那些原先为土壤团聚体所保持的有机碳释放出来，形成所谓的颗粒有机碳(particulate organic carbon，POC)，而POC在输运途中可能被氧化。Smith等(2001)认为输运途中POC的氧化率非常小，几乎可以忽略不计；Schlesinger(1995)认为输运过程中的有机碳几乎被全部氧化。Lal(2003)认为POC大约有20%被氧化；Beyer等(1993)认为在输运和沉积过程中约70%的POC被氧化。不同学者对POC氧化率的认识差异如此之大主要是因为POC氧化率受土壤性质(如组分、结构、密实度)、有机碳性质(如易氧化成分、中性成分、惰性成分的比例)以及输运环境(温度、湿度等)的影响；在某些极端情况下，出现0或者100%的氧化率是有可能的，就一般来说，20%~70%氧化率较为合理。

5.6.5.3 土壤风蚀物沉积区土壤碳库的变化

风蚀物沉积在陆地之后的变化相对比较复杂，短期内，风蚀物的沉降将增加土壤有机碳。陆地风蚀物沉积区土壤有机碳库储量的主要影响过程：第一，风蚀带来富含有机质的土壤，这将直接增加沉积区土壤碳库的储量。第二，风蚀沉积物覆盖在富含有机质和碳酸盐岩的土层表面，并将它们与空气相隔离，从而降低这些土层的氧化速率。但是，风力所搬运过来的土壤有机碳，在重新结合成团聚体之前，自身很容易被空气氧化或被微生物分解。第三，由于严重的沙尘沉降会掩盖植被，土地沙化，造成植被减产，从而减少回馈到土壤中的有机物质。

胡云锋等(2004)研究表明，我国由于风蚀造成的土壤有机碳流失大约为59.76×10^{6}t·C/a。其中，包括蠕移质有机碳损失大约为14.34×10^{6}t·C/a，跃移质有机碳损失大约为44.82×10^{6}t·C/a，悬移质为0.60×10^{6}t·C/a。以50%的风蚀有机碳被氧化计算，风蚀所致CO_2

排放为29.88×10^6t·C/a；如果考虑到氧化率的变动范围，以20%~70%计算，则风蚀所致CO_2排放为(11.95~41.83)×10^6t·C/a。中国土壤风蚀所造成的土壤以及土壤碳损失及其流向流量见表5-28所列。

表5-28 中国土壤风蚀所造成的土壤与碳质损失

	总侵蚀量	蠕移量	跃移量	悬移量	CO_2释放量
比例(%)	100	24(16~31)	75(69~81)	1(0.5~5)	50(20~70)
碳/10^6t·C/a	59.76	14.34(9.56~18.52)	44.82(41.23~48.40)	0.60(0.30~3.00)	29.88(11.95~41.83)

注：括号内为变化范围。

资料来源：胡云锋等，2004。

综上所述，土壤风蚀会严重危害人民生活以及生态环境，会使土壤有机质、养分流失，土地生产力下降，农作物减产；产生大范围的沙尘暴及大量大气颗粒物，影响空气质量，造成大气污染；并会对人体健康产生严重危害，此外，土壤风蚀还会使土壤碳库储量下降。

5.7 风蚀荒漠化及其分布

5.7.1 风蚀荒漠化的成因

风蚀荒漠化是在干旱多风的沙质地表条件下，由于人为活动、破坏了脆弱的生态平衡，同时在风蚀作用下，产生风蚀劣地、粗化地表、片状流沙堆积及沙丘形成等风沙活动现象，进而发生土地退化的过程。风蚀荒漠化过程在外形上表现为沙漠、戈壁、风蚀劣地等景观的形成和扩大；实质上是土壤性质的一系列变化，如导致土地生产力降低，农业生态系统崩溃。

气候干旱是沙漠化形成的决定性自然因素。关于非洲撒哈拉地区的研究资料显示，沙漠化过程主要是在持续干旱期间发生和加强的。撒哈拉地区特别是它的中部和南部降水情况的变化，几乎取决于地球表面冷暖变化导致的热带辐合带的位置和几内亚湾的季风进退。在全球气候变暖时期，因热带辐合带北移，几内亚湾的夏季风能更深地向北深入。全新世最佳期的夏季风可达到北纬30°，促使撒哈拉特别是它的南部区域有良好的湿润条件但在距今5300—490年、3600—3400年、3100—2400年和2100—1800年的几次全球变冷时期(所谓“新冰期”)，热带辐合带分布在赤道附近，因而撒哈拉南部区域(萨赫勒)就处在干燥性风的影响范围内，降水剧减成为明显的干燥期，而地理和考古的证据则表明在这一干旱时期，荒漠化明显地加剧了。

最近500年来在撒哈拉的南部地区(苏丹~萨赫勒地区)可划分出3个降水剧烈减少期，即1682—1687年、1738—1756年和1828—1839年，在这些干旱年份荒漠化几乎出现在整个苏丹—萨赫勒地区。在最近80~100年来，根据直接观测的大气降水资料，撒哈拉南部的苏丹—萨赫勒地区，在1913—1916年、1944—1948年、1968—1973年出现了持续的干旱期，其中1968~1973年的干旱尤为严重，降水量比正常年份减少10%~

20%，个别年份的降水量甚至减少50%以上。在个别最干旱的年份，热带稀树草原作为一个独立的地理气候带，在某些地方已经消失了。也正是这次严重的沙漠化过程引起了国际社会对沙漠化的广泛关注，沙漠化作为一个社会问题被提上了联合国的议事日程。

我国学者对晚更新世以来我国北方东部沙区沙漠变动的研究表明，人类历史以来，这一地区环境几经变迁由于气候经历几次波动。例如，在内蒙古东部呼伦贝尔沙地固定沙丘夹于黄色细沙中。据考古推测，最下层埋藏黑沙土层形成的时代距今7000年左右，即相当于全新世中期的高温期。这种埋藏黑沙土也曾在科尔沁沙地、松平原和大兴安岭东陂山麓台地上的固定沙丘剖面中看到，由此说明它不是一个局部现象，而是由于气候变化引起区域自然条件改变的结果。到了距今大约3000年前开始的晚全新世以来，气候又转为寒冷干燥。其中以公元前100年、公元400年、公元1200年和17~19世纪4次寒冷期最明显，气温普遍比现在低1~2℃，旱灾暴风频繁发生。在干冷多风环境下固定沙丘及发育的黑沙土，普遍受到风蚀破坏，流沙再起，又一次出现沙漠扩张，即产生所谓的沙漠化。另据有关资料，近40年来中国干旱、半干旱地区及亚湿润干旱区的部分地区降水呈减少的趋势，另一些地区气温则有增高的趋势，导致蒸发增大，助长了土壤盐渍化的形成。这些都在一定程度上加剧了荒漠化的扩展。近年来频繁发生于中国西北、华北(北部)地区的沙尘暴，就加剧了这些地区的荒漠化过程，导致了极为严重的后果。

因此，众多学者断言，气候变化(包括长期的变迁和短期的波动)、旷日持久的干旱是导致荒漠化尤其是沙质荒漠化的主要因素。并且认为，只有对土地及其资源给予合理正确的使用，才能避免由于干旱而引起沙漠化的巨大灾难。

5.7.2 中国风蚀荒漠化特征

风力对地表侵蚀的结果是造成土地退化，这种以风力为主要侵蚀营力造成的土地退化称为风蚀荒漠化。据第一次水利普查——土壤风蚀普查统计结果显示，截至2019年，中国$160.7\times10^4 km^2$的土地受到土壤风蚀的直接威胁，其中接近40%的土地受到中度以上土壤风力侵蚀(表5-29)。从分布省份上看，新疆、内蒙古、甘肃和青海等省份(自治区)土壤风蚀面积较大，且风蚀更为强烈。总体上，风蚀荒漠化不仅面积大、分布广，而且危害也最为严重，因此成为我国荒漠化的主要类型，得到广泛关注和重视。

从土壤研究的角度出发，土壤沙漠化的实质一方面表现为土壤中细粒部分和营养物质的吹蚀，机械组成变粗，表土层变薄，肥沃土壤发生贫瘠化；另一方面表现为沙粒的堆积，复沙层的出现。而引起土壤性质变化的这一过程就是土壤的风蚀，所以研究风蚀是研究土壤沙漠化的关键。

土壤风蚀是大气与地表的一种动力作用过程，它在干旱半干旱地区，表现尤为强烈。因为那里降水稀少而集中，风力强劲又频繁，加上地表植被低矮、稀疏，土壤松散、贫瘠，是一个十分脆弱的生态环境。在持续干旱和人类不合理利用等因素的共同或单独作用下，一旦原始生态平衡遭到破坏，严重的风蚀和土地沙漠化就会接踵而至。

表 5-29 中国土壤风蚀强度面积和比例

风蚀强度	面积($10^4 km^2$)	百分比(%)
轻度侵蚀	71.60	43.24
中度侵蚀	21.74	13.13
强烈侵蚀	21.82	13.18
极强烈侵蚀	22.04	13.31
剧烈侵蚀	28.39	17.14

注：数据来源于水利部第一次全国水利普查公告。

思考题

1. 简述土壤风蚀过程和一般的风沙运动的异同点。
2. RWEQ 模型在中国应用时需要注意哪些问题？
3. 构建一个土壤风蚀模型需要经过哪些步骤？
4. 简述土壤风蚀强度和土壤风蚀程度的区别。
5. 防治草地和农田土壤风蚀应采取哪些措施？

推荐阅读

土壤风蚀模型中的影响因子分类与表达．邹学勇，张春来，程宏．地球科学进展，2014：875-889.

土壤风蚀过程研究回顾与展望．张春来，宋长青，王振亭，等．地球科学进展，2018. 33：27-41.

适用于河北坝上地区的农田风蚀经验模型．王仁德，常春平，郭中领，等．中国沙漠，2017. 37：1071-1078.

The effect of wind averaging time on wind erosivity estimation. *Earth Surface Processes and Landforms*, Guo Z, Zobeck TM, Stout JE, et al., 2012, 37: 797-802.

Aerodynamic roughness of cultivated soil and its influences on soil erosion by wind in a wind tunnel. Zhang C, Zou X, Gong J, et al. *Soil & Tillage Research*, 2004. 75: 53-59.

Linking wind erosion to ecosystem services in drylands: a landscape ecological approach. Zhao Y, Wu J, He C, et al. Landscape Ecology, 2017. 32: 2399-2417.

第6章 沙尘暴

6.1 沙尘暴及其危害

6.1.1 沙尘暴概念

沙尘暴是指强风将地面大量尘沙吹起卷入大气中，使空气很混浊，水平能见度小于1km的天气现象。世界各国对沙尘暴的叫法较多，如黑风暴、风沙尘暴、沙风暴、沙暴、尘暴等。

沙尘暴是沙尘天气的一种类型，在2006年11月1日颁布实施的国家标准《沙尘暴天气等级》(GB/T 20480—2017)中，依据沙尘天气当时的地面水平能见度，将沙尘天气强度由轻到重依次区分为浮尘、扬沙、沙尘暴、强及特强沙尘暴5个等级(表6-1)。根据沙尘暴等级国家标准，水平能见度小于10km时为浮尘天气，其天气条件为无风或者平均风速≤3.0m/s；当水平能见度1~10km为扬沙天气，当水平能见度小于1km时为沙尘暴天气，当水平能见度小于500 m时为强沙尘暴天气，小于50m时为特强沙尘暴天气，或称黑风暴，俗称“黑风”。

表6-1 沙尘天气分级标准

级 别	天气名称	水平能见度(m)	备 注
1	浮 尘	<10 000	无风或微风时，尘沙浮游在空中
2	扬 沙	1000~10 000	风将地面尘沙吹起，使空气相当混浊
3	沙尘暴	<1000	强风将地面尘沙吹起，空气很混浊
4	强沙尘暴	<500	大风将地面尘沙吹起，空气非常混浊
5	特强沙尘暴	<50	狂风将地面尘沙吹起，空气特别混浊

可以看出，通常所说的沙尘暴天气一般是指沙尘暴、强沙尘暴及特强沙尘暴三者的总称。因此也有人按风速和水平能见度将沙尘暴划分为如下4个等级(表6-2)。

表6-2 沙尘暴天气强度分级

强度级别	风速级别，瞬间最大风速	级别，水平能见度(m)
特强沙尘暴	≥10级，瞬间最大风速≥25m/s	0级，0~50
强沙尘暴	≥8级，瞬间最大风速≥20m/s	1级，50~200
中等强度沙尘暴	6~8级，瞬间最大风速≥17m/s	2级，200~500
弱沙尘暴	4~6级，瞬间最大风速≥10m/s	3级，500~1000

沙尘暴不同于浮尘和扬沙天气，也有别于一般的大风天气。浮尘是在无风或风力较小的情况下，尘土或细沙均匀地漂浮在空中，使水平能见度小于10km的天气现象。均匀悬浮在大气中的沙或尘土粒子，多为远处尘沙(来源于外地)经上层气流传播而来，或是当地扬沙、沙尘暴天气结束后尚未下沉残留于空中的沙尘。扬沙是指风将地面沙尘吹起，使空气相当混浊，水平能见度在1~10km的天气现象。扬沙的风力较大，可将本地沙尘吹起而形成扬沙。界定浮尘天气过程和扬沙天气过程则是在同一次天气过程中，我国天气预报区域内5个或5个以上国家基本(准)站在同一观测时次出现浮尘天气或扬沙天气。在气象学中，把瞬时风速达至17m/s以上的风称为大风，沙尘暴和大风两者的主要区别在于能见度，刮大风时，空气中如不含沙土和粉沙，不形成沙尘暴。大风只是产生沙尘暴的条件之一，它只有与地表沙尘物质及其他天气因素共同作用时才能形成沙尘暴。

6.1.2 沙尘暴危害

沙尘暴，尤其是大范围强和特强沙尘暴，会造成严重的灾害。一般沙尘暴天气以大风卷起大量沙尘、天空大气浑浊、能见度降低为主要特征。当其发展为强和特强沙尘暴时，就会产生令人恐怖的天气现象。

河西走廊5.5“黑风暴”

1993年5月5日，我国西北地区发生了罕见的特强沙尘暴。据当地气象台站的目击者记述，当特强沙尘暴来临之前，只见西方天空出现自地面到高空300~400m的“沙尘壁”，沙尘壁移动迅速，呈现上黄、中红、下黑3种颜色的三层结构，每层都有球状沙尘气团翻滚，形似原子弹爆炸后的蘑菇云，气势汹涌。在沙尘壁中，由于上升气流产生的上举力所决定，沙尘壁底层的沙粒直径最大，中层次之，上层主要是浮尘。因浮尘微粒能把太阳光中的黄色光散射掉一部分，所以我们看到的是黄颜色。太阳光再通过沙尘壁中层时，较大直径的微粒由于将太阳光中的红色光散射掉一部分，所以看到中层是红色。因太阳光通过整个大气层，再穿过沙尘壁的上层和中层时，其7种颜色的光已被全部散射、反射和遮挡住，故沙尘暴最下层为黑色。当其过境时，风向突变，狂风大作，瞬时最大风速可达25~39m/s，能见度急剧下降，甚至降为零米，此种天气现象一般能持续几分钟至几十分钟不等。特强沙尘暴过后，若无明显的降水，则扬沙和浮尘天气仍能维持一段时间。

沙尘暴威胁着农牧业生产，也危害城镇地区的工业生产，恶化城镇地区的环境质量，更为严重的是直接带来人员、牲畜的伤亡，而且还存在着带来土地退化的危险，导致区域生态环境的恶化。沙尘暴灾害的主要危害表现为：

(1)风蚀土壤，掩埋设施

沙尘暴是风沙活动的极端表现形式，也是土地沙漠化最重要的因素之一。每次沙尘暴的沙尘源和影响区都会受到不同程度的风蚀危害，风蚀深度可达1~10cm。如1993年5月5日的特强沙尘暴，造成土壤风蚀10~30cm，甘肃景泰县新垦区沙质耕地的风蚀深度达15cm，若按10cm计算，风蚀量达$1000m^3/hm^2$(赵兴梁，1993)。沙尘暴还造成大面积的草场严重退化，土壤中大量的有机肥料被刮走，沙丘活化，流沙向前移动1~8m。据估计，我国每年由沙尘暴产生的土壤细粒物质流失高达106~107t，其中绝大部分粒径在1.0mm以下，对源区农田和草场的土地生产力造成严重的破坏。

同时，沙尘暴也会以风沙流的方式前移，造成农田、渠道、村舍、铁路、草场等被大量流沙掩埋，尤其是对交通运输构成严重的威胁。1993年5月5日沙尘暴造成风沙埋压房屋 4412 间，沙埋水渠逾 2000km，有的农田耕地的沙埋厚度可达 5～20cm，严重破坏了当地的植被和生态环境，这种年复一年，连续不断的沙尘暴侵蚀，大大加快了我国北方地区的土地沙漠化进程，所造成的间接损失难以估量。

(2)强风破坏

沙尘暴发生时风力较大，携带细沙粉尘的强风摧毁建筑物及公用设施，造成人畜伤亡。而且，强大的风力会吹起地面大量沙粒甚至砾石，造成设施毁坏，危及人身安全。2006 年 4 月 9 日晚 7 时，从乌鲁木齐发往北京的 T70 次列车运行至小草湖至红层之间时，遭遇特大沙尘暴袭击，风力达到了十二级以上，沙尘暴卷起的沙石将车体运行方向左侧窗户玻璃全部损坏，致使车内温度下降，设施受损，旅客人身安全受到威胁。2002 年 3 月 14 日，一场沙尘暴在阿拉善形成，3 月 20 日袭击北京，时间持续长达 51h，此次沙尘暴北京总降尘量高达 3×10^4t，相当于人均 2kg。这是 20 世纪 90 年代以来范围最大、强度最强、影响最严重、持续时间最长的沙尘天气，袭击了我国北方逾 140×10^4km^2 的大地，影响人口达 1.3×10^8。

(3)影响居民生产生活

沙尘暴以其特有的形式造成严重的灾害，会影响正常的生产生活。沙尘暴天气携带的大量沙尘蔽日遮光，天气阴沉，造成太阳辐射减少，几小时到十几个小时恶劣的能见度，容易使人心情沉闷，工作学习效率降低。沙尘暴造成沙埋路面，危害交通畅通，且沙尘暴期间能见度差，影响视线，致使运营困难或停运，迫使机场关闭。发生在 2002 年 4 月初的沙尘暴非常严重，蒙古不得不关闭乌兰巴托国际机场达 3d 之久。此外，韩国也不得不关闭小学，取消汉城金浦机场的 40 多次航班。1993 年 5 月 5 日沙尘暴中，流沙掩埋铁路，造成客货车迟发、晚点和停运 42 列。另外，对有关城镇和乡村的长途和农用电话线路、广播、电视发射塔或发射天线也造成了不同程度的损坏。累计直接经济损失达 514×10^4 元人民币。

沙尘暴也会危害工农业生产。如沙尘暴会使农作物遭受沙打沙割，影响其正常生长，甚至受到毁灭性打击或沙埋，造成粮食减产甚至绝收。沙尘暴也易使植物叶片表面覆盖上厚厚的沙尘，影响植物正常的光合作用，造成生产力下降；牲畜吃了有沙的叶片，可使大量牲畜患染呼吸道及肠胃疾病。中东地区的沙尘暴曾对油井作业、飞机起飞与降落及其他有关的工农业生产。沙尘物质一旦进入工厂、机房，就会大大增加仪表和零件的磨损，润滑不良，缩短使用寿命，甚至造成停机、停产，大则会引起重大事故。

(4)污染大气与恶化环境

在沙尘暴源地和影响区，大气中总悬浮颗粒物 TSP 和可吸入颗粒物 PM10 增加，大气污染加剧。表 6-3 为呼和浩特 2008 年沙尘天气中 TSP 和 PM10 的变化，沙尘暴与强沙尘暴中 PM10 和 TSP 超标倍数高于浮尘和扬沙天气。内蒙古二连浩特 2016 年 3 月的一场特大沙尘暴研究显示，沙尘暴 TSP 的环境监测日均浓度为 10064 mg/m^3 明显高于国家二级标准(0.30 mg/m^3)(汪保录，2017)。2000 年 3～4 月，北京地区受沙尘暴的影响，空气污染指数达到 4 级以上的有 10d，同时影响到我国东部许多城市，3 月 24～30 日，包括南京、杭州等 18 个城市的日污染指数超过 4 级。

沙尘暴不仅会对源区产生污染，更会涉及其下游地区而造成影响。源于我国西北的沙尘，经长距离搬运，会对日本、韩国等周边国家甚至美国造成污染与危害。1998年9月起源于哈萨克斯坦的一次沙尘暴，经过我国北部广大地区，并将大量沙尘通过高空输送到北美洲；2001年4月起源于蒙古的强沙尘暴掠过了太平洋和美国大陆，最终消散在大西洋上空。撒哈拉及其周围干旱区是全球四大沙暴区之一，其沙尘可由热带东风气流的携带，越过大西洋，输送北大西洋赤道上空，甚至可到达加勒比海地区、美洲大陆。Swap的研究结果表明，撒哈拉的沙尘可输送到巴西亚马逊平原，一次撒哈拉的强沙尘暴过程可有约4.8×10^5t尘埃输送到亚马逊平原东北部，年输送沉降量达1.3×10^7t，相当于每年每公顷沉降190kg。Franzen对1991年3月在欧洲的中部和南部以及斯堪的纳维亚北部，来自撒哈拉沙尘暴过程的分析结果表明：撒哈拉沙尘可输送沉降到德国北部地区，此次尘暴过程的涉及面积至少为$3.2\times10^5km^2$，仅在上述区域的降尘量估计接近5.0×10^4t。

如此大范围的沙尘，在高空形成悬浮颗粒，足以影响天气和气候。因为悬浮颗粒能够反射太阳辐射从而降低大气温度。随着悬浮颗粒大幅度削弱太阳辐射(约10%)地球水循环的速度可能会变慢，降水量减少；悬浮颗粒还可抑制云的形成，使云的降水率降低，减少地球的水资源。可见，沙尘可能会使干旱加剧。

表6-3 呼和浩特2008年典型沙尘天气中TSP和PM_{10}的变化(据董智等，2009)

时间	沙尘天气类型	PM_{10}(mg/m^3)		TSP(mg/m^3)		PM_{10}/TSP	能见度
		浓度	超标倍数	浓度	超标倍数		
3~17	沙尘暴	1.738	11.59	2.650	8.83	65.59	<1000
4~24		1.550	10.33	2.110	7.03	73.48	<1000
5~26		1.280	8.53	2.046	6.82	62.58	<1000
5~27		1.152	7.68	1.336	4.45	86.20	<1000
5~28	强沙尘暴	2.069	13.79	2.893	9.64	71.52	300
5~20	扬 沙	0.988	6.58	1.470	4.90	67.19	4000
4~29	浮 尘	0.392	2.61	1.120	3.73	35.00	6000
5~21		0.378	2.52	0.634	2.11	59.62	3000

(5)危害人体健康

风沙物质不仅妨碍人类的活动，同时沙尘中含有各种有毒化学物质、病菌、盐分、微量元素等，这些沙尘物质对人类身体健康产生直接损害。如沙尘物质进入人的口、眼、鼻、喉及食物中，经常引起精神不快；侵入人体呼吸道，诱发哮喘、肺气肿、气管炎、感冒等呼吸道疾病，给广大的区域带来严重的公共健康问题。尤其是老人、儿童及患有呼吸道过敏性疾病的人，是最易受沙尘天气影响的群体。

6.2 沙尘暴的形成及影响因素

沙尘暴作为一种具有巨大破坏力的自然现象，自古以来就有。由于人类生活和生产活动的发展，使沙尘暴形成的频率和强度有所提高和增强。根据对海底岩心和冰盖沉积物的测定，早在白垩纪末，也就是距今7000万年以前，就有沙尘暴发生。在漫长的地质历史中，沙尘暴显示出周期性变化，这与地质时期气候变化和地面尘沙物质的消长有关。在气候暖湿时期，地面植被生长茂密，对地面沙尘物质起保护作用，而沙尘物质本身结构也较好，即使动力、热力条件相同，也不容易产生沙尘暴；而在气候干燥时期，当风、沙尘、气流条件具备时，则很容易产生沙尘暴。但在远古地质时期，不管沙尘暴的强弱如何、破坏力多大，也只不过是自然力对自然物的破坏，是地球上地质作用的一部分，谈不上灾害；而进入人类历史时期以后，由于沙尘暴的巨大破坏力对人类生产和生活产生极大的影响和危害，它的发生就不仅是一种自然现象，也是一种自然灾害。

沙尘暴的成因复杂，一般认为，沙尘暴的形成必须同时具备强风、沙源和不稳定的空气层结 3 个条件，强风是形成沙尘暴的动力条件，只有具备强而持久的风才能吹起大量的沙尘；丰富的沙尘源是形成沙尘暴的物质基础；不稳定的空气导致局地的动力和热力的不稳定条件，使热对流猛烈发展，将沙尘卷入高空，形成沙尘暴和扬沙天气。除此之外，前期干旱少雨，天气变暖，气温回升，是沙尘暴形成的特殊的天气气候背景；地面冷锋前对流单体发展成云团或飑线是有利于沙尘暴发展并加强的中小尺度系统；有利于风速加大的地形条件即狭管作用，是沙尘暴形成的有利条件之一。因此沙尘暴的产生是当地特定的下垫面条件、地形和天气系统共同作用的结果。

6.2.1 沙尘暴形成的动力条件

沙尘暴是由于大尺度的天气形式、中尺度的干飑线与局地热力不稳定条件相互作用的结果。干旱少雨，大风频繁，冷热剧变，寒潮过境，不稳定的空气在对流层底部形成强对流天气等，均为沙尘暴的形成提供了有利的天气背景。

6.2.1.1 大 风

沙尘暴作为一种高强度的风沙灾害，并不是在所有有风的情况下都能发生，而是必须在一定的风力条件下才能使地面沙尘起动而进入空中。沙尘暴的发生也有一个临界启动风速，即使是弱沙尘暴，其形成的最低风力也必须达到 4~6 级，瞬间最大风速≥10m/s。大风频繁是荒漠化地区的重要环境特点。我国的荒漠化地区年平均风速一般为 3~4m/s，分布趋势是向北增强，以中蒙、中俄、中哈等国界附近风速最强，风沙日多达 75~150d/a 以上。就全国多数荒漠化地区而言，≥8 级大风日数一般全年为 30d 左右，多的可达 50d。风沙日一般在 20~100d，如按一天 4 次观测，以 2m 高处风速达 5m/s 时为起沙风计，大部分沙区一年可达 250~300 次。研究发现，沙尘天气与大风日数随时间的演变趋势具有一致性(杨晓玲，2017)。

强冷空气是形成沙尘暴的动力因素，是沙尘暴形成的必备条件，它的大小决定着空气中沙尘的数量、粒径大小以及沙尘影响的高度和范围。强冷空气通过形成强的气压梯度和变压梯度，使冷空气能够推动暖空气加速运动，从而形成地面大风(张钛仁，1997)。大风的形成主要有 2 种情况，强冷空气入侵型即冷锋过境和冷锋前地面热低压发展型。强冷空气的形成首先受大尺度环流的影响，主要是欧洲大槽的东移、欧亚经纬向环流的转变等所诱发的冷空气南下形成强冷锋天气活动或高空低压槽过境，它是沙尘暴天气发生的主要动力(胡隐樵，1997；胡金明，1999)。尤其是在春季，是我国北方地区冷锋活动最为频繁的季节，通常是位于西伯利亚的冷空气在我国境内由西北向东南爆发。我国沙尘天气发生的高频区，主要受到蒙古气旋、东北气旋和黄河气旋的影响(全林生，2001)。特别是冬春季节，蒙古高压占优势，气候十分寒冷，冷空气南下可横扫华南，常常形成寒潮天气，强冷空气入侵，易造成沙尘暴天气。据报道，强沙尘暴风速达30 m/s时，粗沙通过跃移进入地面以上数厘米的高度，细沙可进入地面2.0m高度以上，粉沙可带到1.5km以上高度，粉粒悬浮于整个对流层中。

6.2.1.2 大、中尺度天气系统

(1)大尺度天气系统

影响我国北方特强沙尘暴的天气系统有纯冷锋型、蒙古气旋与冷锋混合型、蒙古冷高压型和干飑线与冷锋混合型4种类型。

纯干冷锋型特强沙尘暴是由纯冷锋触发的，冷锋是整个过程的控制系统。这类沙尘暴地面气压系统的特征是：强大的冷气团由西西伯利亚南下先经我国新疆北部，然后经河西走廊东移，或由西西伯利亚向东南方向移经蒙古西部，自西北方向袭击我国(西北路径)，锋后冷气团前部有强气压梯度。大气受强气压梯度力和变压梯度力共同作用形成强风，起沙成暴。而且，在白天，沙尘暴发生引起的太阳短波辐射减小造成冷锋前后大气非绝热加热不均匀，加大了冷锋前后的温度梯度，使地面风不断加大，被扬起的沙尘不断增加，能见度越来越恶化。入夜冷锋前后温度梯度减小，沙尘暴减弱。该类型影响下强沙尘暴随冷锋自西北向东南(西北路径)或自西向东袭击我国北方，形成西北东南向的强沙尘暴带。在沙尘暴源区(如巴丹吉林沙漠等)和沿途裸地扬起的大量沙尘，由高空西北气流输送向东南方向扩散。此类沙尘暴对京津乃至华东地区影响也大。如2017年5月冷锋出发的强沙尘暴过程席卷了内蒙古西部额济纳旗地区(苏日娜，2019)。

蒙古气旋与冷锋混合型特强沙尘暴的天气系统为强烈发展的蒙古气旋及其冷锋，以蒙古气旋强烈发展为主要特征。此类蒙古气旋生成于蒙古国西部或贝加尔湖附近，以后向东南或向偏东方向移动，在蒙古国中部(50°N以南)气旋强烈发展，导致地面风速迅速加大，形成特强沙尘暴的主要动力。由于蒙古气旋向偏东方向移动，气旋暖区及冷锋后分别为西南大风或偏西大风，沙尘暴带随气旋中心移动路径自西向东延伸，此类特强沙尘暴对我国华北及东北地区影响最大。

蒙古冷高压槽型强沙尘暴是由蒙古冷高压与河西暖倒槽共同作用的结果，在冷高压与暖倒槽之间形成强气压梯度风，内蒙古中西部及甘肃、宁夏等地区形成偏东大风，触发沙尘暴。由于上述地面气压场比较稳定，偏东大风及其触发的强沙尘暴可持续2~3d。此类特强沙尘暴多影响河西走廊及内蒙古西部地区。

干飑线与冷锋混合型强沙尘暴是由干飑线或中尺度低气压和冷锋相伴影响造成的，它可以和第1、2类沙尘暴同时发生。其特点是：早在地面冷锋过境前，锋前暖气团中已有干飑线或中尺度低压等中尺度系统生成发展，由干飑线或中低压首先触发强风和沙尘暴；待其后天气尺度冷锋加速赶上干飑线等中尺度低压系统，大风及沙尘暴再度加强。1993年5月5日发生在金昌等地的特强沙尘暴是干飑线加冷锋混合型沙尘暴的典型个例。

(2)中尺度系统

中尺度系统对沙尘暴的发生发展也起到至关重要的作用。研究表明(Joseph，1980；

胡隐樵，1997；刘景涛，1998；卢琦，2001）：沙尘暴天气总是与中尺度低压或飑线相联系，在地形、下垫面、大尺度环流背景和天气系统条件具备的情况下，中尺度天气系统对沙尘暴的产生起着最直接的作用。我国北方地区的暖低压的形成和发展以及锋面飑线的形成主要集中在青藏高原东部和青海地区，加之近地面大气层局部增温等，常导致底层大气的强烈垂直对流，为地表沙尘扬起创造了有利条件(胡金明，1999)。河西走廊沙尘暴的产生与多项因素有着密切的关联，主要包含以下 3 个方面因素：①沙尘暴发生区域近期降水量较少，2014-04-08—2014-04-28 期间降水总量低于 8mm；②在河西走廊的上空位置，500 hPa 对流层中产生冷平流，区域范围形成强对流天气形势；③大气斜压性不断增强，为气旋性涡度营造良好的发展环境，提供大风、沙尘暴产生的动力。正是在这 3 个方面因素的共同作用下，使此次沙尘暴发生(田栋，2019)。

6.2.1.3 不稳定的空气是沙尘暴产生的热力与动力条件

不稳定的空气(气压梯度大)是重要的局地热力条件，小尺度的局地热力(对流)不稳定，同样有利于强对流的发生和发展，从而加强对流性天气过程，成为沙尘暴的重要触发机制之一。下垫面热力属性的差异是在一定的天气系统和独特的地貌结构作用下形成的，这种差异容易形成局地小尺度热力性涡旋，而这种现象在春季比其他季节表现得更为频繁(刘景涛，1998；胡金明，1999)。如果低层空气稳定，受风吹动的沙尘将不会被卷扬得很高；如果空气不稳定，那么风吹动后沙尘将会卷扬得很高；如果两个地方风力、沙源条件相同，不稳定空气成为沙尘暴发生的决定性因子。在我国北方的春季，空气冷暖变化最大，午后到傍晚又是一天中气温最高、地面最热的一段时间，极易造成空气的不稳定。沙尘暴的日变化特点与太阳辐射日变化有着密切关系，由于午后地面辐射加热最强，气层不稳定，更容易激发热力性对流，使沙尘暴加强哺力(刘景涛，1998)。特别在植物稀少的沙漠和裸露地表，只要连续晴两三天，地面温度升得很高。这时如果遇上强大的冷空气在午后吹过，类似于热火炉中上冷下暖的不稳定的空气条件就会出现，容易造成沙尘暴。同时，山地夹平原和山地夹盆地等独特的地貌结构可以加大冷空气的流速，形成大风天气，易于沙尘暴天气的发生，人们称这种现象为“狭管”效应(胡金明，1999)。而在沙尘暴的发展过程中，由于沙尘区阻挡了太阳辐射，地面接收到的短波入射辐射随之下降，使地表温度降低，气压上升，进而加大锋面前后的气压差，最终又使风速增大，沙尘暴进一步加强。这个过程揭示了沙尘暴发展过程中沙尘辐射冷却的正反馈效应和局地不稳定气流使沙尘暴加强的触发机制(胡隐樵，1997；刘景涛，1998)，这种热力正反馈机制在午后最强。

6.2.2 沙尘暴发生的物质基础

(1)丰富的沙物质

沙尘暴的发生和强度的变化除了与风力等气象条件有着密切关系外，还与其途经区域下垫面沙源物质的地理分布和充足程度有着必然的联系(范一大等，2002)。在同样的风力条件下，下垫面的性质决定着风沙活动的形成与强度。当地表沙源中断，沙尘暴发展过程中沙尘辐射冷却的正反馈过程就会中断，使得沙尘暴过程减弱或停止。我国北方大部分地区因气候干燥、少雨，植被难以生长，下垫面多为裸露，加之长期的风蚀作用，使该地区呈现为戈壁和沙漠景观。著名的四大沙地(呼伦贝尔沙地、科尔沁沙地、毛乌素沙地和浑善达克沙地)和八大沙漠(库布齐沙漠、乌兰布和沙漠、腾格里沙漠、巴丹吉林沙漠、柴达木沙漠、库姆塔格沙漠、古尔班通古特沙漠和塔克拉玛干沙漠)都分布在这一区域。沙漠沙地面积广阔，沉积了第四纪甚至第三纪以来的巨厚的沙物质，丰富的沙物质成为沙尘暴发生和发展的永久性存在的沙源。

大面积的沙漠化土地造成我国北方地区沙质地表广布，为沙尘暴的发生和发展提供了丰富的物质来源(胡金明等，1999)。截至2014年，全国荒漠化土地总面积26 115.93×10^4hm^2，占荒漠化监测区面积的78.45%，占国土总面积的27.20%，分布在京、津、冀、晋、蒙、辽、吉、鲁、豫、琼、川、滇、藏、陕、甘、青、宁和新18个省份的528个县(含旗、市、区，下同)。荒漠化土地集中分布于新疆、内蒙古、西藏、甘肃、青海5省份，占全国荒漠化地总面积的95.64%(屠志方，2016)。除了戈壁、沙漠、沙地和沙漠化土地是沙尘暴发生和发展的物质来源以外，退化草地和耕作农田也是我国北方沙尘暴的重要物质来源，特别是那些具有明显沙化趋势的退化草地和耕地。截至2014年，全国沙化土地总面积17 211.75×10^4hm^2，占国土总面积的17.93%，分布于除上海市、台湾省和香港、澳门特别行政区外的30个省的920个县。其中，流动沙地(丘)面积3988.52×10^4hm^2，占全国沙化土地总面积的23.17%；半固定沙地(丘)1643.16×10^4hm^2，占9.55%；固定沙地(丘)2934.30×10^4hm^2，占17.05%；露沙地910.39×10^4hm^2，占5.29%；沙化耕地48 500×10^4hm^2，占2.82%；风蚀劣地(残丘)637.91×10^4hm^2，占3.71%；戈壁6611.58×10^4hm^2，占38.41%(屠志方，2016)。缺乏地表覆盖的退化草地、耕地，会使得单位面积中有更大面积的土壤暴露从而遭受风的侵蚀，从而引发沙尘暴的发生和发展。尤其在冬春季节，由于大面积的耕作农田和退化草地季节性裸露，加之堆放的工业废渣和自然风化的露天矿石，沙尘物质丰富，成为沙尘暴灾害得以加剧的重要物质基础。

此外，城市扩展区域的地表裸土与建筑沙石和弃土提供了就地扬沙的物质来源，也是沙尘暴在沿城市上风方向累加的沙源 。

2019年12月30日，全国林业和草原工作会议上提到，2019年我国治理沙化土地面积226×10^4hm^2。通过实施京津风沙源治理、石漠化治理、三北防护林、退耕还林等重点工程，启动沙化土地封禁保护区和沙漠公园建设，荒漠化和沙化治理成效显著。2012年至今，我国治理沙化土地面积超过1400×10^4hm^2，封禁保护面积174×10^4hm^2(毛晓雅，2020)。

(2)沙尘源的粒度特征

沙尘暴的沙尘源主要来源于自然的第四纪沉积物堆积类型和人类生产活动的人工堆积物类型。自然的第四纪沉积物堆积类型如沙漠风成沙、戈壁沙砾、风蚀劣地、第三纪红色砂砾岩、现代流水冲积物、湖积物、黄土、沙黄土，人类生产活动的人工堆积物类型如尾矿砂、废弃土堆积等。

不同地表粒径组成不同。洪积或冲积戈壁的砾石和细粉沙所占比例大，中细沙所占比例小，一般砾石约占30%，极细沙、粉沙约占40%，中沙、细沙不足30%；沙漠中流动沙丘机械组成中以细沙为主，占总量70%左右，其次是极细沙、粉沙，占20%左右；

风蚀地、第三纪红色沙岩、湖相沉积3者主要以粉沙为主，占80%~90%；黄土、沙黄土主要以极细沙、粉沙为主。黄土粉沙含量大，约占47.83%，而沙黄土极细沙含量多，占78.48%；农田以极细沙和粉沙为主，占96.64%；尾矿沙主要以细沙、极细沙为主，占90%以上。这些富含细粒物质的地表成为沙尘暴的源地，特别是这些地表经人为扰动后更易扬沙起尘。

不同粒度的土壤颗粒具有不同的抗剪切力，它直接影响临界风速值的变化，而风速只有超过临界风速值时，才能对土壤进行侵蚀(刘连友，1998)。黏质土壤易形成团粒结构，抗剪切能力增强，相同条件下，沙质土壤的起沙风速大于壤质土壤的起沙速率；砾质结构的土壤和戈壁土壤的风蚀速率小于沙地土壤的侵蚀速率，基岩质地表的供沙率极低，对风蚀的影响不大(张国平，2001)。野外风洞试验和野外观测表明：沙尘粒子起动的摩擦速度与下垫面土壤的特性有着很大关系，对不同的土壤，摩擦速度的变化范围在20~150cm/s。不同地表的沙尘颗粒具有不同的起沙风速，土壤颗粒越粗，起沙风速越大(表6-4)。流动沙丘在风速达到5m/s时起沙，半固定沙地为7~10m/s、砂砾戈壁为11~17m/s才能起沙扬沙，其起沙量随风速的增大而增加。而且，沙尘的悬浮或跃移高度与风速也有一定关系，风速达到30m/s时，细沙(直径0.125~0.25mm)跃移的高度达至1~2m，粉沙(直径0.005~0.05mm)漂浮的高度可达到1500km，而黏粒(直径<0.005mm)则可漂浮于整个对流层(史培军，2000；卢琦，2001)。另外，粒径小于12μm的微粒可传输到7000km以外的地区，7μm则可传输10 000km(张宁，1998)。

表6-4 不同地表沙土临界风速表(m/s)

地表类型	戈壁	沙砾戈壁	龟裂地	光板地	砂壤土	沙丘砂	黏土地	沙丘地
未扰动	18.3	10.7	>721.1	15.9	9.9	3.6	17.6	3.8
扰动后	4.5	3.4	11.8	2.2	6.7	2.1	5.6	3.0

(3)沙尘源类型表面硬度特征

沙尘源类型表面硬度是决定起沙扬尘量的重要因素。若土体表面支持强度大，则难以扬沙起尘。据测定，流沙的表面硬度0.2~0.5kg/cm^2，尾矿沙硬度与流沙接近为0.33kg/cm^2。戈壁表面由于表层有2~5cm厚的砾石层，表面硬度可达2.42~7.49kg/cm^2，一般难以起沙扬尘。但若遭受人为破坏，如垦荒、人工开挖沙石等使其表面硬度降为0.28kg/cm^2，基本与流沙表面硬度一致时，则易起沙扬尘。同样，固定沙丘表面硬度5.84kg/cm^2，高于流沙约10倍，风蚀现象很少发生；但当固定沙丘被人为开垦后，表面硬度(0.28 kg/cm^2)与流沙表面(0.22kg/cm^2)趋于一致，起动风速变小，极易风蚀起沙扬尘(表6-5)。所有地表在扰动后临界起动风速均会大幅下降。如戈壁滩未扰动时沙粒的起动风速达18.3m/s，而在扰动后仅为4.5m/s，下降了75.4%。

表6-5 自然、人为扰动下沙尘源表面硬度对比

地点	敦煌、酒泉		民勤、玉门蘑菇滩		敦煌鸣沙山
类型	戈壁		固定沙丘		流沙
	自然	人为扰动	自然	人为扰动(新垦沙地)	
表面硬度(kg/cm^2)	2.42~7.49	0.28	5.84	0.28	0.22

6.2.3 地形地貌因素

沙尘暴过程还受到地形地貌的影响。沙尘暴在运行过程中，低层气流受地形地貌、植被的阻滞。高大山体会阻碍气流的移动，使沙尘天气受到抑制或减弱。相反，大风从山口进入平原时会在风口处产生放大效应(狭管效应)。沙尘暴的形成和运行路线与大气环流、大的山体走向有极大关系。

6.2.3.1 地貌格局对沙尘暴发展的影响

地形地貌是沙尘暴发展的不可忽视的因子，它可以对沙尘暴路径进行宏观控制，地貌组合结构对沙尘暴强度具有加强或减缓作用。

西路、西北路沙尘暴东移，主要是受秦岭纬向构造山系及阴山纬向构造山系的导向作用。沿途所经过的下垫面主要为戈壁、沙漠，不仅为沙尘暴提供丰富沙源，而且由于湍流热交换量的增加，造成强烈热力对流，从而增强了沙尘暴动能，强化了沙尘暴的强度。由于秦岭纬向山系及大兴安岭—太行山系斜接，形成沙尘暴的东壁南界，一般很难逾越这两条地形界线。北路、东路沙尘暴爆发式南下，主要是因内蒙古高平原地形坦荡，使源于贝加尔湖的冷空气能长驱直入，肆虐于内蒙古高平原、鄂尔多斯高平原。但一般很难危害大兴安岭太行山以东地区。

6.2.3.2 地貌组合结构对沙尘暴的影响

(1)新疆三山夹两盆的地貌组合

新疆三山夹两盆的地貌组合，使来自欧洲的暖湿气团可以进入北疆地区盆地，形成较多降水。北疆盆地边缘平均降水150~200mm，盆地中央100~150mm。而南疆地区则相反，塔里木盆地为一向东开口的封闭盆地，西部为天山南支及帕米尔高原围绕，南部由于青藏高原存在，西南季风难以到达。暖湿气流无法到达，南疆的降水极为匮乏。南疆盆地年平均降水50~70mm，且末、若羌仅20mm。降水的差异，造成北疆准噶尔盆地以温带半灌木荒漠景观为主，沙丘以固定半固定为主，而南疆塔克拉玛干沙漠则以流沙和大沙丘为主，因而两者提供的沙尘物不同。地形、降水、景观、沙尘物源之间存在连锁关系，表明南北疆不同地貌组合结构是制约沙尘暴发生的重要因素。

(2)河西走廊地貌组合结构

河西走廊以金塔——酒泉一线为界，分为东西两部分，河西走廊风流场的狭管效应，其原理相似于中部为细腰的文氏管。西部在祁连山和马鬃山、包尔乌拉山间形成较宽的“狭管”，东部以祁连山和龙首山、合黎山间形成较窄的“狭管”。当气流流经这两段狭管时，风速都会增大、风力增强，为沙尘暴的形成和发展提供了更为强大的动力条件。

(3)贺兰山

位于阿拉善高原与鄂尔多斯高原之间的贺兰山，突兀于沙尘暴东进路径上，由于气流的绕流作用，当气流绕贺兰山时，贺兰山南北两端流速加大，强化沙尘暴强度。在贺兰山南北两端稍后处会形成涡旋，加速沙尘暴气流对流。当气流翻越贺兰山时，由于焚风效应，空气干绝热下沉，会增加空气不稳定性，促进沙尘暴的发展。

6.2.4 土地覆盖对沙尘暴的影响

下垫面对沙尘暴的影响主要表现在土地利用类型对沙尘暴的影响，不同的土地利用类型的土地表面的硬度和植被覆盖程度不同，坚硬的地表或高覆盖植被的土壤都将抑制沙尘暴的发生，反之，则促进沙尘暴的发生。下垫面与沙尘暴发生关系密切，戈壁地表不利于沙尘暴的发生，植被覆盖度的增加对沙尘暴有明显的抑制作用(郭铌，2004)。春季平均植被指数均与春季强沙尘暴序列有较高的负相关(杨续超，2004)。以下介绍不同的土地利用类型对沙尘暴的影响。

(1)农　地

农垦作用是人类扰动地面使其成为沙尘暴源地的主要形式。观测表明：土壤风遭蚀危害程度与旱耕地有密切关系。土地翻耕之后风蚀量在7~12级风力作用下，为未翻耕土地风蚀量的148倍。农垦扰动作用破坏了土壤结构和地表的植被，降低了土壤表面硬度，并使大量粉尘、黏粒物质出露，在同样风力条件下，易受风蚀起沙扬尘；另外，表土的裸露使大量被风吹蚀的土壤颗粒挟带在气流中，形成了挟沙风。

(2)林　地

森林植被覆盖度的增加，既可以控制就地起沙，也可以阻挡外来沙尘的通过。董智(2004)在分析乌兰布和沙漠东北缘磴口县沙尘天气变化规律及其对防护林体系建设的响应时，利用磴口县1970—2000年31年的风沙天气发生日数资料和1977—2000年24年防护林建设资料，分析了沙尘天气的季节变化和年际变化，并通过线性回归和多项式回归分析了沙尘暴和扬沙日数的长期趋势变化。指出，大风、扬沙和沙尘暴日数呈总体下降趋势，1970—1985年沙尘发生日数相对较高，1985年以后明显下降；沙尘天气发生日数在防护林体系建设前期最高，在不同建设阶段各指标均明显下降，尤其是第三阶段各指标下降幅度可达73.0%~94.0%。方差分析表明4个阶段沙尘天气差异极显著；相关回归分析表明风沙天气指标(年均大风日数、扬沙日数和沙尘暴日数)与防护林指标(防护林面积、防护林林木蓄积量)存在着显著的线性相关关系，同期扬沙、沙尘暴与大风日数的比值变化明显，说明防护林体系建设加强了其对沙尘天气的防护功能。

(3)草　地

草地植被覆盖度的增加可以增大地表粗糙度，对沙尘暴有明显的抑制作用。观测表明：沙地植被盖度达15%~25%时，地面风蚀量减少到光裸流动沙地的21%~31%；而当植被盖度达40%~50%时，风蚀量仅为流动沙地的0.95%。这也是草地，特别是覆盖度较高的草地不容易发生沙尘暴的一个重要原因。另外，植被的根系对土壤，尤其是风沙土具有固定作用。适应流沙条件的植物能够逆转荒漠化(沙化)过程，减少沙尘暴的发生。沙尘暴与草原沙化的进程和生态系统的优劣密切相关。草地作为重要的生态屏障，在防风固沙、净化空气、调节气候、遏制沙尘暴的侵害、美化环境等方面起着重要的作用。锡林郭勒草原生态对整个华北乃至全国的生态环境起着举足轻重的作用。然而20世纪80年代开始，在缺乏有效保护措施的情况下，超载放牧，加上连年干旱、沙尘暴等各种自然灾害的影响，植被存活率低，使草原退化、沙化加速，据有关部门统计目前其退化面积达土地总面积的45%~50%，其速度令人吃惊。

(4)沙 地

尤其是流动沙地，地表缺少植被覆盖，粗糙度低。这使得土壤风蚀的起动风速降低，并提高了跃移通量，增加了沙尘的输移量。此外，风沙土的颗粒组成对沙尘暴的发生也有重要的影响。当风速条件一定时，地表的扬尘量大小主要取决于土壤表层中含有粉沙、黏粒(<0.063mm)物质量的多少。而沙地的风成沙中细粉沙、黏粒等土壤可蚀性颗粒的含量较高，这为沙尘暴的发生提供了大量的沙尘源。

(5)戈 壁

在戈壁风蚀面的发育过程中，可蚀性物质(细沙粒)因长期风蚀逐渐减少，而不可蚀性物质(主要是砾石)相对富集，从而形成对下伏物质具有保护作用的不可蚀砾石层戈壁风蚀面。风洞实验研究表明：我国西北地区高砾石覆盖度的戈壁表面在空气动力学上是稳定的，不是现代风沙活动及沙尘暴的主要物质源地。

(6)盐 壳

干盐湖(盐壳)表面有光滑、坚硬、凸凹不平的盐结皮。这层盐结皮不仅增大了地表的粗糙度，增加了起动摩擦风速；同时还将下层的土壤和砂粒保护起来，使它们免遭大风吹蚀。但是，干盐湖(盐壳)的沉积物中含有大量粉尘物质(粒径<10pm)，可以在一般风暴条件下被大气搬运几千千米，是沙尘暴中粉尘物质的重要来源。

(7)土壤微生物

土壤微生物以其独特的性质在沙漠演化过程中发挥重要作用(张艳红，2006)。

(8)水资源利用

热依汗古丽·瓦伊提(2006)在新疆水资源开发利用及其生态环境问题探析中指出：新疆水土资源开发利用规模的不断加深，使新疆的工农业生产与经济得以稳定持续发展的同时，引起一系列生态环境变化，大多数河流下游水量不断减少，甚至断流，河道缩短，终端湖泊萎缩或干涸，水质咸化和污染趋势加剧；土地的沙漠化和盐碱化现象不断突出；植被退化，生物多样性减少，沙尘暴灾害发生频数增加，灾害程度加剧。有效利用水资源以及提高生态环境效益与经济效益是新疆可持续发展的根本途径。

6.2.5 人类活动对沙尘暴的影响

中国干旱、半干旱及亚湿润干旱地区深居大陆腹地，远离海洋，降水稀少、大风频发、环境脆弱、植被覆盖度低，为沙化土地的扩展创造了重要的环境条件和动力条件。而人为不合理的经济开发与建设活动促进了沙化过程的扩张，进一步诱发了沙尘暴的频繁发生。其中，粗放的生产方式、对土地资源的不合理使用(滥牧、滥垦、滥伐、滥采、滥樵)和沙区经济活动的逐年加强，造成森林面积减少，大面积植被遭到破坏，草场发生退化，撂荒的沙化土地和流沙地面积增加，使地表大面积失去覆盖，最终导致土地的沙化与土壤物理性质的恶化，这是强沙尘暴灾害频繁发生的主要原因。随着现代人口剧增，人类活动的干扰逐渐成为沙化土地扩展的重要促发因素。农业化、工业化及城市化的快速发展和水资源的不合理利用，使得一些地区水源短缺、地下水超采、地下水位逐年下降和水质恶化，导致生态系统用水短缺，大面积的植被干枯，失去保护地表沙性物质的抗风蚀功能，加快了沙化土地的扩展，以及沙漠边缘沙丘向农田前沿的入侵。工矿交通建设活动的加剧，引起地面扰动，植被破坏，地表裸露，风蚀加剧，成为就地起沙的源头。可见，人类活动的干扰逐渐成为沙尘暴频发的重要促发因素。

6.2.6 沙尘暴对环境的影响

长期以来，人们对沙尘暴的认识主要是对环境、社会经济和人们生产、生活产生危害的负面效应。近十年来，一些专家学者研究认为，沙尘暴除了负面影响外，也有正面影响。

(1)负面影响

沙尘暴，特别是强沙尘暴和特强沙尘暴，是一种危害性极大的灾害性天气。当其形成之后，会以排山倒海之势滚滚向前移动，携带砂粒的强劲气流所经之处，通过沙埋、风蚀沙割、狂风袭击、降温霜冻和污染大气等作用方式，使大片农田或受沙埋或遭风蚀刮走沃土，或者农作物受霜冻之害致使有的农作物绝收，有的大幅度减产；它能加剧土地沙漠化，对大气环境造成严重污染，对生态环境造成巨大破坏，对交通和供电线路产生重大影响，给人民生命财产造成严重损失。在非洲撒哈拉沙漠南缘的萨赫勒地区，从20世纪70年代初至80年代中期，由于连年大旱，造成草原退化，田地荒芜，尘沙四起，沙漠化土地蔓延，沙尘暴灾害加剧，使千百万非洲人民流离失所，生活悲惨。我国也是受沙尘暴危害最严重的国家之一，特别是西北地区尤为严重，几乎每年都有强沙尘暴发生。1998年4月15日9：00，形成于内蒙古西部的沙尘暴持续达4d之久，涉及长江以北广大地区，北京“泥雨霏霏”；其时空中总悬浮颗粒物最高达69.0mg/m^3，超过大气环境质量标准230倍；部分地区能见度只有300m。受沙尘暴影响，北京、济南、南京至杭州出现扬沙浮尘天气；北京、济南机场关闭，多次班机停飞，造成直接经济损失约3.2亿元(吴焕忠，2002)。2007年3月在我国新疆一列火车遭受沙尘暴袭击，造成十节车厢被吹翻脱轨，数人死亡，数十人受伤。由于近几年强沙尘暴发生频数有逐年增加的趋势，加之土地资源负荷超载的局面短期内难以改善，随着全球气候的变暖，水资源短缺的矛盾将日趋尖锐。因此，沙尘暴对人类的危害也将随之增大。

沙尘暴天气过程是一个流动的大污染源，它会使所经之处的大气颗粒物污染明显加重。据杨东贞(1995)对1988年4月9~12日出现在北京地区的一次强沙暴过程中沙尘的物理化学特性的测定结果表明：TSP(总悬浮微粒)的平均值为5.118mg/m^3，比正常大气条件下要高15.7倍。长沙劳动保护研究所的科技人员对1993年“5.5”的特强沙尘暴在甘肃金昌市的测定结果是，TSP室外为1016mg/m^3，室内为80mg/m^3，均超过国家规定生活区内含尘量标准的40倍以上，造成了严重的空气污染。2005年一次沙尘暴导致TSP浓度比平时增加3~4倍，PM_{10}浓度增加2~3倍，$PM_{2.5}$浓度有所降低；沙尘暴对总辐射有明显的影响，导致地面总辐射衰减了37.8%(何新星，2005)。

据长春市西部4个采样点测定，2000年4月7日伴随降雪的降尘量最高可达13.0g/m^2，市区总降尘量超过3000t。泥雪样品在室温条件下自然融化后，经实验室48h细菌培养，其细菌含量为每毫升8.9×10^4~10.5×10^4个，每平方米泥雪的细菌侵入量达6.4×10^8个左右。扬沙或沙尘暴对城市造成了巨大的环境危害，而伴随着大量微生物的侵入，势必引起城市微生态环境的改变，威胁到城市的生态安全(胡克，2001)。

2001年4月中亚强沙尘暴过程可以给PAPA地区带去3.1ug/m^3~5.8ug/m^{3}的风成Fe元素，它激发了海洋生物泵，引起海洋浮游植物的快速繁盛(韩永翔，2006)。

沙尘暴是我国主要的气象灾害之一，它不仅给当地的工农业生产造成危害，而且会造成区域性的沙尘污染，严重危害相关居民的身体健康。研究表明，在一次沙尘天气过程中，通过沙尘的输送与吸附使部分持久性有机污染物浓度显著上升，这种情况会给当地居民的健康造成很大的潜在威胁(王式功，2011)。研究发现，沙尘暴发生当天成人急性刺激症状发生人数均有不同程度的增多，与沙尘暴发生前比较，眼睛发干流涕、鼻塞，皮肤干燥等发生率升高(赵春霞，2010)；沙尘暴发生当天儿童呼吸系统症状发生人数均有不同程度的增多，沙尘暴对儿童能造成呼吸系统的急性损伤，且高发于既往有呼吸系统病史的儿童(赵春霞，2010)。

(2) 正面影响

多年来，人们比较注意沙尘暴的负面影响，而往往忽略了其正面影响，近几年，人们开始关注沙尘暴的正面影响研究。论述了沙尘暴的生态效益，即中和酸雨、提供矿质营养、缓解温室效应、太阳伞效应、净化大气、“冰核效应”和“铁肥料效应”(祝廷成，2004；韩永翔，2006)；强沙尘暴降尘给北京土壤带来了改善土壤物理性质的大量粉砂粒，也带来了可作为天然有效化学肥料的大量有效养分和交换性离子，丰富了北京土壤的有机质、全N、大量元素养分和微量元素养分，提高了北京土壤的潜在肥力(张万儒，2005)；沙尘气溶胶表面的非均相过程使得二氧化硫、氮氧化物和臭氧的浓度降低，硫酸盐浓度增加，沙尘暴对这些物种浓度的影响与沙尘浓度有关(刘红年，2004)。

6.3 沙尘暴的时空分布

6.3.1 世界沙尘暴的地理分布

沙尘暴是全球干旱、半干旱区特殊下垫面条件下产生的一种灾害性天气，也是极其普遍的一种天气现象，是多种自然和人为因素综合作用的产物，是能够导致严重灾害的自然现象，是一种地表风蚀最强烈的过程，也是地球表面搬运物质的主要过程之一。世界上沙尘暴多发区主要分布在赤道两侧的副热带地区。相关研究表明，全世界有四大沙尘暴多发区，分别位于中亚、北美、中非和澳大利亚。我国的沙尘暴主要发生在西北干旱、半干旱区，是中亚沙尘暴多发区的一部分，也是世界上唯一中纬度地区发生沙尘暴最多的区域。

6.3.1.1 北美洲的沙尘暴分布

北美洲的沙漠主要分布于美国西部、墨西哥北部和加拿大南部。在与沙漠接壤的荒漠干旱区，沙尘暴时有发生，甚至在大平原上爆发了历史著名的黑风暴，北美洲沙尘暴的原因主要是土地利用不当、持续干旱等原因。

南部平原到加里福尼亚的人口大迁移，影响了美国社会。这场严重的沙尘暴与长期的气候干旱和土地的滥用有关。1930—1931 年，1934 年，1936 年，1939—1940 年连续发生了严重干旱，其中 1934 年 7 月全国 2/3 的范围经历了极度干旱，使得生态系统受到严重破坏。1933 年 4 月，西部俄克拉荷马州、堪萨斯州和得克萨斯州等地一直刮到加利福尼亚州发生黑风暴，毁坏良田 $60\times10^4hm^2$，卷走肥沃土壤 51~305mm。1934 年 5 月 12 日又一场黑风暴席卷大平原，由西向东形成东西长 2400km、南北宽 400km、高 3400m 的迅速移动的黑风暴带。持续 5h，风速 60~100km/h，每立方英里至少含有 40t 尘土，从西部草原刮走 3×10^8t 沙物质，减产 51×10^8kg。1935 年 5 月 9 日更强的沙尘暴袭击了美国 2/3 的大陆，持续了 3 天 3 夜，风暴所过之处，溪水断流，水井干涸，田地龟裂，庄稼枯萎，牲畜渴死，几百万公顷农田废弃，几十万人口成为生态难民，流离失所。到 1940 年，大平原几个州共 250×10^4 人口外迁。

加拿大自 1880 年开垦南部大草原以来，即有沙尘暴相伴，1933—1937 年，连续沙尘暴使得每公顷土壤损失 2000t 表土，20×10^4 个农场破产，30×10^4 人口迁移。与此同时的干旱也使粮食产量下降，蝗虫灾害大面积发生。

6.3.1.2 澳洲的沙尘暴分布

澳大利亚是个干旱国家，陆地面积的 75%属于干旱和半干旱地区。澳大利亚的中部和西部海岸地区沙尘暴最为频繁，每年平均在 5 次以上。在南澳旱农耕作区及其毗邻地区也会发生沙尘暴。由于许多地方气候干燥，加上耕作和放牧，土壤表层缺乏植被的覆盖，导致了土地的逐渐沙化，一旦刮起大风，沙尘暴就会产生。1993 年南澳的沙尘暴覆盖了澳大利亚东部和新西兰。1994 年席卷了西澳南澳和新南威尔士。2009 年 9 月 23 日，一场沙尘暴席卷了澳大利亚东部，将悉尼整个天空染成了红色。美国宇航局的一颗卫星当天拍摄到了这场沙尘暴，照片中一堵“沙墙”席卷了昆士兰州。澳洲人口最多的新南威尔士州大部分地区被沙尘覆盖，空气污染达到创纪录水平，塔斯曼海每小时落下约 75 000t 的沙尘。这场携带着近 500×10^4t 沙尘的沙尘暴蔓延到了澳大利亚昆士兰州南部部分地区。沙尘暴剥离了农田中宝贵的表层土。有一段时间，每小时吹起的沙尘达到了 75 000t，最终沙尘经过悉尼而落进太平洋里。

6.3.1.3 中非的沙尘暴分布

中非地区的沙尘暴主要在非洲撒哈拉沙漠南缘地区，撒哈拉大沙漠是发生沙尘暴的一个主要源地。以苏丹-撒赫勒地区最为严重。从 20 世纪 70 年代初到 80 年代中期，由于连年旱灾以及当地人过量放牧和开垦，造成草场退化，田地荒芜，沙漠化土地蔓延，沙尘暴加剧，当地人的生活环境急剧恶化，沙尘暴频繁发生。频繁的沙尘暴还殃及别的地区，撒哈拉沙尘暴在夏、秋季节常西移到北大西洋赤道上空，甚至可到达加勒比海地区。有的沙尘被风带过大西洋到达了南美洲亚马逊地区，还有的沙尘被吹到了欧洲。

6.3.1.4 亚洲沙尘暴的分布

（1）中亚的沙尘暴分布

苏联的中亚五国是荒漠化比较严重的地区，总面积有近 $400\times10^4km^2$。由于人口的快速增加，人为过量灌溉用水，乱砍滥伐森林，超载放牧，草场退化，沙漠化十分严重。中亚地区盐土面积非常辽阔，达到$15\times10^4km^2$，所以造成了沙尘暴和盐尘暴的混合发生。从1954年开始，在哈萨克、西伯利亚、乌拉尔、伏尔加河沿岸和北高加索的部分地区，大规模移民开垦荒地，10年开垦$60\times10^4km^2$，带来严重的恶果。1960年3月的黑风暴刮了7d，农庄全毁，庄稼颗粒无收。4月的黑风暴不仅袭击了大草原，而且影响到罗马尼亚、保加利亚、匈牙利和前南斯拉夫等地区。这两次黑风暴，使垦区$40\times10^4km^2$以上农田受灾，表土被刮掉300~500mm，泥沙填平150km的灌溉渠道。1963年，垦区再次遭到黑风暴侵袭，远在千里之外的内蒙古和北京也均受到影响。

中亚地区哈萨克斯坦、乌兹别克斯坦及土库曼斯坦都是沙尘暴频繁发生区，但其中心在里海与咸海之间沙质平原及阿姆河一带。在罗斯托夫地区的东南部，最持久的沙尘暴能维持73~157d，但沙尘暴的最大风速不超过30m/s。

(2)西南亚的沙尘暴分布

西南亚洲地区有两个沙尘暴多发区：一个在伊朗、阿富汗和巴基斯坦等国的交界处及阿富汗的土耳其斯坦平原。最大的年平均出现天数为80.7d，出现在伊朗的宾斯登地。一个在约旦沙漠、巴格达与海湾北部沿岸之间的下美索不达米亚、阿巴斯附近的伊朗南部海滨及阿拉伯湾地区。

(3)东亚的沙尘暴分布

东北亚地区沙尘暴主要起源于北半球中纬度的沙漠地区及周边地区(北纬40°~45°，东经90°~120°)。东亚的沙尘暴主要源地包括中国西北、华北地区各大沙区、戈壁、农田，蒙古国东南部沙漠戈壁。在东亚冬季季风和高空西风的共同影响下，上述地区产生的沙尘暴，向东南移动，有些还会沿北纬40°方向平行向东推进，经过朝鲜半岛和日本，直抵太平洋北部及更远地区。

6.3.2 中国沙尘暴的空间分布

(1)中国沙尘暴的空间分布特点与影响区域

中国的沙尘暴区属于中亚沙尘暴区的一部分，主要发生在北方地区。在地质时期和历史时期，这里一直是沙尘暴的主要成灾地区和“雨土”的释放源地。广阔的沙质荒漠化土地成为沙尘暴发生发展的温床。沙尘暴发生日数总的分布特点是西北多于东北地区，平原(或盆地)多于山区，沙漠及其边缘多于其他地区(王式功等，1996)。每日的午后到傍晚是沙尘暴的主要多发时段(冯鑫媛，2010)。我国的沙尘暴和沙尘天气大多位于长江以北，北方省份(除黑龙江省)的绝大部分地区都可受到沙尘暴的影响，全国受沙尘暴影响较为严重的为西藏、新疆、内蒙古、甘肃、青海、宁夏、陕西、吉林、河南、山西、河北、辽宁、北京、天津共14个省(直辖市、自治区)，总面积$624\times10^4km^2$，占我国国土面积的65%(潘耀忠等，2003)。同时，沙尘天气的覆盖范围比沙尘暴广泛，近些年来，沙尘天气也影响到了长江以南的一些地区(全林生等，2001)。

(2)中国沙尘暴的空间分布

沙尘暴发生在沙漠及其边缘地区，主要集中在两大区域：一个位于南疆的塔里木盆地的塔克拉玛干沙漠，其中从麦盖提经巴楚到柯坪为一中心，平均年沙尘暴日数为20~

38.8d；从莎车经和田到且末为一中心，平均年沙尘暴日数为25~35d；从巴丹吉林沙漠东部，南至甘肃河西走廊，经腾格里沙漠、乌兰布和沙漠，至库布齐沙地和毛乌素沙地是中国另一沙尘暴多发区，也是涉及范围最大、中国强沙尘暴发生最多的区域。最大中心在腾格里沙漠南缘的民勤(平均年沙尘暴日数为37.3d)，其次是库布齐沙地的杭锦旗(27d)和毛乌素沙地以南的定边(25.9d)。因此，从空间分布上来看，中国沙尘暴天气多发区主要位于新疆和田及吐鲁番地区、甘肃河西走廊、宁夏黄河灌区及河套平原、青海柴达木盆地、内蒙古伊克昭盟和阿拉善高原、鄂尔多斯高原、陕北榆林及长城沿线。这些地区向大气中输送的沙尘可波及我国华北、东北甚至东南及附近邻国，造成浮尘、泥雨及沙尘暴天气，严重危害工农业生产，对生态环境造成严重的破坏。

在我国西北、华北大部、青藏高原和东北平原地区 d_{45}(1956—2000年45年平均沙尘暴年总日数)普遍大于1d，是沙尘暴的主要影响区，天山以南大部分地区(主要包括：塔里木盆地及其周围地区、河西走廊 、阿拉善高原、河套平原、鄂尔多斯高原和青藏高原部分地区)d_{45} 大于10d，是沙尘暴的多发区；塔里木盆地及其周围地区 、阿拉善高原和河西走廊东北部是沙尘暴的高频区，d_{45} 达20d以上，局部接近或超过30d，如新疆民丰36d 、新疆柯坪31d 、新疆和田27d 、甘肃民勤30d、内蒙古拐子湖27d等(周自江，2002)。

我国北方农牧交错带、沙漠边缘带、沙漠—绿洲过渡带是沙尘天气的多发地带，西北地区50年来强与特强沙尘暴发生高频区有3个。一是以甘肃民勤为中心，酒泉、宁夏黄河灌溉区为次中心，包括甘肃河西走廊、巴丹吉林沙漠南缘、腾格里沙漠和宁夏黄灌区，沿河西走廊和阿拉善高原西南缘一线呈西北—东南走向分布；二是以和田为中心，位于塔里木盆地南缘民丰—于田—和田—皮山一线，以和田为中心；三是以吐鲁番为中心，主要集中在吐鲁番盆地地区(钱正安等，1997；胡金明等，1999)。

我国沙尘暴站时年均分布呈现两多、两少、两个频发中心的特征。北多南少、西多东少，内蒙古西部阿拉善盟和新疆塔里木盆地偏南部的民丰到且末地区为两个多发中心(王存忠，2010)。

6.3.3 中国沙尘暴的时间变化

6.3.3.1 年际变化

在年际变化上，沙尘暴灾害反映了气候变化和区域环境演变过程。在不同的时间尺度上，沙尘暴灾害的时间演变过程表现出不同的特点：

(1)在万年时间尺度上，沙尘暴形成是以东亚特殊的大气环流为背景，并与季风的强弱紧密联系在一起，其演化主要受地球轨道因素的控制。据对深海岩芯和冰盖沉积物的测定，在白垩纪即距今7000万年前就有沙尘暴的出现(陈志清等，2000)。在漫长的地质历史时期，沙尘暴的发生呈周期性的波动变化，与气候变化和地面沙尘物质的消长有关(夏训诚等，1996)。在气候暖湿期间，沙尘暴发生频率低；相反，在冷干气候时期，沙尘暴发生频率高。但从平均水平来看，沙尘暴的发生频数总体上处于波动的状态，没有显著的增加或减少。

(2)在千年时间尺度上，沙尘暴频发期对应于干冷的气候背景。在公元前3世纪至

1949年新中国成立的2154年，有沙尘暴记录的70条，其中84.3%只记录有沙尘暴发生及简单情况，未记录灾情(表6-6)。由表可知，公元前3世纪至公元12世纪，为沙尘暴发生的低频阶段，从13世纪开始，强沙尘暴发生频率增高，19世纪后进入迅速增长的阶段(卢琦等，2001；钱正安等，1997)。

表6-6 历史时期各世纪沙尘暴发生次数

时 间	发生次数	时 间	发生次数	时 间	发生次数
公元前3世纪	1	公元6世纪	1	公元14世纪	1
公元前2世纪	0	公元7世纪	0	公元15世纪	2
公元前1世纪	1	公元8世纪	0	公元16世纪	7
公元1世纪	0	公元9世纪	1	公元17世纪	4
公元2世纪	0	公元10世纪	0	公元18世纪	10
公元3世纪	1	公元11世纪	0	公元19世纪	17
公元4世纪	3	公元12世纪	0	公元20世纪	17
公元5世纪	1	公元13世纪	3	合 计	70

(3)在百年时间尺度上，我国沙尘暴的发生频率与区域性的气候变化有关。沙尘暴的发生既有由局地天气条件所致，而更多的是由大尺度天气系统造成。

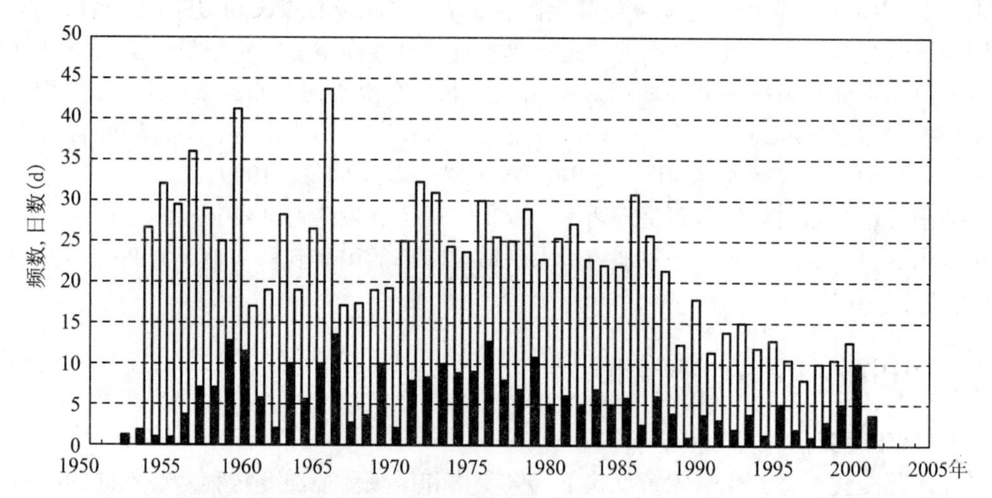

图6-1 中国北方强和特强沙尘暴频数(次，黑直方柱)**及5个多发区中心站平均年沙尘暴日数**(天，白直方柱)**逐年变化**(据钱正安等，2004)

新中国成立以后，我国沙尘暴天气频数的年代际变化相当明显。北方20世纪50~90年代逐年的强和特强沙尘暴的频数依次是48次，68次，89次，47次和36次。由图6-1黑直方柱图可见，中国北方50~70年代的沙尘暴频数波动增加，70年代达最高，但80~90年代则明显减少，1998年(特别是2000年)后突然增加，2003—2005年又急剧减少，即我国沙尘暴日数总体上呈递减趋势。图中的空白直方柱系我国民勤等5个多发区中心站平均的年沙尘暴总日数，两组直方柱反映的沙尘暴频数波动变化的特征一致。

6.3.3.2 季节变化

沙尘暴出现的日期有明显的季节性变化，一般出现在雨季以前。世界上大部分地区的沙尘暴主要出现在春季，北半球在3~5月，南半球在9~11月(朱福康等，1999)。据周自江(2001)研究表明，中国沙尘暴的季节变化有3种类型：春季最多型，以北京、朱日和为代表，3~5月发生最多；冬末春初最多型，以兴海为代表，2~4月最多；春夏频繁型，以和田、民勤和张掖为代表(图6-2)。其中春季最多型发生频率最高，约占全年总数的1/2，强与特强沙尘暴主要发生在这一季节，夏季次之，秋季(新疆地区为冬季)最少(陈志清等，2000；何清等，1997)。中国北方的沙尘天气在亚洲地区出现最早，4月沙尘暴出现频率最高(刘景涛等，1998；Littmann，1991)，但近些年有提前的趋势，9月和10月出现频率最低(杨东贞等，1998)。

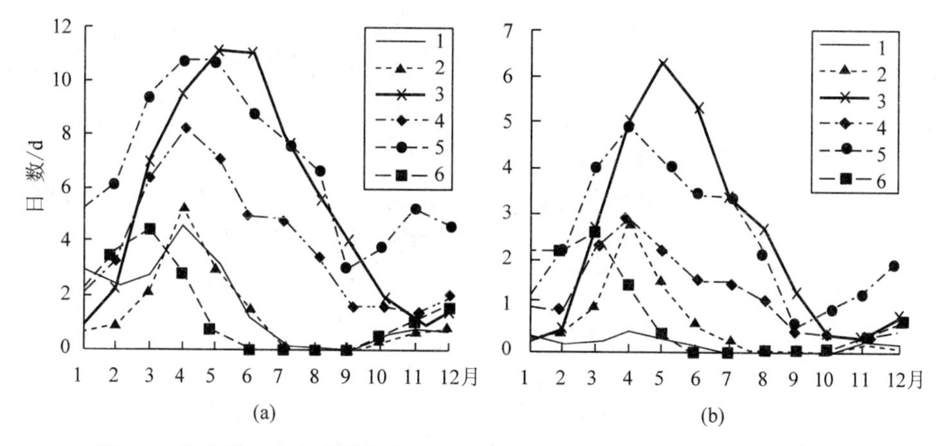

图6-2 北京等6个代表站扬沙和沙尘暴日数的季节变化(据周自江，2001)

(a)扬沙 (b)沙尘暴

1. 北京 2. 朱日和 3. 和田 4. 张掖 5. 民勤 6. 兴海

春季成为沙尘暴的多发期，与这时的地面状况和气候特点有关。春季沙尘暴的发生是干燥疏松下垫面条件、回暖后的强对流空气与有利的高空环流条件有机配合的结果。春季气温回暖、气温回升快，中国北方冰雪消融、土地解冻、地表裸露，为沙尘暴的发生提供了吹扬物质。而且，春季也是中国寒潮频发的季节；平均风速在四季中为最大，尤其4月是中国北方地区平均风速最大的月份。这样，地面物质条件与对流条件具备，西伯利亚上空再有冷空气堆积可能爆发寒潮，则春季一般会有较强较多沙尘暴发生。

6.3.3.3 日变化

一天24h，由于温度的变化，使得空气运动发生变化，不同的时间对沙尘暴的形成产生不同的影响。一般地，沙尘暴在12~20h发生的频率较大，占全天的69.57%，故沙尘暴多发生在午后和傍晚，在夜间和凌晨发生很少。新疆沙尘暴多发时段在16：00~21：00时，持续时间北疆一般不超过60min，南疆一般不超过90min，塔里木盆地南部沙尘暴的持续时间最长，最长可持续16h(王旭，2002)；内蒙古一天之中则主要出现在午后到傍晚(刘景涛，2003)。说明除动力因素之外，热力因素起了极为重要的基础作用。

6.4 中国沙尘暴策源地与发生路径

6.4.1 沙尘暴策源地

所谓的沙尘暴策源地是指一次沙尘暴天气过程，第一天发生沙尘暴的所有地区中，处于最上风方向的地区。全球共有四大沙尘暴高发区：中亚、北美、中非和澳大利亚。从若干沙尘暴天气过程的统计结果分析，我国沙尘暴的发生既有境外源地(外源型沙尘暴)，也有境内源地(内源型沙尘暴)，且影响范围较大的沙尘暴天气过程其源地多属外源型沙尘暴天气过程。统计表明，蒙古国即属于影响我国沙尘暴天气过程的主要境外源地，影响我国的沙尘暴天气有2/3左右的沙源是起源蒙古国南部的戈壁地区，在途径我国北方沙漠或沙地时得到加强或补充，另1/3左右的沙尘天气为境内沙源所致。

就境内源地而言，沙尘暴天气的策源地即为沙尘暴发生的中心区域。从2014—2018年中国西北地区春季沙尘天气发生的频数看，我国西北干旱区存在三大沙尘高频活动带：①塔克拉玛干沙漠东南边缘高频带；②库姆塔格沙漠北缘高频带；③巴丹吉林沙漠东北边缘高频带，是我国西北春季沙尘天气爆发的“热点”区域(张晔，2019)。在内蒙古西部，富含黏土粉沙组分的干盐湖及多盐湖分布的沙漠边缘和沙地周边，例如，额济纳、拐子湖区域、腾格里沙漠南缘以及毛乌素沙地的西北边缘区是沙尘暴、扬沙活动的频发区；沙尘暴在额济纳、拐子湖区域周边为4.7 d/a；腾格里沙漠南缘为2.8 d/a；毛乌素沙地的西北边缘区为6.8 d/a(李宽，2019)。黄土高原也是我国沙尘天气的频发区之一，黄土高原西北部是主要的沙尘源地，该区域内内蒙古的鄂托克前旗和鄂托克旗为沙尘暴多发区，宁夏中北部的盐池县、同心县一带是沙尘暴发生最频繁的地区(池梦雪，2019)。沙尘暴中心区域的地面物质在强劲偏北风作用下，影响我国北方地区甚至涉及到长江流域，因而，这些区域是我国沙尘暴的策源地，也是沙尘暴监测、预测和重点防治区域，更是我国北方生态环境治理的重点地区。

对于北京沙尘源地的问题，也有多种说法。北京沙尘暴初始源地为蒙古高原及冷涡移动路径上的沙漠戈壁地区；北京周边地区裸霞地的沙尘在气旅尾部上升气流的抗动下，也形成了边界层的近距离输送(李令军，2001)。影响北京沙尘暴天气的源地主要位于北京北部的浑善达克沙地的西北部边缘，内蒙古中西部、河套以西地区的沙漠、荒漠化地区以及干旱、半干旱地区广大的农业开垦区(张志刚，2003)。北京沙尘暴不仅来自于其源头沙漠，沙尘暴所经过的包括干盐湖盐渍土的大范围干旱、半干旱地区的表层土也是其主要来源(张兴赢，2004)。北京沙尘天气期间近地面沙尘中来自浑善达克沙地的最多占到20.9%，而境外源、北京周边局地源及华北荒漠化土地等其他沙尘源也有相当重要的贡献(成天涛，2005)。

6.4.2　沙尘暴发生路径及影响地域

6.4.2.1　主要路径类型

根据对沙尘暴天气过程、天气形势特点、冷空气来源及云图特征等的综合分析，我国北方地区的沙尘暴发生路径主要有 3 条，即北路、西北路和西路路径(图 6-3)。其中，西北路径类强沙尘暴天气最多(76.9%)，西路径类次之(15.4%)，北路径类最少(7.7%)。一般西路类沙尘暴天气持续时间比西北路径类长，但是，西北路径类强沙尘暴天气具有移动迅速、强度大、影响面积广且灾害重的特点。也有学者主张有四条路径即东北路径、华北路径、西北路径和西部路径(史培军等，2000)，这是将北路路径进一步划分为两支的结果。

6.4.2.2　不同路径沙尘暴主要影响地域

(1)北路路径沙尘暴主要影响区域

北路路径的冷空气来自极地气团或变性气团，形成于中蒙西部边境戈壁地区，在内蒙古高原得到加强，从西北部进入河北省，越过燕山进入北京，影响我国东北、内蒙古、山西、河北、京津及以南地区。

该路径又可分为两支，一支为从蒙古国东中部南下，影响我国东北、内蒙古东部、中部和山西、河北及以南地区；另一路从蒙古国中西部东南下，途经内蒙古腾格里沙漠、乌兰布和沙漠、库布齐沙漠、毛乌素沙地和浑善达克沙地，主要影响我国内蒙古中西部、西北东部、华北中南部及以南地区。

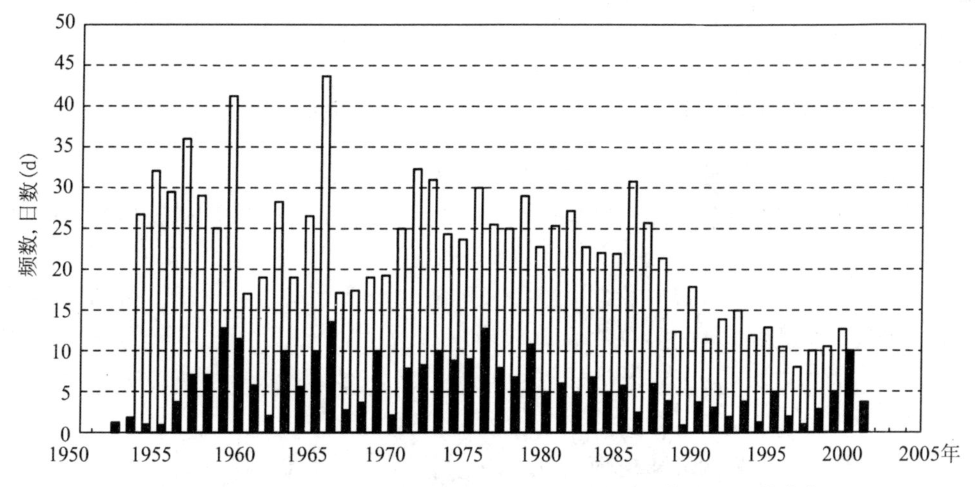

图 6-3　我国北方沙尘暴发生路径(图中字母代表具体路径及其分支)

(2)西北路路径沙尘暴主要影响区域

西北路路径的冷空气源于北冰洋冷气团，强冷空气自西西伯利亚向东南，经蒙古国西部和哈萨克斯坦东北部东南移，在新疆北疆、甘肃河西走廊和内蒙古阿拉善地区形成强沙尘暴，强大的沙尘暴，横扫宁夏、鄂尔多斯高原和陕北，风势减弱后进入中原地区，一直影响到长江流域，影响范围涉及西北、华北及以南地区。此路径的沙尘暴具有范围广、强度大、灾害严重的特点，易形成黑风。如1977年“4.22”黑风、1993年“5.5”黑风以及2000年“4.12”强沙尘暴等均属此类。

西北路径在东移南下的过程中又可分为西北路径1和西北路径2两支。西北路径1为沙尘天气一般起源于蒙古高原中西部或内蒙古西部的阿拉善高原，顺西北风向东南方向移动，途径巴丹吉林沙漠、腾格里沙漠、乌兰布和沙漠、库布齐沙漠、毛乌素沙地、黄土高原；主要影响我国西北、华北，甚至还会影响到黄淮、江淮等地。西北路径2为沙尘天气起源于蒙古国南部或内蒙古中西部，先向东南方向移动，后随气旋收缩北上转向东北方向移动，主要影响西北地区东部、华北中北部、东北大部分地区，有时还会影响到俄罗斯远东地区、朝鲜半岛、日本等地。

(3)西路路径沙尘暴主要影响区域

西路路径冷空气经巴尔喀什湖，翻越天山和帕米尔高原进入南疆西部，沿塔里木盆地东移出塔里木盆地东口，在南疆、河西西部的安西、玉门及青海北部发展成沙尘暴，向东可波及河西、宁陕北部。该路径的沙尘暴主要发生在塔里木盆地、河西走廊西部和青海省。

(4)影响北京地区的沙尘暴路径

影响北京地区的沙尘暴路径主要是北方路径和西北路径，北方路径为内蒙古乌兰察布盟和锡林郭勒盟西部—浑善达克沙地—张家口—北京；西北路径为新疆东北部至内蒙古阿拉善盟北部—河西走廊—贺兰山分为南北两路—分别经毛乌素沙地和乌兰布和沙漠—包头、呼和浩特—张家口—北京。北京沙尘暴的主要沙尘来源为新疆东北部、阿拉善高原、鄂尔多斯、阴山北坡、浑善达克沙地和坝上高原，只有这些地区的生态环境得到改善，才能减缓沙尘暴对华北地区的影响。

6.4.3 沙尘暴引起的气象变化

沙尘暴过程的产生，也会使气象因子发生一系列的变化：

(1)气压很快下降又上升。沙尘暴过境前，气压很快下降，沙尘暴过境后，几个小时内又很快上升，然后转入平缓阶段。

(2)气温很快上升而后猛烈下降。沙尘暴一般发生在午后，过境前，各地气温很快上升然后很快下降，气温的变化与气压正好相反。

(3)空气湿度下降。沙尘暴携来的冷空气很干燥，再加上冷空气流向地面时下沉变干，所以空气湿度急剧下降。

(4)沙尘暴过境后第二天易出现霜冻。晚春季节，沙尘暴过境的第二天早晨会有霜或冻害。如，1993年“5.5”黑风暴过境后，甘肃河西走廊东部的古浪、景泰等县下了小雪，附近大范围地区出现霜冻。

6.5 沙尘暴的监测

6.5.1 沙尘暴的地面监测

我国沙尘暴地面观测业务主要在气象部门。目前，在沙尘暴多发区域和主要影响区域已具备以地面气象观测、高空探测、遥感探测(雷达、卫星等)、专业气象观测和大气特种观测为主的气象综合探测网。目前共有地面气象观测站点2500个左右。太阳辐射观测站98个，高空气象探测站120个。大气本底监测站4个，酸雨观测点82个，农业气象试验站70个，农业气象基本站672个。402个站的地面报和90个站的高空报参加全球(或区域)气象情报交换，每天发报量约达12×10^4份，每月编制近万份各种气象观测记录月报表。

目前我国沙尘暴多发区域和主要影响区域已具备以地面气象观测、高空探测、遥感探测(雷达、卫星等)、专业气象观测和大气特种观测为主的气象综合探测网。地面站距为50~100km，高空站距300km，观测时间间隔一般为6~12h，地面气象观测项目为温度、气压、湿度、风向、风速、降水、天气现象、云量、能见度、日照、蒸发、地温等常规气象要素；高空探测项目为规定等压面温、压、湿和风；天气雷达主要以探测降水天气系统为主，气象卫星主要用于探测大范围高时空分辨率的云、地表和大气参数。专业观测主要以农作物长势、物候和土壤湿度等农业气象观测项目为主；大气特种观测主要以酸雨观测和大气本底环境观测(CO_2、CH_4、O_3、CO、黑碳气溶胶和大气浑浊度)为主。气象综合探测网是整个气象业务的基础，能够有效地监测大尺度天气系统的发生发展，也能初步对大范围沙尘暴进行定性的监测。

但不管怎样，目前气象综合探测网还不能定量地实施监测沙尘暴发生发展，主要表现：首先，现有监测网对沙尘暴监测时空分辨率不够。沙尘暴形成天气是一种中尺度系统，生命是只有几十分钟到几小时，其空间尺度为几十千米到几百千米。而现有监测网站距过大，观测时间间隔较长，这样的站网监测手段从时效和空间上对于沙尘暴这种中尺度天气系统而言，似若“大网捕小鱼”，不能有效监测沙尘暴发生发展的整个过程。其次，缺乏针对沙尘粒子特性的特种观测，如整层和地面气溶胶物理、化学特性，包括谱分布、质量浓度、化学组分和光学特性等。为此，中国气象局从2001年开始建设专业的沙尘暴监测站网系统，配备用于沙尘暴定量监测的各种仪器。

6.5.2 沙尘暴遥感监测

近年来，我国北方连续发生大范围的沙尘暴，给交通运输、生态环境、人们的日常生活和工作带来了不利影响，沙尘暴问题成了全社会关注的焦点。而沙尘暴监测与预警技术的研究在防灾和减灾中就显得尤为紧迫和重要。随着遥感技术的不断发展，在沙尘监测方面的应用范围不断拓展，技术不断提高。本文对现有研究成果进行了总结归纳，我国沙尘暴遥感监测的应用研究主要表现在以下几方面。

6.5.2.1 气象卫星(NOAA/AVHRR、FY-1C)监测沙尘暴

NOAA/AVHRR、FY-1C 气象卫星是国内外较早成功用于气象监测的卫星，具有周期短、覆盖范围大的特点，是进行沙尘监测研究的理想工具。范一大(2001)利用 NOAA/AVHRR 数据，通过查找表增强显示沙尘暴信息和利用经验模型提取沙尘信息，探讨区域沙尘暴强度监测的方法。利用 NOAA/AVHRR 数据提取沙尘暴信息和沙尘暴信息密度分割的方法，结合沙尘暴途经区域的土地覆盖类型和植被覆盖度，对我国北方典型沙尘暴与下垫面之间的关系进行了分析。顾卫(2002)利用 NOAA/AVHRR 的 NDVI 数据和地面气象观测数据，以植被覆盖率和年沙尘暴日数为指标，分析了内蒙古中西部地区植被覆盖与沙尘暴分布的关系。唐淑娟(1999)塔克拉玛干沙漠腹地盛夏沙尘暴天气卫星云图分析中收集了 NOAA-12，NOAA-14 遥感图像资料，运用3个通道合成的亮温资料进行综合分析，初步归纳出盛夏沙漠腹地沙尘暴天气的4种云图类型。韩秀珍(2004)以2001年3~5月的几次沙尘天气为例，介绍基于地表覆盖的 AVHRR 的 LST/Albedo 反演结果与 TSP(沙尘干量)对比分析，发现它们具有较好的相关性。吴晓京(2004)给出了卫星遥感监测到的沙尘过程的图像特征并对产生沙尘的天气系统进行了云图分型。方宗义(2001)在简要介绍气象卫星探测特点的基础上，着重讨论了利用 NOAA 卫星、FY-1C(风云-1C)卫星和 GMS-5 及 FY-2B 卫星上的星载扫描辐射仪监测沙尘暴的原理和方法。陈巧(2005)利用 NOAA/AVHRR 数据，采用单时相乘积法计算土壤湿度，采用 NDVI 指示地表状况，利用地表土壤相对湿度旬平均值、NDVI 旬平均值、风速以及三者的综合值与实测的沙尘暴旬数据，定性和定量分析了中国北方地区土壤湿度、植被覆盖、风速与沙尘暴发生的关系。

6.5.2.2 地球同步卫星(GMS)监测沙尘暴

地球同步卫星(GMS-5)不但观测范围可涵盖地球表面的1/4，且具有每小时的高时间解析观测能力等优点，非常适合于大范围地区沙尘暴的监测。由地表不同物种与沙尘在 GMS-5 卫星可见光频道(S-VISSR)反射特性的分析中，除了少部分的沙尘与低云或稀云的特性较为接近外，其余均可清楚地辨识，如能适时地建立沙尘暴发生前可见光频道的背景环境，即可侦测出沙尘暴所影响的区域或范围。利用 GMS-5 卫星可见光频道资料侦测沙尘暴具极高的可行性。因此，振荣(2004)除成功地研究及发展出利用卫星资料(GMS-5)监测沙尘暴的监测模式外，并已建立自动化卫星即时沙尘暴监测的作业模式，以及卫星监测沙尘暴结果即时自动上网，提供相关单位在沙尘暴即时信息的查询，对于沙尘暴的侦测及预报方面有莫大的助益。赵光平(2004)应用 GMS-或 YF-2 静止气象云图资料，依据不同目标物(如水体、地表、沙漠、地面积雪、中高云、低云、扬沙、沙尘暴)在红外通道、可见光通道、水汽通道的平均灰度及光谱响应曲线的差异，利用多参数条件下的分类合成处理与评估技术，确定了宁夏及周边地区沙生区(扬沙和沙尘暴)在静止卫星云图各通道中灰度阈值，建立了集信息综合分析和动态监测为一体的沙尘暴客观评估和实时监测系统。高庆先(2000)利用 GMS 卫星遥感资料，结合地面气象观测资料和中尺度每小时数值模拟对1998年4月和2000年4月发生的强沙尘暴天气演变过程

进行了详细分析，逐步确定了影响我国的沙尘暴起始源地。胡文东(2003)利用日本GMS-5地球同步气象卫星资料，结合常规气象资料，对2001年4月6日发生于宁夏的一次沙尘暴天气过程的影响系统、物理机制、运动学特征、发展演变过程和地形作用等进行了分析。韩经纬(2005)对静止气象卫星监测沙尘天气的方法进行了研究，对其监测结果与极轨气象卫星的监测结果和地面观测结果做了对比分析。应用该方法研究了影响内蒙古的9次强沙尘暴天气的沙尘起源地和沙尘的扩散过程，并对近年来影响中国北方最强的一次沙尘暴天气的发生、发展过程进行了动态的监测和预警。

6.5.2.3 陆地资源卫星(Landsat-TM)监测沙尘暴

沙尘暴的发生，除受气候条件的影响外，下垫面状况也是主要因素之一。由美国发射的陆地资源卫星(Landsat-TM)，在资源环境监测中应用日益广泛，因其对下垫面植被、水、土壤等方面的敏感反映，也成为沙尘暴监测研究的重要工具之一。沙尘暴是中国北方地区，特别是沙漠及其邻近地区特有的一种自然灾害。据研究，内蒙古地区多属干旱、半干旱气候，生态环境脆弱，由于长期不合理的生产和生活活动，生态环境迅速恶化，水土流失、风蚀沙漠化、盐渍化以及草场退化等问题日益严峻。加之全球气候变化的影响，近年来沙尘天气肆虐该地区，受影响的地区遭到不同程度的危害。银山(2002)利用2000年5~10月TM假彩色合成影像，解译并获取土地利用现状、植被状况和土壤侵蚀等信息和数据，较全面分析了内蒙古沙尘源地的生态环境背景，并提出了整治对策。郭宇宏(2004)利用2000—2002年新疆塔城地区TM遥感影像解译，对塔城地区土地利用现状及土地覆盖类型动态变化进行分析，并以塔城地区人为因素的经济活动破坏了该地区的地表覆盖为例，说明造成该地区冬季发生罕见沙尘暴的主导起因。

6.5.2.4 中分辨率成像光谱仪(MODIS)监测沙尘暴

沙尘暴的发生受大气环流、地表状况、降雨的影响，还受到局部地区地形的影响。一次规模较大的沙尘暴过程，沙尘可以从蒙古国和我国西部沙源地输送到我国东部、韩国、日本乃至夏威夷、美国西海岸。中分辨率成像光谱仪(MODIS)是近年来新上天的卫星，比以往气象卫星功能更强大，不仅具有早期气象卫星的特点，而且精度更高，是沙尘暴监测的另一个十分理想的工具。中日亚洲沙尘暴ADEC项目对亚洲沙尘暴的起沙、传输和降落的运行机制已经做了深入的研究，并建立了亚洲沙尘暴的数值模拟系统。刘志丽(2004)以影响北京地区的沙尘暴事件为例，利用遥感技术，综合DEM地形数据和地面实测数据分析西风引导气流和地形对沙尘运移路径影响，将MODIS影像数据和DEM地形数据以及地面观测站点实测数据相结合，进行综合分析。熊利亚(2002)运用新一代中分辨率成像光谱仪(MODIS)数据，进行沙尘信息的遥感定量化提取方法研究。韩涛(2005)基于EOS/MODIS资料的沙尘遥感监测模型研究在EOS-MODIS资料可见光波段光谱特性的深入分析的基础上，提出了一种完全用MODIS可见光波段监测沙尘信息的技术方法。郭铌(2006)为了利用MODIS资料对沙尘暴的范围和强度进行定量判识，应用多时次MODIS多波段资料，在对沙尘暴、云、雪和沙漠光谱特征进行较为细致分析的基础上，寻找出能区分沙尘、云和地表的波段，构建了2个定量判别沙尘暴范围和强度的沙尘指数，并利用沙尘指数对2002—2005年多次MODIS沙尘暴的范围和强度进行判识。厉青(2006) 探讨了以MODIS为数据源进行沙尘暴监测的业务化技术流程及方法。以2003年4月9~11日连续发生在我国西北部特大沙尘暴为例，进行了沙尘信息提取及等级划分的示例研究，并与已经业务化运行的气象卫星(NO-AA-16、FY-1C气象卫星)的结果进行了相关比较。

6.5.2.5 多普勒天气雷达监测沙尘暴

雷达比一般卫星探测器更具有抗气候干扰能力，便于不同气候环境下进行沙尘的监测。张晰莹(2003) 利用3830型多普勒天气雷达回波资料以及常规气象资料，研究了2002年3月20日发生在从我国西部一直延伸至黑龙江省的沙尘暴、浮尘天气过程。张桂华(2002) 针对2002年3月20日黑龙江省较大范围的浮尘、扬沙天气，从气候背景、天气形势演变和多普勒雷达资料分析了浮尘、扬沙天气形成的原因，以期对浮尘、扬沙的预报起到指导意义。韩经纬(2006) 利用新一代天气雷达和T213数值预报产品资料对2005年4月1日发生在内蒙古中部偏南地区的一次局地强沙尘暴和雷雨大风天气过程进行了连续的监测和分析。

6.5.2.6 EP/TOMS卫星监测沙尘暴

高庆先(2005) 利用EP/TOMS卫星遥感资料，并结合地面气象观测记录，分析了影响我国典型沙尘暴天气的发生、发展和传输过程。定义了使用EP/TOMS气溶胶指数定量描述沙尘天气强度的指标体系，并对1998年3~4月发生的沙尘天气的强度及其演变进行了详细的分析。结果表明：利用EP/TOMS气溶胶指数并结合气象观测资料，可以对大规模的沙尘天气进行及时判别、监视，并预报影响范围及传输路径；同时，利用EP/ TOMS气溶胶指数建立起来的指标体系可以半定量化地描述沙尘暴天气的强度和影响范围。

6.6 沙尘暴的预报

不断加深沙尘暴起沙、传输、沉降机制及其辐射强迫机理认识，提高沙尘暴的预测预警以及防治水平，已成为科研界和政府部门共同关注的间题。充分利用已观测的数据进行了深入的综合研究和方法探索，在数据处理本身和多元数据分析方面均取得一些新进展。刘志丽(2005) 利用遥感观测和地面实测手段，对亚洲沙尘暴进行监测。通过多元据进行分析和综合，建立了遥感监测结果与地面观测结果之间的关联关系，这些监测结果能够为综合风侵蚀模型系统和GCM(全球尺度沙尘模拟模型)模型系统提供参数和验证数据，同时为沙尘暴的预警预报提供基础数据和客观依据。

6.6.1 预报方法

6.6.1.1 预测预报指标与着眼点

通过对沙尘暴发生的机制及相应的天气形势进行分析，提出沙尘暴预报的着眼点

(陈勇航，1999；贺哲，2000；保广裕，2002；吴英，2002；殷雪莲，2001)；杨续超(2006) 提出了风速为沙尘暴的预警指标；前期干旱指数可提高尘暴的预报准确率(李平，2006)。

6.6.1.2 运用天气学原理和数值预报方法相结合对沙尘暴进行预报的流程图

孙军(2001)首先建立一个沙尘暴产生的天气学概念模型；据此模型，设计了用摩擦速度和大气边界层稳定度状况来对沙尘暴进行预报的数值方法；用PSU/NCAR的非静力中尺度模式MM5对该天气学模型的检验结果表明了该模型的合理性。最后给出了运用天气学原理和数值预算方法相结合来对沙尘暴进行预报的流程图。

6.6.1.3 概率统计预报

屈建军(2001)从概率的角度出发，应用Markov模型分析了腾格里沙漠东南缘近20年来沙尘暴变化趋势，结果显示：Markov模型可成为预测沙尘暴发生的一条有效途径。李海英(2003) 利用气象资料，对较大范围的沙尘暴发生频率做了统计，并根据该地区40年春季降水的气候特点划分降水气候区。着眼于沙尘暴预测，分析前期或同期的天气和气候因素。

6.6.1.4 归类判别

高涛(2001) 在大量分析了历史上40年发生在内蒙古中西部地区的37场沙尘暴天气过程的基础上，总结归纳了其大气环流特征，将他们划分成4个环流类型。参考SaatyT L，提出的综合选优的方法，建立判别矩阵，然后计算归类判别预报，根据判别函数值判断实时待判样本的归属。参照归属类历史沙尘暴的天气形势和实况出现的范围以及强度做出沙尘暴天气预报，并设计了一个沙尘暴天气的归类判别分析预报模式。该模式已较成功地应用于2000年春季内蒙古地区的沙尘暴天气预报业务中，取得了较好的预报效果。实践证明，它是一个客观化、定量化和计算自动化的实用的预报模式，是我们目前作沙尘暴预报的重要技术手段之一。

6.6.1.5 概念模型

董安祥(2003) 应用春季沙尘暴日数，从气象学角度分析了春季沙尘暴的物理因素，初步制作了沙尘暴形成的概念模型和预测模型。赵红岩(2004) 分析其发生的气候变化趋势、年代际变化以及与大气环流、海温的相关关系，得出沙尘暴气候趋势预测的着眼点，建立沙尘暴短期气候预测概念模型。

6.6.1.6 神经网络

赵翠光(2004) 使用人工神经网络方法建立了我国沙尘暴短期预报模型，该神经网络模型的输入因子是几个物理量场REOF展开的一些时间系数，输出为我国有无沙尘暴。结果表明 REOF 展开技术和人工神经网络方法两种方法的结合对于预测沙尘暴是可行的。王汉芝(2005) 针对沙尘暴样本高维的特点，在神经网络中引入模糊权，并采用模糊权的反向传播算法训练权值，成功地建立了沙尘暴的预报模型。结果表明，此种模型具有计算量小、收敛状态好的特点。对沙尘暴样本和类似的高维数据具有较好的应用价值。

6.6.1.7　预报系统研建

预报系统建立的方法 赵光平(2001) 通过对产生强沙尘暴天气三大因子的实时诊断，从强冷空气、热力不稳定和近地层环境分析入手，依据宁夏强沙尘暴天气预报着眼点，在较全面地对产生强沙尘暴天气的三维空间物理量结构和动力过程所进行的动力过程相似检验前提下，通过渗入有明确天气学意义并对宁夏强沙尘暴有实际预报能力的综合指标和组合模型，在天气系统自动识别技术的支持下，应用螺旋度修正方案确定强沙尘暴落区，建立自动、客观化的宁夏强沙尘暴天气监测和预报系统；王锡稳(2003) 在总结了沙尘暴天气气候特点、沙尘暴爆发的天气类型、移动路径，得出沙尘暴短期和临近预报的着眼点的基础上，建立了甘肃沙尘暴短期预报概念模型。通过用计算机语言和模块化设计方案，成功设计了中国西北地区沙尘暴监测预警人机交互预报平台，实现了沙尘暴监测预警预报业务化；孙建华(2003) 将澳大利亚新南威尔士大学(UNSW) 邵亚平发展的具有清晰风蚀物理学概念的起沙数值模式、输送模式与 PSU/NCAR 的中尺度气象预报模式 MMG5 进行耦合，以高精度中国区域的 GIS 数据为基础，建立了一个较完整的沙尘暴起沙和输送过程的预测系统。

6.6.1.8　预报系统的功能

中国西北地区沙尘暴天气监测预警服务业务系统由沙尘天气资料库、沙尘天气监测预警和沙尘天气服务 3 个子系统构成(王鹏祥，2003)；王雪臣(2004) 在沙尘暴监测预警服务系统一期工程建设及应注意的问题中指出：该期工程建设主要包括监测分系统、预警服务分系统、通信传输分系统等部分。刘伟东(2004)在北京地区沙尘天气发生、发展的天气学分析研究和沙尘数值模式预报研究以及卫星遥感监测沙尘等方法的应用基础上，对相关的研究成果进行应用开发、集成，形成一套完整的业务系统。该系统由沙尘天气历史数据库、沙尘天气动态监测、沙尘天气概念模型、沙尘数值预报和沙尘天气预警 5 个子模块组成。王遂缠(2005) 指出，西北地区沙尘暴天气监测预警服务业务系统由沙尘天气资料库、沙尘天气监测、沙尘天气预报和沙尘天气服务 4 个子系统构成。李耀辉(2005) 介绍了中国气象局兰州干旱气象研究所和中国气象科学研究院数值预报研究中心合作研制的耦合于 GRAPES 的沙尘暴数值模式 GRAPES-SDM。该模式包括沙尘的起沙、传输、吸湿增长、并合、干沉降与云下清洗等详细的物理过程，可以对沙尘暴的起沙和空气中沙尘浓度进行模拟和预报。在此基础上形成了西北地区的沙尘暴数值预报模式系统，并于 2005 年 4 月开始在兰州中心气象台试运行，同时还将模式结果与卫星遥感资料反演的沙尘暴监测结果进行了对比验证。

6.6.2　沙尘暴的预警技术

沙尘暴作为一种大气现象一直是气象观测要素之一。但是对这种天气现象的预警、预报与一般的天气有根本的不同，沙尘暴的发生取决于气象条件和地表的状况。它是一个包含大气、土壤、陆面相互作用的复杂的物理过程。一方面，天气监测发现，沙尘暴是在有利的大气环流和天气系统背景下产生的，如产生强烈大风天气的冷空气及伴随的气旋性涡旋系统。强的沙尘暴还常与中尺度低压和中尺度飑线系统相伴生。另一方面，根据风蚀物理学理论，沙尘暴过程实质上是一种风蚀过程，即在风力作用下土壤圈和岩石圈被损害和破坏的过程。这个过程是由不同物理机制的 3 个过程组成的，即地面风对土壤粒子的夹带、平流和湍流造成粒子在空气中的输送和粒子的沉降过程，包括干沉降和湿沉降。

6.6.2.1　基于天气学方法的定性预报技术

风力是沙尘暴的起动条件，地面沙源是产生沙尘暴的物质条件。天气学的预报方法实质上是对产生大风天气的环流形势和影响系统的预报。沙尘暴预报的技术路线是：以数值天气预报为基础，综合应用大气和地表的观测和分析的信息，对未来出现的大风天气和地表条件做出综合分析，从而做出沙尘暴的预报或警报。

沙尘暴往往爆发于发展迅速的深厚的天气系统中，其大尺度和中尺度的物理量场特征十分明显，沙尘暴发生时局地的气压、温度、湿度等气象要素也会发生突变。分析研究沙尘暴的天气系统结构特征，建立沙尘暴发生的天气学模型，依托数值天气预报产品，建立动力统计的沙尘预报方法。对这些信息的综合分析，定性确定沙尘暴可能出现的区域和强盾，做出沙尘暴的预报。

目前的数值天气预报模式已可以较好地预报出未来 5~7d 内冷空气的活动及影响范围和强度，与沙尘暴相伴随的低压气旋的位置和强度以及相应的风场强度等。从 2002 年 3 月 20 日华北地区的一次强沙尘天气的综合环流形势：强沙尘暴发生在典型的天气形势下，在较强的高空低压槽作用下，地面锋面气旋强烈发展，造成涡旋中心附近和冷锋后部出现大风和沙尘暴。基于对这些影响系统的预报，中央气象台于 3 月 19 日首次发布了沙尘暴的警报，取得了较好的服务效果。

但是，天气学方法可以较好的预报沙尘暴的影响系统，却难以定量地分析地表的状况及其与大气的相互作用，同样的风力条件下，由于地表的植被覆盖、土壤含水量以及沙源特性等的不同，其起沙的条件就各不相同。只有发展天气学与风沙物理学相结合的方法，才能对沙尘暴的发生做出比较精确的预报。

发展以风沙动力学为基础的定量预报技术 发展沙尘暴定量预报技术就是要建立具有风沙物理学基础的沙尘暴数值预报模式。研究成果表明，沙尘暴的产生是风力条件和地表的沙尘物质输送共同作用的结果，因此沙尘暴数值预报模式是一个包含风沙物理过程和大气运动过程的集成模式。一个完整的沙尘暴模式至少应该包括 4 部分：大气模式、陆面过程模式、风沙模式(包括风蚀、输送和沉降模式)和地理信息系统。大气模式为风沙模式提供风速、降水等物理场；陆面模式预报土壤水分、摩擦速度等物理量的变化，同时为风沙模式提供地表参数：风沙模式主要预报沙尘的源地、浓度与沉降传输：地理信息系统提供了土壤类型、植被覆盖、植被类型、叶面指数等参数，为大气、陆面与风沙模式提供必须的输入参数。在沙尘暴数值模拟中，关键问题是对风沙过程的模拟。首先是对沙尘源的模拟，在起沙过程的模拟中，需要根据据地表的土壤特征、植被特征和降水及蒸发量等要素，对不同粒径的沙粒分别计算起动沙尘运动的临界摩擦速度和沙尘在水平和垂直方向的沙通量。垂直方向的沙通量就是沙尘的源，它可以定量地表征单位时间、单位面积上的起沙量；垂直沙通量随时间和空间的变化，表征了沙尘源地的时空变化。其次是对大气中沙尘含量的模拟。大气中沙尘含量是由质量守恒方程决定的，并受平流和扩散等输送过程和风蚀与沉降过程的影响，这些物理过程都与沙尘的粒径大小有关。通过对不同粒径沙尘含量的模拟计算，可以定量给出大气中不同粒径的沙尘含量分布，获得对沙尘特性的认识。此外，通过模式对大气垂直运动、降水量和天气系统的模拟，还可以定量模拟出沙尘的干沉降和湿沉降量以及沙尘区域的移动路径。

值得指出的是，沙尘暴数值预报模式预报的不再是以能见度为标准的沙尘天气，由于考虑了起沙和传输过程，定量地预报出了大气中沙尘浓度的分布。这种数值预报的结果，需要有相应的观测数据进行检验订正。

6.6.2.2 沙尘天气的预警

当根据遥感、地面观测资料及数值预报等信息判断未来24 h内沙尘天气将影响预报责任区时，应及时向下级台站发布沙尘天气指导预报，预报内容包括沙尘天气种类、强度、落区和移动方向，并随时更新；对影响大城市以及大范围严重的沙尘天气，要及时在公众媒体上向社会公众发布沙尘天气预报警报；对一般影响的沙尘天气，应及时编发内部公报、专报，向各级政府和有关政部门提供。沙尘天气预报、警报应包括发生沙尘天气的区域、时段、强度、可能造成的影响及对策、建议等。

思考题

1. 简述沙尘暴发生的驱动因素。
2. 可以采用哪些手段监测沙尘暴？各有什么优缺点？
3. 中国沙尘暴天气的时空格局具有哪些特征？
4. 简述北京沙尘暴的源地。
5. 简述沙尘暴对生态环境和人类生活的影响。

推荐阅读

1961—2010年中国北方沙尘源区沙尘强度时空分布特征及变化趋势．元天刚，陈思宇，康丽泰，等．干旱气象，2016. 34：927-935.

关于我国华北沙尘天气的成因与治理对策．叶笃正，丑纪范，刘纪远，等．地理学报，2000. 513-521.

京津风沙源治理工程区植被对沙尘天气的时空影响．崔晓，赵媛媛，丁国栋，等．农业工程学报，2018. 34：171-179，310.

中国50a来沙尘暴变化特征．王存忠，牛生杰，王兰宁．中国沙漠，2010. 30：933-939.

A review of techniques and technologies for sand and dust storm detection. Akhlaq M, Sheltami TR, Mouftah HT. *Reviews in Environmental Science and Bio-Technology*. 2012. 11: 305-322.

Spatiotemporal variation in the occurrence of sand-dust events and its influencing factors in the Beijing-Tianjin Sand Source Region, China, 1982-2013. Zhao Y, Xin Z, Ding G. *Regional Environmental Change*, 2018. 18: 2433-2444.

第 7 章

风沙物理学研究方法

风沙物理学研究方法可分为野外和室内两大部分。野外研究包括野外调查、定位、半定位观测，它是风沙地貌和风沙运动研究最基本的、最重要的方法，是获取第一手资料的可靠保证。室内研究则包括遥感信息处理与分析、风信资料整理与统计、样品处理与化验、风洞模拟实验、数学模拟等内容。

7.1 野外调查与观测

野外调查是风沙物理与风沙地貌研究的最基本方法。只有通过野外调查，才能获得与风沙流相关的风速、风向、沙物质、地形、地表粗糙状况、植被等相关数据，才能获得沙漠沙的起源和风成地貌形态形成所必不可少的有关第四纪地质、地貌、古地理及自然地理等方面的资料。同时，室内分析研究的样品也要依赖于在野外调查中采集。如果缺乏这些充分的实地资料，就不能正确地解决沙漠沙的起源和风成地貌形态的成因、不能明确地分析地表的蚀积、沙物质的迁移运动等问题。

有关风沙物理学的野外调查内容很多，如引起风沙运动的动力因素风速、风向及影响风的各种因素；导致风沙运动的物质基础沙物质的理化性质，包括粒度组成、结构、质地、有机质、碳酸钙、团聚体、含水量、黏粒成分等；其他影响风沙运动的地形、地貌、地表粗糙状况、植被有无、高低、大小、多少、疏密、种类、数量等生物与非生物环境因子等。关于沙漠沙的起源问题，各种风成地貌形态成因的古地理环境和自然条件等问题，需要调查的内容也很广泛。如沙漠周围地区的山体结构，组成山体岩层的岩性；剥蚀区和堆积区的分布轮廓；沙漠下伏的古地貌特征和下伏沉积物的成因类型与物质组成；沙漠地区的气候条件、古气候及其变化过程；水文网分布及其变迁和植被的性质等。为了获得上述各项资料，必须采用生态学调查法、景观生态学调查法、植被调查法、气象学方法、地貌野外调查法、第四纪地质调查法、考古学方法和其他自然地理研究法等，这些方法在有关书籍中都有详细叙述，有的作为专业基础课的基本内容已经学习过。在这里，仅扼要地介绍一下与风沙运动、沙源、风成地貌形态的形成演变等关系最密切的一些野外调查内容和方法。

7.1.1 风的观测与风信资料的整理

(1)风的测定

风是风沙物理学中非常重要的指标，它包括风向和风速的测定。目前关于风的定位观测主要采用自动观测系统，测定不同高度的风速；但在野外半定位观测中，常用人工测定与自动采集 2 种方法进行。但无论是自动采集还是人工测定，鉴于沙区风速变化较大，在实际观测中首先应选择量程范围大(30m/s)、性能稳定的风速计。

① 机械式三杯轻便风向风速表测定方法 机械式三杯轻便风向风速表是最基础的风速风向观测仪器。靠风杯的机械转动来记录风速，风杯的转速与风速有一个固定的关系。它可测量风向和 1min 平均风速。仪器由风向部分(包括风向标、方向盘、制动小套)、风速部分(包括十字护架，风杯，风速表主机体)和手柄 3 部分组成。当压下风速按钮，启动风速表后，风杯随风转动，带动风速表主体内的齿轮组，指针即在刻度盘上指示出风速。同时，时间控制系统也开始工作，待 1min 后自动停止计时，风速指针也停止转动。指示风向的方位盘，系一磁罗盘，当制动小套管打开后，罗盘按地磁子午线的方向稳定下来，风向标随风向摆动，其指针即指出当时风向。其具体操作如下：

a. 观测时应将仪器带至空旷处，由观测者手持仪器，高出头部并保持垂直，风速表刻度盘与当时风向平行，观测者应站在仪器的下风方，然后将方位盘的制动小套管向下拉并向右转一角度，启动方位盘，使其能自由旋转，按地磁子午线的方向固定下来，注视风向指针约 2min，记录其最多风向。

b. 在观测风向时，待风杯旋转 0.5min，按下风速按钮，启动仪器；待 1min 后指针自动停下，再读出风速示值(m/s)，将此值从风速测定曲线图中查出实际风速，取一位小数，即为所测之平均风速。

c. 观圈完毕，将方位盘制动小套管向左转一小角度，借弹簧的弹力，小套管弹回上方，固定好方位盘。

使用仪器时应注意保持仪器清洁与干燥，若被雨雪打湿，使用后须用软布擦拭干净；避免碰撞和震动，非观测时间，仪器要放在盒内，切勿用手摸风杯；平时不要随便按风速按钮，计时机构开始工作后，也不得再按该按钮；各轴承和紧固螺母不得随意松动。

三杯轻便风向风速表可以手持，也可以安置在固定地点使用。在进行野外风沙观测时，经常需要地面以上 2m 高的风速，所以一般是制作一个可以插在沙地上的杆子(风杆)，将风速风向表固定在风杆上量测。风杆和风杯位置连线(横杆)垂直来风方向，以免风杆干扰来风，造成涡流。

② 便携式数字风速表测定方法 它是机械式轻便三杯风向风速表的改进型，仍靠风杯的转动记录风速，只是把风杯产生的机械能转换成了电能，用数字直接显示风速。此种仪器更容易记录瞬时风速。便携式数字风速表种类较多，有单一测量风速的，有测定风速与温度的，有测量风速、风向的，是常用的一种便携式风速仪。还有一种小型手持气象站也可用来测量风速。如美国产的 Elite 便携式风向/风速计可测量风向、风速、风寒和温度，NK-4000 型可测量风速(最大，平均)、空气温湿度、风寒、露点、湿球温度、高度、大气压等数据，可存储 250 个数据。但上述风速仪测量数据变化较大，易受人为影响，测量值多为瞬时值。

③ 多通道风速风向记录仪 这是在传统风向风速观测仪器的基础上，根据同时进行多点测定的原理而设计的。目前常见的多通道风速风向记录仪有两类。一类是以中国科

学院寒区旱区环境工程研究所沙漠与沙漠化重点试验室研制的(2003年5月取得专利)(图7-1)；另一类是北京世纪建通有限公司研制的。前者采用的是三杯轻便风速仪的杯身系统(风速、风向)，但不再采用机械计时，只是用其风杯和风向标；后者则采用气象站通用塑制黑色大风杯。二者的原理均是将风杯获得的能量，通过磁感应原理传感器，将风速存储电路储存在显示器上，方便的获得各点同一时刻的风速。测定时可以将测量风杯布设在同一断面的不同位置和不同高度，根据从多点获得的同一时段风速，方便的绘制断面的风速廓线。记录时间可以实现自我调节，记录1s、2s直至1h的瞬时和平均风速，同时记录风向。测定的数据记录在仪器的芯片上，测定完成后直接用数据线传输至计算机读出数据即可。而且数据可直接读出至EXCEL表格中进行存储、统计、计算、分析等。

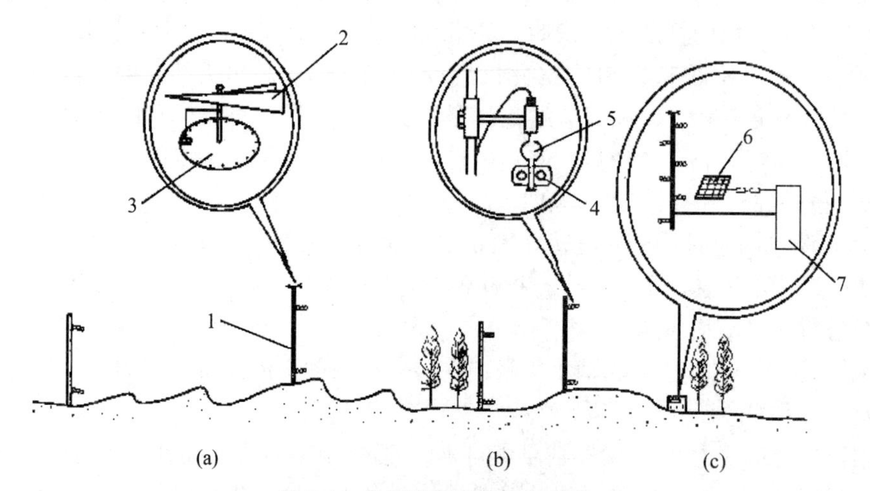

图7-1 多通道风速风向记录仪

(a)风向感应部分 (b)风速感应部分 (c)数据采集部分

1. 风速仪固定支架 2. 风向标 3. 风向感应盘 4. 风杯

5. 风速感应器 6. 太阳能电池 7. 数据采集、显示、储存器

④ 超声风速仪 超声风速仪属于非接触式测量，基本上干扰风场，无压力损失，可以在恶劣环境下进行观测，适用范围广泛。超声风速仪测量原理是利用发送声波脉冲，测量接收端的时间或频率差来计算风速和风向的测量，目前使用的超声风速测量仪器有二维超声风速仪和三维超声风速仪。超声风速仪结合现代计算机计算，可以在更高层次上揭示风的特性，对提高实验精度具有重要意义。

(2)风信资料整理

在治理或控制风沙危害中，关键是要认识和了解某地区风沙运动规律，这就必须对该地区的风信资料进行全面准确地统计整理、分析研究。这是研究风沙运动规律的方法和开展防沙治沙工作的基础、前提和重要依据。通过对当地气象台站的风信资料，经整理分析，就能够查明风沙运动方向，了解风况与风成基面之间的关系，以及沙丘移动的性质、规律，掌握沙害的方式、产生的原因。这样，就能为选择治沙方案、确定治沙措施，以及实施过程中充分利用有利因素，控制或促进风沙运动，从而达到治理风沙危害的目的。

风信就是风的活动状况，包括风的速度、方向、脉动频率和持续时间等。风信资料则是关于描述这些物理量的记录。在气象台、站的观测记录中，微风是大量的，而越大的风数量越少。对于研究风沙运动和风沙地貌以及确定防沙治沙措施，并不是把所有的风都进行统计分析，而只需把对风沙运动、沙丘的形成演变和沙丘移动起作用的风进行统计分析即可。因此，在应用某地区气象台站风的观测记录资料时，只限于统计能使沙粒(土粒)发生运动的起沙风。凡是等于和大于起沙风的风速、风向、出现的次数或频率，随月、季的变化都要分别进行统计整理。

风是风沙和风成地貌形态形成的动力因素。但是，如前面所述，并不是所有的风都对风沙运动、沙丘的形成演变和沙丘移动起作用的。因此，在风沙地貌动力学研究中，应用某个地区的气象台站风的观测资料时，只限于统计能使沙子发生运动的起沙风(有效风)。下面简单介绍起沙风的各种统计方法及其应用。

① 起动风速测算　干旱、半干旱地区，风沙活动的决定因素是风，查明风沙活动的起动风速是研究风沙规律的首要条件。据前人对我国沙区进行普查的结果表明，在各地流沙表面上，沙粒开始移动的风，其临界风速即起动风速在2m高度上为4.5~5.0m/s。而经公式 $V_t=5.75V_*\log Z/K$(各参数的含义见前面章节，V_* 取19.2cm/s)计算所得，在不同粗糙度(0.004~0.031cm)计算得出的起动风速 $V_t\approx 5$m/s，和实测风速十分接近。故此常用5m/s的风速作为起动风速。但需要注意的一点是，该风速为距地面2m高处的风速。而在进行起沙风统计时必须有长期的气候观测资料，因此必须借助于气象台站的观测资料，而各地气象台站的测风高度不等，所以应用气象台站的测风记录时，必须进行高度的订正。而不能直接应用气象台站≥5m/s的风速记录进行统计分析。这种高度订正，对小范围来讲，一般采用与台站同时测风的对比方法，经过同时观测风速，找出2m高处与台站测风高度上的风速相关关系，而后对大于该风速的起沙风进行统计。而当范围广、面积大时，对照观测无法进行，可以采用近地面的风速廓线理论方法，订正起动风速在不同高度的指标数值。即利用下述公式进行换算

$$V_1 = V_2 + 5.75V_*\log\frac{Z_1}{Z_2} \tag{7-1}$$

式中，V_1，V_2 为高度 Z_1、Z_2 处的风速。如令 $V_2=5$m/s，$Z_2=2$m，V_* 取19.2cm/s，则通过计算所得，在站网通常测风高度(8~12m)，其起动风速指标都在6m/s左右。所以在大范围内，从气象台站统计的起动风速最低值取6m/s。

②风向风速资料统计方法

a. 风速风向频率表。按照上述起动风速的定义对起沙风进行统计时，一般是先把每天4次观测中风速≥6m/s的记录进行筛选；然后按16个方位逐月(季、年)统计出每个方位起沙风的风向频率平均值和风速平均值，列表记录。为了得到稳定的资料，应该尽可能搜集较长时间内的，如10~20年的观测资料。从统计表可以看出一个地区起沙风的主导风向、风速及其季节变化。表7-1为内蒙古乌达地区1973—1982年大于起沙风(≥6m/s)以上风速、风向统计表，可以看出，该地区起沙风主要集中于6~8.9m/s范围内，据苏联学者仙科维奇对地面风沙活动及风蚀状况的观测表明，该范围内的风速主要表现为风沙开始活动，沙地开始受到风蚀，沙面上开始出现沙波纹，并开始有风成沙丘形态

的发生和发育，新月形沙丘迎风坡变缓，沙丘缓缓向前移动，沙丘的何种和高度都在逐步增加。此种风对风蚀过程起着经常性的作用。而9~12.9m/s的风速出现次数减少，但这种风能使沙物质发生迅速搬运，从而使沙丘等风成沙地形移动加快。≥15m/s的风的发生次数更少，但它对风成地形的移动及土壤风蚀的影响巨大，甚至造成极大的破坏作用。此外，从表中也可看出，乌达地区起沙风主要是SSE、S、WN、WNW和WNN风，也就是说对这一地区存在两组方向相反风的作用，沙丘在这一地区应该是往复移动式运动形式。

表7-1　乌达地区1973—1982年风向风速表

	N	NNE	NE	ENE	E	ESE	ES	SSE	S	SSW	WS	WSW	W	WNW	WN	WNN
6~6.9	1588	476	137	28	30	81	1615	10 187	5799	2015	57	130	1734	4436	4978	2390
7~7.9	1268	288	14	9	27	68	1304	7869	2915	811	24	76	1480	4192	4515	2268
8~8.9	878	205	20	4	31	34	853	4965	1132	372	5	43	958	3182	3601	1738
9~9.9	478	90	8	1	16	27	341	2723	441	68	2	22	476	1844	2222	1178
10~10.9	358	58	0	2	7	10	220	1742	243	23	1	17	298	1548	2008	865
11~11.9	157	27	1	0	1	2	46	638	96	5	0	11	89	648	885	463
12~12.9	114	14	5	0	2	0	29	303	34	4	1	13	59	397	578	234
13~13.9	65	2	1	0	0	1	5	110	13	0	0	1	32	213	381	139
14~14.9	32	1	0	0	0	0	0	47	5	0	0	0	11	107	183	70
≥15	22	3	1	0	0	0	1	25	4	2	0	0	23	106	228	81
合计	4960	1164	187	44	114	223	4414	28 609	10 682	3300	90	313	5160	16 673	19 579	9426

对于起沙风的统计，还可分别统计各月和全年的风速频率、风向频率表等。对阿拉善盟吉兰泰地区1955—1985年的31年≥6m/s的起沙风进行统计(表7-2、表7-3)，可以看出较大风速的风的频率在一年中并不高，在有的月份并不出现，风速多集中在较小的风速范围内，对风沙活动起着经常性的作用；≥10m/s的风多出现于3~6月。风向最强的是W和NW，其次是NE，特别是≥10m/s的风沙以这3个风向为主。由表7-2和表7-3可以总结该地区的风沙活动具有如下规律。

- 风沙活动的季节变化规律。风沙活动的季节变化可以划分为3个季：春季及夏初季节(3~6月)，该季节风频、风强、风大，并以N、NE、W、NW风为主；夏秋季(7~10月)，该季节风的强度和频率较低，并以NE风为主，且该季气候较为湿润而多雨，风沙活动减弱；冬季(11~2月)，该季风的频率和强度最低，且地面冻结，气候干燥而严寒。结合其他气象因子把这3季分别称为风季、雨季和寒季。
- 风沙活动的方向和强度变化规律。N和NE风多而强，S和SW风多而弱，W和NW风强而少，E和SE风少而弱。所以吉兰泰地区风沙活动的主要风向是NE、NW和SW，从强度看以NW和NE为主，从频率看以NE和SW为主，如果同时考虑强度和频率则以NE风为主。

通过以上风信资料的统计分析，就可以进一步讨论风沙运动规律，说明风沙地貌的形成演变特征。这样，治理流沙，控制风沙危害，开展防沙治沙工作等方面就有了充分的依据。所以，凡是到风沙地区工作，并从事沙漠治理的生产、科研或教学，一定要把当地的风信资料做全面细致地统计分析，这是一项非常重要的基础工作，也是风沙物理这门学科的研究方法之一。

表 7-2 吉兰泰地区各月和全年风速频率表(%)

	1月	2月	3月	4月	5月	6月	7月	8月	9月	10月	11月	12月	全年
6	2.5	2.3	2.6	2.5	3.3	3.0	3.2	3.5	2.4	1.9	2.3	2.6	32.1
7	1.8	2.0	2.3	2.4	2.8	2.6	2.7	2.3	1.8	1.9	2.2	2.0	26.8
8	1.6	1.5	1.8	2.2	2.4	1.5	1.6	1.6	1.1	1.0	1.4	1.5	19.2
9	0.6	0.7	1.1	1.2	1.1	1.0	0.8	0.6	0.4	0.4	0.8	0.8	9.5
10	0.3	0.5	0.9	1.1	0.9	0.7	0.5	0.4	0.3	0.3	0.4	0.5	6.8
11~15	0.1	0.3	0.6	1.1	0.8	0.4	0.4	0.3	0.2	0.1	0.3	0.2	4.8
16~24	0.0	0.0	0.1	0.3	0.2	0.1	0.1	0.0	0.0	0.0	0.0	0.0	0.8
合计	6.9	7.3	9.4	10.8	11.5	9.3	9.3	8.7	6.2	5.6	7.4	7.6	100

表 7-3 吉兰泰地区各月和全年风沙向频率表(%)

	1月	2月	3月	4月	5月	6月	7月	8月	9月	10月	11月	12月	全年
N	0.7	0.9	1.2	1.0	1.3	1.0	0.9	0.7	0.8	0.6	0.5	0.6	10.2
NE	1.4	2.3	3.4	2.9	2.7	2.0	2.4	3.0	2.2	1.5	1.1	1.1	26.0
E	0.0	0.0	0.3	0.5	1.0	1.0	1.2	1.5	0.7	0.1	0.0	0.0	6.3
SE	0.0	0.0	0.0	0.2	0.6	0.6	0.7	0.8	0.1	0.0	0.0	0.0	3.0
S	0.9	0.4	0.3	0.4	0.7	0.6	0.8	0.5	0.2	0.3	0.6	0.8	6.5
SW	2.8	2.0	1.2	1.3	1.5	1.5	1.4	0.9	0.9	1.1	2.9	3.5	21.0
W	0.6	1.1	1.6	2.3	1.6	1.1	0.7	0.5	0.7	1.2	1.6	1.2	14.2
NW	0.5	0.6	1.4	2.2	2.1	1.5	1.2	0.8	0.6	0.8	0.7	0.4	12.8
合计	6.9	7.3	9.4	10.8	11.5	9.3	9.3	8.7	6.2	5.6	7.4	7.6	100

b. 风玫瑰图与动力风向图。起沙风的风向、风速资料，经统计后，还可以用风向频率玫瑰图和动力风向图来表示。风向频率玫瑰图可在 Excel 表中完成，只要输入各风向发生的频率，即可采用绘图中的雷达图来实现。如图 7-2 即为表 7-3 合计风向频率玫瑰图，由图可以看出，该地区的风向明显地表现为由两组方向相反的风组成。一组以 WN 为中心，一组以 SSE 为中心。

动力风向图的绘制方法，是以一年中各风向(16 个方位)平均风速的平方与该风向的频率之乘积按比例绘出。图 7-3 为我国腾格里沙漠东南中卫茶房庙的动力风向图。由图可知，当地沙丘由西北向东南移动，图中所示动力风向，恰与沙丘移动的方向相反。

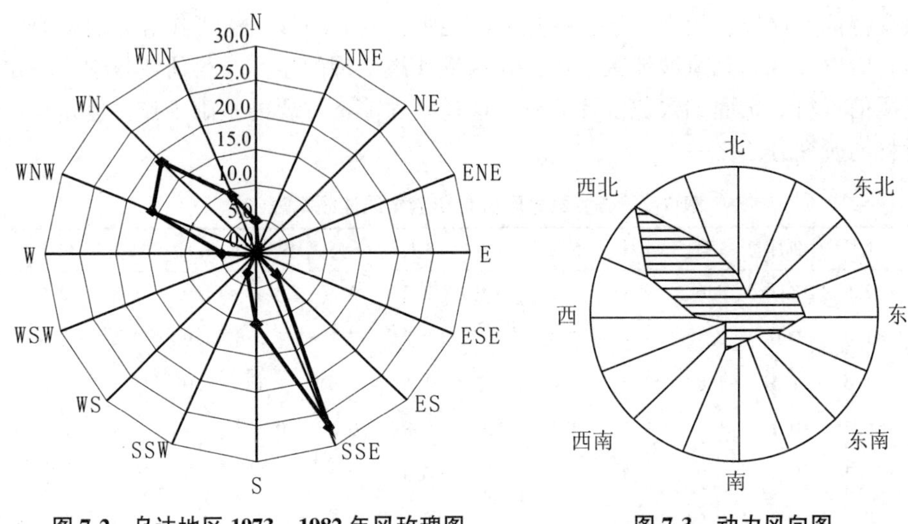

图7-2 乌达地区1973—1982年风玫瑰图 **图7-3 动力风向图**

应当指出的是，上述图表虽然可以反映出一个地区内以哪种风向为主，哪种风向次之，但在数量上它只是表示出一个平均的数值。实际上，一个地区风的情况是比较复杂的，因此应用平均数值不容易看出风的详细变化特征。然而风的详细变化特征，却往往直接影响着风沙和沙丘运动的性质。

c. 风向风速矢量图。为了弥补上述表示之缺点，目前多采用风向风速矢量曲线图的方法。在编制该图时，首先以十字线表示方向，然后根据该地区每天超过起沙风的风向、风速资料，绘制成连续的曲线。如某月某日为东风，风速为6m/s，表示在图上，其线条长度代表风速的大小，线条的方向代表沙及沙丘移动的方向。这样依次按每日风速、风向资料连续绘制，便可得出风向风速矢量图。但在绘制该曲线图时需注意的是，该图主要是表示沙或沙丘移动的方向，而不是表示风向。所以，假使气象资料为东南风向，那么沙丘移动方向在曲线图上应是西北向，也就是说沙从东南吹向西北。因而图上曲线的方向是和实际风向相反的。

应用这种向量曲线图，可以清楚地反映出风的详细变化特征，也可以清楚的反映出沙与沙丘移动的速度的快慢、移动的主要方向和运动的方式等特点。从运动方式上可以看出沙丘是以前进为主，还是以后退为主，抑或是来回摆动；从速度上讲运动的是快、较快，还是慢、较慢；从移动的主要方向是可以看出沙丘运动的趋势是向某一方向进行运动的。

(3) 输沙势(输沙风能)计算

输沙势(Drift potental，简写DP)又称输沙风能，它反映了风速统计中某一方位风向在一定时间内的搬运沙的能力，在数值上以矢量单位(Vector unit，简写VU)表示。16个方位输沙势的合成方向和合成矢量，称作合成输沙方向(Resultant drift direction，简写RDD)和合成输沙势(Resultant drift potential，简写RDP)。方向变率指数系指合成输沙势与输沙势的比率，即RDP/DP。气象站起沙风(有效风)的方向变率越大，与此有关的RDP/DP却越小。

① 输沙势的计算方法　福来伯哲(Fryberger，1979)提出了计算输沙势的方法。根据气象站风的观测资料，挑选出≥5m/s 的起沙风记录，按 16 个方位逐月(季、年)统计出每一个方位起沙风的风向频率和风速平均值及吹刮时间(次数)；其次，选择适当的输沙率公式，如拜格诺(1941)、河村龙马(1951)、辛格(1953)和莱托(1978)等的公式都可用(可参照前文)。福来伯哲则选用了目前比较通用的莱托方程，即

$$q \propto u^2(u - u_t)t \tag{7-2}$$

式中　q——潜在输沙率，即输沙势(矢量单位，VU)；

u——风速(m/s)；

u_t——起动风速(m/s)；

t——刮风时间(次数)，在统计表中以频率(%)表示。

再次，将起沙风统计中的逐月(季、年)各方位的风向频率和平均风速值代入上式，就可计算出有关输沙势各种数值。

② 输沙玫瑰图的计算和制图　输沙玫瑰图是反映输沙势(输沙风能)计算值最理想的一种手段。

输沙玫瑰图是环形频率分布图，表示 16 个方位的潜在输沙量(图 7-4)。输沙玫瑰图上线(臂)长与给定的方向输沙量成比例，按矢量单位(VU)计算。由此可见，输沙玫瑰图以图解形式显示潜在输沙量及其方向变率。

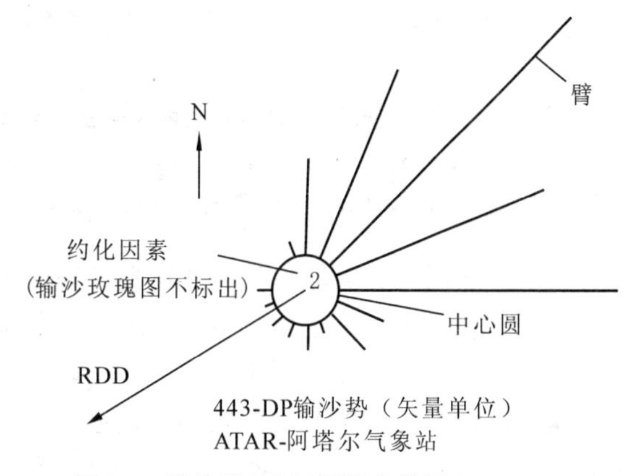

图 7-4　输沙玫瑰图(据福来伯哲，1979)

输沙玫瑰图每一方向的矢量单位总和按 mm 长标绘。如果一个方向的矢量单位超过 50mm，输沙玫瑰图的各个线条(臂)长都除以 2，并一直除到输沙玫瑰图上的最长线条在 50mm 以下。用以除线条长的数值作为所谓的约化因素，标在沙玫瑰图的中心圆内。

各个方向的矢量单位总和在矢量上可归结为单一合成量。计算出的合成量，称为合成输沙方向(RDD)，如图 7-4 所示。合成输沙方向表示输沙净走向，或表示在不同方向的风作用下，输沙所倾向的一个方向。合成输沙方向的量，称为合成输沙势(RDP)，表示各种方向风下的净输沙势。

(4)风环境的分类

① 地面风向　地面风况由于受大气环流和局地季节性气流的影响，往往存在各种组合或分布型式。据福莱伯哲(1979)的研究表明，风的分布往往有 5 种相关性，经常出现的 5 种风况是(图 7-5)：

a. 窄单峰风况。某气象站的起沙风风向频率或输沙势 90%或以上，处于两个相邻的方向范围之内，或于罗盘 45°弧范围之内。

b. 宽单峰风况。具有单一峰顶或众数(made)的任何其他方向分布。

c. 锐双峰风况。具有两个众数的分布，其两个众数的峰顶分布(沙玫瑰图上最长的

臂)形成锐角(也任意包括直角90°)。

d. 钝双峰风况。具有两个众数的分布，其两个众数的峰顶分布形成钝角。

e. 复合风况。具有两个以上众数的分布，或具有众多众数的分布，16方位的风分布资料一般不能清晰地显示3个以上的众数。

RDP/DP比值(合成输沙势/输沙势比值)是风向变率，任意划分类别如下：0.0~0.3以下为小比率；0.3~0.8为中比率；>0.8为大比率。小比率一般与复合风况或钝双峰风况相联系，中比率与钝双峰风况或锐双峰风况相联系，大比率与宽单峰风况或窄单峰风况相联系(福来伯哲，1979)。

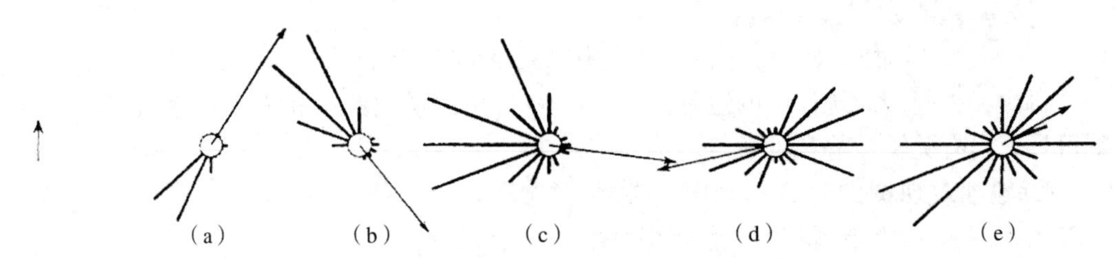

图7-5 输沙玫瑰图5种常见的众数关系(据福来伯哲，1979)

(a)窄单峰风况 (b)宽单峰风况 (c)锐角双峰风况 (d)钝角双峰风况 (e)复合风况

DP. 输沙势；RDP. 合成输沙势，为矢量单位(VU)，箭头表示合成输沙方向(RDD)

② 地面风能 输沙势是风沙移动的地面风能之尺度，就表7-4中的沙漠而言，可按照年平均输沙势对风能进行粗略分组。中国的沙漠(127VU和81VU)、印度的沙漠(82VU)和西南非洲卡拉哈里沙漠(191VU)组成低能组；沙特阿拉伯沙漠北部(489VU)和利比亚沙漠(431VU)属高能组；其他沙漠则属中能组。按照这一分组，低能风环境的输沙势在200VU以下，中能风环境的输沙势为200~290VU，高能风环境的输沙势至少为400VU。

哈斯(2000)曾运用福来伯哲输沙势(输沙风能)计算方法，对腾格里沙漠东南缘沙坡头气象站，10min的平均起沙风速及方向，进行多年连续观测记录、整理和计算，计算结果表明，年输沙风能为10.8矢量单位(VU)，合成输沙方向是S35.5°E，方向变率达0.40。在风能分类中属双向低能风况，在多方向风能中，来自西北象限的风能占55.5%，东北风占26.4%，而来自西南和东南象限的风能分别占10.3%和7.7%。据此本区主要起沙风是西北风，且集中在WNW和NW两个方向，其次是东北偏东风(ENE)方向，且方向比较稳定。两组方向风的交角在90°~135°之间，风能比2.4∶1。在季节变化上，3至5月为主要风季(占全年44.4%)，以西北风为主，东北风次之，合成输沙方向为S41.8°E；6~9月，以东北风为主，其次是西北风，合成输沙方向为S12°W；10月至次年2月风能最小(占全年的18.7%)，以西北风占绝对优势，合成输沙方向为S67.4°E。

上述输沙风能分析，无疑可深化对该地区格状沙丘形成的动力学及移动机制的认识。

表 7-4 世界 13 个沙漠区平均月输沙势和年输沙势(据福来伯哲，1979)

沙漠区	站数	3月	6月	9月	12月	年输沙势
高能风环境						
沙特阿拉伯和科威特(大内夫得沙漠北部)	10	52	66	20	25	489
利比亚中央地区西部*	7	48	41	24	37	431
中能风环境						
澳大利亚辛普森沙漠南部	1	27	10	52	43	391
毛里塔尼亚	10	45	40	20	30	384
卡拉库姆和克孜尔库姆	15	43	25	23	29	366
阿尔及利亚	21	37	27	15	23	293
西南非洲纳米布沙漠	5	6	50	27	12	237
鲁卜哈利沙漠北部	1	53	30	—	7	201
低能风环境						
西南非洲卡拉哈里沙漠	7	8	11	26	18	191
马里萨赫勒尼日尔河地区	8	14	12	10	7	139
中国戈壁*	5	16	11	5	8	127
印度拉贾斯坦邦塔尔沙漠	7	5	21	5	1	82
中国塔克拉玛干沙漠*	11	9	9	4	1	81

*据选定气象站的资料，凡打*号者表示输沙势为估算值，—表示无资料。

7.1.2 沙源与沙物质性质调查

确定一个地区沙漠沙的来源，是风沙地貌野外调查的主要任务之一。要弄清楚沙漠沙的来源，需要详细观察研究与沙漠沙有联系的岩层，特别是第四纪沉积物的剖面。尽量利用各种天然剖面，在必要的情况下还可以进行一些简单的钻探。例如，最简单的是用洛阳铲或手摇钻挖探坑。

对野外沉积物剖面要进行分层描述，即按剖面上宏观的和细微的特征(如颜色、粒度、成分、结构和剥蚀面等)，将剖面分成若干层来描述。剖面分层描述要求如下：

①剖面位置　指出剖面所在的地貌部位和高度。

②沉积物颜色　指出干色、湿色和次生色等。

③岩性　在描述粗碎屑物质时，要测定其形状、成分及磨圆度。沉积物野外鉴定可参考表 7-5 进行，并指出其名称。在野外，粒度测量的简易装置为粒度分析放大镜。它是一个长 15cm 左右的长筒，内装 3 个透镜，放大倍数为 10 倍。利用筒内所装的一片标准片上的刻度(温德华粒级、微尺及倾角的度数)即可在野外直接进行观测读数。此装置除了作粒度测量外，还可观察孔隙的大小、纹层厚度及斜层理倾角等。观察时应注意地域要大而清晰，这样才能保证测量准确。在长筒的下端设一进光孔以使视域明亮。也可以在野外使用更简单的瓦西列夫斯基(M. M. васильевский，1937)所制的图表，确定沙的粒径及其各级粒径含量。用放大镜观察沙的成分和磨圆度。更详细的工作应在室内进行。

表 7-5　野外沉积物鉴定特征

陆相沉积物名称	肉眼观察或放大镜观察情况	干土性质	湿土性质	颗粒含量(%)		与海相沉积相应的名称
				<0. 01mm	<0. 002mm	
砾石	2mm 颗粒含量大于50%	碎裂				
砂土	几乎全部为大于 0. 25mm 颗粒	松散的	在湿度大时具有表观的黏浆性，过度潮湿时即处于流动状态	5	<2	沙
黏土质沙	几乎全部为大于 0. 25mm 颗粒组成，少数为黏土	同上		5~10		淤泥质沙
亚砂土	大于 0. 25mm 颗粒占大多数，其余为黏土	用手掌压或掷于板上易压碎	非塑性，不能搓成细条，球面形成裂纹破碎	10~30	2~10	沙质淤泥
亚黏土	占多数的粉土颗粒，偶见大于 0. 25mm 的颗粒	用锤击或用手压，土块易碎	有塑性，不能搓成长条，弯折时断裂，可以捏成球形	30~50	10~30	淤泥
黏土	同类细粉土，不含大于 0. 25mm 的颗粒	硬土不易被锤击成粉末	可塑性，有黏性和滑感，易搓成直径小于 1mm 细长条，易搓成球形	>50	>30	黏土质淤泥

（据杜桓俭等，1981）

对于剖面中的有机沉积物(如泥炭、有机质淤泥和生物碎屑等)和化学沉积物(如盐类、薄层石膏、薄层铁壳和铁锰结核等)，应特别注意观察描述，由此可能提供有关古气候的证据。

④ 构造　由于第四纪沉积物的松散易动性，应特别注意在野外及时描述剖面中的层理和其他构造(如包裹体、扰动构造、冰楔等)特征。构造特征可采用素描或摄影方法进行记录。层理要区别不同的类型，测定层理产状，分析层理物质组成，尤其要注意沙质斜层理的研究。

⑤ 厚度测量　仔细测量不同岩性的各层厚度，及其(厚度)沿剖面走向的变化。要特别注意不同岩性各层的相互关系和它们之间的接触面(界面)的性质。

⑥ 样品和化石采集　要注意寻找有鉴定价值的动植物化石。发掘哺乳动物化石时，要精心仔细，妥善带土包装，以免损坏难得的化石标本；采集植物化石时，要逐层用小刀剥取，注意保留周围的原状土，用棉纸包好(以待室内修理)，并注意收集果实、种子、树木化石，要防止标本干缩、污染和混淆。

孢粉、古地磁、绝对年龄和重沙的试样，要按专门要求采取。此外，样品采集时必须按由下至上的顺序取样，以免由上至下取样时污染下层样品。

7.1.3　风沙运动观测

风沙运动的观测主要是对风沙流进行观测，即包括沙粒起动过程、输沙量、风沙流结构和沙尘的观测和采集。

(1)沙粒起动风速观测

对于某一区域的沙粒来说，因其沙粒机械组成、地表粗糙程度、湿润状况等因子的不同，起动风速也不同。沙粒起动风速是确定风沙运动发生与否及其强度的重要判据。为此，可以根据野外观测沙粒是否发生运动来确定沙粒的起动风速。

在野外调查中，可用手持风速仪进行起沙风速的观测，并在野外笔记簿中作简要记录和描述。目前，野外测定沙粒起动风速的方法仍采用仿真风沙地沙粒起动测定法进行。其具体方法是在已备好的一块模板上，喷上胶，均匀地撒上一层沙子制成平整的仿真地面，在选择好的地段将仿真地面埋入沙中，使其与地面无缝隙连接，并在其上撒上薄层沙子。然后在紧挨仿真地面的背风向地面平铺一块醒目的白纸。在野外用瞬时风速仪观察风速的变化，并时刻注意仿真床面和白纸上沙粒的动态。随着风力的逐渐增大，当发现仿真床面有个别沙粒开始运动或白纸上有沙粒出现时，记录下此时瞬时风速仪所测定出的风速，该风速即为沙粒的起动风速。一般地，为了更准确地描述沙粒的起动风速，需要进行多次平行测定，而后求其算术平均值即可得出该状态下的起动风速。

记录要记载起沙风观测点的地貌和起沙情况，见表 7-6 所列。

表 7-6 起沙风速的野外调查

观测					2m 高处风速(m/s)	起沙粒径(mm)	起沙情况	测点情况
年	月	日	时间	地点				
1959	4	20	11：30	准噶尔沙漠呼图壁马桥东北	7.8	0.09~0.1	飞沙高达 1m	半固定的梁窝状沙丘顶部
	4	30	13：50	同上	5.2	0.09~0.1	滚动—跳动	同上
	5	13	07：30	准噶尔沙漠米泉白家海北 108km	6.3	0.1~0.2	滚动	固定沙垄的顶部
	5	29	18：00	准噶尔沙漠滴水泉西南 25km	5.6	0.1~0.2	飞沙高达 0.5m	半固定沙垄的顶部
	6	4	06：40	准噶尔沙漠阜康北 30km	4.8	0.09~0.2	微动	固定沙垄的顶部

（据吴正等，2003）

(2) 输沙量和风沙流结构的观测

输沙量和风沙流结构的观测是风沙流研究的核心问题之一。沙粒在气流中运动形成了气固两相流，输沙量的采集和风沙流结构的测定则主要依靠集沙仪进行。集沙仪是用以测定风沙流中输沙量和风沙流结构的仪器，最早的集沙仪是 1941 年 Bagnold 设计的垂直长口型集沙仪，随后，国内外发展了多种类型的集沙仪。

国外最早的集沙仪都是在 Bagnold 集沙仪基础上改造和发展而来。Chepil 改进了 Bagnold 的集沙仪使其能够随风向旋转，Merva 和 Peterson 在 Bagnold 集沙仪的基础上设计出了可旋转的通风集沙仪，Shao 等改进了 Bagnold 集沙仪，研制出了由真空泵驱动的垂直集成集沙仪。MWAC 集沙仪(图 7-6 A)主要利用压差原理，其进沙管和排气管用均 1.25 mm 的玻璃管制成，进沙口直径 7.5mm，排气口直径 10mm。BSNE 集沙仪(图 7-6 B)的进沙口宽度和高度分别为 200 mm 和 500 mm，集沙盒上方有 60 目的网筛覆盖。WDFG 集沙仪(图 7-6 C)进沙口呈矩形，宽和长分别为 100 mm 和 19 mm，以 24.5°向上倾斜，底部长和宽分别为 180 mm 和 100 mm。POLCA 集沙仪(图 7-6 D)进沙口呈楔形，长和宽分别为 50 mm 和 10 mm，集沙仪排气口有一层孔径 60mm 的金属筛。SIERRA 集沙仪(图 7-6 E)是一种主动式集沙仪，进沙口为 385 mm×390 mm，仪器内装有 228mm×178mm 的玻璃微纤维收集器。SUSTRA 集沙仪(图 7-6 F) 进沙口为一直径 50mm 的金属管，该集沙仪内部有电子天平可以实现输沙量的自动观测。T-BASS 集沙仪(图 7-6 G) 进沙口高和宽分别为 750 mm 和 20 mm，集沙仪包括底板、漏斗、翻斗和收集器。BEST 集沙仪(图 7-6 H) 进沙口呈矩形，宽和高分别为 12 mm 和 20 mm，采用旋风分离式设计，排气口是直径为 20 mm 的圆形。Sherman 研制的蠕移质集沙仪(图 7-6 I) 进沙口为 20 mm×20 mm，外壳由铝合金材料制成，收集室分为了两个部分，使用压电传感器自动观测。Sheman 等还研制了一种具有高效率、低成本特点的由不锈钢材料制成的集沙仪(图 7-6 J)，其沙口呈矩形，有高度为 25 mm、50 mm 和 100 mm 3 种款式，宽度和长度分别为 100 mm 和 250 mm，出口有 500 mm 长的尼龙网集沙袋，尼龙网集沙袋孔径为 64 μm。另外还有使用光学传感器来进行风沙观测的仪器，但由于性能不稳定，没有得到推广使用。

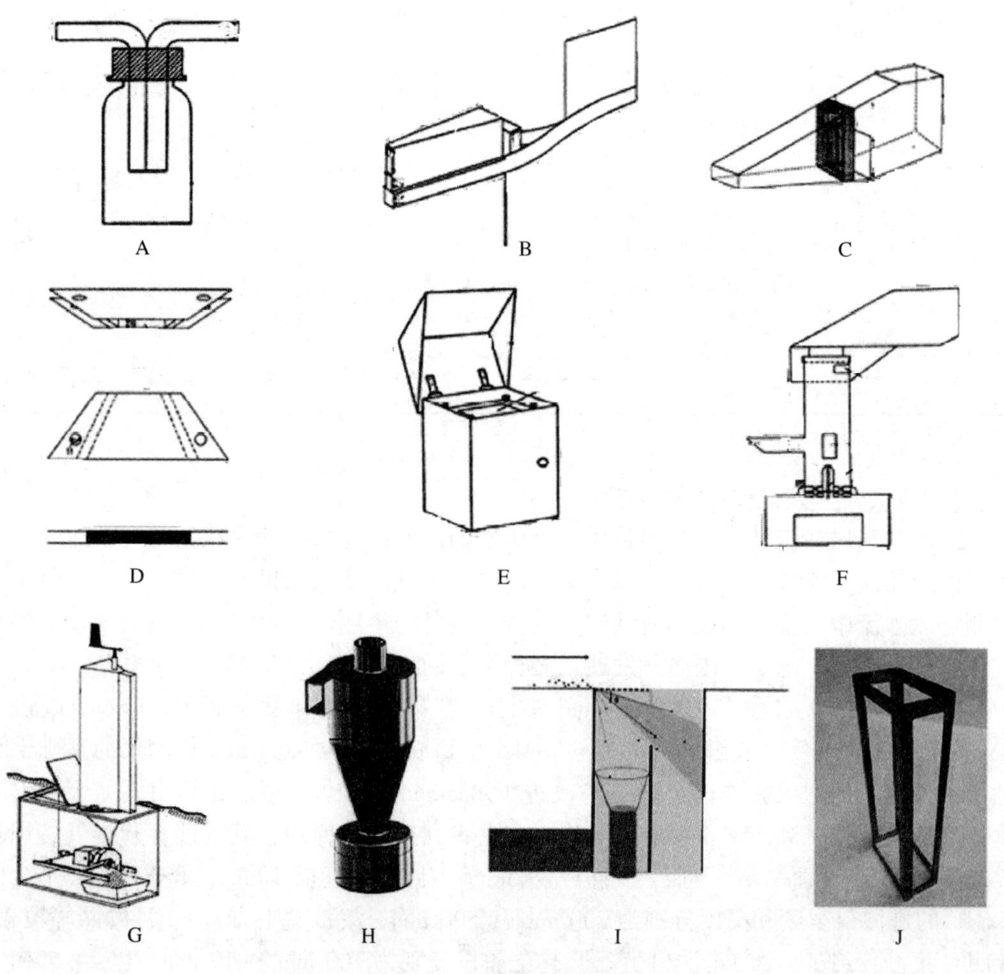

图 7-6 国外集沙仪简图(霍俊澎等，2017)

目前我国常用的集沙仪大致有以下几种类型：

①单管集沙仪　单管集沙仪是通过一根金属管测量气流中的输沙量（图 7-7）。金属管的一端为进沙口，通常被制成矩形状。这种集沙方法一般用于风洞实验研究。集沙时将集沙管的一端伸入风洞内，而另一端伸出风洞外并插入盛沙盒。实验时可同时在不同高度设置多根集沙管，以同时测量各对应高度的输沙量，也可以使用一根集沙管垂直移动测量不同高度上的输沙量。

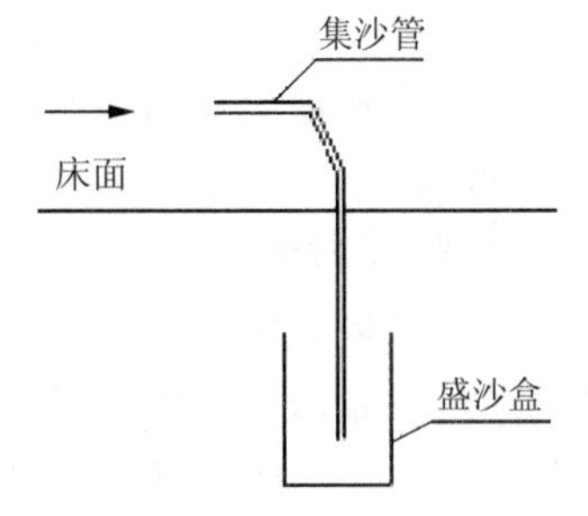

图 7-7　单管集沙仪

②阶梯式集沙仪　野外使用的阶梯式集沙仪是从前苏联传来的。该仪器由前苏联的兹纳门斯基设计，故又称兹纳门斯基集沙仪或简称兹氏集沙仪。这种集沙仪为一扁平的金属盒，金属盒内部安装着按每 1cm 高度分成 10 格作 45°倾斜排列的长方形细管，细管口径为 1cm×1cm，各细管的尾部有橡皮管分别连接 10 个小铝盒（布袋也可）（图 7-8）。在工作进行时，将集沙仪置放于沙地地表，并使第一个管的管口（即 0~1cm 高度的细管）面与地面相一致，这样每一个小管离地表的高度依次为 0~1cm，1~2cm，2~3cm，3~4cm，4~5cm，5~6cm，6~7cm，7~8cm，8~9cm，9~10cm；管口面向气流的方向，在集沙仪旁离地表 2m 高处置放风速仪，用来同时测定风的速度。当风沙流发生时，沙粒便通过离地表各个不同高度的集沙仪小细管，顺着倾斜的细管进入相应的小铝盒内；而气流则在旁边的小孔内逸出。经过一定时间以后，取出各小匣内的沙粒称其重量，便可得到在单位时间内，在某种风速下，离地表各个高度内每 1cm^3 体积气流中所含的沙量和整个 0~10cm 高程内的总沙量。

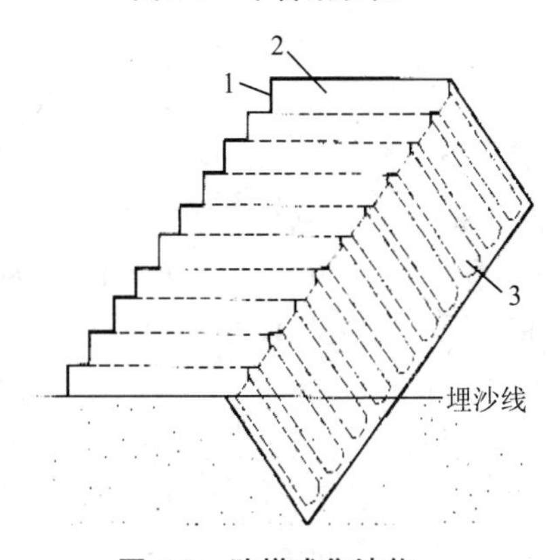

图 7-8　阶梯式集沙仪

1. 进沙口　2. 导沙管　3. 集沙管

兹氏集沙仪是一种垂直点阵集沙仪，国内早期使用的是兹氏集沙仪，后参照兹氏集沙仪的设计原理将其进行改造而形成台阶式集沙仪。该仪器仍采用了进沙通道与盛沙盒分离的方式，且盛沙盒的开口截面大于进沙通道末端的截面，这样有利于排气。仪器由薄铁板焊接成，进沙口为 2cm×2cm 正方形，每一高度的进沙口向后退缩 2cm，形成阶梯进沙状断面。进沙口以下的导沙管向下弯曲，连接 10 个玻璃的或塑料的容器，收集进入进沙口的沙子。该集沙仪可测量距地面 20cm 高度内的输沙量。

野外使用集沙仪时，要把集沙仪下部埋入沙中，埋设时要求进沙口朝向来风方向，导沙管与地面平行，第一级进沙口（0~2 cm 高度）紧贴地面。观测时定时打开盒盖上进沙口护盖，同时计时，采集沙的时间根据可能的输沙强度确定，在完全自由沙面可以采集 2~5 min，在有植被的地区或砾石戈壁面上，集沙时间可增大到数小时。总之是估算集沙仪容器的沙量既不能超出容量，又不能太少，方便称重量测。

近年集沙仪也有很大改进，但野外使用的集沙仪多为阶梯式集沙仪的改进类型，有的把进沙口改装为竖立式，有的在下面安装了旋转轴，可以随风向的转换，自动调整集沙口方向。

③刀式集沙仪　该仪器由兰州沙漠研究所的刘贤万设计，集沙仪前部为30个垂直紧密排列的进沙通道，后部为标有刻度的盛沙盒。所有的盛沙盒都设置在一个大的菱形盒内，盒的后端上部设有总排气口。该集沙仪可测量距地面30cm高度内的输沙量。

④平口式集沙仪　与阶梯式集沙仪基本相似，但它克服了阶梯式集沙仪气流流通性差的缺点，从而提高了测量准确度。平口式集沙仪每组测沙探头由25个2cm×2cm的进沙方孔组成。当风沙流沿水平方向进入探头的方孔后，风沙流在挡沙板的作用下减速沉降并流入存沙器，输沙量可由单位时间单位面积内进入存沙器的沙量计算而得。仪器的每个测沙探头全长50cm，欲测1m高的风沙流，就在支架上安装两组探头即可。

⑤沙尘采集仪　该仪器由山东农业大学董智和内蒙古农业大学左合君等于2003年设计，内蒙古农业大学机械厂加工而成，其型号为SCC-6型(图7-9)。沙尘采集仪可收集0~80cm层次的输沙量。仪器高度为1.2m，沙尘采集层共23层，其中底部为0~1cm和1~2cm共2层，2~20cm每2cm为一层，共9层；20cm以上每5cm为一层，至80cm止，共12层。整个集沙仪共计23层。集沙仪顶部安装导向翼板，导向翼板焊接在轴上，可随风向的变化而发生变化，通过翼板的作用使得沙尘采集入风口始终正对着来风方向，收集口规格5cm×5cm，长度10cm，其上部设有排气孔，后部安装有沙尘收集袋。该集沙仪不仅可以测量0~20cm层内小距离间隔的沙量，使其测定与传统集沙仪测定保持一致，而且可完成距地面20~80cm高度内输沙量的测定。观测结束后，分别取下各仪器的采集袋，按由下至上分层编号，用1/1000g感量的电子天平称量所收集的沙粒重。同时记录沙尘采样时间，并用风速仪记录该时间段内的平均风速，然后计算单位时间内，在某种风速下，离地表各个高度内气流中所含的沙量和整个0~80cm内的总沙量。

图7-9　SCC-6型沙尘采集仪

⑥组合式多通道通风集沙仪　本仪器由北京林业大学丁国栋等设计制作，其关键的技术要点是：独立制作主体框架、探头、分流管和收沙器。主体框架的支架上设置有固定槽，用来固定探头，固定槽设计为三列，其位置的分布原则是使集沙仪可以观测任意高度层的输沙量值；探头为圆形(或方形)管道，入口端为锐缘；分流管为一"三通形"部件，其中一个通道为风沙流入口，与探头相接，另一个通道为排风口，通过阻沙网阻止沙尘飞出，第三个通道为集沙口，与收沙器相连，收沙器使用布袋或塑料袋。

本着实用新型的有益效果：①加工制作简便，原材料均为市面上易于得到的常见材料，而且结构简单，容易大量加工制作。②便于携带，部件组合方式，可以十分方便地搬运到实验场地，携带方便，使用灵活。③通风效果好，科学地利用了流体力学的基本原理，使气流与沙尘顺利分离，并将气流顺畅排出。④设计合理，可以根据实验需要测定任意高度层的输沙量数据。

⑦特制集沙仪 这种集沙仪是为适用于砾漠大风地区的风沙流研究而特制的。它一共设置了6层集沙器，高度分别为0.5m、1m、2m、5m、9m、10m。每层集沙器水平并连5个进沙口，面积均为10cm×10cm，除沙粒外，还可收集砾石、碎石等大颗粒样品。该仪器测量高度可达10m，抗大风强度高，主件和部件可在高达90m/s的风速范围内工作，通过分层设置集沙器，减少了进沙口附近的空气绕流，沙样采集度较高。

集沙仪的类型很多，但它们的设计原理与上述集沙仪的设计原理非常类似，只是具体大小和形状有一定的差别，如Williams采用的集沙仪的进沙口高1cm，宽10cm，且只测量5个高度的输沙量；再如Butterfield采用的Aarhus集沙仪的总高18cm，总长15cm，由27个集沙盒组成，每个集沙盒的进沙口高6.5mm，宽5mm。许多研究者在进行实验时根据具体实验条件常对所使用的集沙仪做一些改动，因而即使采用同一类型的集沙仪，其实际使用的集沙仪规模也不一定完全一致。

⑧ WITSEG集沙仪 WITSEG集沙仪由中国科学院寒区旱区环境与工程研究所风沙物理与工程实验室董治宝等人研制而成，该集沙仪是按垂直方向排列的线状被动式集沙仪，实际上是改进型Bagnold集沙仪。WITSEG集沙仪用0.5mm厚的不锈钢制成，有4个主要部分：活动保护盖板，楔形入口段，支架和60个集沙盒。集沙仪总高700mm，总宽160mm，总厚25mm。楔形入口段有60个进沙口，分别与60个集沙盒相连。每个进沙口高10mm，宽5mm。入口段设计为楔形，目的在于减少集沙仪对进沙口气流的干扰和避免集沙盒的采集时间过短。各进沙口之间的隔挡铣为极薄的刀刃状，以减少运动沙粒在隔挡上的反弹和测定的总输沙量误差。入口段和集沙盒是活动的，可以将每个集沙盒取出，称量盒内的集沙量。集沙盒的大小为140mm×15mm×6mm。每个集沙盒的最大集沙量为18g，倾斜角为30°。每个集沙盒留有两个过滤网排气孔，以减小集沙盒内的静压、提高采集效率。

⑨遥测集沙仪 遥测集沙仪由集沙仪传感器、遥测发射机、接收控制器和记录器组成，集沙传感器是集沙仪的关键部件。使用这种仪器可以实现沙通量的遥测和自动记录。在进行沙尘采集特别是发生沙尘暴时，工作人员无需到现场即可取得输沙量的长期观测资料。由于该仪器采用风向风速自记钟实现输沙量的自动记录，因此可很为方便地通过它所测得的数据和当地气象台站的风向风速资料建立相关关系。

集沙传感器与上面所述的机械平口式集沙仪基本相仿，只是增加了翻斗和感应器，感应器的作用是将翻斗的翻转次数(即沙量)转换为电量，它使用干簧管，也有利用电磁无触点形状的。

遥测性向发射机和接收控制器是两组较复杂的电子线路，遥测性向发射机的作用是把沙量脉冲发射出去，接收控制器则是完成控制接收由遥测发射机发出的沙量电信号。

记录器是由自记控制器指挥记录笔把沙量与时间的关系记录在纸上，通过这个自记图，可以方便地求出输沙量。

⑩Ames集沙仪和Aarhus集沙仪 国外常见的两种集沙仪，其共同特点是没有分别

制作进沙通道和进沙盒两个部件，而是将它们连为一体(下面称为集沙盒)，并且集沙盒的大小和数目也不完全固定，因而集沙盒也没有连接在一个大的盒子内。Ames 集沙仪(怀特，1982)由楔形集沙盒垂直叠置而成，每个集沙盒的进沙口宽 11mm，其后部宽 110mm，且由金属网封口，网孔直径 40μm(图 7-10)。Ames 集沙仪可直接放在沙面上同时收集蠕移和跃移沙粒。楔形集沙盒的特点是内部从前向后产生负压梯度，有利于沙粒进入集沙盒。Aarhus 集沙仪(萨里森，1985)结构比较简单，是由一排方形的集沙盒组成。常用的集沙盒的进沙口面积为 $1.2\times1.5cm^2$，盒子的末端由橡皮塞封口，且没有排气口(图 7-11)。Aarhus 集沙仪有时最低一个盒子末端不封口，以便使气流顺利通过不至于侵蚀沙面，此外，该盒的集沙量一般通过上部沙量分布曲线下延得到。

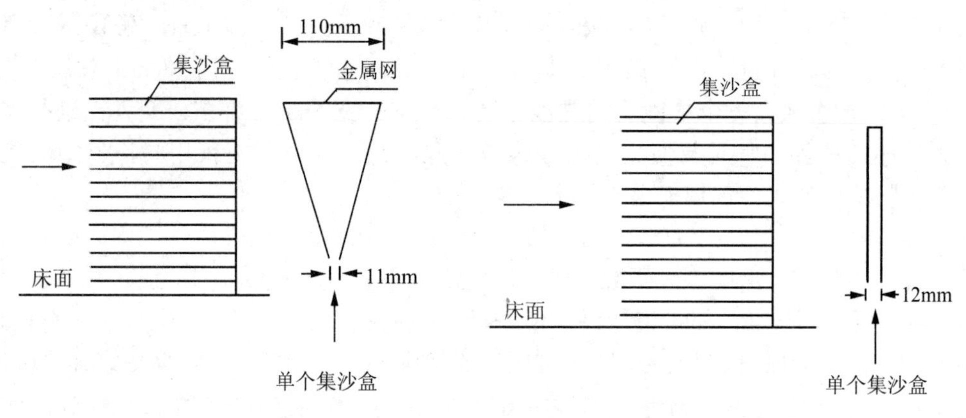

图 7-10 Ames 集沙仪　　**图 7-11 Aarhus 集沙仪**

⑪楔形集沙仪　楔形集沙仪是目前国外常用的被动集沙仪，该集沙仪最早由 Greeley 在 1982 年设计，该集沙仪其主体部分由厚 0.75mm 的镀锌铁片组成，进沙口为 10 个 2cm×2cm 正方形孔，进沙口长为 40mm，与进沙口相接的是呈 32°的楔形体，楔形体长 180mm，集沙仪最后部分设置有孔径为 0.0625mm 的不锈钢网。

⑫BSNE 集沙仪　BSNE 集沙仪系由美国 Fryrear(1986)研制，其结构如图 7-12 所示。风沙流入风口高 5cm，宽 2cm。以 11°的角度渐渐向外扩展，使得充满沙尘的空气一旦进入采沙盒，气流速度马上降下来，然后沙尘靠重力作用沉积在集沙盒里。BSNE 采样器是由镀锌金属板、18 目和 60 目不锈钢筛网构成，其中 60 目的筛网用于进行空气交换，18 目筛网用于降低沉积下来的土壤颗粒的运动。该仪器制作简单、操作方便，带有导向翼板装置，通过翼板的作用可保证进沙口能够始终指向侵蚀风向。集沙仪入口可根据测试需要设置不同的高度。每次测试过程完成后将 BSNE 中的沙样清空倒入塑料袋内，带回实验室，烘干后称重、分析。该离合器不仅可用做收集沙尘，也可用于土壤风蚀的测定。

上述 12 种集沙仪中，均属垂直集沙方法。单管集沙法中使用的集沙管对气流流场的影响较小，管内排气顺畅，但它不易测量连续高度点的输沙量，测量时间相对也较长。单管集沙法操作简便，且仅用于风洞实验。其他均为点阵式集沙仪，一般可以获得气流中输沙量沿垂线连续测点数据，在集沙时，会对其周围的气流形成一定程度的干扰，进而影响气流中沙粒的运动，会使一部分输沙量漏测，影响集沙效率(由集沙仪测

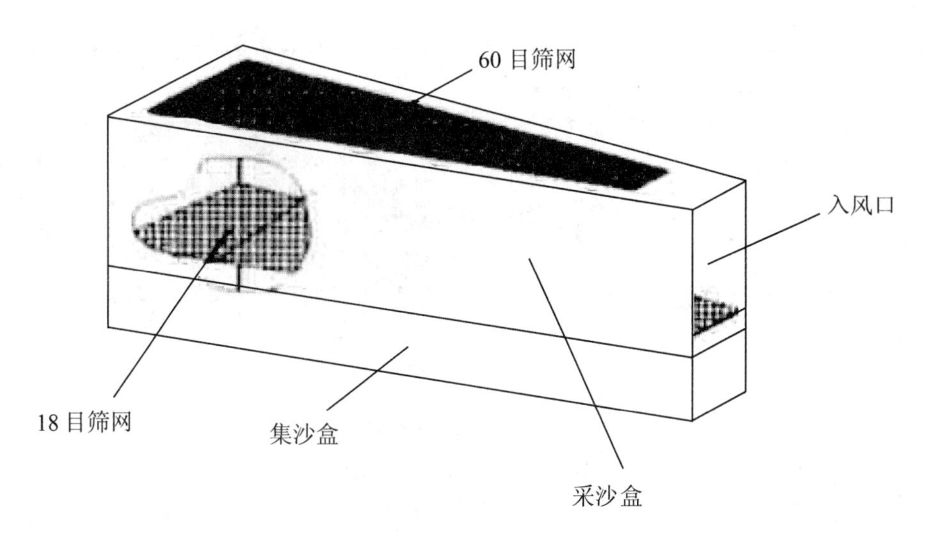

图 7-12 BSNE 集沙仪示意

到的输沙量与实际输沙量之比)。特别是集沙仪会对气流干扰，容易在床面造成吹蚀现象，不利于收集近床面输移的沙粒。不过，点阵式集沙仪具有体积较小，操作也相对方便等优点，是目前野外风沙运动观测输沙量及其垂线分布测量的主要仪器。关于中外各自集沙仪的类型及优缺点请看表 7-7(霍俊澎等，2017)。

表 7-7 集沙仪的类型及优缺点

集沙仪类型	设计者	时 间	优 点	缺 点
垂直长口型集沙仪	Bagnold	1941	第一代集沙仪	方向固定，无法旋转
MWAC 集沙仪	Kuntze	1980	易于安装，可随风向旋转，单点采集不同高度沙样，成本低	集沙效率低
阶梯式集沙仪	—	—	可采集距地面 20cm 高度内的沙样	进沙口方向固定，不利于野外观测
遥测式集沙仪	高征锐等	1983	实现自动观测	进沙口方向固定，不利于野外观测
BSNE 集沙仪	Fryrear	1986	操作方便，进沙口始终正对侵蚀风向，采集不同高度沙样	价格昂贵
平口式集沙仪	李长治等	1987	单点采集不同高度沙洋	进沙口方向固定
SUSTRA 集沙仪	Janssen 等	1991	实现自动观测	集沙效率低，只能采集单一高度沙样
WDFG 集沙仪	Hall 等	1993	适宜在低风速区域使用	集沙效率随风速变化较大，缺乏野外观测性能测定
POLCA 集沙仪	Pollet	1995	适宜在低风速区域使用	集沙效率随风速变化不稳定
T-BASS 集沙仪	Bauer 等	1998	可随风向旋转，分辨率高	潮湿条件下对仪器精度影响较大
翻斗式集沙仪	赵爱国等	2001	实现自动观测，操作方便	方向固定，缺乏野外性能测定

（续）

集沙仪类型	设计者	时 间	优 点	缺 点
旋风分离式集沙仪	范贵生等	2005	可随风向旋转，单点收集不同高度沙样	缺乏野外性能测定
布袋式集沙仪	内蒙古农业大学	2003	进沙口方向随风旋转，可单点采集不同高度的沙样	集沙效率低
“中农”沙尘采集仪	臧英	2003	结构简单，操作方便，进沙口方向对风向旋转，单点采集不同高度沙样	缺乏野外性能测定
多路方口立式集沙仪	董治宝等	2005	结构简单，携带方便，可以在单位时间内，测定不同梯度、同一面积沙通量的大小	方向固定，缺乏野外性能测定
组合式多通道集沙仪	丁国栋等	2006	携带方便，通风效果好，可收集不同高度的沙样	进沙口方向固定
风沙监测集沙仪	蒋德明等	2006	进沙口可随风向旋转，调节性强，携带方便	缺乏野外性能测定
改进型扩音器式	Ellis 等	2009	最小的风场障碍，成本低	方向固定
地表微梯度集沙仪	何清等	2009	很好地解决了地表微梯度测量的问题，收集距地面不同高度的沙尘	缺乏野外性能测定
一种集沙仪	王嘉珺等	2011	携带方便，操作简单，对于粒径小于100μm的细颗粒物采集率较高	缺乏野外性能测定
便携式自动称重集沙仪	何清等	2009	实现沙尘观测的自动观测，可以收集不同高度的沙样	缺乏野外性能测定
野外用全方位沙粒跃移梯度观测仪	张正偲等	2009	便于野外长期监测实验，盛沙盒容量大	缺乏野外性能测定
BEST 集沙仪	Basaman 等	2011	集沙效率较为稳定	进沙口方向固定
箱式集沙仪	黄宁等	2011	集沙效率得到改善，结构简单	缺乏野外性能测定
便携式全风向集沙仪	肖波	2011	可收集8个方向的沙样，成本低廉，可靠性高	缺乏野外性能测定
高梯度分层旋转立式集沙仪	杨印海等	2012	操作方便，进沙口可随风向旋转，适用于恶劣环境	缺乏野外性能测定
轻便型高精度自动集沙仪及自动集沙系统	何清等	2012	实现自动观测，携带方便，适用于沙尘量较小的观测场所	缺乏野外性能测定
土壤风蚀沙化监测集沙仪	林剑辉等	2012	实现自动观测	进沙口方向固定，缺乏野外性能测定
便携式自动风向集沙仪	潘德成等	2012	携带方便，成本低，进沙口方向随风旋转，适用于恶劣环境	缺乏野外性能测定
旋转式8方位集沙仪	杨文斌等	2013	携带方便，进沙口方向可随风向旋转	缺乏野外性能测定

（续）

集沙仪类型	设计者	时 间	优 点	缺 点
气流反相对冲集沙仪	陈智等	2013	适应环境性强，操作简单	缺乏野外性能测定
地表蠕移集沙仪	周杰等	2013	可收集地表蠕移颗粒，操作简单，成本低廉	缺乏野外性能测定
土壤风蚀测定盘	刘俊等	2013	携带方便，适合长期监测	风蚀强度较大时，其外圈会对风产生阻碍作用
多通道集沙仪	张文军等	2013	结构简单，携带方便，进沙口随风向旋转	缺乏野外性能测定
蠕移质集沙仪	Swann 等	2013	实现对蠕移质的观测	不适合在强风条件下使用
网型集沙仪	Sherman 等	2014	成本低，使用方便，集沙效率高	进沙口无法随风旋转，适合于短期观测
分流对冲式集沙仪	宋涛等	2015	风洞测试可在强风环境下使用	缺乏野外性能测定
防雨型16方位集沙仪	岳征文等	2015	采集16方位沙通量数据，避免雨水因素影响	方向固定，缺乏野外性能测定
风向自转式分层分级颗粒集沙仪	穆哈西等	2015	进沙口随风向旋转，结构简单，采集不同高度沙样可将颗粒进行分级回收	缺乏野外性能测定

为了克服点阵式集沙仪的上述不足，日本的中岛勇喜(1977)试制了 He-Ne 激光计测装置。我国最近也引进了由日本鸟取大学农学部奥村武信改装的法国光电子集沙仪，该仪器全部自动记录，每隔 10s 可自动记录一次(马玉明和姚洪林，2001)。

应用集沙仪和风速仪在不同性质的地表(如组成物质的粗细，植被覆盖状况不同等)和沙丘的不同部位(如迎风坡脚、坡腰、丘顶和背风坡脚以及两翼等)进行观测的结果，可以获得如下资料：沙粒运动，即风沙流出现的气流条件，在集沙仪中开始收集到沙子时的风速，就为起沙风速；靠近地表气流层中沙子随高度的分布性质—风沙流的结构特征；靠近地表气流层中沙子移动的方向和数量；沙丘表面风沙流速度线的分布特点。

所有这些资料，不仅有助于认识风成地貌形态形成发育的内在机理，而且可为防风固沙措施，特别是工程防治措施的设计和配置提供科学依据。

(3)沙尘的采集与观测

风沙特别是沙尘暴，不仅会造成源区地面的吹蚀，而且悬浮在空中的沙尘会长距离运输，其浓度也会随着运输而发生变化。我们可以通过一定的方法收集沙尘量，以分析其机械组成、沙尘浓度、化学组成，并且可以根据室内分析来推断沙尘的起源及特点。观测沙尘浓度和时空分布特征的仪器种类很多，在实际应用中可根据具体情况选择使用。此书介绍几种常见的观测方法。

① 沙尘浓度采集　沙尘浓度采样器分为总沙尘浓度采样器和分级采样器。总沙尘浓度采样器与大气污染观测中常见的总悬浮颗粒(TSP)采样器基本一样。常用的采样器按采样速率可分为大流量($1m^3/min$ 左右)、中流量($0.1m^3/min$ 左右)、小流量($0.01m^3/min$ 左右)等；分级采样是指在一次采样过程中获取不同粒径段的沙尘样品，常见的安德

森(Anderson)分级采样器可分为6~10个不同的粒径段。

沙尘浓度采样法的基本原理是抽取一定体积含有沙尘的空气通过已知重量的滤膜，使沙尘被截留在滤膜上，根据分析采样前后滤膜质量之差及采样体积，即可计算沙尘的质量浓度。滤膜经过处理后，可对样品进行化学成分和物理特征分析。

对沙尘浓度进行采样分析时应注意以下几个问题：首先对可能引起样品污染的采样器部分进行严格清洁；根据采样器可能获取样品量的具体情况，选取合适的称重天平，样品量越少，对天平的精度要求也越高；采样时间也应根据实际天气情况具体确定，防止采样滤膜由于样品量过多而堵塞，影响对采样体积的估算。

在采样过程中，应记录气温、湿度、风速、风向、云量、云状和能见度等气象参数，尤为重要的是记录各种沙尘天气(浮尘、扬沙和沙尘暴等)的起始时间和结束时间。

② 降尘量的观测　降尘缸是降尘量收集和观测的仪器，目前我国使用较多的降尘缸是圆形降尘缸(一般为内径150 mm、高300 mm的玻璃缸)，ISO标准为直径200 mm、高400 mm的降尘缸，另外还有玻璃球降尘缸、防鸟型降尘缸、倒置飞碟降尘缸、正方形降尘缸和碗状降尘缸等。降尘缸一般安装在1.5m高度，但根据研究目的不同可以做一定调整。降尘收集方法主要包括干法、湿法、过滤网法、玻璃球法和减速沿法。干法即在降尘缸内无任何介质，收集自然沉降的沙尘，样品经蒸发、干燥后，以称重法测定降尘量。然后推算单位面积的自然表面上沉降的沙尘量，一般用每月每平方千米沉降的吨数(t/km^2)表示。湿法即在降尘缸内添加蒸馏水(春夏秋季)或酒精(冬季)，每次添加的蒸馏水/酒精应占整个降尘缸体积的1/6，湿法可以有效的收集落在降尘缸内的所有沙尘物质，避免了沙尘的二次运动。过滤网法即在降尘缸内5 cm高度安装一个孔径为5 mm的不锈钢过滤网，通过降低降尘缸内的气流速度来收集降尘。玻璃球法即为在降尘缸内布置20个左右的玻璃球，玻璃球直径为10 mm，玻璃球通过降低降尘缸内的气流速度来收集降尘。减速沿法为在降尘缸外围安装直径为170 mm的减速沿，减速沿与降尘缸之间的空隙距离为20 mm，减速法主要是通过降低进入降尘缸内部气流速度的方式来降低降尘缸内部气流。通过不同的降尘物收集方法可以分析降尘样品的物理特征和化学成分。

③ 激光雷达观测　激光雷达是探测沙尘特征的一种新型遥感手段，它可以非常容易地确定沙尘传输的高度、厚度以及空间结构特征。一般采用单波长后向散射激光雷达观测沙尘的物理特征，其波长为532nm或1064nm。为了确定悬浮在大气中的沙尘粒径特征，有时也采用双波长激光雷达进行遥感探测。

激光雷达一般由两部分组成，即发射部分和接受部分。发射部分包括激光器、高压电源、光束准直器和光束发射器等；接受部分包括接受望远镜、窄带滤光器和光电探测器等。

激光雷达探测沙尘气溶胶的基础是激光雷达方程

$$P(R) = ECR^{-2}\left[\beta_a(R) + \beta_m(R)\right] T_a^2 T_m^2(R) \tag{7-3}$$

其中

$$T_a^2(R) = \exp\left[-\int_0^R \alpha_a(R)\,\mathrm{d}R\right] \tag{7-4}$$

$$T_m^2(R) = \exp\left[-\int_0^R \alpha_m(R)\mathrm{d}R\right] \tag{7-5}$$

式中 $P(R)$——激光雷达接受到的来自距离 R 处的大气回波信号；

E——激光输出能量；

$\beta_m(R)$——大气分子后向散射系数；

$\beta_a(R)$——大气气溶胶后向散射系数；

$\alpha_a(R)$ 和 $\alpha_m(R)$——分别为大气分子和气溶胶的消光系数。

在缺少辅助观测资料时，激光雷达探测到的是大气气溶胶的后向散射系数 $\beta_a(R)$ 和消光系数 $\alpha_a(R)$。对沙尘而言，如果可以确定沙尘的粒径特征，根据 Mie 散射理论可以计算得到不同高度的沙尘浓度。

利用激光雷达方程求取沙尘气溶胶的后向散射系数或消光系数并不是一个简单过程。通常采用计算散射比 $K_s(R)$ 的方法来获取大气中沙尘气溶胶的分布的定量信息，即

$$K_s(R) = \frac{\beta_m(R) + \beta_a(R)}{\beta_m(R)} \tag{7-6}$$

当 $K_s(R)$ 为 1 时表示纯粹的大气分子的 Rayleigh 散射，也就是说大气中只含有空气分子；$K_s(R)$ 大于 1 时表示有气溶胶粒子的 Mie 散射贡献。根据方程(7-3)可求得

$$K_s(R) = CE\frac{P(R) \times R^2}{\beta_m(R) \times T_m^2(R)} \tag{7-7}$$

式中 CE——包含所有激光雷达参数的常数，可以通过在合适的高度(一般为 30km 左右或对流层顶部)令 $K_s(R)$ 为 1 来获得；

$P(R)$——激光雷达回波信号。

其中大气分子的后向散射系数和消光系数可以利用合适的大气模式，如美国标准大气(U. S. Standard Atmosphere)来计算得到。$K_s(R)$ 中还包含了云的信息，可以通过求取退偏比来判定(激光雷达接收系统应带有偏振光束分离装置)。

在实际探测中，如果大气中沙尘浓度比较高，而且混合比较均匀时，经常使用一个非常简单的方法获取沙尘气溶胶信息。这时可以忽略大气分子的影响，同时认为消光系数或后向散射系数随高度不变，根据方程(7-3)可求得

$$\alpha = -\frac{1}{2}\frac{\mathrm{d}S}{\mathrm{d}R} \tag{7-8}$$

式中，S 为激光回波值与距离平方的乘积。也就是说，沙尘的消光系数为激光雷达距离修正对数回波曲线斜率之半，这种方法称为斜率法。

利用激光雷达探测和分析结果绘制时间-高度曲线，可以很直观地看出沙尘气溶胶的时空变化特征。

④ 其他观测 关于沙尘的观测，尤其是沙尘气溶胶的观测手段主要有飞机、高空探空气球和卫星云图观测等。飞机和高空气球观测法可以直接获取沙尘气溶胶的浓度及气溶胶粒子数浓度谱随高度的变化情况。卫星云图观测可以通过卫星资料和测量方法反演沙尘气溶胶的光学厚度，从而估算沙尘量。

7.1.4　风成地貌现状与成因调查

(1)风成地貌成因调查

风成地貌的形成是风对疏松的沙质地面进行吹蚀、搬运和堆积的结果。因此，也可以这样说，错综复杂的风成地貌形态乃是风活动过程的记录。为了准确地得出各地风成地貌形成的规律，从而为防治沙害措施的合理配置提供良好的科学依据，就需要在野外调查中，十分重视搜集当地气象台站风的观测资料；查明各地占优势的风成地貌类型(风蚀地貌或风积地貌)及其空间分布特征，并用空盒气压测高计、罗盘、测高仪和卷尺等简单的野外仪器进行形态的量测。

①风蚀地貌形态的描述和量测　在野外调查中，要选择有代表性的地段，进行详细的风蚀地貌形态描述和形态量测。描述其外貌、空间分布、方位，以及组成物质的性质；量测其长度、宽度、相对高度(或深度)、斜坡的倾向和倾角及其他要素。通过量测估算出风蚀正(风蚀残丘、雅丹等)、负(风蚀凹地、风蚀沟槽等)形态的面积和体积，便可看出地表的风蚀强度和风蚀地貌发育的程度。

②风积地貌形态的描述和量测　在野外调查中，对风积地貌要描述和量测的项目包括：沙丘的相对高度(最大、最小和平均值)；沙丘的相互间距(最大、最小和平均值)；沙丘迎风坡和背风坡的长度、坡度以及坡向；沙丘的排列方向(走向)。

根据以上诸项，可以用来说明沙丘的起伏情况和密度的大小，反映沙丘形态发育的规模，确定沙丘形态形成的动力条件。

③取样　选择具有代表性的典型沙丘，在其不同部位(迎风坡下部、中部、丘顶和背风坡中部、坡脚等)采集沙子标本，以供室内分析。若为了说明沙源的目的，不仅需要采集沙丘的沙子，而且也需要同时采集下伏沉积物的沙样。在采集标本时，需要详细记载采集地点和地形部位，最好利用下面格式的标签标清。

××队沙样采集标签存根	××队沙样采集标签
总号	总号　　　　　分号
分号	地点
地点　　　省　　　县	地形部位
地形部位	岩层
岩层	日期
日期	
采集者	××队沙样采集标签
备注	总号　　　　　分号
	地点
	地形部位
	岩层
	日期

该标签的左方为存根，右方有两张相同的小标签，其中一张放入取样袋内，另一张拴在取样袋袋口上，以免混淆沙样。

(2)风成地貌形态及动态调查

①沙丘形态调查　在野外调查过程中，应该尽可能详细地观测沙丘上植物生长的情况，包括沙丘上的植物种类、数量，植被的覆盖度(目测法估计)等，以确定沙丘的活动程度。通过挖掘剖面，描述沙丘上各部位沙子的湿润状况，并用盒尺测定其干沙层的厚度。在野外路线考察中，特别是对于沙漠边缘风沙危害地区进行考察时，注意搜集有关沙丘移动的数据。在进行野外路线考察时，可以通过访问当地居民，了解道路、地物(房屋、土工建筑等)被沙埋和变迁的情况，以大致确定沙丘移动的方向、方式和速度。例如，在浑善达克沙地调查沙丘移动时，通过访问牧民阿拉腾得知，其牧场面积 10 年来每年在缩小，掩埋了大面积的草场和榆树疏林。经实地量测沙丘移动标志的两株榆树间的距离，结果表明 10 年间沙丘移动的平均速度约在 3.2m/a。再如，罗来兴(1954)在毛乌素沙地东南缘陕北的榆林、靖边间进行调查时，根据当地居民指出的确实年代以前的沙丘位置，量测获得沙丘移动速度平均每年约在 2.4~5.6m(表 7-8)。

表 7-8　陕北榆林、靖边之间沙丘移动速度调查实例

地　点	沙丘高度(m)	年　数(a)	总移动距离(m)	平均年移动速度(m/a)
十六台张家伙场	12.0	32	82	2.56
长海子陈家房子	3.6	15	59	3.94
长海子马家峁纪家屋	5.0	16	45	2.81
长海子马家房	3.7	20	70	3.50
一点沙纪家伙房	5.0	21	50	2.40
忽鸡兔白家伙房	9.6	41	132	3.22
忽鸡兔白家伙房	8.5	32	111	3.47
忽鸡兔白家伙房	5.0	15	84	5.60

②地表风蚀深度与强度的观测　地表风蚀深度与强度的观测，最简便的是应用插钎法(插标杆法)。插钎(标杆)用粗铁丝或木质、塑料标杆，高度依测定地区的风速和蚀积能力而定，一般 1~2m，弱风蚀区用低杆，强风蚀区用高杆。插钎上刻有高度数字(以 cm 为单位)和“0”位，一般最初一次量测原始地形时，插钎的深度置“0”点于地面，便于以后直观的统计风蚀或风积量。

测定时，选择典型的风蚀监测区，在地形变化的关键部位(转折控制点)，如沙丘落沙坡新月形上下弧顶、翼角、迎风坡起始转折点、其他坡度转折点等，插钎并对原始地形“0”高度点作记录。然后在各转折控制点埋设插钎，以 2m 插钎为例，埋设时埋入地面下一半(1m 深)，露出地面上一半(使杆顶与地面高差为 1m)。经过一定时间以后进行观察，视地面与标杆之间垂直距离变化的数值，便可算出地面被吹蚀的深度(读数为负时地表风蚀，读数为正时地表堆积)，然后将每一个时期所测得的数值，再和同期风速(在定位观测站，应该架设自记风向、风速仪，进行风的观测；在半定位站，一般不进行风的观测，可利用附近气象台站的测风资料)相比较，就能得出它们之间的关系；利用风蚀深度与时间的比值即可求得风蚀强度。为了获得更为准确的风蚀深度与强度的数量，最好是每出现一次起沙风就进行一次观测，以记录地形的变化，并随时画出变化图和记录起沙风速和方向变化。这样就可获得每一场风的方向、风速和地形变化的完整资料。

风蚀强度受到地面性质(物质组成、粗糙度等)的影响，如沙质黏土、沙和沙砾等不同物质组成的地面，它们抵抗风蚀的能力不一样，风蚀强度也各不相同。因此，可以应用若干根标杆置于不同性质的地面进行观测，这样就可以获得风蚀强度和地面组成物质性质之间的关系。

③ 沙丘移动的观测

a. 反复地形观测法。这种方法一般用于较长时段的地形变化监测。选择不同类型和高度的沙丘，进行重复多次(每季一次或在风季前后)的测量，绘制不同时期沙丘形态的平面图或等高线地形图，经比较便可以得到沙丘移动的方向和速度，以及沙丘移动速度和其本身体积(高度)的关系。再和风速、风向的资料对照，就可看出沙丘移动与风况之间的相互关系。

b. 纵剖面测量法。这种方法比较简便，但不像前一种方法那样能反映出沙丘全部的动态，而只能反映出剖面变化的特征。因此，此法仅适用于一些半定位观测站。其方法为选定不同沙丘，在垂直沙丘走向的迎风坡脚、丘顶和背风坡脚埋设标志，重复量测并记录其距离变化(表7-9)，可得出沙丘移动的方向和速度。

表7-9 沙丘移动纵剖面测量记录表(据吴正等，2003)

观测时间			观测					不同部位移动的数值			起沙风持续时间及风速	
年	月	日	迎风坡长度/m	迎风坡坡度/°	背风坡长度/m	背风坡坡度/°	高度/m	迎风坡脚线与标杆水平距离/cm	丘顶脊线与标杆水平距离/cm	背风坡脚线与标杆水平距离/cm	时间/h	风速/(m/s)

(3) 地面粗糙度的测定

粗糙度是表征下垫面特性的一个重要物理量，也是衡量防治治沙效益的一个重要指标。我们采取一些防沙措施，都是通过改变地面粗糙度性质，以控制风沙流活动或改变其蚀积过程。如草方格沙障是增大地面粗糙度以降低风速，沙面不致受到风蚀或使风沙流卸载；而试验用整体道床，则是减小地面粗糙度，以提高风沙流携沙能力，使其顺利通过线路。

根据粗糙度的定义，如果直接测定地表上风速为零的高度，是十分困难甚至目前也是做不到，也没有必要那样做。因此这个风速为零的高度是通过间接的方法测定，运用近地表气流在大气层结构为中性情况下的风速随高度分布规律：$V = 5.57u_* \lg \frac{z}{z_0}$（式中$V$是高度$z$处的风速，$u_*$是摩阻流速，$z_0$为地表粗糙度），可以推导出粗糙度的计算公式

$$\lg z_0 = \frac{\lg z_2 - \frac{V_2}{V_1}\lg z_1}{1 - \frac{V_2}{V_1}} \tag{7-9}$$

式中 V_1——高度z_1处的风速；

V_2——高度z_2处的风速。

这样只要测定出某一地表上任意两个高度所对应的风速，即可计算出某一地表的粗糙度。为此，需要测定任意两个高度的风速，一般地采用50cm和200cm处的风速，但我们在长期的风沙工程测试中发现，近地面采用20cm处的风速效果更佳，特别是对于草方格等低立式沙障效果更好。

通过以上野外试验观测，对风(治)沙工程的作用原理和防护效果进行验证，可为工程要素的选择提供更坚实的、符合实际的科学依据。

7.2 风洞模拟实验

风洞实验是风沙运动学发展的重要实验手段，风沙运动学中很多的规律和公式都是在风洞实验的基础上发现和获得的。同时，风洞实验也是验证风沙运动理论和计算结果正确与否的依据。世界上从1871年建立第一个风洞，至今已有130多年的历史。100多年来，风洞实验技术由为航空和军事服务，逐步发展为广泛应用于许多学科领域的一门新的实验科学——风工程学。只要是有关风的问题，都可以用风洞实验来进行研究。风沙地貌与风有密切关系，风洞作为一种测量工具引入到风沙运动规律的研究中后，就使得风沙运动的研究从野外走向室内，从只能进行定性的描述转化为定量的测量与计算。实验时，常将模型或实物固定在风洞内，使气体流过模型。这种方法，流动条件容易控制，可重复地、经济地取得实验数据。因此，应用风洞实验技术研究风沙问题，不受自然条件的限制，能大大缩短研究周期，大量节省时间、人力和物力；便于使用较精密的测试仪器，进行半定量、定量的测量，可以提高研究水平，更好地解决生产实践问题。早在20世纪40年代，拜格诺、切皮尔等人就开始利用风洞进行风沙运动和土壤风蚀的实验研究；兹纳门斯基还专门设计和建造了沙风洞，开展沙地风蚀过程和沙堆防止问题的实验研究。伴随着现代科学技术的发展，风洞结构越来越完善，实验方法越来越先进，实验结果越来越可靠，实验的地位也就越来越重要。

7.2.1 风洞结构及一般原理

风洞是能人工产生和控制气流，以模拟物体周围在大气流场，并可量度气流对物体的作用以及观察物理现象的一种按一定要求设计的管道状实验设备。风洞实验段能够模拟或基本上模拟实物在大气流场中的情况，以供各种空气动力实验之用，它是进行空气动力学最常用、最有效的工具。实验时，常将模型或实物固定在风洞内，使气体流过模型。这种方法，流动条件容易控制，可重复地、经济地取得实验数据。因此，应用风洞进行实验研究，可以选用任何比例、任何种类的模型；而且不受自然条件的限制，能大大缩短研究周期，大量节省时间、人力和物力；便于使用较精密的测试仪器进行定量的测量；可以提高研究水平更好地解决生产和科研上的实际问题。

世界上第一座风洞是E. Mariotte于1869—1871年在英国建造的，它是一个两端开口的木箱，截面45.7cm×45.7cm，长3.05m。为满足各种不同类型空气动力学实验的要求，现代风洞的种类十分繁多，依据不同的划分标准可以分为各种形式。按实验段气流速度(马赫数Ma)大小来区分，可以分为低速风洞($Ma\leqslant 0.4$)、高速风洞($0.4<Ma\leqslant$

4.5）和高超声速风洞（$Ma \geqslant 5$），高速风洞又可分为亚声速风洞（$0.4<Ma \leqslant 0.7$）、跨声速风洞（$0.5 \leqslant Ma \leqslant 1.3$）和超声速风洞（$1.5 \leqslant Ma \leqslant 4.5$）。就低速风洞而言，根据气流特征可分为直流式和回流式。直流式没有空气导流路（图7-13），空气离开扩散段后直接进入大气，所以它可使用完全新鲜的空气，而回流式风洞有连续的空气回路，这样可使风洞中的气流基本上不受外界大气的干扰（无阵风影响、气流均匀），温度可得到控制。此外还有若干分类方法，如根据动力来源可分为吹式风洞和吸式风洞；根据使用方式可分为室内模拟风洞和室外模拟风洞；根据用途可分为二维风洞、三维风洞、变密风洞和阵风风洞等。虽然不同种类、不同用途的风洞有其不同的结构和特点，但主要的组成部分和工作原理是基本相同的。以常见的闭口回流式低速风洞为例（图7-14）讲述风洞的组成及其工作原理。

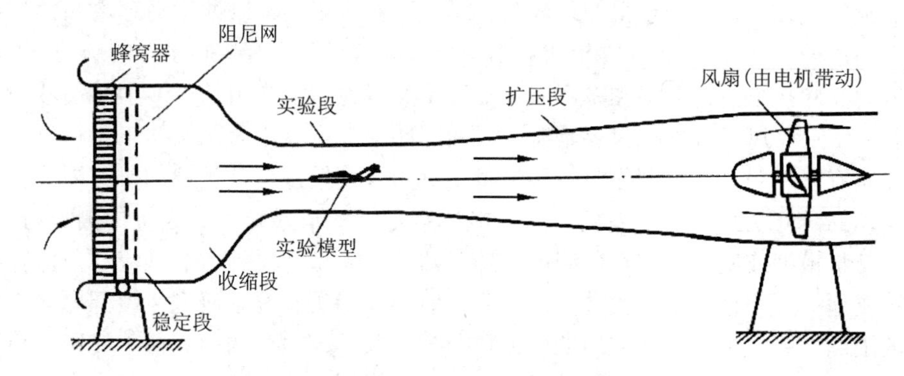

图7-13 直流式低速风洞

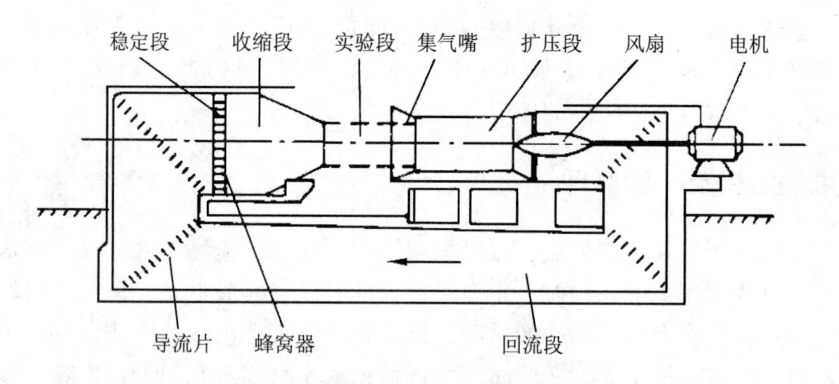

图7-14 回流式低速风洞

尽管风洞的类型繁多，但常见的风洞结构一般包括：实验段、调压段、扩压段、拐角导流片、动力驱动系统、稳定段、整流装置、收缩段及测量控制系统。各部分的形式因风洞类型而异。

7.2.1.1 实验段

实验段是放置模型且对其进行必要测量和观察实验的场所，是整个风洞的核心。实验段的气流情况是反映风洞的气动力设计好坏的两个主要方面之一（另一方面是风洞在工作时的总效率)。风洞实验段的流场品质，如气流速度分布均匀度、平均气流方向偏离风洞轴线的大小、沿风洞轴线方向的压力梯度、截面温度分布的均匀度、气流的湍流度和噪声级等必须符合一定的标准，并定期进行检查测定。流场的品质表现气流各种特性在实验段各个截面上的均匀程度，实验段的各种特性应达到以下几项指标。

(1)气流的稳定性

气流的稳定性可用动压脉动量或速度脉动量来表示。动压脉动量指在规定时间间隔内(如10s内)瞬时动压 P_i 与平均动压 P 之差的最大值和平均动压的比值，即：

$$\eta = \frac{(P_i - P)_{\max}}{P} \tag{7-10}$$

其中，$P_i = \frac{1}{2}\rho V_i^2$，$P = \frac{1}{2}\rho V^2$。一般情况下，要求 $|\eta| \leqslant 0.5\%$，特别在风洞的常用速度范围内(风洞最大速度的50%~80%)更应满足这一条件。

(2)速度均匀性

实验段各点要求速度完全一致是不可能的，良好的风洞要求在实验区任何横截面上任何一点的气流速度与气流平均速度相对偏差的均方根值 $\leqslant \pm 0.25\%$。在靠近横截面的边缘，由于洞壁附面层等的影响，偏差会大些。

(3)方向均一性

在实验段任何一点的气流力向与风洞轴线间的夹角应满足以下条件：偏航方向 $\Delta\beta \leqslant \pm 1.0°$，俯仰方向 $\Delta\alpha \leqslant \pm 0.5°$。

(4)紊流度

风洞内气体的流动总是存在着微小的漩涡，因此实验段任一点的气流速度，实际上存在着高频率的微小脉动。用气流紊流脉动值的均方根与气流平均速度 $\bar{u}$ 之比的百分数来表示紊流程度，称为紊流度，用 ε 表示，则

$$\varepsilon = \frac{\sqrt{\frac{1}{3}(\overline{u'^2_x} + \overline{u'^2_y} + \overline{u'^2_z})}}{\bar{u}} \tag{7-11}$$

式中 $\overline{u'^2_x}$，$\overline{u'^2_y}$，$\overline{u'^2_z}$——3个坐标 x、y、z 方向的脉动速度。

一般情况下，风洞紊流度要求为0.3%~3.0%；低紊流度风洞其值可低至0.1%。

(5)轴向静压梯度

由于实验段壁面上的附面层厚度顺气流流动方向逐渐增厚，轴向速度也会连续的增加。实验段沿轴向就形成一个静压梯度 $\mathrm{d}p/\mathrm{d}x$，便会对模型产生一种在大气中不存在的浮力。如果用压强系数($C_p = p/2\rho V^2$)来表示，则要求 $|\mathrm{d}C_p/\mathrm{d}x| \leqslant 0.002(1/\mathrm{m})$，若采取适当的措施，这个静压梯度可化为零。

(6)实验段壁面上的附面层

对封闭实验段，在做某些实验时，需要计算模型的迎风面积对实验段截面所引起的阻塞程度，因此需要测出实验段壁面上附面层的厚度及位移厚度，来计算实验段的有效截面。

(7)气流温度的限制

如果气流温度有变化，空气的黏性会受到影响。这样模型实际上是处于一个雷诺数(R_e)有变化的流场中，由此而引起一定的实验误差。一般要求气流在实验段的温度不超过45℃，最好在15~20℃。

(8)风洞的能量比

从风洞的经济性能来考虑，能量比是反映风洞工作效率的一个较好的指标，同时能量比的大小也代表风洞的气动力设计的好坏。能量比的大小可用实验阶段气流的动能与电机(或其他动力)功率的比值来计量，可用公式表示

$$E_r = \frac{1}{2}\rho u_0^3 A_0 / 102\eta N \tag{7-12}$$

式中 u_0——实验段气流速度；

A_0——实验段截面积；

ρ——空气密度；

η——驱动装置系统效率；

N——电机的输入功率。

因此，对于低速风洞来说，能量比越大，风洞的效率越高。对于闭口实验段风洞 E_r 一般为3~6。

除了对实验段的气流品质有上述要求外，实验段的截面形状、大小、实验段的长度也是有规定的，对于不同种类的风洞，这种规定也是不一样的。例如，对于用来模拟地表风的沙风洞来说，实验段应尽可能长一些，能使其形成稳定的附面层。

实验段是风洞的主体，在实验段上游有提高气流匀直度、降低湍流度的稳定段和使气流加速到所需流速的收缩段或喷管。实验段下游有降低流速、减少能量损失的扩压段和将气流引向风洞外的排出段或导回到风洞入口的回流段。

7.2.1.2 调压缝

在闭口回流式风洞中的整个流道中，实验段的静压力是最低的，可能低于风洞外环境大气的压强，如果密封不好，外界的空气会流进实验段而破坏流场的均匀性。设置调压缝后，使实验段的压力与环境压力相等，也就不需要特别密封了。

7.2.1.3 扩压段

扩压段的作用是把气流的动能转变为压力能，以减少风洞中气流的能量损失。降低风洞工作所需要的功率。因为风洞中气流的能量损失是与速度的三次方成正比的，流速降低，则损失就会减少。

7.2.1.4 拐角导流片

在任何一个回流式风洞中，气流沿风洞洞身循环一次需要转过360°，它可通过拐角来实现，这些拐角容易引起分离现象，产生强大的漩涡而使流动很不均匀或脉动，为了保证气流经过拐角时只改变流动方向而不出现分离，必须在拐角处安置导流片，引导气

流回转而不发生分离。

7.2.1.5 动力驱动系统

它是向风洞内的气流补充能量，以保证气流以一定的速度流动。气流在风洞管道内流动时，由于摩擦及分离等原因，能量是有损失的。必须不断地向气流补充能量，风洞内的气流才有可能恒稳地运转。动力驱动系统由可控电机组和由它带动的风扇或轴流式压缩机、整流罩、止旋片和导向片等几部分组成。风扇旋转或压缩机转子转动使气流压力增高来维持管道内稳定的流动，改变风扇的转速或叶片安装角，或改变对气流的阻尼，可调节气流的速度。直流电动机可由交直流电机组或可控硅整流设备供电。使用这类驱动系统的风洞称连续式风洞，但随着气流速度增高所需的驱动功率会急剧加大。

7.2.1.6 稳定段及整流装置

稳定段是一段横截面相同的管道。其特点是横截面积大，气流速度低，并具有一定的长度，一般都装有整流装置。其功用在于使来自上游的紊乱的不均匀的气流稳定下来，使漩涡衰减，使速度和方向均匀性提高。

所谓整流装置，是指蜂窝器和整流网。蜂窝器系由许多方形或六角形小格子格成，形如蜂窝得名。它可对气流起导向作用，并可使大漩涡的尺度减小，气流的横向紊流度降低。整流网是由直径很小的金属丝编制而成的网，网孔十分细密，可有一层或数层。它的作用是使大尺度的漩涡分割为小尺度的漩涡，而小尺度的漩涡可在整流网后面的稳定段的足够长度内衰减下来，从而使气流的紊流度、特别是轴向紊流度明显减小。此外，如果加大网的网孔尺寸和网丝直径，并使其靠近实验段的进口，则可提高实验段的紊流度，这种网叫作紊流网。在沙风洞特别是野外沙风洞中紊流网是调节实验段紊流度的良好装置。

7.2.1.7 收缩段

收缩段是一段顺滑过渡的收缩曲线形管道，它位于稳定段和实验段之间。若收缩段的进口横截面面积为 A_l，出口横截面面积为 A_2，则 $n=A_1/A_2$ 称为收缩比。

收缩段的主要功用是使来自稳定段的气流均匀地加速，并有助于实验段的流场的品质得到改善。收缩段的设计应满足下列要求：气流沿收缩段流动时，流速单调增加，避免气流在壁面上发生分离；收缩段出口处气流速度分布均匀，方向平直，并且稳定。收缩段能满足这些要求，主要决定于两个方面即收缩比和收缩曲线。

在一定的实验段横截面积和速度的条件下，收缩比设计的大一些，可使稳定段的速度相对降低，使稳定段和整流装置在提高流场品质方面的效果相对好一些，而引起的气流能量损失也相对小些。

7.2.1.8 测量控制系统

测量控制系统的作用是按预定的实验程序，控制各种阀门、活动部件、模型状态和仪器仪表，并通过压力、温度、密度、速度等传感器，测量气流参量、流场状态、模型状态和有关的物理量。随着电子技术、计算机、激光技术的发展，20世纪40年代后期开始，风洞测控系统由早期利用简陋仪器，通过手动和人工记录，发展到采用电子控制系统、实时采集和处理的数据系统。风洞中测量气流总压和静压最常用的是皮托管，现在则广泛使用压力传感器和压力扫描阀组成的测压系统或者电子扫描压力测量系统同时测量多点的压力。对于密度的测定则多用阴影法、纹影法、干涉法等方法定性测量密度，或用激光全息照相对风洞流场的三维密度分布进行定量测量。速度和速度随时间的脉动是表征风洞流场的基本数据，在风洞中常用的测速方法是热线风速仪，或采用测压方法进行推算，较为先进的仪器是激光多普勒测速计(LDV)，它是根据光在气流中的多普勒频移的量值与气流速度成正比的原理来测量的。

7.2.2 沙风洞

7.2.2.1 室内模拟沙风洞

风洞最先是用于航空方面的实验研究，后来在环保、气象、能源、建筑、电力，农业、林业等许多科学领域中得到广泛的应用。风沙环境风洞的研究可以追溯到Bagnold(1941)的经典著作《The Physics of Blown Sand and Desert Dunes》一书的出版。该书不仅研究沙粒分布、沙波纹、主要沙丘类型等，而且阐明了沙粒的3种运动状态，将流体力学应用于风沙研究中，得出著名的输沙率公式，同时将风洞实验引入到风沙地貌的研究中，从而为风沙物理学研究奠定了理论方法和技术支撑。继Bagnold研究之后，Chepil、Zingg在20世纪40~60年代运用风洞实验进行了大量的研究。兹纳门斯基还专门设计和建造了沙风洞，开展地表风蚀和沙堆防止问题的实验研究。对于风沙运动，输运和沉积机理以及风蚀率进行了初步研究，掀起风洞实验的小高潮。20世纪60年代后期，国内外学者开始利用风洞实验结果建立数学模型，以Owen的工作最为著名。60年代末期随着航天技术的发展，大大提高了利用风洞模拟复杂环境中风沙运动的能力，风洞研究成为风沙物理学研究的主流方向。此后，风洞实验在更广泛的领域成为风沙物理学研究的中流砥柱，无论试验的技术手段还是在试验的内容上都有了飞跃式发展。

由于沙风洞模拟的是发生在大气附面层以内特别是紧贴近地表面上的空气动力学问题，因此它除具备上述风洞的一般性能外，还对它提出了以下一些要求：

①具有高紊流度　在近地表附面层中，由于各种因素的影响，紊流充分发展，紊流度高达1%，因此模拟时风洞中的紊流度也应与实际相同。

②长实验段　为了保征风洞中的模拟气流与自然相同，就需加长实验段。这样可使附面层均匀加厚，并形成稳定的附面层，同时也能提高风洞的紊流度。这类风洞的实验段长一般为10~30 m。

③低流速　近地气层中极大风速不超过100m/s，大多都在40m/s以下，所以风洞模拟自然现象时的风速不会超越100m/s。

④模拟温度层结　近地气层的温度层结对紊流扩散、动量传递和水热交换都有很大的影响，因此在有些风洞中增设了底板的加热与冷却装置，用以模拟温度层结。

⑤阵风性　切皮尔等研究发现，在近地气层中气流的流动具有明显的阵风性，频率约为1Hz。若加旋转叶栅，即能模拟这种特性。

这些要求全部都能满足是很困难的，而且也是没有必要的，在设计风洞时，可根据研究对象和要求增加某些装置和结构。我国在已故中国科学院副院长竺可桢的关怀和支持下，于1959年开始在中国科学院地理研究所筹建沙风洞，1967年，中国科学院兰州沙漠研究所建造的我国第一座用于风沙现象实验研究的室内模拟沙风洞在兰州建成投入使用。沙风洞是为模拟野外风沙现象而设计的，因此不同于一般航空用的风洞，它具有自己的特点。该沙风洞是一个直流吹式低速风洞，全长37.78m，实验段长16.23m，矩形横断面积100cm×60cm；四壁平滑，由多层胶合板和玻璃窗构成。实验段前部设有供沙装置；中部设一个360°转盘，以模拟风向的变化；后部设有三节沙槽，装有衡量磅秤(图7-15)。风洞的风速从2~40m/s，连续可调，紊流强度在0.4%以下。风速的测量一般采用皮托管和测微压力计，沙量的测定使用单管或多管集沙仪；也可以应用激光多普勒测速仪，在不干扰测点流动的条件下，快速、精确的测出风速和沙粒的数量及其运动速度。还可用粒子动态分析仪测定沙粒运动等。用三分力天秤可直接测出模型在气流中的受力与力矩。为了不断提高新的测量技术，兰州沙漠研究所近年来又添置了粒子成像测速(PIV)、激光测速等测量系统实现了风速和风压的同步测量，减少了繁杂的换算，提高了效率和准确性；此外，沙风洞实验仪器如风速廓线毕托管、风洞多路集沙仪的发展都有效推动了沙风洞实验的进步。由于测量技术和传感器技术的发展，流动显示所获取的信息已经从定性发展到定量，从定常发展到非定常，从单项发展到速度、压力、温度和密度在内的综合。2007年，北京师范大学风沙环境与工程实验室建设完成了一座大型的风沙环境工程风洞。该风洞是一个直流式低速风洞，全长71.1m，由进气段、过渡段、阻尼段、第一扩散段、稳定段、收缩段、速度车、实验段、第一扩散段等9部分组成(图7-16)。实验段长24m，矩形横断面积3m×2m，顶板可自动升降±0.2 m。轴心可

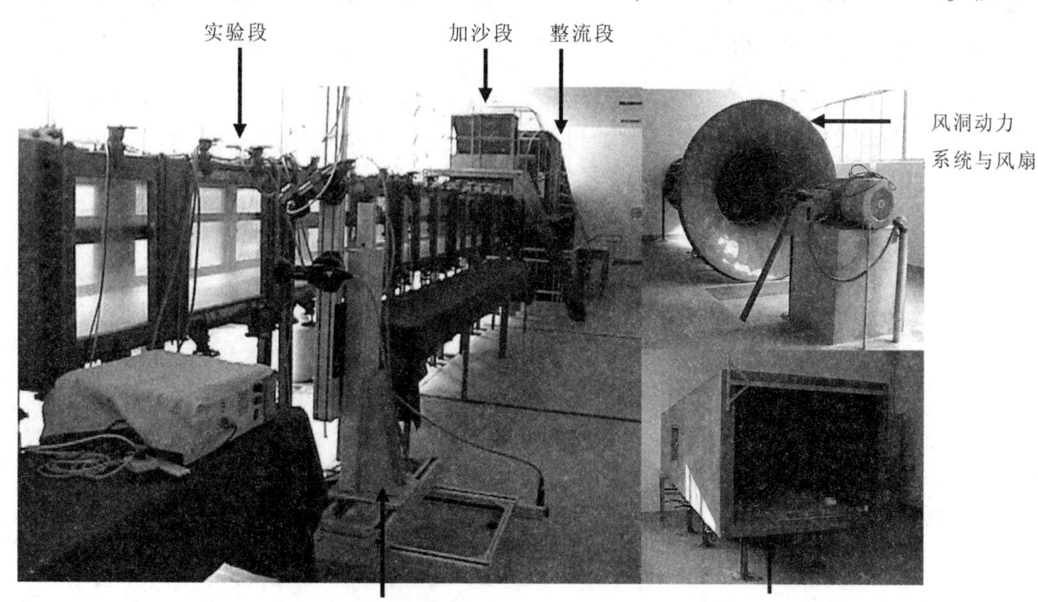

图7-15 中国科学院兰州沙漠研究所室内模拟沙风洞

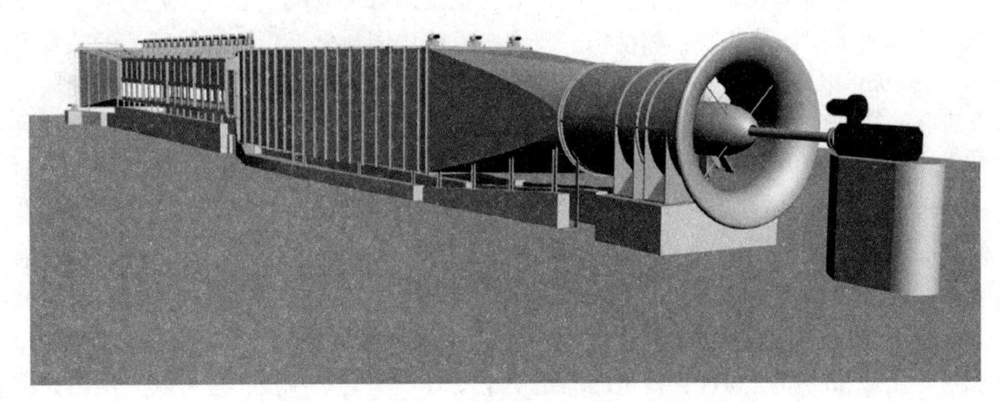

图 7-16 北京师范大学风沙环境工程风洞效果图

控风速 2~45 m/s，连续可调。该风洞配有三维位移和供沙系统、风沙流流场数据采集系统、数字式粒子图像测试系统(PIV)、土壤风蚀天平及一系列风沙工程力学测试仪器，使得实验平台在风沙环境工程方面具有一流的综合测试能力。

7.2.2.2 野外风蚀沙风洞

风沙现象的实验研究不但能在室内模拟，而且各国的专家学者们还设计建造出了各种形式和规模的野外沙风洞。图 7-17 为原内蒙古林学院建设的野外风蚀沙风洞。它是敞底直吹式组合风洞，全长 14m。与典型风洞相比，它没有扩压段，过渡段和实验段都较长，并有 3 个过渡段。为了模拟自然风的紊流“阵性”作用，加有由 6 片纵向对称翼型组成的旋转叶栅。该风洞的动力段是由柴油机带动风扇产生“风”，调节柴油机的转速即能改变风速，最大风建为 25m/s。实验段总长 7.2m，共分 3 节，横截面为 1.2m×1.2m 的正方形。2004 年，由内蒙古农业大学设计并制作完成了 OFDY—1.2 移动式风蚀风洞，该风洞也为敞底式直吹式风蚀沙风洞，可进行野外风蚀测定。

野外风洞是野外轻便式可移动风洞的简称。野外风洞除具有室内风洞的基本性能

图 7-17 原内蒙古林学院野外敞底直吹式风蚀沙风洞

外，还可以在野外搬迁移动，能够利用各种基本平坦的自然地表、地物、植被和具有某种程度的温度条件，它也是室内实验通往野外实际推广的一个重要桥梁。实际上，自然地表的土壤结构和理化性质、地表的植被和温度条件是很难在室内加以模拟的，如果要把自然地表直接搬到室内，不仅耗费较大，而且经过搬运的时间，搬迁来的土层，会因为震动和失水，结构破裂，植物枯死，弄得面目全非。所以，野外风洞是一种节省实验资金、缩短实验周期和大大提高土壤风蚀和风沙运动等研究水平的重要实验设备。

作为野外风洞，除易于搬迁和拆卸外，按照津格(A. W. Zingg)的意见，必须具备与自然界相一致的速度和力的范围，而且易于产生和能够控制；必须能产生一种没有自然界那种漩涡的稳定的风；必须有足够的断面，能够对野外的典型的样方进行自由选择。这只是一些最基本的要求，对不同实验目的的野外风洞，还应具有更具体的和精细的要求。

事实上，只要野外风洞有适当的断面和长度，并有必备的窗孔，室内风洞能够进行的实验项目，野外风洞也基本可以进行，只是要求有适当的自动测量系统和地表条件至于野外风洞的测试手段，有着和室内风洞相近似的要求，但是要适应野外条件，如防沙和自备电源。

20世纪80年代后期，为了适应土壤风蚀和风沙运动等研究的进一步需要，原中国科学院兰州沙漠研究所于1988年又在沙坡头试验站，设计制造了一座中型的土壤风蚀风洞。风洞总长37m，实验段长度为21m，横截面1.2m×1.2m；风速变化范围为2～25m/s。1989年在位于北京大兴县的北京风沙化土地整治实验站安装调试后，1991年运往宁夏沙坡头工作。由于这一土壤风蚀风洞截面积小，只能模拟风沙的颗粒运动，而实际情况是，沙丘一类大的样品也需要在风洞内进行模拟研究。为满足沙丘运动和防护林建设等宏观方面研究的需要，2003年中国科学院寒区与旱区工程研究所投入近250万元对原有的土壤风蚀风洞进行了改扩建。首先扩大了原有土壤风蚀风洞的规模，扩建后洞长40m，实验段长21m，截面积为1.2m×1.2m，实验室总面积由原来的180m^{2}增加到505m^2，实验风速从2m/s到40m/s连续可调。其次采用了先进的实验手段，动力系统和控制系统由原来的手动控制改为计算机控制；在此基础上增加了模型制作间、样品处理间、地下工作间、工控间、数据处理间等。改扩建后的土壤风蚀风洞截面大，实验段长，成为亚洲目前最大的土壤风蚀风洞。该土壤风蚀风洞与寒区旱区环境与工程研究所的室内风沙环境风洞、烟风洞和移动风洞一起构成了我国沙漠研究的风洞群，将在风沙物理学、土壤风蚀、风沙动力地貌学、风沙工程研究和沙漠化的模拟实验与研究等方面发挥重要作用。

7.2.2.3 沙风洞新型测速系统 PIV 技术简介

PIV是英文Particle Image Velocimetry的简称，PIV技术即粒子成像测速技术，是20世纪80年代末出现的一种瞬态、非接触式、整场的激光测速方法。测量时，首先在感兴趣的流动区域的上游，在流体中施放示踪粒子，利用光源产生片光以照亮该流动区域，并通过照相机记录两个时刻粒子的位移。根据测量的位移与已知的时间间隔相除，就得到粒子的Lagrange速度，当时间间隔趋近于零，可以近似认为等于Euler速度。若在整个测试区域得到各点的速度矢量，就获得了整场的流动信息。PIV技术主要由硬件与软件两部分组成。硬件系统主要包括激光发射器、数字相机，同步器，计算机、烟雾发射器以及三角架等辅助设施。激光发射器的主要功能是发射激光形成片状光源，捕捉烟雾发射器为流场提供的有效示踪粒子，通过数字相机拍摄所要分析的流场区域。同步器控制数码相机与激光器同步工作，同时设定双脉冲激光器的延时(两幅图片的曝光时间间隔)，用于不同速度场的测量。计算机主要将所拍摄的图片进行储存，并对拍摄结果进行分析。PIV系统的实验布置简图如图7-18所示。

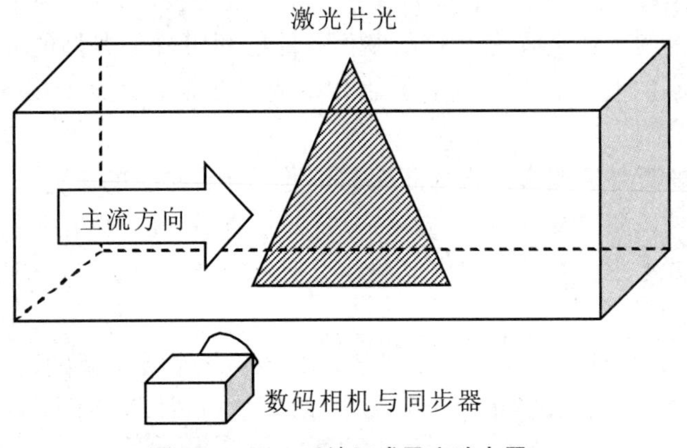

图7-18 PIV系统组成及实验布置

PIV技术是一种没有介入的光学技术，可以应用于存在激波的高速流动和靠近壁面的边界层测量中。PIV技术可以在不干扰流场的情况下相当精确地测出整个流场的速度分布，并由图像记录各粒子的速度信息。这样它在一幅图里既包含了流动的最小尺度(对单颗粒子的速度进行跟踪，测量单颗粒子周围的流场分布)，也包含了大的流动特征尺度(对整个流场进行分析)。随着电子技术的发展，PIV既能捕捉到最小的空间尺度也能捕捉到最小的时间尺度。软件系统对实验结果进行存储与分析，因此应用PIV可以同时分析速度场、涡量场、浓度场和粒径。

(1)互相关理论

PIV计算的理论基础为互相关理论，因此有必要对互相关理论进行简要介绍。为了得到流速分布的细节情况，散播浓度应该足够大，使得采集到的图像对要有足够的流场信息。这就很难从两幅图像中分辨同一个粒子，也就无法获得所需的相对位移。而利用互相关分析理论，可以轻松地解决这个问题。从上面的描述得知，图像采集系统获得的每一对图像都是从相同的空间位置上得到的，且曝光的时间间隔可以作为已知参数。流场中的示踪粒子反射来自片光源的光线，每一粒子上反射的光强信号与其空间位置成单一映射，这就形成光强信号与空间位置的函数映射关系，使用互相关分析方法可以确定两幅图像之间的对应关系。为了讨论方便，假设流场只存在沿水平 X 轴正向的速度，示踪粒子反射的光强沿 X 轴的分布为一元函数 $I(X)$，图7-19中所示为某一时刻的光强分布。

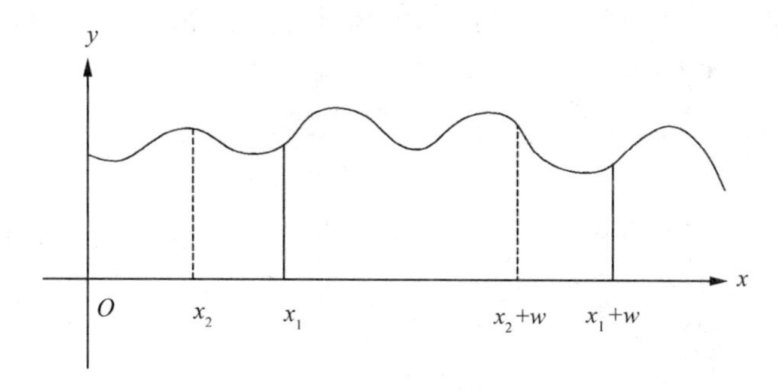

图 7-19 光强沿 X 轴的分布

在实验过程中，PIV 的测量区域固定不变，宽度为 w，与图 7-18 中的宽度对应。在 t_1 时刻，第一幅图像采集到图 7-18 中(x_1, x_1+w)的光强信息；经过很小的间隔 Δt 即为时刻，其中 $t_2=t_1+\Delta t$，示踪粒子之间的相对位置和各示踪粒子上反射的光强不发生变化，仅仅是随流场沿 X 轴正向运动，使得第二幅图像采集到图 7-18 中(x_2, x_2+w)的光强信息，其中 $x_1-x_2=\Delta x$。结合图 7-19，不考虑时间参数，并进行原点调整，得到 t_1 时刻与 t_2 时刻的光强分布表达式

$$f(x) = I(x + x_1),\ s(x) = I(x + x_2) \tag{7-13}$$

$$0 \leqslant x \leqslant w \tag{7-14}$$

$$f(x) = s(x) = 0,\ 0 \leqslant x \leqslant w \tag{7-15}$$

式中 $f(x)$——t_1 时刻的光强信息；

$s(x)$——t_2 时刻的光强信息。

根据互相关函数的定义，计算 $f(x)$与 $s(x)$的互相关函数，并利用如下公式进行变换

$$R_{fs}(d) = \int f(x - d)s(x)\mathrm{d}x = \int I(x - d + x_1 - x_2)I(x)\mathrm{d}x \tag{7-16}$$

式中 $R_{fs}(d)$为 $f(x)$与 $s(x)$的互相关函数。

另外，函数 $I(x)$的相关函数 $r(d)$定义为

$$r(d) = \int I(x - d)I(x)\mathrm{d}x \tag{7-17}$$

最终公式可以表达为

$$R_{fs}(d) = r[d - (x_1 - x_2)] = r(d - \Delta x) \tag{7-18}$$

当 $d=\Delta x$ 时，$f(x)$与 $s(x)$的互相关函数取得最大值。

采用上述方法，对图像对划分网格，通过计算图像对的互相关函数，利用互相关函数极大值的位置确定图像网格的相对位移，即示踪粒子在时刻 t_1 与 t_2 之间的位移。另外，从图像对的采集间隔，即公式中的 Δt 已知，可以进一步计算出示踪粒子在 Δt 内的瞬时平均速度，从而能够获得流场内部的二维分布。在计算机算法的具体实现上，可以利用互相关函数傅里叶变换的特性和傅里叶变换的快速算法，实现互相关函数的快速计算。

(2)PIV 速度计算

利用 PIV 技术测量流速时，需要在测量的二维平面中均匀散播跟随性、反光性良好且比重与流体相当的示踪粒子，使用 CCD 等摄像设备获取示踪粒子的运动图像。对示踪

粒子的运动图像进行分析，就能够获得二维流场的流速分布。流场中某一示踪粒子在二维平面上运动，其在 X，Y 两个方向上的位移随时间的变化为 $x(t)$、$y(t)$是时间 t 的函数。那么，该示踪粒子所在处的空气质点的二维流速可以表示为公式：

$$u_x = \frac{\mathrm{d}x(t)}{\mathrm{d}t} \approx \frac{x(t+\Delta t) - x(t)}{\Delta t} = \bar{u}_x \tag{7-19}$$

$$u_y = \frac{\mathrm{d}y(t)}{\mathrm{d}t} \approx \frac{y(t+\Delta t) - y(t)}{\Delta t} = \bar{u}_y \tag{7-20}$$

式中 u_x、u_y——空气质点沿 x 方向与 y 方向的瞬时速度；

$\bar{u}_x$、$\bar{u}_y$——空气质点沿 x 方向与 y 方向的平均速度；

Δt——测量的时间间隔。

在公式中，当 Δt 足够小时 $\bar{u}_x$ 与 $\bar{u}_y$ 的大小可以精确地反映，PIV 技术就是通过测量示踪粒子的瞬时平均速度实现对二维流场的测量。

以上介绍的是 PIV 测速系统对单个颗粒在流场中的运动速度与运动方向的计算。事实上，在风沙两相流动中，气相示踪粒子与沙粒一起在 CCD 图像中形成光斑，若想同时获得气流与沙粒流的速度场，则必须首先对所获得的 CCD 图像中气相的示踪粒子和沙粒进行分相处理。

7.2.3 风洞模拟实验研究内容

由前文所述知，风沙环境风洞是低速风洞，试验依据的是流动的相对性与相似性。其工作原理是依据低速定常一维流的连续性方程和伯努里方程。其特点是：因为实验段气流速度比较低(μ<0.4)，空气仍然可以当作是不可压缩的。风沙环境风洞能够对如下自然因素进行模拟：单因素控制风(风向、风速和湍流强度等)、沙(粒配、结构、土壤湿度和模型材料等)、地表(地形坡度、地表糙度等)和模型(比尺、材料等)。然后通过单因子、双因子和多因子实验，由浅入深，由特殊到一般地进行实验研究，最终找出影响风沙运动、风沙危害及风沙防治的规律和方法。

根据国内外的资料，在风洞中可以进行有关风沙运动、风沙工程的下列模拟实验研究。

7.2.3.1 风沙运动的实验研究

在风沙物理学中，沙粒脱离地表(起动)机制的研究占有相当重要的地位。有不少研究者(Chepil，1945；White，1976)由风洞实验观察到沙粒的起跳，在我国，凌裕泉和吴正(1980)在风洞中用普通电影摄影和高速电影摄影，对沙粒受力运动的过程进行了动态摄影观测，并根据摄影资料对作用于单颗沙粒的几个主要力进行了概要计算，讨论它们在沙粒运动过程中所起的作用，以阐明沙粒运动的力学机制。刘贤万等曾在风洞中利用三分力天平对作用于沙粒的各种力进行精确的测定。目前国际风沙物理学界关于流体起动风速与沙粒粒径关系的代表性研究成果，均来自风洞实验。因此，关于风沙运动的实验研究，风洞仍是其主要研究场所。在风洞中可采用普通和高速电影摄影机在风洞中对风沙运动进行动态摄影，应用激光多普勒测速仪、粒子动态分析仪，对沙粒运动的速度、加速度和沙粒数随高度分布进行测量等，从而从微观上研究单颗沙粒的受力机制和运动特征，包括沙粒的起动、沙粒运动的基本模式、沙粒跃移运动的轨迹、沙粒的运动速度以及沙粒受气流作用与反作用的物理机制。从宏观上主要侧重于风沙流的整体特征，包括风沙与沙质下垫面相互作用的性质，沙子吹蚀、搬运及堆积的物理过程、风沙流的结构特征、风沙流固体流量、风沙流的运动模型等。

7.2.3.2 风蚀作用的试验

风蚀过程是风力作用引起的地表物质脱离地表、搬运和再堆积过程的统一。自20世纪80年代中期以后，科学界对全球风蚀的研究日益加强。研究的触角不仅涉及土壤侵蚀过程，而且包括土壤侵蚀的动力学机制、土壤侵蚀与各因子、防蚀工程之间的关系研究上。研究的重点不仅注意野外观测，更重视风洞的模拟实验。在风蚀风洞及室内模拟沙风洞可进行影响土壤风蚀强度因素的研究，包括土壤水分、有机质含量、土壤结构、土壤化学、土壤质地、碳酸钙含量、植被覆盖等诸多因子对土壤特性和抗风蚀力影响的研究，防止风蚀措施与风蚀强度、程度之间关系的研究。此外，也可进行土壤力学特性及其抗风蚀机理，风沙对地表物质磨损作用的试验。如董光荣等在我国较早地开展了原状土样风蚀物理过程的风洞模拟实验，研究了净风、流沙、植被与地表粗糙度、开垦和翻耕、土壤结壳以及人畜践踏等对土壤风蚀的影响。而董治宝则开展了更为深入的风洞模拟实验研究，对土壤风蚀与人为地表结构破损、土地开垦、植被覆盖度、土壤含水量及粒度组成等主要风蚀因子之间的关系作了定量和半定量的研究。董志宝对风沙土的风洞实验发现，在风速一定时，风蚀率与含水率的负二次方成线性关系。实验还发现，风成沙的可蚀性随粒度变化服从分段函数，0.09mm粒径最易被风蚀，风成沙颗粒按可蚀性分为难蚀颗粒(大于0.7mm和小于0.05mm)，较难蚀颗粒(0.7mm~0.4mm和0.075mm~0.05mm)和易蚀颗粒(0.075~0.4mm)。陈渭南对蒙陕接壤区土壤母质的风洞实验发现，不同粒度组成、沉积结构、土壤湿度和扰动状况等都会影响风蚀模量。

7.2.3.3 风积地貌形态形成的实验研究

在风洞中，可以进行不同风速、不同地表性质下沙波纹形成过程，沙丘形态的变化及其移动情况，从沙波纹到复合沙丘不同尺度的风沙地形的形成、发育、移动过程及其与相应尺度气流之平衡机制与发育模式等风沙地貌形成发育规律的研究；也可进行复杂床面、各种尺度、混合沙物质组成的床面形态(风蚀与风积)的组合规律及其与气流的互馈机制以及在风沙地形发育中的作用，沙丘表面的流场，不同部分的表面剪力分布等对沙丘表面物质运动的影响机理及其在床面形态发育中的作用等机制的研究。风成沙丘因尺度较大，尽管在风洞中模拟沙丘的形成有困难，但还是可以通过各种沙子堆积形态的实验观测与综合流场的分析，探索不同沙丘形态(特别是纵向和横向两大类沙丘)形成的气流条件和动力过程。在这些方面，国内的学者都进行了一些有益的探索。如李振山，倪晋仁等在4种风速条件下对沙纹形成过程中的形态变化进行了风洞实验研究，发现沙纹宽度变化与输沙量的对数值成正比，沙纹迎风坡宽度和背风坡宽度与沙纹宽度成线性关系，沙纹稳定高度与沙纹高度之差和输沙量与风速之比成负指数关系；凌裕泉(1998)

风成沙纹形成的风洞模拟试验指出风速与沙纹的形态关系特征。凌裕泉，吴正等在风洞中模拟了新月形沙丘不同发育阶段的形态特征，发现新月形沙丘形态一旦形成，就保持相对稳定而不容易变态。可是，如果继续以高浓度饱和或过饱和风沙流吹过新月形沙丘时，原有新月形沙丘形体不再继续增大，而且很有可能在原来的新月形沙丘上风向处或沙丘迎风坡脚形成新的新月形沙丘。凌裕泉等对金字塔沙丘风洞实验表明金字塔沙丘(或星状沙丘)形成的动力条件主要有3个方面：在非沙质床面的气流场辐合区；不太充裕的沙源和高浓度不饱和风沙流；不同尺度地形条件的动力作用和沙漠与戈壁下垫面的热力影响；李志忠、关有志(1996)研究表明，在沙丘形成和发育的过程中，若风向与沙丘走向交角发生变化，则风力作用与沙丘后产生的流场结构、蚀积过程、沙丘形态都将发生变化，纵向沙丘和横向沙丘流场结构的主要区别在于背风坡侧旁气流和回旋涡体两者强度的差异，纵向沙丘背风坡以显著的顺走向侧旁气流和大量沙物质的侧向输移为特征。这充分反映了风洞在风积地貌形成的实验研究中的作用和地位，也为今后的研究提供了广阔的平台。

7.2.3.4 风沙电实验

沙区通讯线路目前大都仍用裸线，每当风天起沙时，往往产生大量的静电电压(在甘肃民勤县观测站上，曾测到2700V电压)。这种现象给通讯质量及线路维修带来不少危害。基于强沙尘暴过境地带曾观测到的强电场、电火花及对无限电信号产生干扰等现象，国内外学者提出了沙粒带电的假说，并对强风沙电场产生的原因进行了相关实验。黄宁和郑晓静在风洞中对沙粒带电的荷质比、风沙电场强度等开展了实验观测，实验发现了沙粒带电的尺度效应，指出风沙电场主要是空中带电沙粒产生。在风洞中进行风沙电的实验研究，可以进一步完善人们对风沙运动和沙尘运输等地表风沙流理论的认识，通过摸清其产生电的原因及其影响的因素，为采取防护措施提供科学依据。

7.2.3.5 交通线路沙害模拟及合理断面型式选择研究

西部沙漠、沙地面积广布，随着社会经济的进步，交通事业蓬勃发展。但不可避免的一个问题是公路、铁路将可能直接穿越沙漠、沙地，如穿越塔克拉玛干沙漠腹地的石油公路、穿越内蒙古库布齐沙漠的穿沙公路等。这些公路、铁路必然会遭到风沙的袭击和掩埋，因而采取何种路基断面型式(路基、路堑、零路基)、路面宽度、路面高度、边坡比等都会影响风沙流的运动而造成不同程度的沙害。为此，可在风洞中采取模拟路面模型开展风沙流危害的预测、风沙与周围环境对路面积沙影响的模拟等，从而确定出公路不积沙断面型式、合理的路面宽度、高度及边坡比，找出影响路面积沙的关键因子。

7.2.3.6 防沙工程及材料的模拟实验

风洞模拟实验是揭示防沙措施的防风固沙原理、定量评价防风固沙效益的有效手段，我国学者自20世纪80年代初期就开始了相关的尝试。防沙工程主要是为了防止风沙埋压公路和铁路，避免中断交通，造成严重危害。工程防治沙害的模拟实验包括：下导风栅板工程和侧导羽毛排、草方格沙障、塑料网沙障和阻沙栅栏、化学固沙沙障与沙结皮、输沙断面与防护体系、桥涵、隧道、站场房屋等建筑物与道旁障碍物对积沙的影响和探索防沙工程的风洞模拟研究，以便查明其积沙、防沙机制。此外，可对风沙防护工程体系附近流场结构及其对风沙运动的抑制机理，防沙固沙新材料的防风、固沙、抗蚀机制等进行研究。

7.2.3.7 林带、林网及其防风沙效益的实验研究

在风洞内研究不同透风结构林带及不同网眼规格的林网的风速场、有效防护距离，最大防护距离，确定不同结构的林带、林网的阻沙、积沙、固沙效应，不同乔灌木的阻沙、积沙和固沙效应，为实践提供最佳的林带结构配置形式、最佳的网眼规格等。林木模型材料可用塑料、漆包线、枝条、鬃毛等制作。

7.2.4 相似理论与模型实验方法

7.2.4.1 相似条件

由于风和风沙运动的复杂性，野外实物、实地观测既困难又麻烦，因此人们就设法依靠风洞模拟实验来寻找运动的规律性，而模拟并非总是可能和必要在原现象中进行，而往往是在特定条件下缩小或放大了的模型上进行。这就要求实物与模型之间具备相似性，符合相似准则。对于风沙运动而言，为使实验结果准确，实验时的流动必须与实际流动状态相似，即必须满足相似规律的要求。研究两个流场相似是涉及到各种参数的综合问题，包括几何参数、运动学参数、动力学参数和热力学参数等。一般情况下，两个流场相似可用几何相似、运动相似、动力相似、时间相似、质量(密度)相似、温度相似、黏度相似等来描述。对于伴随有许多物理参变量变化的流动过程，相似是指表达此种过程的各物理参量在流动空间中，各对应点上和各对应瞬时各自互成一定的比例关系。过程中参与变化的物理量越多，则其相似性质和相似条件越复杂。但由于风洞尺寸和动力的限制，在一个风洞中同时模拟所有的相似参数是很困难的，通常是按所要研究的课题，选择一些影响最大的参数进行模拟。

有关风沙运动的研究内容，即某些可以直接置于风洞内试验的工程实物(原型)，可采用天然沙(原型沙)在风洞中做实验，而不考虑模型律。对多数工程而言，都要涉及相似问题。风洞模拟实验的可靠性，决定于实验条件与野外实际情况的相似程度。要使模型实验与自然现象完全相似，必须满足3个条件：

(1)几何相似

要求模型的尺度(包括地表糙度；颗粒尺度和流场尺度等)与自然界原型成比例。

(2)运动相似

要求模型与原型的流场及运动场呈几何相似。即两个流场对应点的速度，具有相同的方向，它们的大小保持固定的比例关系。速度相似也就决定了两个几何相似的流场对应点的加速度相似。

(3)动力相似

要求模型与原型的受力场呈几何相似，动力边界和起始条件相同。两个流场对应点上作用的对应力方向相同，大小互成比例，即各种力所组成的力多边形是几何相似的。

动力相似是作用力矢量场的几何相似。

就上述条件的描述而言，研究两个流场相似时，几何相似是前提，要运动相似必须几何相似，如果密度场是相似的，运动相似的流场就自动保证了动力相似。

7.2.4.2 模型实验方法

模型实验是指通常比较大型(或小型)的原型(实物)按一定比例缩小(或放大)成通道内部几何相似的模型实验台，利用实验台进行流动规律的测试与研究。这是因为利用实验手段去直接测试许多原型设备的气流运动规律常常不方便操作，甚至难以测定和研究。进行模型实验，探索其内在的运动规律，然后根据相似原理推广应用于原型(实物)，可少走弯路，节省时间和经费。

在进行气体动力的模型实验时，为保证模型与原型(实物)中的现象相似，应按相似原理规定的条件设计模型和安排实验。这些条件包括模型与原型流体通道的内廓几何相似；在模型与原型的对应截面或对应点上流体的物性，即流体的密度与黏度具有固定的比值；模型与原型进口截面的速度分布相似；对于黏性不可压缩流体的定常流动，模型与原型进口处按平均流速计算的 Re 和 Fr 相等。其中 $Re=\frac{\rho VL}{\mu}=\frac{\rho V^2L^2}{\mu VL}=\frac{\text{惯性力}}{\text{黏性力}}$，$Fr=\frac{V^2L}{gL}=\frac{\rho V^2L}{\rho gL}=\frac{\text{惯性力}}{\text{重力}}$。

尽管黏性不可压缩流体的定常流动只有两个定性准则 Re 数和 F_r 数，但要在模型实验中使模型与原型的 Re 数和 Fr 数同时相等，常常也是困难的。此时，模型中的流体介质选择要受模型尺寸选择的限制。当定性准则有3个时，除模型中介质的选择受到限制外，流体的其他物理参量也要相互制约。定性准则数越多，模型设计越困难。为了解决这一矛盾，常常采用近似的模型实验方法。

近似的模型实验就是在设计模型和安排实验时，在与流动过程有关的定性准则中，考虑那些对流动过程起主导作用的定性准则，而忽略那些对过程影响较小的定性准则。例如，流体的受压流动，对流动状态起主导作用的是黏性力，而不是重力，这就可忽略 F_r 准则，而只考虑 Re 准则，因而模型尺寸和介质的选择就自由了。

由于黏性不可压缩流体的定常受压流动具有如下两种特性，模化的条件还可进一步简化。这两种特性是：

(1)自模性

对于有压流动，起决定性作用的是 Re 准则，而 Fr 准则通常可以忽略。流动有层流、过渡和紊流3种状态，它由临界雷诺数 Re 决定。当实验的 Re 数小于下临界雷诺数 Re 时，流动处于层流状态，这时模型流场与原型流场断面上的流速分布彼此相似，不再与 Re 数有关，这种现象称为自模性。当 $Re>Re_c$ 时，流动转变为紊流状态。最初，随 Re 数增加，流动的紊乱程度和断面上的流速分布变化较大，随 Re 数继续增大，这种变化逐渐减小；当实验 Re 数大于某一值(称第二临界值)时，这种影响几乎不再存在，流体的流速分布皆彼此相似，与 Re 数不再有关，流动又进入自模化状态。一般将层流范围称为第一模化区，而将大于第二临界范围称第二模化区。当原型的 Re 数处于自模化区以内时，模型的 Re 数不必保证与原型的 Re 数相等，只要处于同一自模化区即可。

(2) 稳定性

实验证明，当黏性流体在管道中流动时，不管入口处速度如何分布，在离入口一段距离之后，速度分布皆趋于一致，这种性质称为稳定性。由于这一性质，只要在模型入口前有一段几何相似的稳定段，就能保证进口速度分布的相似，出口段也是如此。

7.2.4.3 风沙现象的相似问题

由上面所述可知，相似问题是模型实验的基础，讨论风沙现象的相似问题，就是要把相似理论的基本原理应用于风沙研究中，建立起室内模拟实验与野外实际之间的关系，从而使室内的实验结果，能够正确地推广到野外去。

(1) 完全相似的困难

按照相似理论，用缩小的模型在风洞中再现大气边界层和风沙流的运动特征，做到风沙现象的室内模拟实验与自然界风沙现象的完全相似，需要满足几何相似、运动相似和动力相似，三者缺一不可。原则如此，但在风沙运动和风(治)沙工程风洞实验研究，要做到这一点却是相当困难的。

①在于风沙现象的几何相似要求模型缩小多少倍，沙粒也要按比例缩小多少倍。而实际上沙粒的粒径本身就很小，其尺度在 1.0~0.05mm 的范围内。当沙粒缩小后，其在气流中的物理本质将完全改变。如前所述，很细的颗粒(临界粒径约为 0.08mm)由于受层流附面层的掩护和表面吸附水膜黏着力的作用，不易起动，其流体起动值不再遵守平方根的关系，而需要较大的流速才能起动。即使受外力起动，运动性质也将发生变化。对于沙物质来说，多数粒径在 0.2 以下，只要模型比尺为 1/2，就会进入临界状态。比尺再缩小，起动风速就会以相反的关系改变。即颗粒粒径越小，起动风速越大，因而用模型沙显然是不可行的。其次，沙粒在风力作用下主要是贴近地面的跃移运动，当粒径缩小到小于 0.05mm 后就成了粉尘，粉尘的自由沉速小，一旦起动，其运动形式就会变成随风而悬浮的状态，这样一来，往往会带来物理过程的改变。这种模型实验，当然不能正确地反映原来的自然过程。因此，常常不得不用原型沙做模型实验，而用原型沙就加进了不完全相似的因素，产生了与模型不成比例的畸变。

②在于要同时满足的相似准则太多，如同时满足雷诺数 Re 和佛劳德数 Fr 就相当困难，3 个以上准则的满足则更是困难。此外，风沙现象是发生在近地表的，由于近地表面凸凹不平，地形千变万化，使得气流和沙粒的受力都变得十分复杂，根本无法进行完全相似的模拟。

鉴于风(治)沙工程问题的完全相似模拟不可能，只有采用近似相似的方法。如增大模型尺寸以减少因不完全相似而带来的误差；采用系列模型法，用不同比例尺的模型进行实验，将实验结果外推到野外实际中去；采用先测纯气流流场，再用风沙流作观测的方法满足相似。

由于室内实验不可能作到完全相似，总会给实验结果带来某些歪曲，因此决不可忽视野外工作。只有两者相互比较，互相补充，才能得出相对正确的结果来。

(2) 无沙情况下的模拟实验

所谓无沙，也就是属纯气流(近地面净风)问题。主要考虑模型尺寸上的几何相似和气流的运动相似(模型与实物的流场及运动速度场成几何相似)。由于我们所试验的工程模型，多是具有棱角转折的物体，只要风洞的雷诺数(Re)足够大(10^6 以上)，就可达到与雷诺数无关的自模拟区。如我国兰新铁路和南疆铁路部分路段穿过特大风区，经常影响列车安全运行。为了防止大风吹翻列车，在风洞里做了翻车临界风速的模拟实验。在实验中，制作了1/50和1/1002种车厢模型，采用表压分布法，实测出风作用在车厢模型各部位上的压力；然后将此压力与已知的车厢重力抗衡，从中计算出临界风速。这里起主导作用的惯性力和黏力，应满足雷诺数(常数)守恒。

车箱模型用人字形棚顶，因而附面层分离始终发生在棱角的转折处，而与雷诺数无关，由于这一性质，就使问题大大简化了。从实验结果可见，无论何种模型，也无论多大风速，压力系数均很好地一致(贺大良等，1982)。这样，不但可使问题大大简化，而且加强了实验的可靠性，使实验结果便于直接外推到任何尺寸、任何风速下的车厢原型，而不必经过换算。

同样，防护林模型实验也是利用这一原理。树木的枝条可看做是棱角转折点，附面层分离大都发生在此处。实验发现，室内模型与野外流场大致相似(原中国科学院兰州沙漠所风洞实验室，1978)。从而给防护林问题的研究提供了捷径。

总结上面所述，无沙情况下的风洞实验相似问题，大致可归纳为以下几点：

①模型尺度上的几何相似；

②模型流场的风速廓线与实物廓线的几何相似，也就是附面层相似；

③风沙现象发生在大气低层(近地表层)，因此模型流场必须是充分的紊流；

④根据所研究的具体问题，选定合适的相似准则。如为物体在风力作用下的稳定性问题，应主要考虑佛劳德数(F_r)相同；如为绕流问题，应主要考虑雷诺数(R_e)相同。当受风速限制，不能满足这一点时，应考虑是否能自模化。对于棱角转折的物体，只要雷诺数足够大(10^6 以上)，就可达到与雷诺数无关的自模化，而在中型风洞中可以较好地达到这一点。

(3)有沙情况下的模拟实验

在模拟实验中加入沙，情况就变得复杂化了，其原因正如前面所述，即模型沙的几何相似所带来的问题。一方面，如果严格选用几何相似的模型沙，其结果是量变带来质变，会使其运动性质改变；另一方面，若使用原型沙，又会产生与模型不成比例的畸变。例如，模型比尺为1∶100，而沙粒不缩。这就等于把模型中的沙粒放大了100倍，结果相当于用鹅卵石来研究风沙现象，必然得出一系列不合理的结果。如在研究野外防护林的防沙效益时，实际的风沙流都在树干下部运动；但在模型实验中，模型缩小后，原型沙的风沙流高度并没有改变，形成了风沙流在树冠附近、甚至在树冠上部通过的奇怪现象。还有，在研究风沙流横过铁路路基时，由于路基宽度一般都在10m以上，跃移沙粒不能飞越，造成路基沙埋；但在缩小的模型上路基宽仅逾10cm或更窄，沙粒的飞越现象却屡见不鲜，路基不发生积沙。所有这些都必然使模型实验失去意义。因此，在处理这类问题时，在可能情况下，应尽量避免加入沙所带来的影响。为此，在有关风沙运动(沙粒起动、沙粒运动特征轨迹及风沙流结构等)问题的研究中，因不涉及模型缩尺问题，故完全可以使用原型沙来进行实验研究。

风(治)沙工程的模拟实验，实验通常可分两步做。先测定不加沙模型的流场，根据流场分布，估算出沙的吹蚀、堆积特征。在流场中，低于起沙风速的区域，应为沙的堆积区，而高于起沙风速的区域，应为吹蚀区。然后，再做加沙实验，进行各种模型的沙子吹蚀、堆积形态及蚀积量的测量。综合流场分析和沙子蚀积状况的测定，比较其防护效果，从中选取最佳方案。

7.3 数值模拟

计算流体力学(Computational fluid dynamics，CFD)是流体力学的一个分支，它通过计算机模拟获得某种流体在特定条件下的有关信息，实现了用计算机代替试验装置完成“计算试验”。CFD 提供廉价的模拟、设计和优化工具，并提供分析三维复杂流动的工具。在复杂的情况下，测量往往很困难，甚至是无法实现的，而 CFD 能方便地提供全部流场范围的详细信息。与实验相比，计算流体力学具有对于参数没有限制、费用少、流场无干扰的特点，为工程技术人员提供了实际工作模拟仿真的操作平台。目前 CFD 技术已广泛应用于航空航天、热能动力、土木水利。汽车工程、铁道、船舶工业、化学工程、流体机械、环境工程等领域。CFD 技术现在已经发展到完全可以分析三维黏性湍流以及旋涡运动等复杂问题的程度。

在数值研究方面，CFD 大体沿两个方向发展，一个是在简单的几何外形下，通过数值方法来发现一些基本的物理规律和现象，或者发展更好的计算方法；另一个是解决工程实际需要，直接通过数值模拟进行预测，为工程设计提供依据。理论的预测出自于数学模型的结果，而不是出自一个实际物理模型的结果。计算流体力学是多领域交叉的学科，涉及计算机科学、流体力学、偏微分方程的数学理论、计算几何、数值分析等，这些学科的交叉融合、相互促进和支持，推动了学科的深入发展。近年来，CFD 技术也逐渐成为了风沙运动研究的重要工具。

7.3.1 计算流体力学的模拟方法

7.3.1.1 模拟步骤

CFD 数值模拟一般遵循以下步骤：

① 建立研究问题所需的物理模型，再将其抽象为数学、力学模型。之后确定要分析的几何形体的空间影响区域。

② 建立整个几何形体及其空间影响范围，即计算域的几何建模。将几何体外表面和计算区域进行空间网格划分。网格的稀疏程度和网格单元的形状对计算结果有很大影响，因此在模拟中应选择适当的网格形式和设计参数。

③ 加入求解所需要的初始条件，入口与出口处的边界条件一般为速度、压力条件。

④ 选择适当的算法，设定具体的控制求解过程和精度条件，对所需分析的问题进行求解，并且保存数据文件结果。

⑤ 选择合适的后处理工具进行计算结果的可视化处理。

7.3.1.2　基本控制方程

流体流动的基本定律是建立流体运动基本方程组的依据。这些定律主要包括质量守恒、动量守恒、动量矩守恒、能量守恒、热力学第二定律，加上状态方程、本构方程。在实际计算时还要考虑不同的流态，如层流与湍流。

(1) 系统与控制体

在流体力学中，系统是指某一确定流体质点集合的总体。系统以外的环境称为外界，分隔系统与外界的截面，称为系统的边界。系统通常是研究的对象，外界则用来区别于系统。系统将随着系统内的质点一起运动，系统内的质点始终包含在系统内，系统边界的形状和所围成的空间的大小则可以随运动而变化。系统与外界无质量交换，但可以有力的相互作用和能量的交换。

控制体是指在流体所在的空间中，以假想或真实流体边界包围，固定不动形状任意的空间体积。包围这个空间体积的边界面，称为控制面。控制体的形状与大小不变，并相对于某坐标系固定不动。控制体内的流体质点组成并非不变的。控制体既可通过控制面与外界有质量和能量的交换，也可以与控制体外的环境有力的相互作用。

(2) 质量守恒方程

在流场中，流体通过控制面流入控制体，同时也会通过另一部分控制面流出控制体，在这期间，控制体内部的流体质量也会发生变化。按照质量守恒定律，流入的质量和流出的质量之差，应该等于控制体内部流体质量的增量。流体流动连续型方程的积分形式如下：

$$\frac{\partial}{\partial t}\iiint_V \rho \mathrm{d}x\mathrm{d}y\mathrm{d}z + \oiint_A \rho v \times n\mathrm{d}A = 0 \tag{7-21}$$

式中　V——控制体积；

　　A——控制面。

等式左边第一项等于控制体 V 内部质量的增量；第二项表示通过控制表面流入控制体的净通量。

(3) 动量守恒方程

动量守恒是流体运动时应遵循的另一个普遍定律，描述为在一给定的流体系统，其动量的时间变化率等于作用于其上的外力总和，其数学表达式即为动量守恒方程，也称为运动方程。

$$\rho\frac{\mathrm{d}u}{\mathrm{d}t} = \rho F_{bx} + \frac{\partial p_{xx}}{\partial x} + \frac{\partial p_{yz}}{\partial y} + \frac{\partial p_{zx}}{\partial z}$$

$$\rho\frac{\mathrm{d}v}{\mathrm{d}t} = \rho F_{by} + \frac{\partial p_{xy}}{\partial x} + \frac{\partial p_{yy}}{\partial y} + \frac{\partial p_{zy}}{\partial z}$$

$$\rho\frac{\mathrm{d}w}{\mathrm{d}t} = \rho F_{bz} + \frac{\partial p_{xz}}{\partial x} + \frac{\partial p_{yz}}{\partial y} + \frac{\partial p_{zz}}{\partial z}$$

式中　F_{bx}，F_{by}，F_{bz}——单位质量流体上的质量力在 3 个方向上的分量；

　　p_{yz}，p_{zx}，p_{xy}——流体内应力张量的分量。

(4)能量守恒方程

能量守恒定律是包含有热交换的流动系统必须满足的基本定律。该定律可表述为：微元体中能量的增加率等于进入微元体的净热流量加上体积力与表面力对微元体所做的功。该定律实际是热力学第一定律。

$$\frac{\partial}{\partial t}(\rho E)+\frac{\partial}{\partial x_i}[u_i(\rho E+p)]=\frac{\partial}{\partial x_i}\left(k_{\text{eff}}\frac{\partial T}{\partial x_i}-\sum_{j'}h_{j'}J_{j'}+u_j(\tau_{ij})_{\text{eff}}\right)+S_h$$

式中 $E=h-\frac{p}{\rho}+\frac{u_i^2}{2}$；

k_{eff}——有效热传导系数，$k_{\text{eff}}=k+k_t$，其中 k_t 是湍流热传导系数，根据所使用的湍流模型来定义；

$J_{j'}$——组分 j 的扩散流量；

S_h——化学反应热以及其他用户定义的体积热源项。

上式方程右边的前 3 项分别描述了热传导、组分扩散和黏性耗散带来的能量运输。

7.3.1.3 边界条件与初始条件

对于求解流动和传热问题，除了控制方程外，还要指定边界条件；对于非定常问题，还要制定初始条件。

边界条件就是在流体运动边界上控制方程应该满足的条件，一般会对数值计算产生重要影响。即使是对同一个流场求解，方法不同的情况下，边界条件和初始条件的处理方法也是不同的。

在 CFD 模拟中，基本的边界类型包括以下几种：

(1)入口边界条件

入口边界条件就是制定入口处流动变量的值。常见的入口边界条件有速度入口边界条件、压力入口边界条件和质量流量入口边界条件。

①速度入口边界条件　用于定义流动速度和流动入口的流动属性相关的标量。这一边界条件适用于不可压缩流，如果用于可压缩流会导致非物理结果，这是因为它允许驻点条件浮动，应注意不要让速度入口靠近固体障碍物，这会导致流动入口驻点属性具有太高的非一致性。

②压力入口边界条件　用于定义流动入口的压力和其他标量属性。既适用于可压流，又适用于不可压流。压力入口边界条件可用于压力已知但流动速度或速率未知的情况。这一情况可用于很多的实际问题。压力入口边界条件也可用来定义外部或无约束流的自由边界。

③质量流量入口边界条件　用于已知入口质量流量的可压缩流动。在不可压缩流动中不必制定入口的质量流量，因为密度为常数时，速度入口边界条件就确定了质量流量条件。当要求达到的是质量和能量流速而不是流入的总压时，通常使用质量入口边界条件。

(2)出口边界条件

①压力出口边界条件　压力出口边界条件需要在出口边界处制定表压。表压值的指

定只用于亚音速流动。如果当地流动变为超音速，就不再使用指定表压，此时压力要从内部流动中求出，包括其他流动属性。

在求解过程中，如果压力出口边界处的流动是反向的，回流条件也需要指定。如果对于回流问题指定了比较符合实际的值，收敛性困难问题就会不明显。

②质量出口边界条件　当流动出口的速度和压力在解决流动问题之前未知时，可以使用质量出口边界条件模拟流动。需要注意，如果模拟可压缩流或包含压力出口时，不能使用质量出口边界条件。

(3)固体壁面边界条件

对于黏性流动问题，可设置壁面为无滑移边界条件，也可以指定壁面切向速度分量(壁面平移或旋转时)，给出壁面切应力，从而模拟壁面滑移。可以根据当地流动情况计算壁面切应力和与流体换热情况。壁面热边界条件包括固定热通量、固定温度、对流换热系数、外部辐射换热、对流换热等。

(4)对称边界条件

对称边界条件应用于计算的物理区域是对称的情况。在对称轴或对称平面上没有对流通量，因此垂直于对称轴或对称平面的速度分量为0，在对称边界上，垂直边界的速度分量为0，任何量的梯度为0。

(5)周期性边界条件

如果流动的几何边界、流动和换热是周期性重复的，那么可以采用周期性边界。

7.3.1.4　湍流模型

湍流是自然界广泛存在的流动现象。大气与海洋环境的流动都是湍流。湍流流动的核心特征是其在物理上近乎无穷多的尺度和数学上强烈的非线性，这使得人们无论是通过理论分析、实验研究还是计算机模拟来彻底认识湍流都十分困难。回顾计算流体力学的发展，特别是活跃的20世纪80年代，人们提出和发展了一大批高精度、高分辨率的计算格式，相当成功地解决了Euler方程的数值模拟，可以说Euler方程数值模拟方法的精度已接近于它有效使用范围的极限。同时，研究者还发展了一大批有效的网格生成技术和相应的软件。随着计算机技术的发展，无论在计算时间还是计算费用上，Euler方程都已能适用于各种实践所需。在此基础上，研究人员在20世纪80年代还进行了求解可压缩雷诺平均方程及其三维定态黏流流动的模拟。90年代业界又开始了一个非定常黏流流场模拟的新局面。黏流流场具有高雷诺数、非定常、不稳定、剧烈分离流动的特点，显然需要继续探求更高精度的计算方法和更可靠的网格生成技术。但研究湍流机理，建立相应的模式，并进行适当的模拟仍然是解决湍流问题的重要途径。

湍流流动模型有很多，大致可以归纳为3类：

(1)直接数值模拟

采用数值方法直接对瞬态NS方程进行求解，不采用任何湍流假设，可以求解计算所有的湍流特征。计算量巨大，目前只用于实验室内低雷诺数简单模型。

(2)雷诺应力平均N-S模型(Reynolds Averaged Navier-Stokes Simulation，RANS)

求解时均N-S方程，对瞬态湍流脉动项进行时间平均，计算量较小，能模拟所有的湍流运动，拥有众多的子模型，如 k-epsilon 模型族(Standard、RNG、Realizable)、k-omega 模型族(Standard、BSL、SST)等。表 7-10 总结了部分常见的 RANS 模型的适用情况。

(3)大涡模拟

大涡模拟把湍流分成大尺度湍流和小尺度湍流，通过求解三维修正的 Navier-Stokes 方程，得到大涡旋的运动特性，而对小涡旋运动还采用上述模型，大涡模拟的计算量要大于 RANS 模型。

表 7-10 部分常见 RANS 模型的适用性

湍流模型	特点与适用性
Standard k-epsilon	适用广泛，但对涉及严重压力梯度、分离、强流线曲率的复杂流动效果不佳
RNG k-epsilon	适合用于强旋转情况，其优势与 Realizable k-epsilon 模型相似，比其难收敛
Realizable k-epsilon	适用的流动类型广泛，包括有旋均匀剪切流，腔道流动和边界层流动等
Standard k-omega	对于壁面限制边界层流动、自由剪切流动以及低雷诺数流动更有优势。适用于逆压梯度下复杂边界层流动及分离
SST k-omega	优势与 Standard k-omega 模型类似，能更精准的预测流动分离
BSLk-omega	与 SST k-omega 模型相同，可用于一些 SST 模型过度预测的流动分离

7.3.1.5 数值求解方法

控制方程是一系列偏微分方程组，要得到解析解比较困难，目前，均采用数值方法得到其满足实际需要的近似解。数值方法求解 CFD 模型的基本思想是把原来在空间与时间坐标中连续的物理量的场，用一系列有限个离散点(节点)上的值的集合来代替，通过一定的原则建立起这些离散点上变量值之间关系的代数方程(离散方程)，求解建立起来的代数方程以获得所求解变量的近似解。在 CFD 求解计算中用的较多的数值方法包括有限差分法、有限体积法、有限单元法等。

(1)有限差分法

有限差分法是数值求解法中最经典的方法。它是将求解区域划分为差分网格，用于有限个网格节点代替连续的求解域，然后将控制方程的导数用差商代替，推导出含有离散点上有限个未知数的差分方程组。这种方法产生和发展的比较早，也比较成熟，较多用于求解双曲线和抛物线型问题。用它求解边界条件相对复杂。

(2)有限体积法

有限体积法又称控制体积法，是将计算区域划分为网格，并使每个网格点周围有一个互不重复的控制体积，将待解的微分方程对每个控制体积积分，从而得到一组离散方程。其中的未知数是网格节点上的因变量。子域法加离散就是有限体积法的基本思想。有限体积法的思路易于理解，并能得出直接的物理解释。

离散方程的物理意义是因变量在有限大小的控制体积中的守恒原理，如同微分方程在表示因变量在无限小的控制体积中的守恒原理一样。有限体积法得出的离散方程要求因变量的积分守恒对任意一组控制集体都得到满足，对整个计算区域自然也得到满足，这是有限体积法的一个重要优点。

(3)有限单元法

有限单元法是将一个连续的求解域任意分成适当形状的微小单元，并在各小单元分片构造插值函数，然后根据极值原理将问题的控制方程转化为所有单元上的有限元方程，把总体的极值作为各单元极值之和，将局部单元总体合成，形成嵌入了指定边界条件的代数方程组，求解该方程组就可以得到各节点上待求的函数值。有限单元法求解的速度比有限差分法和有限体积法要慢，在商用CFD软件上应用的并不广泛。

7.3.1.6 常用的CFD软件

为了完成CFD计算，过去多是用户自己编写计算程序，但由于CFD本身的复杂性及计算机硬件条件的多样性，使得用户各自的应用程序往往缺乏通用性，而CFD本身又有鲜明的系统性和规律性，因此比较适合被制成通用的商用软件。目前常用的CFD商用软件有STAR-CCM+、CFX、Fluent等，这些软件的特点是：

功能比较全面，适用性强，可以求解工程中涉及的大部分复杂问题。

具备与其他建模软件和CFD软件对接的能力，具有易于操作的前后处理系统，便于用户快速完成建模，网格划分等工作，还可以让用户扩展自己的开发模块。

具有比较完备的容错机制和交互界面，稳定性高，可并行运行，可在不同系统上运行。

7.3.2 CFD数值模拟在风沙研究中的应用

风洞模拟虽然已广泛的应用于风沙研究，但这一研究手段仍存在一定的局限性。室内风洞虽然操作简便，但其模拟条件易受到室内环境的影响。野外风洞的使用，虽然提供了一种在实地开展模拟的手段，但野外风洞的模拟规模有限，且野外实测的工作需花费较大的人力和运输成本。在实验设备的限制下，室内或野外风洞模拟实验往往无法获得速度矢量数据，也无法对涡量及气动力特性进行深入研究。而CFD数值模拟在完成求解后，可借助可视化工具灵活的提供全部流场范围内的详细信息。通过几何建模和模拟参数的调整，CFD数值模拟也更容易满足相似条件。因此，近年来CFD技术被越来越多的应用到风蚀与风沙运动的研究中，进行气流或风沙两相流的数值模拟。

在野外实测的风信资料和风沙土样本数据的支持下，CFD数值模拟可以很好地展现不同地形、地表条件下风沙运动的特点。也可用于分析机械防护措施和重要工程设施(如铁路路基)周围复杂的风沙两相流运动。一般可遵循以下步骤：

①建立几何模型　根据研究目的，建立相应的几何模型。在工程设施和机械防护措施周围的风沙运动模拟中，可根据实际测绘结果，通过几何建模软件制作相应设施或措施的几何模型，并对接到CFD软件中。对于地形上的风沙运动模拟，可根据研究的范围尺度，选择获取地形数据的手段和方式。小尺度的地形数据可通过三维激光扫描或搭载高分辨率摄像头的无人机进行地形数据的采集，并通过后处理进行地形建模。大尺度的地形数据可通过遥感产品获取。

②基于野外数据确定模拟参数　数值模拟的风场应根据研究需要，结合实际风场情况进行设置。风信资料可通过在线数据集或自动环境气象站进行获取，模拟中的入流条

件往往选择目标时间段内，实测风况的矢量合成结果。若进行风沙两相流数值模拟，则土壤的粒径级配可分蠕移、跃移及悬移3种组分拟合为函数关系，也可取平均粒径用于模拟。风沙流结构(沙粒的体积分数)，也可根据测量值进行拟合。

③选择模型并设定求解方法、参数、收敛条件。

④使用后处理工具对计算结果进行处理。

7.4 放射性核素示踪法测定土壤风蚀

风沙过程是指在风力作用下，沙粒的起动、搬运和沉积过程，它涉及了土壤的侵蚀、沙粒的搬运与堆积等一系列过程。对风沙过程的观测和实验，是进行沙漠化评估与治理、土壤风蚀防治、揭示风沙地貌演化和风沙沉积特征的重要研究内容之一。而在自然界却存在一些具有放射性的地球化学元素，如果将这些放射性核素引入到风沙运动的研究中，利用这些元素的、同位素和理化指标的独特性质对风沙运动进行示踪，则可以对风沙运动、土壤侵蚀等进行不同时间和空间尺度的定性和定量研究，这无疑对风沙过程的研究提供了一种新的技术手段。目前，被运用于土壤侵蚀和风沙运动过程中的核素有^{7}Be、^{10}Be、^{137}Cs、^{210}Pb、^{226}Ra、^{228}Ra，其中尤其以^{137}Cs技术的理论研究最为透彻，技术较为成熟，应用也最为广泛。下面我们就技术最为成熟且在风沙研究中已应用的^{137}Cs进行介绍。

7.4.1 ^{137}Cs法的基本原理与技术路线

一定面积地块中^{137}Cs重新分布与土壤侵蚀运移之间存在紧密关系最先是由Rogowski发现。其原理是：环境中不存在天然来源的^{137}Cs，土壤环境中的^{137}Cs几乎全部来源于大气核试验。20世纪50~70年代原子弹爆炸所产生的放射性尘埃中含有^{137}Cs。当^{137}Cs进入平流层后，在全球范围均匀分布，而后进入对流层，随大气降水和降尘到达地表。降落到地表后，被土壤表层黏粒和有机物强烈吸收，而基本不被植物吸收和淋溶流失。它主要随着土壤颗粒的运动(土壤侵蚀及人为耕作等)而迁移(图7-20)。据此，土芯^{137}Cs剥蚀或富集程度可以反映自^{137}Cs在环境中出现以来由侵蚀造成的净土壤流失量或净沉积量，可用来定量研究土壤侵蚀速率和侵蚀的空间分布。

^{137}Cs技术存在明显的比较优势。首先，^{137}Cs的半衰期为30.17a，环境中的^{137}Cs需要150年以上的自然衰变才能使其值下降到初始沉降量的3%，因而该技术可以长期应用；其次，^{137}Cs可以进行较大面积的风蚀研究，也不会对农民的耕作和农业生产产生不便，^{137}Cs能放射出一种强的γ射线，其样品不需要特殊的化学处理和分离过程，就可以用γ能谱仪测量^{137}Cs含量，测定相对容易和准确；最后^{137}Cs仅凭一次野外采样就可以得到土壤侵蚀速率，可以为研究侵蚀和沉积的空间分布快速地积累大量信息。

^{137}Cs是研究土壤侵蚀和泥沙沉积的一种良好的示踪源。通过测定不同土壤类型及不同层次的^{137}Cs含量，并与当地背景值(本底值)相比较，就可定量估计出相对于背景值的^{137}Cs损失或增加的百分比(图7-21)，从而可以确定土壤侵蚀速率，探讨土壤侵蚀规律。自20世纪60年代以来，^{137}Cs在全球土壤侵蚀研究中取得了显著成就(里其等，

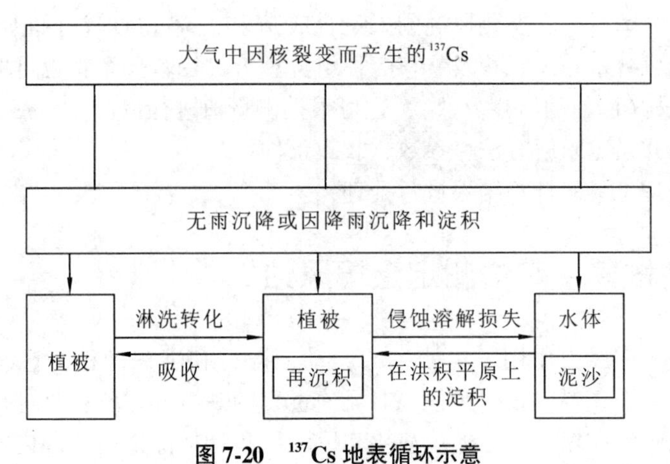

图7-20 ^{137}Cs地表循环示意

（据J. C. Ritchie等，1990；引自严平，张信宝，1998）

1990，1996）；但以往的^{137}Cs应用主要在水蚀研究方面，很少涉及到风蚀；直到90年代才尝试性地应用^{137}Cs法测定土壤风蚀［萨德伦德（R. A. Suthefiand）等，1991］。我国自80年代后期在黄土高原上，应用^{137}Cs法研究土壤水蚀和河流泥沙来源取得了一定的成果（张信宝等，1989），但应用于土壤风蚀研究，只是近几年的事。濮励杰，包浩生，彭补拙等（1998）在新疆库尔勒地区，首次应用^{137}Cs法对土壤风蚀的强度与区域分布进行了研究；严平，董光荣，张信宝等（2000）则在青藏高原，应用^{137}Cs法对土壤风蚀的现代过程及其强度和区域分布规律进行了研究。

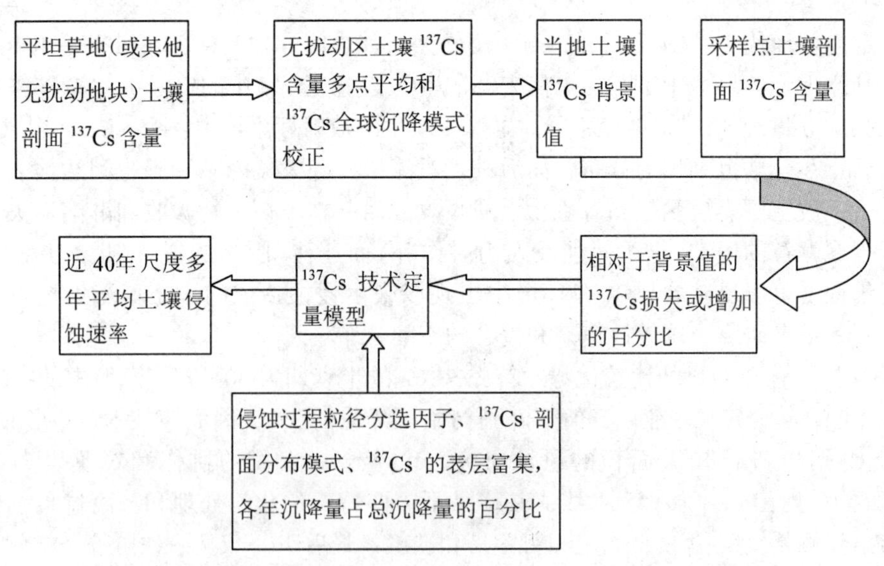

图7-21 ^{137}Cs技术定量土壤侵蚀速率技术路线图（引自郑永春等，1998）

7.4.2 风沙过程^{137}Cs法研究的主要内容

在沙漠地区开展^{137}Cs法研究，目前存在两大困难。首先，由于地表风蚀、沙粒运动不像水蚀那样具有明显的流域界线，沙粒在气流中经长距离大范围搬运、沉降，所以对其^{137}Cs的跟踪测定困难较大；其次，由于^{137}Cs在土壤中主要被黏粒(<0.01mm)所吸附，而风成沙的主要成分为0.25~0.1mm的细沙，吸附的^{137}Cs量极微。但沙漠地区广泛分布的固定沙丘、草地、丘间低地及干涸湖泊中，土壤中黏粒含量相对较丰，所以，对其^{137}Cs进行示踪分析，可能有助于解决以下风沙过程的有关问题(严平，张信宝，1998)：

(1)沙漠地区^{137}Cs背景值调查

背景值是指未经干扰、无蚀积过程的原始的地表土壤中^{137}Cs含量及其剖面分布曲线。^{137}Cs一般遵循物质扩散定律，沿土壤剖面按指数规律递减，形成^{137}Cs标准剖面分布曲线。背景值调查是^{137}Cs法应用的首要步骤。

通过^{137}Cs背景值调查，建立我国核爆炸事件与^{137}Cs时空分布之间的关系。

(2)土壤风蚀速率测定

通过分析风蚀地区的土壤^{137}Cs损失和剖面变化，测定自20世纪50年代以来的土壤风蚀量及其时空变化规律，揭示人为经济活动对土壤风蚀的不同影响。

(3)沙丘和灌丛沙堆形成演变

在风成地貌研究的基础上，借助^{137}Cs法研究沙丘(沙堆)形成的确切年龄；沙丘移动速率，沙丘稳定性判别和覆沙年龄；灌丛沙堆沉积序列。

(4)沙尘暴测定

通过对尘源区和降尘区的^{137}Cs监测，以测定每次沙尘暴过程的风蚀量和降尘量，并结合近几十年来的沙尘暴记录和有关气象资料，综合分析沙尘暴发生发展机制，恢复沙尘暴的降尘序列。

(5)风沙现代沉积过程与沉积速率研究

土壤中^{137}Cs含量测定和剖面分析，建立^{137}Cs含量与风沙沉积物之间的对应关系，估算出现代风沙沉积速率及时空变化规律；并结合现代沉积环境要素分析，综合研究风沙沉积的现代过程，反推古风成沙沉积环境。

(6)治沙效益评价

我国大规模的沙漠治理工作开始于20世纪50年代，而^{137}Cs沉降恰好也始于50年代后期，核爆炸产生的放射性物质扩散，在广袤的沙漠地区撒下了良好的示踪源。各种治沙措施改变了原有的风沙蚀积过程，产生了土壤中^{137}Cs的重新分布。通过^{137}Cs含量的测定和剖面分布曲线的分析，并结合自然环境要素分析，可对近几十年来治沙工作作出总体效益评价。

7.4.3 研究方法与步骤

(1)样品的采集

根据地表起伏状况，取样可分别采用网格、平行断线和垂直断线3种格式，样点间距一般为10m。^{137}Cs样品包括全样、层样两种类型，用于计算样点的^{137}Cs总量和土壤剖面中的^{137}Cs。含量深度分布分别采用螺旋式土钻和刮式取样框采集。土钻取样深度根据不同类型的地表或沉积物而异，一般为30cm，少量样品至60~90cm；层样取样的间距为1~2cm或5~10cm。同时取相关的粒度样品。

(2)测试方法

样品经风干后，研磨过筛(孔径为1.0mm)，剔除大颗粒及草根，每个样品称重约100g供测试用。^{137}Cs具有γ放射性，其发射的射线能量为661.6keV，测定仪器为美国坎培拉公司(ORTEC)生产的高纯锗(Ge)探测器，经前置放大和数字转换后，接4096道多道分析仪，采用道边界法测定。对^{60}Co(钴)^{133}MeV的γ射线能量分辨率为1.9KeV，峰康比为50∶1。仪器具有良好的稳定性(道漂大于1道/月)和较低的本底(^{137}Cs峰面积内本底为2.03×10^{-2}Bq)，重复测量相对误差小于6%。样品测试时间为30 000s。

(3)计算方法

对于层样，经测试得到样品^{137}Cs的浓度(又称活度，表示单位质量土壤中^{137}Cs的含量，Bq/kg)，可应用以下公式计算出相应样品的^{137}Cs总量(强度值)：

$$CPI = \sum_{i=1}^{n} C_i \times Bd_i \times D_i \times 10^{-3} \tag{7-22}$$

式中 CPI——表示样点单位面积^{137}Cs的含量(强度值，Bq/m^2)；

i——采样层序号；

n——采样层数；

C_i——i采样层的^{137}Cs浓度(Bq/kg)；

Bd_i——i采样层的土壤容重(t/m^3)；

D_i——i采样层的深度(m)。

对于全样，可应用以下公式计算其^{137}Cs总量(强度值)：

$$CPI = C_i W/s \tag{7-23}$$

式中 C_i——表示全样的^{137}Cs浓度(Bq/kg)；

W——过筛(<1.0mm)后的细粒样品重量(kg)；

s——取样器横截面积(m^2)。

^{137}Cs总量(强度值)变化率(即再分配率，CPR)可通过式(7-24)计算：

$$CPR = \frac{(CPI - k \times CPI) \times 100}{k \times CPI} \tag{7-24}$$

式中 CPR——样点与对照点(背景值)相比的^{137}Cs总量(强度)变化率(%)；

CPI——^{137}Cs背景值总量(强度，Bq/m^2)；

K——由风雪及植被引起的^{137}Cs背景值损失系数，一般k取0.95。

研究表明，土壤侵蚀引起土壤再分配率与^{137}Cs总量(强度)变化呈线性关系，故土壤风蚀速率(E)可用下式计算

$$E = -(CPR \times Bd \times DT \times 10^4)/T \tag{7-25}$$

式中 E——样点土壤风蚀速率(即平均土壤侵蚀模数)(t/hm^2·a)；

Bd——为样点土壤容重(t/m^3)；

T——本研究区发现^{137}Cs沉降高峰值的年份与取样时间之间的年代差值；

DT——采样间距(cm)，对于耕作土壤，则为耕作层厚度，而对非耕作土壤，即

自然风蚀剖面，是指^{137}Cs剖面中^{137}Cs含量为零以上的土层厚度，并减去其间不含^{137}Cs的土层厚度，或为最大风蚀深度(濮励杰，包浩生，彭补拙等，1998；严平，董光荣，张信宝等，2000)。

7.4.4 ^{7}Be示踪技术在土壤风蚀中的初探

^{137}Cs示踪应用是20世纪60年代以来定量研究总风蚀量或年平均风蚀速率的重要工具，也是示踪应用中最为成熟的放射性同位素。^{7}Be是宇宙射线轰击大气氮、氧靶核而产生的放射性核素，半衰期为53.3。^{7}Be作为天然放射性核素具有与^{137}Cs示踪技术相似的理论，但作为示踪剂应用在土壤风蚀过程研究中仍处于初级阶段。

^{7}Be产生后很快形成BeO或$Be(OH)_2$，吸附在亚微米尺度的气溶胶粒子(直径为0.3~0.4μm)上随大气运动，并一边衰变一边通过连续性干湿沉降到达地表。^{7}Be到达地表后与土壤颗粒结合，主要与细颗粒结合较好，迁移深度不超过20mm，且在0~20mm范围内呈指数函数衰减。^{7}Be在地表的循环与^{137}Cs相同。^{7}Be示踪技术在研究土壤风蚀的依据主要有：

(1)来源连续，^{7}Be通过连续性干湿沉降到达地表层；

(2)吸附紧密，^{7}Be可以和土壤颗粒紧密吸附，尤其是较细颗粒，且交换态含量极少，只随土壤颗粒的机械迁移而移动；

(3)反应灵敏，^{7}Be半衰期较短(53.3d)，能在短时间内灵敏的反应出地表土壤的侵蚀和沉积情况，^{7}Be的短期示踪是对^{137}Cs中长期示踪的有益补充；

(4)指数递减，^{7}Be在土壤表层0~20mm范围内随深度增加呈指数递减的垂直分布特征。目前，^{7}Be示踪技术在土壤水蚀的研究中应用较多，但在土壤风蚀方面还是初步研究阶段。杨明义^{7}Be示踪技术拓展到风蚀研究，通过室内风洞实验建立包含风蚀分选性因子的^{7}Be示踪的土壤风蚀速率估算模型。

7.4.5 风成沙的年代测定

风成沙的成分主要是石英颗粒，多属粒径大于0.1mm的中细沙。直接测定风成沙的年龄比较困难，以往多利用其上、下层位相关沉积物的^{14}C测年数据等，间接推断风成沙的形成年代。近二三十年来，随着热释光测年技术和电子自旋共振测年技术的发展，使直接进行风成沙年龄的测定成为可能。下面我们简略地介绍用于风成沙测年的有关方法，包括间接测年和直接测年的方法。

(1)放射性碳测年法(^{14}C测年法)

20世纪40年代初期，随着^{14}C的发现、宇宙射线、宇宙射线中子和中子核反应的研究，已推断出大气中具备形成自然^{14}C原子的条件，并初步估算了它的自然产率(Libby，1946)。

碳的同位素有^{10}C、^{11}C、^{12}C、^{13}C、^{14}C、^{15}C等，其中只有^{12}C和^{13}C是稳定同位素，各占98.892%和1.108%。^{10}C、^{11}C、^{15}C都是人工核反应产物，半衰期很短，分别为19.151s、20.34s、2.46s(蔡莲珍，1990)，因此不可能在自然界久留。唯有^{14}C一种具有β放射

性，它的丰度为1.2×10^{-10}%，半衰期为5730±40a，平均寿命为8267±60a。

当^{14}C在高空形成后，迅速与氧化合成含^{14}C的$^{14}CO_2$，随大气的对流扩散作用，$^{14}CO_2$与CO_2相混，均匀分布于大气圈中，部分被植物光合作用所吸收(动物食用植物，也吸收了$^{14}CO_2$)；另一部分$^{14}CO_2$溶于海水中，部分形成古^{14}C的碳酸盐或重碳酸盐，部分为海洋生物所吸收。陆上生物死亡和水中物质沉积之后，都释放出CO_2进入大气。这样，^{14}C随着交换碳参加大气圈，生物圈和水圈的交换循环，最终逐渐达到平衡。当自然界的木材、泥炭、贝壳、骨头、淤泥、土壤、有机质碳酸盐等含碳物质，被埋藏在沉积物里，就停止了与外界交换，^{14}C按衰变规律而减少，即放射性比度逐渐减低，停止交换的年代越久，放射性比度越小，每隔5730a就要减少至原有的1/2。因此测出了样品中^{14}C减少的程度，便可计算出它与大气停止交换的年代，也就是沉积物的堆积年代。

^{14}C测定年代方法基于3条假设前提：①大气二氧化碳^{14}C比度A；若干万年以来保持不变；②被测样品与大气间曾有过充分的碳交换，并达到平衡，因此其^{14}C初始比度也为A；③被测样品一旦退出交换，就处于完全封闭状态。如果这3条假设成立，那么被测样品年代可由以下公式计算而得：

$$T = \tau \ln \frac{A_0}{A_s} \tag{7-26}$$

式中 τ ——被测样品年代，

T——^{14}C平均寿命，其值为8267±60a；

A_s——被测样品实测^{14}C比度；

A_0——大气^{14}C比度，又称为现代碳标准。国际上常用的有NBS(美国国家标准局)草酸标准；ANIJ(澳大利亚国立大学)蔗糖标准；IAEA(国际原子能机构)维也纳淀粉标准等。

凡与大气进行过交换的含碳物质均可作^{14}C测年样品。要求样品应具有确定的起始$^{14}C/^{12}C$比；样品应具有原生封闭性，采集样品时应注意环境污染，绝不允许老碳或现代碳混入。样品采集数量取决于样品中可用的含碳量、实验室使用的测量方法和所用探测仪器的大小，一般常规测量方法需要的纯碳量约为1~10g，专门的小计数器方法也需100mg以上的纯碳，超高灵敏加速器质谱计数方法仅需要1~100mg的纯碳。样品采集完之后要进行包装、样品登记。不同的材料需要样品的量不同，常见的木质材料(树枝、树木)、生物体(如种子、孢粉)、碳酸盐类等用量为100g，木炭、草炭等炭质材料用量为50g，贝类材料用量为200g，铁质、陶质及泥质材料用量约500g，而骨质材料用量为1000g，但冰、水、大气仅需收集相当于1~10g的C即可(仇士华，1990)。^{14}C样品进入实验室后，都要根据测试方法和仪器对测样的要求，对样品进行化学制备，转换成为适合于仪器探测的化合物形式后才能测量、计算得到^{14}C年代。常用的测量方法有气体正比计数法、液体闪烁计数法、加速器质谱计数法等。^{14}C测年范围仅限于200~70 000a，不在此范围的年代则无法测出。

(2)热释光测年法

热释光测年法是地质测年方法之一。其原理为被测物质所含长寿命的天然放射性元素铀、钍、^{40}K，因不断放射出一定能量的α、β粒子和γ射线而衰变，并电离其他原子，使电子“出位”，储存了部分能量，这种储存逐日累增而成为“计时器”。当被测物质加热到一定温度时，“出位”的电子因热振动而“归位”，并将储存的能量以光的形式释放出来，即热释光(thermo luminescence，简写为TL)。它与一般的炽热发光不同，是放射性能量储存的标志，释放后又因继续受放射性照射而重新积累。热释光极其微弱，只有用高灵敏度的测光量仪器才能测量出来。并且该物质冷却后再次加热时，这种光是不会再现的，因辐射能量的积累需要足够的积存时间。因此，热释光断代是利用热释光技术测定各类样品最后一次受到热事件，或暴露在阳光下受光晒退作用以来所经历的时间(即年龄)。凡含石英物质的第四纪沉积物，经放射性同位素钴-60的照射，同样可得到热释光断代的效果。

热释光断代技术有许多优点：首先，它是一种绝对断代技术，因此不需要利用已知年代的标准样品进行校正；其次，该方法所能确定样品的年代范围较宽，只要样品符合测试要求，则可断定具有50年至50万年之间各个不同时期的样品年代。此外，该方法还具有样品用量少、测量速度快、方法可靠、跨度大等优点而备受欢迎。热释光测年范围的下限可达100多万年，误差为5%~15%或更大。这种测年所依据的是放射性后效，而不是放射性元素本身。其应用效果虽然较好，但受周围环境的影响较大。

利用热释光技术测定样品年龄的前提是样品的主要成分—石英颗粒从母岩中风化剥落后，在搬运和沉积过程中充分暴露在阳光下，其本身原有的热释光能量已被晒退，消失殆尽。根据文托(A. C. Wintle)等(1979，1982)的研究，风成沉积物是很适合于热释光年龄测定的。

用于热释光测年的样品，其样品的采取有一定要求：

①样品应取自地层中，一般距地面埋深60cm以上，并且要求周围地层比较一致。

②取样时动作尽量快速，还应在深色布(塑料布也可)幕的遮蔽下进行操作，以避免样品暴光。

③尽可能采集大块状样品，以便在实验室内除去表层，所采样品应以黑布袋或黑纸包裹。

④对松散样品(如现代风成沙)，应以铝盒或其他不透光的容器嵌入地层中整盒取出，用胶封好并置于黑色包袋中带回。如果是干样，用黑布袋或黑纸包裹即可。

⑤沙丘沙样品取样量>300g，且样品在运输、贮存过程中，必须严格禁止与外界放射性物质接触，以防辐射影响；不准进行高温加热处理；不准在强光下暴晒。

沉积物中石英颗粒的热释光测量，通常有部分晒退法、残留热释光法和再生热释光法。部分晒退法较适合于河湖相沉积物，残留热释光法和再生热释光法则适合于风成沉积物。残留热释光法需采集测试相应的地表样品，即至今仍暴露在阳光下的表面沙样，以便作光晒退比较。

热释光测年是由所测得的石英颗粒热释光等效剂量(ED)及样品所接受的环境辐射剂量率(D)，按下式计算样品沉积至今的年龄(A)：

$$A = ED/D \tag{7-27}$$

至于热释光测年的具体实验方法，可参见曹琼英等(1988)编写的《第四纪年代学及实验技术》和徐馨等(1992)编著的《第四纪环境研究方法》等专门书籍。

李虎侯(1983)是我国最早采用热释光技术进行第四纪沉积物和考古断代的。他对采自毛乌素沙地南缘，陕北榆林蔡家沟园艺场黄土剖面中的古沙丘沙夹层沙样，用残留热释光法进行了测年。从测年的结果可以看出，用热释光直接测出的古沙丘沙样品年龄为 $3.8±0.5×10^4a$，与之相邻的其上一层黄土的测年为 $3.5±0.9×10^4a$，两者具有较好的一致性，结果大致相符，说明用热释光所测得的风成沙年龄是可靠的。

卢演俦等(1991)、吴正等(1995，2000)和谭惠忠等(2001)分别用粗粒(90~125μm)石英残留热释光法和再生热释光法，对采自深圳大鹏湾沿岸的海岸沙丘沙和华南沿海各地的古风成沙—老红沙样品，进行了直接年龄测定，也都取得可靠的测年数据，进一步证明了残留热释光法和再生热释光法，是适合于风成沉积物测年的。

(3)光释光测年法

光释光测年法(optically stimulated luminescence，OSL)是在热释光基础上发展起来的测年技术，也是目前第四纪研究中应用比较普遍的技术之一。测量范围可从十几年到十几万年，甚至达到70多万年。其原理为，沉积物中的矿物颗粒(石英或长石)被掩埋后不再见光，同时不断接受来自周围环境中的U、Th和K等放射性物质衰变所产生的α、β和γ射线，以及宇宙射线等辐射，导致晶体的电子发生电离后脱离晶体形成自由电子，自由电子被晶格中参杂的杂志原子或者其他因素导致的晶格缺陷所形成的“电子”陷阱所俘，变成“俘获电子”而储存，埋藏和辐射时间越长矿物晶格中的“俘获电子”越多，即矿物颗粒随着时间的推移不断积累辐射能。这些矿物所积累的辐射能在受热或者光照时，可以将积累的辐射能以光的形式激发出来，这就是释光信号。通过光束激发的释光信号叫光释光(OSL)。

光释光测年技术与热释光相比存在以下几方面的优点。首先，沉积物中的TL(热释光)信号晒退速度远远低于光释光(OSL)信号的晒退速率；其次，TL测年技术需要将样品加热至400~500℃才能测定，样品测过一次后就不能再用来测试，而OSL测年对样品的测试是可以反复多次且非破坏的。另外，OSL测年的测试方法和技术选择众多，如多片和单片技术、可视光与红外光、激发时间、预热及测量温度、感量校正方式、数据统计方法等。

石英和长石是光释光测年法中的主要被测物质。被测矿石应该尽量满足在沉积埋藏时矿物的释光时钟回“零”，具有较好的热稳定条件及处于恒定或基本恒定的环境辐射场中等。风积物就是较好的实验样品，因为其在沉积前经过了充分的曝光，释光“时钟”也已归“零”。

光释光样品的采集要求：

①样品在取样、运输、储存及实验前处理和测试等各个环节都必须确保样品没有曝光，而且应该尽可能远离辐射场，安检设备一般不会影响样品。

②采样一般可以使用长度为12~22cm，内径2~6cm的钢管或不透光塑料管，采集完样品后，管两端用锡箔纸及胶带密封好，写上编号。

③采样后，应对取样沙丘各部位进行拍照，包括远、中、近景的照片资料。

光释光测年计算其实是用已知剂量的人工辐照产生的释光信号与自然释光信号对比，然后就能计算出矿物颗粒自埋藏以来接受并积累的总辐射能，用等效剂量(D_e)表示。*OSL*

测年法测定的埋藏年代(A)就是等效剂量与年年剂量率(D)的比值，其计算公式：

$$A = D_e/D \tag{7-28}$$

光释光测年的基本实验流程可以参考赖忠平(2013)。周亚利(2005)利用光释光测年技术对晚第四纪毛乌素和浑善达克沙地沙丘的固定于活化过程进行了研究。鹿化煜(2006)对毛乌素、浑善达克和科尔沁地的20多个末次冰期—全新世的沙—砂质古土壤剖面的研究，获取了150多个独立的光释光年龄数据及晚第四纪气候变化的综合时间序列框架。研究得出中国中、东部沙漠沙地的沙丘沙沉积及其间的砂质古土壤的交替变化指示了气候的干湿变化，沙丘沉积中的砂层和砂质古土壤从万年左右直到近百年都有保存。周亚利(2008)认为相比黄土，沙质沉积是近源，在沉积期堆积速率快，有可能记录了某些时间段如千年时间尺度的干旱事件。其研究对浑善达克沙地东北—西南断面上具有代表性的10个沙丘和沙/黄土剖面进行了年代测试，获取了35个样品的光释光年龄，通过分揭示了浑善达克沙地在全新世经历了3个气候变化阶段：在距今9.9~8.2ka期间，沙地的沙丘处于活动阶段，气候干旱，植被覆盖率低；距今8.0~2.7ka期间，沙地处于固定成壤阶段，气候波动性较大，气候湿润，植被覆盖率增加；从2.3ka至今，沙区气候在总体干旱的条件下有一些短期的湿润阶段穿插其中，沙丘又重新开始活化。另外，也有一些关于青藏高原东北部共和盆地风成沉积于风沙活动历时和新疆昆仑山北坡黄土的研究。

(4)电子自旋共振测年

电子自旋共振(electron spin resonance，简写为ESR)又叫电子顺磁共振(Electron Paramagnetie Resonance，简称EPR)。它是一种微波吸收光谱技术，用来检测和研究含有未成对电子的顺磁性物质。1967年泽勒(E. J. Zeller)等人首次将该技术用于地质样品的断代，之后电子自旋共振技术得到迅速发展。其基本原理就是利用电子自旋共振的方法直接测定样品自形成以来由于辐射损伤所产生的顺磁中心的数目(即所接受的放射性射线辐照和本身的累积效应)。而这些顺磁中心的多少与时间(年龄)、样品及环境中放射性元素含量等相关。

风成沙中的石英晶体由于受到本身或周围环境物质中铀、钍、钾等放射性衰变所造成的电离辐射作用时，石英的晶体能形成辐射操作，产生一些晶格缺陷，同时形成一些游离电子。当晶格缺陷俘获电子或空穴后，在样品中会产生顺磁中心(也称顺磁电子)，而顺磁中心的数目与样品所受的天然辐射总剂量(TD)(又称累积剂量AD)成正比。通常认为样品所受到的年辐射剂量率是常数，故总剂量TD与样品的年龄成正比，进而可得样品中顺磁中心数目与样品的年龄成正比。所以，利用电子自旋共振方法测定样品中的顺磁中心的数目，就可确定地质样品的年龄T。

样品ESR年龄：

$$T = AD/D \tag{7-29}$$

式中 AD——累积剂量(Gy)或古剂量；

D——年剂量或环境剂量率；

T——样品年龄(ka)；

Gy[戈(瑞)]——国际单位制的吸收辐射剂量单位，相当于1kg受辐射物质吸收

1J(焦耳)的辐射能量。实际上常用red(拉德)取代Gy，1Gy=100red(李士等，1991)。

电子自旋共振测年方法，其测试条件和方法简单，样品可以反复测量使用，且测定样品年龄的年代范围宽，可以测定从数百年至几百万年的地质年龄。测试样品的采集要求与热释光相似。然而影响*TD*和*D*的因素却很多，这些因素都或多或少影响测定结果。

业渝光(1995)于1992—1993年在渤、黄、东、南海沿岸采集100多个风成沙石英样品，进行了ESR测年实验(用德国Bruker公司生产的ECSl06型ESR谱仪进行测定)。测年结果表明，绝大部分风成沙年龄在$1\times10^4 \sim 7\times10^4$a。

7.5 "3S"技术在风沙研究中的应用

7.5.1 "3S"技术概述

7.5.1.1 遥感(RS)

遥感技术是20世纪60年代兴起并迅速发展起来的一门综合性探测技术。它是在航空摄影测量的基础上，随着空间技术、电子计算机技术等当代科技的迅速发展，以及地学、生物学等学科发展的需要，发展形成的一门新兴技术学科。从以飞机为主要运载工具的航空遥感，发展到以人造地球卫星、宇宙飞船和航天飞机为运载工具的航天遥感，大大地扩展了人们的观察视野及观测领域，形成了对地球资源和环境进行探测和监测的立体观测体系，使地理学的研究和应用进入一个新阶段(图7-22)。

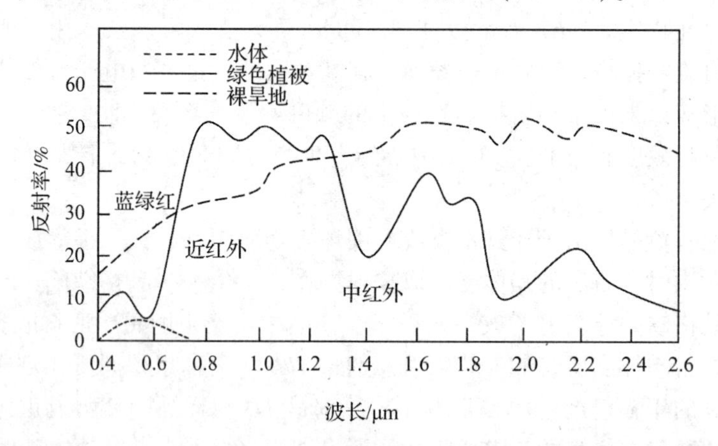

图7-22 几种常见地物(水、绿色植物、裸旱地)的电磁波反射曲线

(1)遥感概述

遥感(Remote Sensing)，从广义上说是泛指从远处探测、感知物体或事物的技术。即不直接接触物体本身，从远处通过仪器(传感器)探测和接收来自目标物体的信息(如电场、磁场、电磁波、地震波等信息)，经过信息的传输及其处理分析，识别物体的属性及其分布等特征的技术。

通常遥感是指空对地的遥感，即从远离地面的不同工作平台上(如高塔、气球、飞机、火箭、人造地球卫星、宇宙飞船、航天飞机等)通过传感器，对地球表面的电磁波(辐射)信息进行探测，并经信息的传输、处理和判读分析，对地球的资源与环境进行探测和监测的综合性技术。

当前遥感形成了一个从地面到空中乃至空间，从信息数据收集、处理到判读分析和应用，对全球进行探测和监测的多层次、多视角、多领域的观测体系，成为获取地球资源与环境信息的重要手段。

遥感在地理学中的应用，进一步推动和促进了地理学的研究和发展，使地理学进入到一个新的发展阶段。

遥感有如下主要特点：

①感测范围大，具有综合、宏观的特点　遥感从飞机上或人造地球卫星上，居高临下获取的航空像片或卫星图像，比在地面上观察视域范围大得多。又不受地形地物阻隔的影响，景观一览无余，为人们研究地面各种自然、社会现象及其分布规律提供了便利的条件。例如，航空像片可提供不同比例尺的地面连续景观像片，并可提供像对的立体观测。图像清晰逼真，信息丰富。一张比例尺 1：35 000 的 23cm×23cm 的航空像片，可展示出地面逾 $60km^2$ 范围的地面景观实况。并且可将连续的像片镶嵌成更大区域的像片图，以便总观全区进行分析和研究。卫星图像的感测范围更大，一幅陆地卫星 TM 图像可反映出 34 $225km^2$(即 185km×185km)的景观实况。我国全境仅需 500 余张这种图像，就可拼接成全国卫星影像图。因此，遥感技术为宏观研究各种现象及其相互关系，诸如区域地质构造和全球环境等问题，提供了有利条件。

②信息量大，具有手段多，技术先进的特点　遥感是现代科技的产物，它不仅能获得地物可见光波段的信息，而且可以获得紫外、红外，微波等波段的信息。不但能用摄影方式获得信息，而且还可以用扫描方式获得信息。遥感所获得的信息量远远超过了用常规传统方法所获得的信息量。这无疑扩大了人们的观测范围和感知领域，加深了对事物和现象的认识。

例如，微波具有穿透老层、派层种植被的能力：红外线则能探测地表温度的变化等。因而遥感使人们对地球的监测和对地物的观测达到多方位和全天候。

③获取信息快，更新周期短，具有动态监测特点　遥感通常为瞬时成像，可获得同一瞬间大面积区域的景观实况，现势性好；而且可通过不同时相取得的资料及像片进行对比、分析和研究地物动态变化的情况，为环境监测以及研究分析地物发展演化规律提供了基础。例如，陆地卫星 4/5 每 16d 即可对全球陆地表面成像一遍，气象卫星甚至可每天覆盖地球一遍。因此，可及时地发现病虫害、洪水、污染、火山和地震等自然灾害发生的前兆，为灾情的预报和抗灾救灾工作提供可靠的科学依据和资料。此外，遥感还具有用途广，效益高的特点。遥感已广泛应用于农业、林业、地质矿产、水文、气象、地理、测绘、海洋研究、军事侦察及环境监测等领域，深入很多学科中，应用领域在不断扩展。而遥感成果获取的快捷以及所显示出的效益，则是传统方法不可比拟的。遥感正以其强大的生命力展现出广阔的发展前景。

(2)遥感的分类

由于分类标志的不同，遥感的分类有多种。如按遥感工作平台(即运载工具)的不同，可分为地面遥感(或近地遥感)、航空遥感、航天遥感；按探测电磁波的工作波段分类，可分为可见光遥感、红外遥感、微波遥感等；按遥感应用目的不同，又可分为环境遥感、农业遥感、林业遥感、地质遥感，海洋遥感等。

成像方式(或称图像方式)就是将所探测到的强弱不同的地物电磁波辐射(反射或发射)，转换成深浅不同的(黑白)色调构成直观图像的遥感资料形式，如航空像片，卫星图像等。非成像方式(或非图像方式)则是将探测到的电磁辐射(反射或发射)转换成相应的模拟信号(如电压或电流信号)或数字化输出，或记录在磁带上而构成非成像方式的遥感资料。如陆地卫星、CCT 数字磁带等。

主动式遥感或被动式遥感则是按传感器工作方式的不同所做的分类。所谓主动式是指传感器带有能发射讯号(电磁波)的辐射源。工作时向目标物发射，同时接收目标物反射或散射回来的电磁波，以此所进行的探测。被动式遥感则是利用传感器直接接收来自地物反射自然辐射源(如太阳)的电磁辐射或自身发出的电磁辐射而进行的探测。光学摄影也指通常的摄影，即将探测接收到的地物电磁波依据深浅不同的色调直接记录在感光材料上。扫描方式是将所探测的视场(或地物)划分为面积相等顺序排列的像元，传感器则按顺序以每不像元为探测单元记录其电磁辐射强度，并经转换、传输、处理或转换成图像显示在屏幕或胶片上，或制成扫描数字产品。

遥感分类尽管很多，但依照其分类标志的不同，即可了解不同的遥感分类系统。

(3)遥感过程及其技术系统

遥感过程是指遥感信息的获取、传输、处理，以及分析判读和应用的全过程。它包括遥感信息源(或地物)的物理性质、分布及其运动状态；环境背景以及电磁波光谱特性；大气的干扰和大气窗口；传感器的分辨能力、性能和信噪比；图像处理及识别；以及人们的视觉生理和心理及其专业素质等。因此，遥感过程不但涉及到遥感本身的技术过程，以及地物景观和现象的自然发展演变过程，还涉及人们的认识过程。这一复杂过程当前主要是通过地物波谱测试与研究、数理统计分析、模式识别、模拟试验方法，以及地学分析等方法来完成。遥感过程实施的技术保证则依赖于遥感技术系统，遥感技术系统是一个从地面到空中直至空间，从信息收集、存贮、传输处理到分析判读、应用的完整技术体系，它主要包括以下几部分：

①遥感试验　其主要工作是对地物电磁辐射特性(光谱特性)以及信息的获取传输及其处理分析等技术手段的试验研究。

遥感试验是整个遥感技术系统的基础，遥感探测前需要遥感试验提供地物的光谱特性，以便选择传感器的类型和工作波段；遥感探测中以及处理时，又需要遥感试验提供各种校正所需的有关信息和数据。遥感试验也可为判读应用提供基础，遥感试验在整个遥感过程中起着承上启下的重要作用。

②遥感信息获取　遥感信息获取是遥感技术系统的中心工作。遥感工作平台以及传感器是确保遥感信息获取的物质保证。遥感(工作)平台是指装载传感器进行遥感探测的运载工具，如飞机、人造地球卫星、宇宙飞船等。按其飞行高度的不同可分为近地面工作平台、航空平台和航天平台。这3种子台各有不同的特点和用途，根据需要可单独使用，也可配合启用，组成多层次立体观测系统。

传感器是指收集和记录地物电磁辐射(反射或发射)能量信息的装置，如航空摄影机、多光谱描仪等。它是信息获取的核心部件。在遥感平台上装载上传感器。按照确定的飞行路线飞行或运转进行探测，即可获得所需的遥感信息。

③遥感信息处理　遥感信息处理是指通过各种技术手段对遥感探测所获得的信息进行的各种处理。例如，为了消除探测中各种干扰和影响，使其信息更准确可靠而进行的各种校正(辐射校正、几何校正等)处理，为了使所获遥感图像更清晰，以便于识别和判读。提取信息而进行的各种增强处理等。为了确保遥感信息应用时的质量和精度，以及为了充分发挥遥感信息的应用潜力，遥感信息处理是必不可少的。

④遥感信息应用　遥感信息应用是遥感的最终目的。遥感应用则应根据专业目标的需要，选择适宜的遥感信息及其工作方法进行，以取得较好的社会效益和经济效益。

遥感技术系统是个完整的统一体。它是建筑在空间技术、电子技术、计算机技术以及生物学、地学等现代科学技术的基础上的，是完成遥感过程的有力技术保证。

7.5.1.2　地理信息系统(GIS)

(1)地理信息系统

地理信息系统，简称 GIS(Geographic Information System)或 Geo-base Information System)；Natural Resource Information System；Geo-data System；Spatial Infor-mation System)，是在计算机软件和硬件的支持下，运用系统工程和信息科学的理论，科学管理和综合分析具有空间内涵的地理数据，以提供对规划、管理、决策和研究所需信息的技术系统。从信息系统的角度，地理信息系统是研究与地理分布有关的空间信息系统，它具有信息系统的各种特点，地理信息系统与其他信息系统的主要区别在于其存储和处理的信息是经过地理编码的，地理位置及与该位置有关的地物属性成为信息检索的重要部分。在地理信息系统中，现实世界被表达成一系列的地理要素、实体或地理现象，这些地理特征至少有空间位置信息和非位置的属性信息两个部分组成(图 7-23)。例如，加拿大的 CCIS 和美国的 ARC/INFO 等都是这种典型的处理和分析空间数据的技术系统。地理信息系统的特点：

①研究对象有地理分布特征　地理信息系统在分析处理问题中使用了空间数据与属性数据，并通过空间数据库管理系统将两者联系在一起共同管理、分析和应用，从而提供了认识地理想象的一种新的方法。而管理信息系统只有属性数据库的管理，即使存储了图形，也往往是机械形式存储，不能进行有关空间数据操作，如空间查询、邻域分析、图层叠加等，更无法进行复杂的空间分析。

②强调空间分析的能力　地理信息系统在空间数据库的基础上，通过空间解析模型算法进行空间数据的分析。地理信息系统总体上分为两大方面，一是建立地理信息系统；二是研究空间分析应用模型。

③对图形和属性一体化管理　地理信息系统按空间数据库的要求，将图形数据和属性数据用一定的机制连接起来进行一体化管理，在空间数据库的基础上进行探层灰的分析。

④不仅有自身的理论技术体系，而且是一项工程　地理信息系统不同于一般的计算

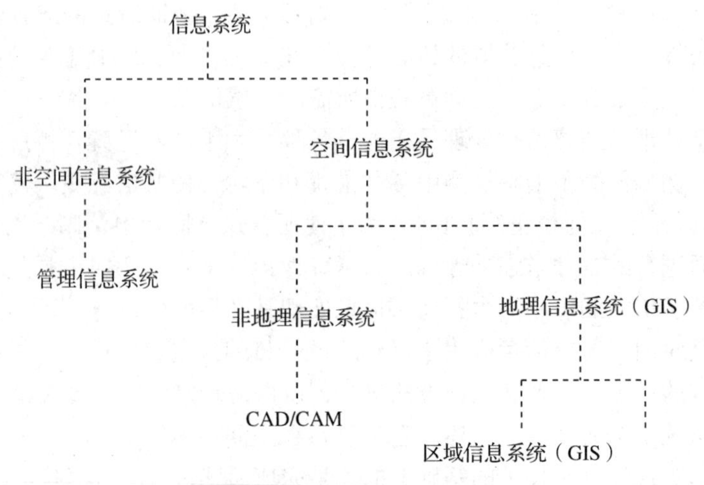

图7-23 信息系统的分类

机软件，虽然其外观也表现为计算机软硬件系统，内涵却是由计算机程序和地理数据组织成的地理空间信息模型。当具有一定地学知识的用户使用地理信息系统时，它所面对的数据不再是毫无意义的，而是把客观世界抽象为模型化的空间数据，用户可以按应用的目的通过这个模型取得自然过程的分析和预测信息，用于管理和决策。而且地理信息系统是一门交叉学科，它依赖于地理学、测绘学、统计学等基础性学科，又取决于计算机软硬件技术、对地观测等数据获取技术、人工智能与专家系统的进步与成就，在解决资源与环境的问题时，从数据的收集、组织、处理，建立空间数据库，到空间分析应用模型的构建，都要不同程度地涉及优化方案的研究制定和二次开发。当然，这里并非让读者对地理信息系统望而生畏，而是想指出学习掌握地理信息系统的策略—地理信息系统的概念、理论、技术；资源与环境的相关知识；具体GIS系统的使用与开发方法这些要紧密结合起来。

地理信息系统与其他系统的区别：

①地理信息系统与CAD的区别 CAD(Computer Aided Design)主要是利用计算机代替或辅助工程设计人员进行各种图形设计。它处理的对象是规则的几何图形及其组合，处理编辑图形的功能极强，属性处理功能很弱。目前，有一种称为ArcCad的系统，它是AutoDesk公司与ESRI公司合作，拥有部分地理信息系统的功能，偏重图形编辑操作的系统，远不能同ESRI公司的ARC/INFO相比。地理信息系统处理的对象往往是自然目标(如土壤类型、植被类型)，属性功能十分重要，图形和属性之间的关系紧密，有地理信息系统独特的数据结构，强调空间数据的分析功能。但由于CAD(特别是Auto-Cad)的图形编辑处理能力很强，而且有很多单位有用AutoCad做好的电子图形文档，因此，CAD及其产品就成了地理信息系统的一种数据源。

②地理信息系统与一般的数据库管理系统 地理信息系统与一般管理信息系统的主要区别在于地理信息系统处理的数据是空间数据和属性数据的综合，它不仅管理反映空间属性的一般的数字、文字数据，还要管理反映地理分布特征及其之间拓扑关系的空间位置数据。而且要把两者有机结合起来进行协调管理和分析。而一般性的数据库管理系

统(如人事、财务或售票系统等)，数据处理对象是非空间的属性数据，数据模型通常为关系型二维表格。但是用一般数据库管理系统建立起来的数据库可以作为地理信息系统空间数据库的属性库的数据源。例如，在森林资源管理领域，在过去的二三十年里，森林经理调查的小班卡数据，都用Dbase、FoxBase或FoxPro等系统以林业局或林场为单位建立了森林资源数据库，如果在这样的林业局或林场建立地理信息系统，则属性数据库不必重新建立，通过一定的方法将原来的森林资源的数据库与图形库连接即可构成地理信息系统的空间数据库。

③地理信息系统与电子地图　电子地图是模拟地图在计算机中的数字表示形式。它是测绘成果的一种进步，是地图数字化的结果，一般要按地图的分幅框架以地图数据库的形式存储在一定的设备上。现在，到测绘局购买地形图大多是绘制在纸张上的、标准的分幅形式，建立地理信息系统时要用数字化的方法(数字化仪、扫描仪等)组织到计算机中。随着经济的发展和技术的进步，测绘部门提供的地图可能都是电子地图，以光盘的形式提供给用户，那么在组织地理信息系统时将省去地图数字化的程序，效率将大大提高。所以，电子地图是地理信息系统重要的数据源。以上介绍了地理信息系统与几个常见系统的区别，地理信息系统是多学科、技术相结合的产物。地理信息系统与相关学科、技术的关系如图7-24所示。

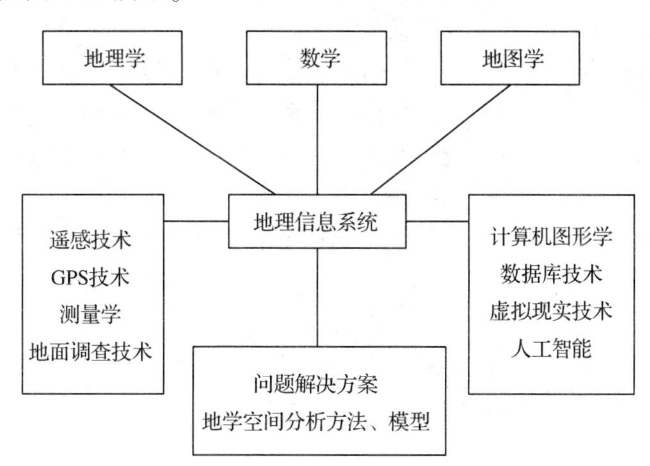

图7-24　地理信息系统与相关技术的关系

(2)地理信息系统的类型、组成和功能

①地理信息系统的类型　地理信息系统技术发展很快，同一个系统由于常常要完成一些新的任务，也经常处于变化和重写之中，因此，很难建立一种固定的方法对地理信息系统进行分类。一般认为，当前国际上的地理信息系统基本包括以下3种不同的类型：

a. 专题性地理信息系统(Thematic GIS)。它是指以某一专业、任务或现象为主要内容的系统，为特定的专门目的服务。例如，森林资源管理信息系统、水资源管理信息系统、矿产资源信息系统、农作物估产信息系统、草场资源管理信息系统、水土流失信息系统、森林火灾扑救指挥及评估系统等。

b. 区域性地理信息系统(Regional CIS)。它以某个区域综合研究和全面的信息服务为目标，可以接不同的规模，如国家级、地区或省级、市级和县级等为各不同级别行政区服务的区域信息系统，也可以是按自然区划的区域信息系统。如中国自然环境综合信息系统、黄河流域信息系统等。实际上许多开发出来的地理信息系统是区域性专题地理信息系统，如大兴安岭森林动态监测信息系统、哈尔滨市水土流失信息系统等。

c. 通用或工具性地理信息系统(GIS Tools)。它是一组具有图形图像数字化、存储管理、查询检索、分析运算和多种输出等地理信息系统基本功能软件包或控件库(ArcObjects，MapObjects 等)它们或者是专门设计开发的，或者是在完成了实用地理信息系统后抽取掉具体区域或专题的地理空间数据后得到的，具有对计算机硬件适应性强、数据管理和操作效率高、功能强的特点，是具有普遍适用性的地理信息系统。如 ESRI 公司的 ARC/INFO、ArcView，Maplnfo 公司的 Maplnfo，我国的 Mapgis 等。该类地理信息系统也可用于教学。

在工具性地理信息系统的支持下建立区域或专题地理信息系统，不仅可以节省 GIS 软件开发的人力、物力、财力，缩短系统建立周期，提高系统技术水平，而且地理信息系统技术易于推广，使 GIS 的应用人员将更多的精力投入高层次的应用模型的开发上。

地理信息系统可以按很多标准(任务、专业、功能、用户类型、行政等级、数据结构等)来分类。例如，根据数据结构的类型，将地理信息系统分为矢量型地理信息系统；栅格型地理信息系统；混合式地理信息系统。

②地理信息系统的组成　一个典型的地理信息系统应包括 4 个基本部分：计算机硬件系统、计算机软件系统、地理空间数据库和系统管理应用人员。计算机软硬件系统是地理信息系统的基本核心；空间数据库则是基础；管理应用人员是地理信息系统应用成功的关键。

a. 计算机硬件系统包括主机和输入输出设备。主机部分这里不多赘述，输入输出设备如图 7-25 所示。

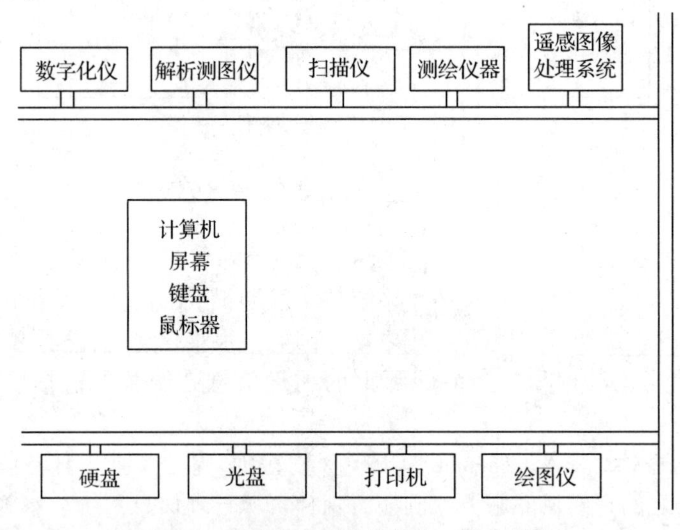

图 7-25　地理信息系统的输入、输出设备

b. 计算机软件系统包括：计算机系统软件(如 Windows2000、Unix 等操作系统)；地

理信息系统软件和其他支持程序。地理信息系统软件一般由以下 5 个基本的技术模块组成。

• 数据输入和检查按照地理坐标或特定的地理范围，收集图形，图像和文字资料，通过有关的量化工具(数字化仪，扫描仪和交互终端)和介质(磁盘、光盘)，将地理要素的点、线、面图形转化为计算机能够接受的数字形式，同时进行预处理、编辑检查、数据格式转换，并输入系统。

• 数据存贮和数据库管理地理空间数据库是地理信息系统的关键之一，它保证地理要素的几何数据、拓扑数据和属性数据的有机联系和合理组织，以便系统用户的有效提取、检索、更新、分析和共享。

• 数据处理和分析数据处理和分析是地理信息系统功能的主要体现，也是系统应用数字方法的主要动力，其目的是为了取得系统应用所需要的信息，或对原有信息结构形式的转换。这些转换、分析和应用的类型是极其广泛的，包括比例尺和投影的数字变换、数据的逻辑提取和计算、数据处理和分析，以及地理或空间模型的建立。

• 数据传输与显示系统将分析和处理的结果传输给用户，它以各种恰当的形式(报表、统计分析，查询应答或地图形式)显示在屏幕上，或输出在硬拷贝上，提供应用。

• 用户界面是用户与系统交互的工具。由于地理信息系统功能复杂，且用户又往往为非计算机专业人员，用户界面是地理信息系统应用的重要组成部分。它采用目前流行的图形界面，提供多窗口和光标选择菜单等控制功能，为用户提供方便。地理信息系统软件的组成如图 7-26 所示。

地理信息系统的支持软件是指一些支持对数据的输入、存储、转换和接口的辅助性的软件，如数据库管理系统、计算机图形软件包(AutoCad 等)、图像处理系统等。目前，最常用的 GIS 支持软件是为 GIS 做数据输入、准备方面的软件，如用于扫描矢量化的 R2V，用于数据准备的北京吉威数源公司的 Geoway 等都是一些使用起来得心应手的软件。

c. 地理信息系统的空间数据库是地理信息系统应用的基础，有其自身的发展过程，

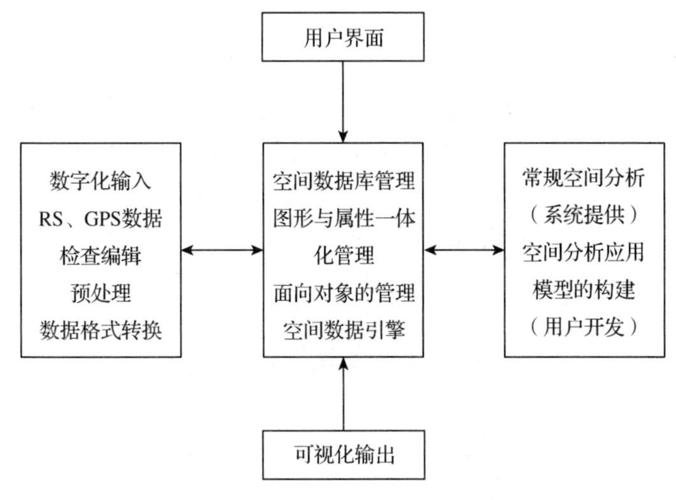

图 7-26　地理信息系统软件的结构

以 ARC/INFO 为例，其数据库模型到现在已经经历了三代：第一代数据模型是 CAD 模型，它把矢量图形信息和少量的属性信息存储在二进制文件中；第二代数据模型是 Coverage 模型；第三代数据模型是 Geodatabase，是一种面向对象的数据模型。在网络地理信息系统中，又引入了空间数据引擎 ArcSDE，它是在数据库管理系统(如 Oracle、Microsoft SQ1 Server、IBM DB2 等)中存储和管理多用户空间数据库的通路。就本质而言，地理信息系统的地理数据分为图形数据和属性数据。数据表达可以采用矢量和栅格两种形式，图形数据表现了地理空间实体的位置、大小、形状、方向以及拓扑关系，属性数据是对地理空间实体性质或数量的描述。空间数据库系统由数据库实体和空间数据库管理系统组成。空间数据库管理系统主要用于数据维护、操作和查询检索，空间数据库是地理信息系统应用项目重要的资源与基础，它的建立和维护是一项非常复杂的工作，涉及到许多步骤，需要投入高强度的人力与开发资金，是地理信息系统应用项目开展的瓶颈技术之一。而地理信息系统的应用水平则是在空间数据库建立的基础上，体现在空间分析和空间分析应用模型的构建上。

d. 人是 GIS 中的重要构成因素，GIS 不同于一幅地图，而是一个动态的地理模型。仅有计算机软硬件和数据还不能构成完整的地理信息系统，需要人进行系统组织、管理、维护、数据更新、系统完善扩充、应用程序开发，并灵活采用地理分析模型提取多种信息，为研究和决策服务。

③地理信息系统的功能　地理信息系统的研究处理对象有地理分布特征，结合上述地理信息系统软件的结构可以看出，地理信息系统的功能应包括以下方面：

a. 数据的采集、检验与编辑。主要用于获取数据，将所需的各种数据通过一定的数据模型和数据结构输入并转换成计算机所要求的格式进行存储。保证地理信息系统数据库中的数据在内容与空间上的完整性和逻辑一致性，通过编辑的手段保证数据的无错。地理信息系统空间数据库的建设占整个系统建设投资的70%以上，因此，信息共享和自动化数据输入成为地理信息系统研究的重要内容，出现了一些专门用于自动化数据输入的地理信息系统的支持软件。随着数据源种类的不同，输入的设备和输入方法也在发展。目前，用于地理信息系统采集的方法和技术很多，如数字化仪输入、扫描矢量化、遥感数据集成等。

b. 数据处理。地理信息系统有其自身的数据结构，一个完善的地理信息系统应该兼容图形图像格式的工业标准，同时也应该与其他系统的数据格式相兼容，这就存在着不同数据结构之间的数据格式的转换问题。一个地理信息系统内部的矢量和栅格数据也有相互转换的问题，而且转换的效果要好，速度要快。目前，数据输入一般采用矢量结构输入，因为栅格结构输入工作量太大(早期地理信息系统可用栅格结构输入)，需要时将矢量数据转换为栅格数据，栅格数据特别适合于构建地图分析模型。投影变换和坐标变换在建立地理信息系统空间数据库中非常重要，只有在同一地图投影和同一坐标系下，各种空间数据才能绝对配准。

c. 空间数据库管理。这是组织地理信息系统项目的基础，涉及到空间数据(图形图像数据)和属性数据。栅格模型、矢量模型或栅格、矢量混合模型是常用的空间数据组织方法。由于地理信息系统空间数据库数据量大，涉及的内容多，这些特点决定了它既要遵循常用的关系型数据库管理系统来管理数据，又要采用一些特殊的技术和方法来解决常规数据库无法管理空间数据的问题。地理信息系统的数据库管理已经从图形数据和属性数据通过惟一标识码的公共项一体化连接发展到面向目标的数据库模型、再到多用户的空间数据库引擎。GIS 数据库管理技术的改进，有助于大数据量的信息检索、查询和共享的效率。

d. 基本空间分析。空间分析是地理信息系统的核心功能，也是地理信息系统与其他计算机软件的根本区别。一个地理信息系统软件提供的基本空间分析功能的强弱（如图层的空间变换、再分类、叠加、邻域分析、网络分析等），直接影响到系统的应用范围，同时也是衡量地理信息系统功能强弱的标准。

e. 应用模型的构建方法。由于地理信息系统应用范围越来越广，不同的学科、专业都有各自的分析模型，一个地理信息系统软件不可能涵盖所有与地学相关学科的分析模型，这是共性与个性的问题。因此，地理信息系统除了应该提供上述的基本空间分析功能外，还应提供构建专业模型的手段，这可能包括提供系统的宏语言、二次开发工具、相关控件或数据库接口等。关于空间分析应用模型的构建方法在本书第五章中详细论述。

f. 结果显示与输出。地理信息系统的处理分析结果需要输出给用户，输出数据的种类很多，可能有地图、表格、文字、图像等，为了突出效果，有时需要三维虚拟显示。输出的介质可以是纸张、光盘、磁盘或屏幕显示等，尤其是地理信息系统的地图输出功能。一个好的地理信息系统应能提供一种良好的、交互式的制图环境，以供地理信息系统的使用者能够设计和制作出高品质的地图。

当然，随着解决资源与环境问题要求的变化和相关理论技术的发展，地理信息系统的功能应随之扩充、进步。

7.5.1.3 全球定位系统（GPS）

全球定位系统（GPS）是 20 世纪 70 年代由美国国防部批准，陆海空三军联合研制的新一代空间卫星导航定位系统。其主要目的是为陆、海、空三大领域提供实时、全天候和全球性的导航服务，并用于情报收集、核爆监测和应急通讯等一些军事目的，是美国独霸全球战略的重要组成。经过 20 多年的研究试验，耗资 300×10^{8} 美元，到 1994 年 3 月，全球覆盖率高达 98%的 24 颗 GPS 卫星星座已经布设完成。

（1）全球定位系统

共由 3 部分构成：①地面控制部分，由主控站（负责管理、协调整个地面控制系统的工作）、地面天线（在主控站的控制下，向卫星注入导航电文）、监测站（数据自动收集中心）和通讯辅助系统（数据传输）组成；②空间部分，由 24 颗卫星组成，分布在 6 个轨道平面上；③用户装置部分，主要由 GPS 接收机和卫星天线组成。

（2）全球定位系统的主要特点

①全天候，不受天气影响；②全球覆盖；③三维定点，定速定时高精度；④快速、省时、高效；⑤应用广泛，功能多。

（3）全球定位系统的主要用途

①陆地应用，主要包括车辆导航、景点导游、应急反应、高精度时频对比、大气物

理观测、地球物理资源勘探、工程测量、变形监测、地壳运动监测、市政规划控制等；②海洋应用，包括远洋船只最佳航程航线测定、船只实时调度与导航、海洋救援、海洋探宝、水文地质测量以及海洋油井平台定位、海平面升降监测等；③航空航天应用，飞机导航、航空遥感姿态控制、低轨卫星定轨、导弹制导、航空救援和载人航天器防护探测等。

(4)GPS 卫星接收机种类

根据型号分为测地型、全站型、定时型、手持型、集成型；根据用途分为车载式、船载式、机载式、星载式、弹载式。

实践证明，GPS 系统是一个高精度、全天候和全球性的无线电导航、定位和定时的多功能系统。GPS 技术已经发展成为多领域、多模式、多用途、多机型的高新技术国际性产业。现在，除了美国的全球定位系统 GPS 之外，具有 GPS 同类功能的卫星系统还有俄罗斯的全球卫星导航系统，以及正在发展中的欧洲导航定位卫星系统和日本的多功能卫星增强系统。全球定位系统或 GPS 仅是这类系统的代名词而已。

人类从航空摄影测量转向基于遥感的航空航天数字摄影测量，从单一的地图制图转向电子地图数据库、地理信息系统的建设，技术结构也从单一技术向“3S”集成技术、基于网络环境的“3S”运行体系发展，这已是一个历史发展的必然。

7.5.1.4 “3S”集成

近年来，在空间信息及与之有关的领域，“3S”的概念方兴未艾。“3S”是指以遥感 RS(Remote Sensing)、地理信息系统 CIS(Geography Information System)和全球定位系统 GPS(Global Positioning System)为主的、与地理空间信息有关的科学技术领域。3S 技术为科学研究、政府管理、社会生产提供了新一代的观测手段、描述语言和思维工具。3S 的结合应用，取长补短，是一个自然的发展趋势，三者之间的相互作用形成了“二个大脑、两只眼睛”的框架，即 RS 和 GPS 向 GIS 提供或更新区域信息及空间定位，GIS 进行相应的空间分析，如图 7-27 所示，以从 RS 和 GPS 提供的浩如烟海的数据中提取有用信息，并进行综合集成，使之成为决策的科学依据。

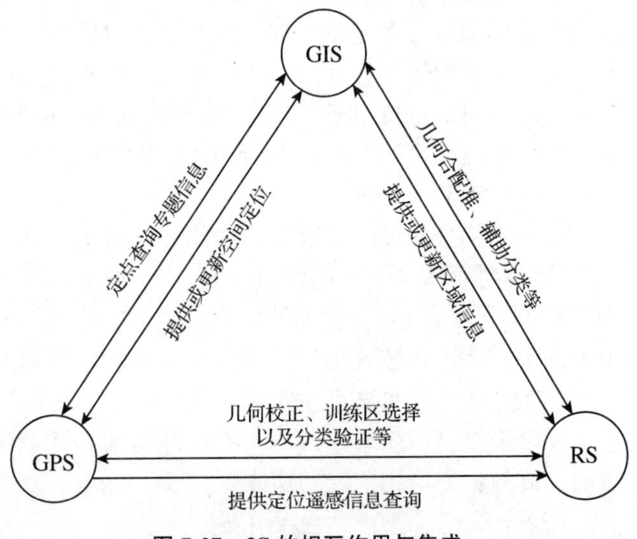

图 7-27 3S 的相互作用与集成

GIS、RS 和 GPS 三者集成利用，构成一个整体的、实时的、动态的对地观测、分析和应用的运行系统，提高了 GIS 的应用效率。在实际的应用中，较为常见的是 3S 两两之间的集成，如 GIS/RS 集成，GIS/GPS 集成或者 RS/GPS 集成等，同时集成并使用 3S 技术的应用实例则较少。美国 Ohio 大学与公路管理部门合作研制的测绘车是一个典型的 3S 集成应用，它将 GPS 接收机结合一台立体视觉系统载于车上，在公路上行驶以取得公路及两旁的环境数据，并立即自动整理存储于 GIS 数据库中。测绘车上安装的立体视觉系统包括有两个 CCD 摄像机，在行进时，每秒曝光一次，获取并存储一对影像，并作实时自动处理。

RS、GIS、GPS 集成的方式可以在不同的技术水平上实现，最简单的办法是 3 种系统分开而由用户综合使用，进一步是三者有共同的界面，做到表面上无缝的集成，数据传输则在内部通过特征码相结合，最好的办法是整体的集成，成为统一的系统。

单纯从软件实现的角度来看，开发 3S 集成的系统在技术上并没有多大的障碍。目前一般工具软件的实现技术方案是：通过支持栅格数据类型及相关的处理分析操作以实现与遥感的集成，而通过增加一个动态矢量图层与 GPS 集成。对于 3S 集成技术而言，最重要的是在应用中综合使用遥感以及全球定位系统，利用其实时、准确获取数据的能力，降低应用成本或者实现一些新的应用。

3S 集成技术的发展形成了综合的、完整的对地观测系统，提高了人类认识地球的能力，拓展了传统测绘科学的研究领域。作为地理学的一个分支学科，Geomatics(地理信息学)主要针对包括遥感、全球定位系统在内的现代测绘技术的综合应用进行探讨和研究。同时，它也推动了其他一些相联系的学科的发展，如地球信息科学、地理信息科学等，并成为“数字地球”这一概念提出的理论基础。

7.5.2 “3S”技术在风沙研究中的应用

7.5.2.1 基础数据调查与信息管理

降水量、风速、气温、土地利用现状、植被、土壤、地质、坡度、坡向、高程等数据是风蚀研究工作中常用的基础数据，其中土地利用现状、植被、土壤、地质等专题图可以通过 RS 来获得，分类矢量化以后作为 GIS 的数据图层；坡度、坡向、高程等指标可以通过地形图提取，即利用 GIS 把地形图输入到计算机，再通过 DEM&DTM 模型产生；风速、气温、降水量等指标可以通过定位观测或降水等值线图得到。

上述指标在 GIS 软件的统一管理下，把各专题图层按地理坐标配准，形成空间数据库，这样就建立了基本的信息管理系统，利用该系统可以进行面积计算、长度计算、查询、检索、统计、分析等。通过统一的信息系统建设，统一行业标准，确保以最快的速度获取丰富而精确的资料数据，为风蚀监测预报、土地荒漠化评价、防沙治沙规划等提供科学的方法、依据和先进的治理模式。同时，可以实现沙漠化防治工程建设信息的有序管理、定量管理、标准化管理，实现办公自动化。

7.5.2.2 沙漠化监测

对于沙漠化监测，地面调查是最基本和最重要的手段，地面调查一般考虑的指标较全面，能够比较客观地显示沙漠化现状，但对于沙漠化发生范围广、面积大的特点，在调查数据获取方面仍存在很大局限。“3S”技术已经成为当前沙漠化监测的主要手段，在我国沙漠化调查、防沙治沙规划等多个方面发挥了重要作用。可以从多期影像分类和植被参数指示等方面来理解“3S”技术在沙漠化监测中的应用。

(1)基于遥感影像分类的沙漠化监测

基于多期影像分类的沙漠化遥感监测主要依据各土地类型的光谱特征进行不同时期的土地覆盖分类，进而通过分类后比较法、景观格局变化等揭示沙漠化动态。该类型研究很多，例如，朱震达和王涛(1990)采用七八十年代卫星相片及航空相片来监测十余年来土地沙漠化的空间范围变化。Collado 等(2002)基于 Landsat 影像，利用遥感影像光谱混合分析的方法，获取不同时期土地利用，进而根据土地利用组分的变化监测了阿根廷圣路易斯省农牧交错地区的沙漠化过程。Zhang 等(2018)基于 Landsat 影像目视解译了青藏高原流动沙地、半流动沙地、半固定沙地等类型的动态。还有吴波和慈龙骏(2001)，Sun 等(2007)和钱大文等(2015)在分类基础上通过计算景观连接度、破碎度和景观形状等指数揭示沙漠化地区景观格局的变化特征。利用影像解译来监测沙漠化具有直观的优点，但目视解译精度受解译规则和沙漠化程度的界定等一系列因素的影响，结果存在一定的主观性，且人工投入工作量大；若采用计算机自动提取，“同物异谱”和“异物同谱”问题又是长期以来的研究难点。

(2)基于植被动态指示的沙漠化监测

植被对地形、地貌、土壤、水文条件、气候等的改变最为敏感，是沙漠化程度的最好标志之一(表7-11)。同时，植被参数也是多光谱遥感便于获取的指标。常用的指标包括归一化植被指数(Normalized difference vegetation index，NDVI)、净初级生产力(Net primary productivity，NPP)、植被盖度和植被综合指数等。

表7-11 植被盖度与地表形态特征及其稳定性(丁国栋，2004)

植被盖度(%)	<10	10~35	35~50	>50
地表形态特征	地表物质结构疏松，沙粒粗化，无结皮出现；沙波纹遍布、清晰可见	灌丛下有松脆粉末状结皮或松脆薄片状结皮，厚度小于0.5mm；有沙波纹，但形态不明显	灌丛附近覆盖有较紧密片状结皮，厚度在0.5~10mm，并伴有零星的枯枝落叶；偶见沙波纹	覆盖黑褐色复合型生物结皮或紧密的片、块状结皮，厚度大于10mm；无沙波纹出现
地表稳定性界定	流动型	半流动型	半固定型	固定型

以NDVI动态指示监测荒漠化过程的研究最广泛。例如，刘爱霞等(2004)基于NDVI数据提取了中国西部干旱、半干旱地区沙漠界线，并划分出中国西部的荒漠化减轻、加重和未明显变化的区域；Sternberg 等(2011)以NDVI为指标追踪了蒙古高原的荒漠化过程；Lian 等(2017)基于NDVI揭示了中国内蒙古农牧交错带部分地区的荒漠化逆转过程。NPP(Net Primary Productivity)和植被盖度也是衡量荒漠化过程的重要指标。Tsunekawa 等(2005)以NPP作为生物生产力的关键因子，通过比较分析法确定了潜在NPP和实际NPP之间的关系，评估了亚洲干旱地区的荒漠化过程。姜联合等(2005)模拟了鄂尔多斯高原植物群落的NPP，间接给出了区域的沙漠化格局。乔锋等(2006)利用NDVI反演植被盖度，根据盖度大小进行等级划分，利用矩阵分析法探讨了典型农牧交错区宁夏盐池县植被覆盖的动态变化，并根据沙漠化程度与植被覆盖的关系探讨了沙漠化治理的成效。王永芳等(2016)基于植被盖度监测了科尔沁沙地的沙漠化程度。

然而，在干旱半干旱地区，植被变化受降水年际波动的影响较大，而且，植被稀疏，光谱反射率受土壤背景的影响较强，与湿润环境中的植物光谱特征不同。因此，植被参数，尤其是从多光谱影像中提取的植被参数变化并不能完全准确地反映干旱、半干旱地区的沙漠化过程。

7.5.2.3 风蚀强度模拟

将“3S”技术与风蚀模型相结合，是当前宏观尺度风蚀强度模拟与监测中最为常用的手段之一。风蚀模型(如 RWEQ 模型)中各个参数可通过遥感监测、解译、站点观测数据空间插值等方式获取，基于地理信息系统平台进行空间数据的计算和分析(图 7-28)，使得认识区域的风蚀强度时空格局成为可能(Zobeck et al.，2003)。很多研究者采用该研究思路分析了全国(Chi et al.，2019)、北方农牧交错带(Guo et al.，2013)、京津风沙源治理工程区(Zhao et al.，2020)(图 7-29)、黄河流域(Du et al.，2015)等区域的土壤风蚀空间格局和动态变化，为全面理解土壤风蚀的驱动力、有针对性的开展土壤侵蚀防治工作提供了重要的理论基础。

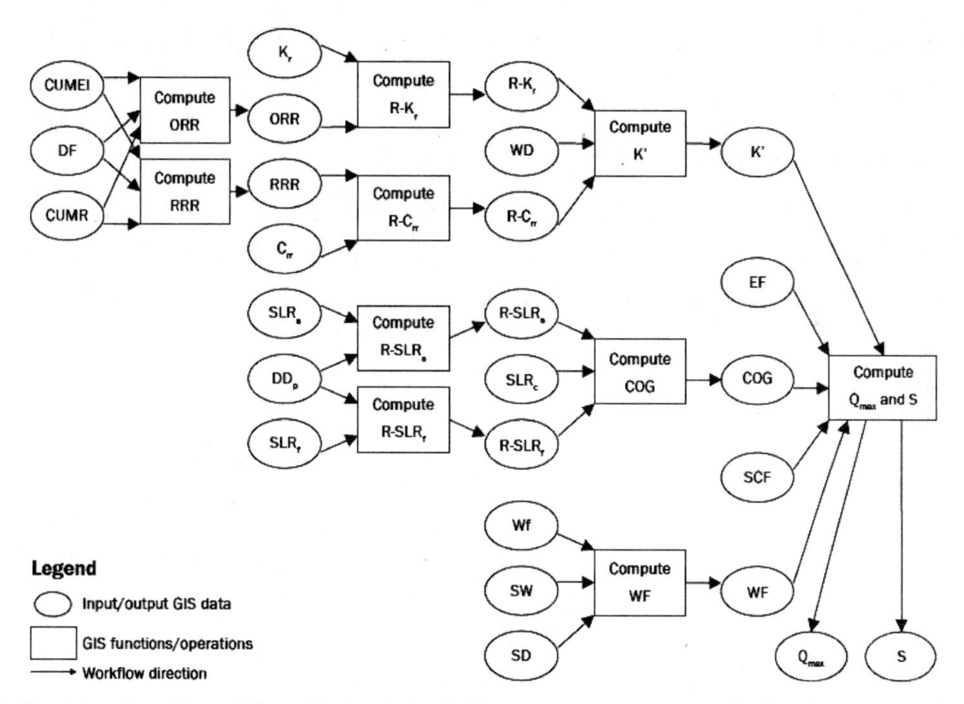

Notes: C_{rr} = chain random roughness. COG = combined crop factors. CUMEI = cumulative storm erosivity index. CUMR = cumulative rainfall. DD_p = decomposition days for residuals. DF = decay factor. EF = soil erodible fraction. K' = soil roughness factor. K_r = soil ridge roughness. ORR = ratio of K_r after rainfall to K_r before rainfall. RRR = ratio of C_{rr} after rainfall to C_{rr} before rainfall. R-K_r = revised K_r by ORR. R-C_{rr} = revised C_{rr} by RRR. SCF = soil crust factor. SD = snow cover factor. SW = soil wetness factor. SLR_c = soil loss ratio for growing crop canopy. SLR_f = soil loss ratio for flat cover. SLR_s = soil loss ratio for plant silhouette. R-SLR_f = revised SLR_f by DD_p. R-SLR_s = revised SLR_s by DD_p. WD = wind direction. W_f = wind factor. WF = weather factor. Q_{max} = maximum mass transport. S = critical field length. GIS = geographic information system.

图 7-28 基于 ArcGIS 构建的修正的风蚀方程模型的模拟框架

7.5.2.4 风沙地貌监测

我国风沙地貌的系统研究始于新中国成立后，经过半个世纪的探索，在风沙物理、沙漠形成与演化、沙漠改造与利用、沙漠化理论与实践等方面都取得了巨大进步，建立

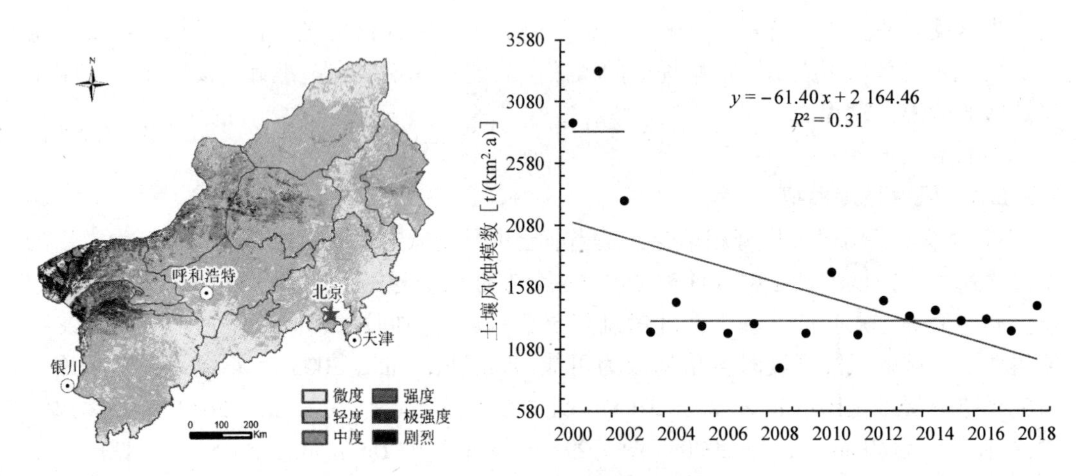

图 7-29　京津风沙源治理工程区土壤风蚀强度时空格局(Zhao et al., 2020)

了相对完整的科学体系，形成了许多沙漠分支学科。在沙漠地貌分类及沙漠制图方面也取得了不俗成绩，但还存在不足之处，例如，缺乏风沙地貌类型数据库，特别是缺乏每种地貌类型边界、位置及面积大小的数据。沙漠图对风沙地貌的表达是示意性的，用象形符号定性表示沙丘形态，没有明确的边界，定量、定位特征差。风沙地貌以纸质图的表达和分发不利于深入分析，也不利于风沙地貌的动态监测和数据更新，在一定程度上限制了风沙地貌的研究和发展。“3S”技术对于弥补这一不足发挥了重要的作用，可以实时监测人们难以到达的区域，特别是沙漠腹地，获得传统手段难以获得的信息；地理信息系统能够对多源空间数据进行有效的组织、管理并且进行空间分析，二者紧密结合形成了一个增益系统，大大方便了空间数据的存储、共享和更新及数据的分析和模拟，是实现数字地球的核心部分。

风沙地貌类型提取的流程主要包括遥感数据经辐射、几何校正、假彩色合成、图像拼接、增强等，用于地貌类型的解译(图 7-30、图 7-31)。首先，根据已有图件诸如植被

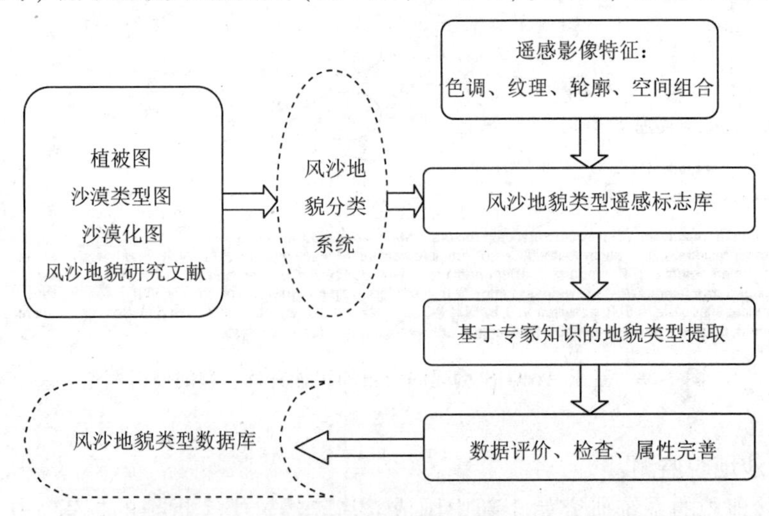

图 7-30　风沙地貌遥感流程(据刘海江等，2008)

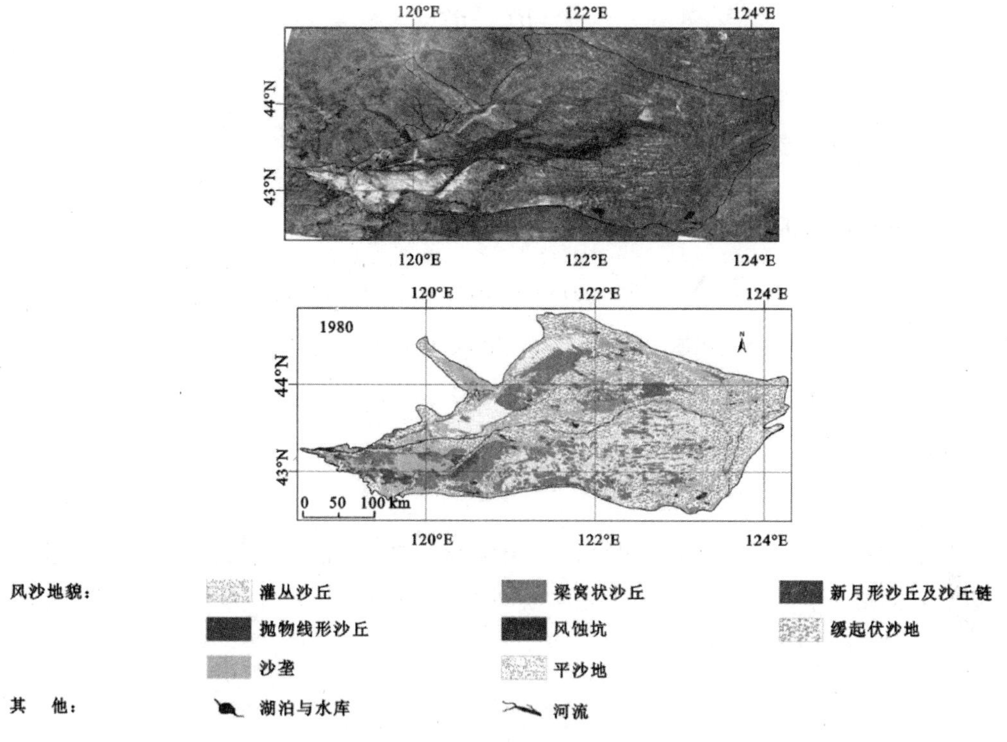

图 7-31 科尔沁沙地遥感影像及解译图(杜会石等，2018)

图、沙漠图、沙漠化图和相关的文献资料建立多层次的分类系统，分类系统遵循形态成因统一原则，综合考虑风向、风力、植被等因素；其次在分类系统基础上，结合遥感影像特征建立风沙地貌类型的遥感影像特征标志库；然后进行基于专家知识的类型解译；最后对解译结果进行评价及检查，修订有争议的界线，同时完善属性库，最终形成风沙地貌类型数据库。风沙地貌由于土壤基质的特殊性，具有独特的光谱特征，在遥感影像上容易识别。

7.5.2.5 沙尘暴监测

沙尘暴发生时，空间和时间分辨率均较低，加上其常发生在沙漠及其边缘地区，传统的地面定点观测因受自然条件和环境的影响很难对沙尘暴进行长期监测、预报和研究。同时，受人力、物力、财力和技术的限制，在地面设立监测站来监测沙尘暴很难实施大规模布点。因此，卫星遥感已成为跟踪分析沙尘暴的重要方法。此外，许多研究证明来自 MODIS、AVHRR 和 TOMS 的卫星影像在沙尘暴探测中做出了巨大贡献(Yue，2017；Givri，1996；任霄玉，2014)。

MODIS 光谱性能稳定，辐射定标精度优越。目前的研究方法是通过对多次沙尘暴过程 MODIS 光谱特征分析，确定对沙尘敏感的波段，对几个敏感波段进行组合，构建定量监测沙尘暴的沙尘指数，从而对沙尘暴范围和强度进行定量监测。

(1)常用的沙尘指数

①波段亮温差算法(*BTD*)(Baddock，2009)

$$D=BT_{31}-BT_{32}$$

②*NDDI*(Qu，2006)

$$NDDI=(\rho 2.13\mu m-\rho 0.469\mu m)/(\rho 2.13\mu m+\rho 0.469\mu m)$$

③*BADI*(Yue，2017)

$$BADI=2/\pi\times \arctan(BDI/BDI_{0.95})$$

④*DSI*(Loingsigh，2014)

$$DSI=\sum_{i=1}^{n}[(5\times SDS)+MDS+(0.05\times LDE)]_i$$

DSI=*n* 个台站沙尘暴指数，其中 *i* 为 *n* 个台站的第 *i* 个值，*i*=1-*n*。

SDS=Severe Dust Storm days(重度沙尘天气)

MDS=Moderate Dust Storm days(中度沙尘天气)

LDE=Local Dust Event Days(局部沙尘事件天数)

(2)研究案例

①指数的构建　如图7-32所示，3个MODIS波段(band20，band31，band32)的亮温可以有效检测沙尘。32波段的沙尘亮温值高于31波段，因此可以利用两个波段的差值(BTD32-31)来区分尘埃与地物。

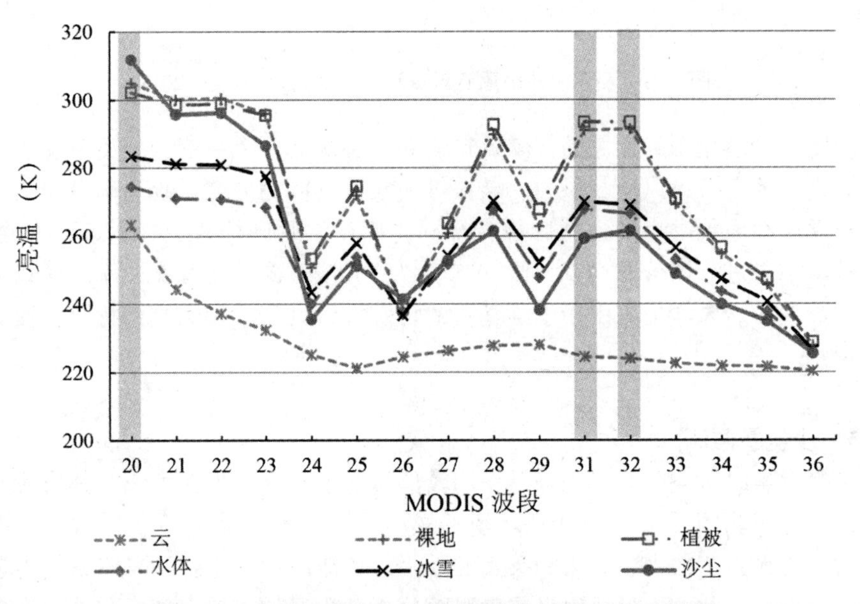

图7-32　中分辨率成像光谱仪(MODIS)的亮度温度特性

②监测结果　在2000年3月6日发生的沙尘暴中，*BADI* 有效地量化了沙尘天气发生的核心区域，并将其定位为一个约为10 344km² 的区域，集中在研究区东北部的科尔沁沙地周围(图7-33a，b)。*BADI* 能够清楚地识别灰尘羽流，并将灰尘与裸露的土地区分开。沙尘区的 *BADI* 值显著高于无尘区(图7-33b)。*BADI* 能够清楚地识别羽状沙尘，并将沙尘与裸露的土地区分开。沙尘区的 *BADI* 值显著高于无尘区(图7-33b)。在2005年4月28日发生的沙尘暴中，*BADI* 探测到的沙尘面积为525 023 km²，起源于西北戈壁

沙漠，将大量松散的沙尘吹向东南(图 7-33c，d)。在 2006 年 5 月 30 日发生的沙尘暴中，*BADI* 大于沙尘/无尘阈值的区域约为 302 672 km^2，位于戈壁沙漠、中国东北地区、蒙古东部地区和俄罗斯部分地区。沙尘区 *BADI* 值也显著大于无尘区(图 7-33e，f)。

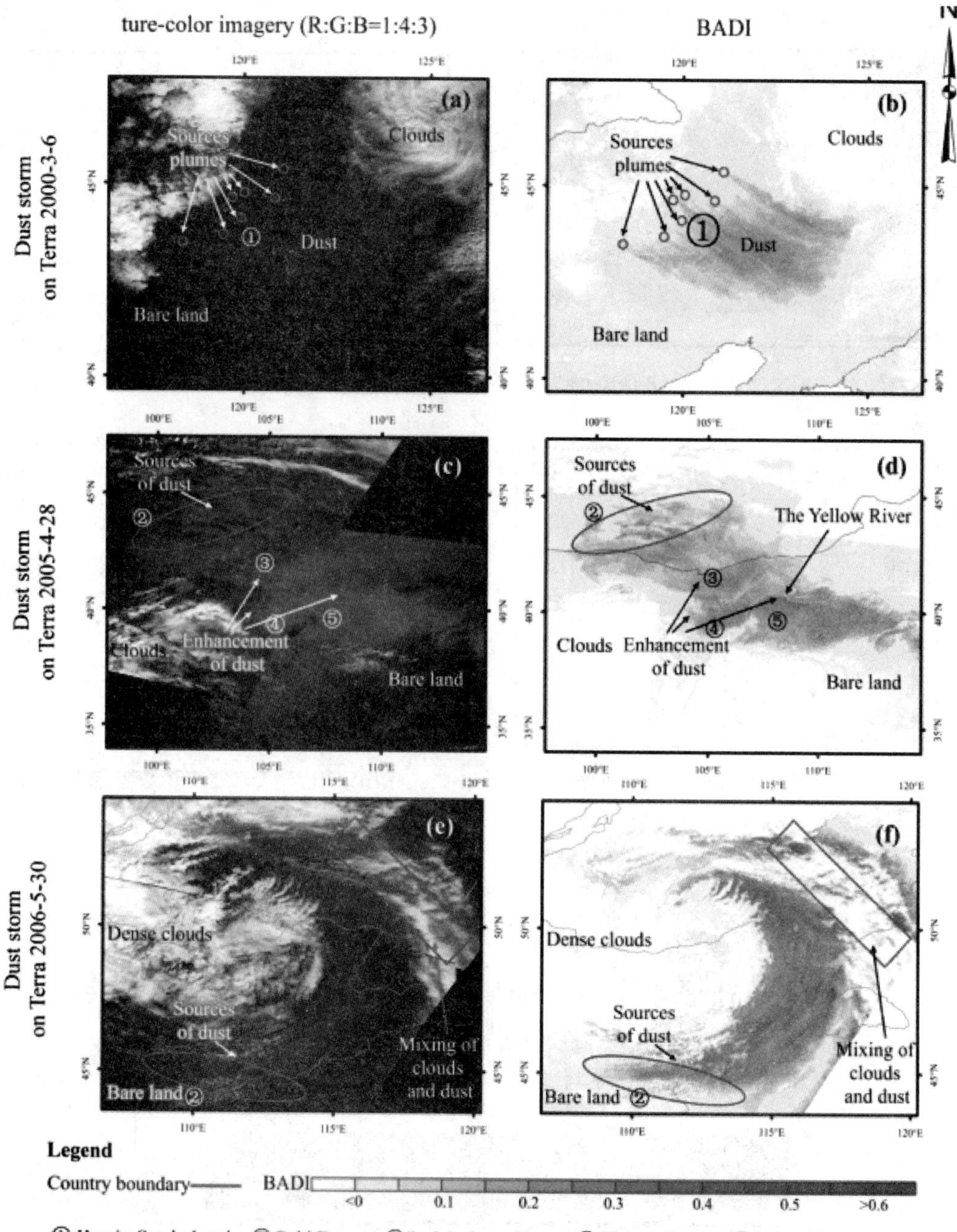

图 7-33 利用亮度温度调节沙尘指数(*BADI*)对 3 次沙尘暴事件进行了分析

(a、c 及 e)代表于 2000 年 3 月 6 日、2005 年 4 月 28 日及 2006 年 5 月 30 日得的沙尘暴真彩图像。(b、d 及 f)代表于 2000 年 3 月 6 日、2005 年 4 月 28 日及 2006 年 5 月 30 日得的沙尘暴 BADI 指数。

③不同指数对比　将 *BADI* 与 *BTD*32-31 进行比较，我们发现 *BADI* 比 *BTD*32-31 更能准确地表示沙尘密度。在区域“HD ”和“LD ”中，*btd*32-31 的值几乎相等。然而，*BADI* 值差异很大，如图 7-34(b)、(c)所示。将 *BADI* 与 *NDDI* 进行比较，可以更准确地确

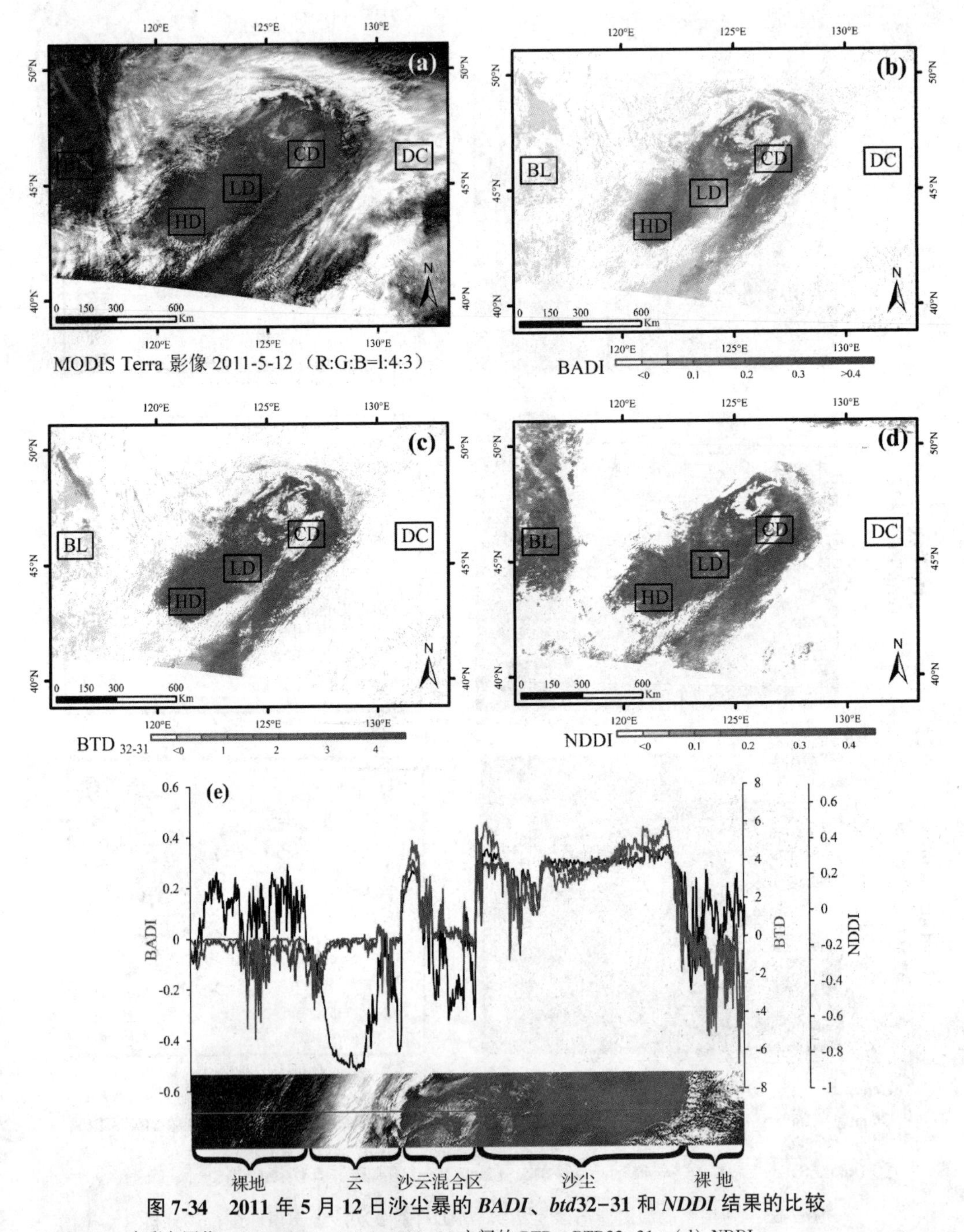

图 7-34　2011 年 5 月 12 日沙尘暴的 *BADI*、*btd*32-31 和 *NDDI* 结果的比较

(a)MODIS 真彩色图像　(b) BADI　(c) band32-31 之间的 BTD：BTD32-31　(d) NDDI
(e) BADI、BTD32-31 和 NDDI 的垂直横断面。图中，BL 为裸地，HD 为高密度沙尘，LD 为低密度沙尘，CD 为沙尘上的卷云，DC 为无尘的密云。

定沙尘暴的范围。在“BL”、“HD”和“LD”区域内，*NDDI* 值非常相似，而 *BADI* 值则不同，如图 7-34(d)所示。此外，3 个沙尘指数沿垂直方向横断面的结果还表明，*BADI* 可以有效区分沙尘和无尘区域，并减少不同地物之间的混淆。同时，在沙尘暴区域，随着沙尘浓度的增加，*BADI* 呈明显的增加趋势，而 *btd*32-31 和 *NDDI* 变化不明显，如图 7-34(*e*)所示。这表明，*BADI* 比 btd32-31 和 *NDDI* 更能有效地表征沙尘密度。

思考题

1. 简述风洞实验的理论基础。
2. 如何在野外测量地表粗糙度？
3. 简述风蚀强度的测定主要方法。
4. “3S”技术在风沙研究中如何发挥作用？

推荐阅读

蒙古高原塔里亚特—锡林郭勒样带土壤风蚀速率的(137)Cs 示踪分析．刘纪远，齐永青，师华定，等．科学通报，2007. 52(23)，2785-2791.

毛乌素沙地植被覆盖率与风蚀输沙率定量关系．黄富祥，牛海山，王明星，等．地理学报，2001. 56(6)，700-710.

基于 MODIS 时间序列数据的沙漠化遥感监测及沙漠化土地图谱分析——以内蒙古中西部地区为例．康文平，刘树林，段翰晨．中国沙漠，2016. 36(2)，307-318.

Numerical simulation of three-dimensional wind flow patterns over a star dune. Tan L，Zhang W，Bian K，et al. Journal of Wind Engineering and Industrial Aerodynamics. 2016. 159：1-8.

Shelter effect efficacy of sand fences：A comparison of systems in a wind tunnel. Wang T，Qu J，Ling Y，et al. Aeolian Research，2018. 30，32-40.

参考文献

柏实义，1985. 二相流动[M]. 施宁光，等译. 北京：国防工业出版社.

保广裕，高顺年，戴升，等，2002. 西宁地区沙尘暴天气的环流特征及其预报[J]. 气象(05)：27-31.

陈东，曹文洪，傅玲燕，等，1996. 风沙运动规律的初步研究[J]. 泥沙研究(6)：84-89.

陈静生，邓宝山，贾振邦，1984. 关于"外来尘"对北京大气质量影响的研究[J]. 中国环境科学，4(1)：10-17.

陈巧，陈永富，胡庭兴，2005. 地表土壤湿度和植被状况的监测及其与沙尘暴发生的关系探讨[J]. 四川农业大学学报(03)：295-299.

陈霞，魏文寿，顾光芹，等，2012. 塔克拉玛干沙漠腹地沙尘气溶胶对低层大气的加热效应[J]. 气象学报，70(6)：1235-1246.

陈晓兰，2008. 大气颗粒物造成的健康损害价值评估[D]. 厦门：厦门大学硕士学位论文.

陈勇航，向鸣，吕新生，等，1999. 塔克拉玛干沙漠腹地盛夏十场沙尘暴综合分析与预报探讨[J]. 新疆气象(01)：3-5.

陈志清，朱震达，2000. 从沙尘暴看西部大开发中生态环境保护的重要性[J]. 地理科学进展(03)：259-265.

陈宗良，葛苏，张晶，1994. 北京大气气溶胶小颗粒的测量与解析[J]. 环境科学研究，7(3)：1-9.

成天涛，吕达仁，章文星，等，2005. 浑善达克沙地对北京春季沙尘天气的贡献[J]. 云南大学学报(自然科学版)(S2)：245-251.

池梦雪，张宝林，王涛，等，2019. 2000—2018 年黄土高原沙尘天气遥感监测及尘源分析[J]. 科学技术与工程，19(18)：380-388.

代亚亚，何清，陆辉，等，2016. 塔克拉玛干沙漠腹地复合型纵向沙垄区近地层沙尘水平通量及粒度特征[J]. 中国沙漠，36(4)：918-924.

戴树桂，2005. 环境化学进展[M]. 北京：化学工业出版社.

德明，1989. 亚洲中部干旱区自然地理[M]. 西安：陕西师范大学出版社.

丁国栋，2008. 风沙物理学中两个焦点问题研究形状与未来研究思路刍议[J]. 中国沙漠，28(3)：395-398.

丁国栋，奥村武信，1994. 风沙流结构的风洞实验研究[J]. 内蒙古林学院学报，16(1)：40-46.

丁国栋，王贤，王俊中，2001. 沙纹分布地流体力学模拟[J]. 北京林业大学学报，23(6)：13-16.

丁剑，张剑波，2006. 颗粒物中粗细粒子的毒性比较[J]. 环境与健康杂志，23(5)：466-467.

丁金枝，来利明，赵学春，等，2011. 荒漠化对毛乌素沙地土壤呼吸及生态系统碳固持的影响[J]. 生态学报，31(6)：1594-1603.

董安祥，白虎志，俞亚勋，等，2003. 影响河西走廊春季沙尘暴的物理因素初步分析[J]. 甘肃科学学报(03)：25-30.

董光荣，高尚玉，金炯，1993. 青海共和盆地土地沙漠化与防治途径 [M]. 北京：科学出版社.

董光荣，李长治，金炯，等，1987. 关于土壤风蚀风洞模拟实验的某些结果[J]. 科学通报，32(4)：297-301.

董雪玲，2004. 大气可吸入颗粒物对环境和人体健康的危害[J]. 资源·产业，6(5)：50-53.

董玉祥，2001. 海岸风沙运动观测与模拟的研究与进展[J]. 干旱区资源与环境，15(2)：60-66.

董玉祥，康国定，1994. 中国干旱半干旱地区风蚀气候侵蚀力的计算与分析[J]. 水土保持学报，8(3)：1-7.

董玉祥，刘玉璋，刘毅华，1995. 沙漠化若干问题研究[M]. 西安：西安地图出版社.

董治宝，1998. 建立小流域风蚀量统计模型初探[J]. 水土保持通报，18(5)：55-62.

董治宝，1999. 土壤风蚀预报简述[J]. 中国水土保持(6)：17-19.

董治宝，2005. 风沙起动形式与起动假说[J]. 干旱气象，23(2)：64-69.

董治宝，2005. 中国风沙物理研究 50a(Ⅰ)[J]. 中国沙漠，25(3)：293-305.

董治宝，2006. 风沙起动的随机性及其判别[J]. 干旱气象，24(3)：1-4.

董治宝，陈广庭，1997. 内蒙古后山地区土壤风蚀问题初论[J]. 土壤侵蚀与水土保持学报，3(2)：84-90.

董治宝，陈渭南，李振山，等，1996. 植被对土壤风蚀影响作用的实验研究[J]. 土壤侵蚀与水土保持学报，2(2)：1-8.

董治宝，董光荣，1996. 以北方旱作农田为重点开展我国的土壤风蚀研究[J]. 干旱区资源与环境，10(2)：31-37.

董治宝，董光荣，陈广庭，1995. 风沙物理学研究进展与展望[J]. 大自然探索，14(3)：30-37.

董治宝，李振山，1998. 风成沙粒度特征对其风蚀可蚀性的影响[J]. 土壤侵蚀与水土保持学报，4(4)：1-5，12.

董治宝，孙宏义，2003. WITSEG 集沙仪风洞用多路集沙仪[J]. 中国沙漠，23(6)：714-720.

董治宝，郑晓静，2005. 中国风沙物理研究 50a(Ⅱ)[J]. 中国沙漠，25(6)：795-812.

董治宝，2011. 库姆塔格沙漠风沙地貌[M]. 北京：科学出版社.

董智，2004. 乌兰布和沙漠绿洲风蚀控制机理研究[D]. 北京：北京林业大学.

杜鹏飞，海春兴，赵明，等，2008. 阴山北麓春季土壤风蚀对不同土地利用表土有机质的影响[J]. 干旱区炎源与环境，21(12)：89-92.

樊瑞静，李生宇，俞祥祥，等，2017. 塔克拉玛干沙漠腹地沙粒胶结体的粒度特征[J]. 中国沙漠，37(6)：1059-1065.

范一大，史培军，潘耀忠，等，2001. 基于 NOAA/ AVHRR 数据的区域沙尘暴强度监测[J]. 自然灾害学报，10(4)：46-51.

范一大，史培军，王秀山，等，2002. 中国北方典型沙尘暴的遥感分析[J]. 地球科学进展，17(2)：289-294.

方宗义，张运刚，郑新江，等，2001. 用气象卫星遥感监测沙尘的方法和初步结果[J]. 第四纪研究，21(1)：48-55.

方宗义，朱福康，江吉喜，等，1997. 中国沙尘暴研究[M]. 北京：气象出版社.

冯晓静，高焕文，李洪文，等，2007. 北方农牧交错带风蚀对农田土壤特性的影响[J]. 农业机械学报，38(5)：51-54.

冯鑫媛，王式功，程一帆，等，2010. 中国北方中西部沙尘暴气候特征[J]. 中国沙漠，30(02)：394-399.

高庆先，李令军，张运刚，等，2000. 我国春季沙尘暴研究[J]. 中国环境科学(06)：495-500.

高庆先，任阵海，李占青，等，2005. 利用 EP/TOMS 遥感资料分析我国上空沙尘天气过程[J]. 环境科学研究(04)：96-101.
高尚武，1984. 治沙造林学[M]. 北京：中国林业出版社.
高尚玉，张春来，邹学勇，等，2012. 京津风沙源治理工程效益[M]. 2 版 . 北京：科学出版社 .
高涛，刘景涛，康铃，2001. 沙尘暴天气的归类判别分析预报模式[J]. 甘肃气象(02)：14-20.
高征锐，赵爱国，1983. 遥测集沙仪的研制[J]. 中国沙漠(1)：35-39.
顾卫，蔡雪鹏，谢峰，等，2002. 植被覆盖与沙尘暴日数分布关系的探讨——以内蒙古中西部地区为例[J]. 地球科学进展，17(2)：273-277.
郭铌，张杰，韩涛，等，2004. 西北特殊地形与沙尘暴发生的关系探讨[J]. 中国沙漠(05)：60-65.
郭晓妮，马礼，2009. 坝上地区不同土地利用类型的地块土壤年风蚀量的对比——以河北省张家口市康保牧场为例[J]. 首都师范大学学报(自然科学版)，30(4)：93-96.
郭宇宏，李新琪，王永嘉，等，2004. 2002 年冬季新疆塔城地区沙尘暴成因及对策[J]. 干旱区地理(02)：261-265.
郭雨华，赵廷宁，丁国栋，等，2006. 灌木林盖度对风沙土风蚀作用的影响[J]. 水土保持研究，13(5)：245-247
国家林业局宣传办公室，2001. 防沙治沙基本问题问答[M]. 北京：中国林业出版社.
哈斯，董光荣，王贵勇，1999. 腾格里沙漠东南缘沙丘表面气流与坡面形态的关系[J]. 中国沙漠，19(1)：1-5.
哈斯，王贵勇，董光荣，2000. 腾格里沙漠东南缘格状沙丘表面气流及其地貌学意义[J]. 中国沙漠，20(1)：30-34.
韩经纬，裴浩，宋桂英，2005. 静止气象卫星监测沙尘暴天气的方法与应用研究[J]. 干旱区资源与环境(02)：67-71.
韩庆杰，屈建军，张克存，等，2011. 海滩湿润沙面起动摩阻风速的风洞实验[J]. 中国沙漠，31(6)：1373-1379.
韩涛，李耀辉，郭铌，2005. 基于 EOS/MODIS 资料的沙尘遥感监测模型研究[J]. 高原气象(05)：757-764.
韩秀珍，刘志丽，马建文，等，2004. 沙尘源区 LST/Albedo 时序变化与 TSP 的对比分析——以 2001 年春季中国北方强沙尘过程为例[J]. 地理研究(01)：19-28，140.
韩永翔，宋连春，赵天良，等，2006. 北太平洋地区沙尘沉降与海洋生物兴衰的关系[J]. 中国环境科学(02)：157-160.
何宏让，刘晓明，1999. 初始冰核浓度对冷云对流性降水影响的数值试验[J]. 气象科学，19(1)：43-49.
何清，赵景峰，1997. 塔里木盆地浮尘时空分布及对环境影响的研究[J]. 中国沙漠，17(2)：119-126.
何新星，王跃思，温天雪，等，2005. 2004 年春季北京一次沙尘暴的理化特性分析[J]. 环境科学(05)：1-6.
贺大良，高有广，1998. 沙粒跃移运动的高速摄影研究[J]. 中国沙漠，9(1)：18-29.
贺海晏，简茂球，乔云亭，2010. 动力气象学[M]. 北京：气象出版社 .
贺庆棠，1986. 气象学[M]. 北京：中国林业出版社 .
贺庆棠，2000. 中国森林气象学[M]. 北京：中国林业出版社 .
贺哲，韩雪英，孔海江，等，2000. 沙尘暴天气的成因及其天气形势分析[J]. 河南气象(04)：3-4.
胡金明，崔海亭，唐志尧，1999. 中国沙尘暴时空特征及人类活动对其发展趋势的影响[J]. 自然灾害学报，8(4)：49-56.
胡克，吴东辉，杨德明，等，2001. 远源沙尘暴对城市生态环境影响的初步研究[J]. 长春科技大学学报(02)：176-179.

胡文东，高晓清，2003. “2001. 4. 6”宁夏沙尘暴过程卫星图像分析[J]. 高原气象(06)：590-596.

胡杨，1994. 集沙仪的性能实验[J]. 世界沙漠研究(1)：42-46.

胡隐樵，光田宁，1997. 强沙尘暴微气象特征和局地触发机制[J]. 大气科学(05)：70-78.

胡云锋，王绍强，杨风亭，2004. 风蚀作用下的土壤碳库变化及在中国的初步估算[J]. 地理研究，23(6)：760-768.

胡赞远，吕志咏，2009. 风沙运动中沙粒阻力的数值研究[J]. 中国沙漠，29(1)：46-50.

黄富祥，牛海山，王明星，等，2001. 毛乌素沙地植被覆盖率与风蚀输沙率定量关系[J]. 地理学报，56(6)：700-710.

黄玉霞，王宝鉴，2001. 兰州市呼吸道疾病与沙尘天气关系的分析[J]. 干旱气象，19(3)：41-44.

霍寿喜，2003. 沙尘暴危害人体健康[J]. 国土绿化(3)：35-35.

孔志明，许超，1995. 环境毒理学[M]. 南京：南京大学出版社.

李滨生，1990. 治沙造林学[M]. 北京：中国林业出版社.

李长治，董光荣，1987. 平口式集沙仪的研制[J]. 中国沙漠(3)：49-50.

李崇银，刘喜迎，2017. 高等动力气象学[M]. 北京：气象出版社.

李国平，2006. 新编动力气象学[M]. 北京：气象出版社.

李海英，高涛，薄玉华，2003. 内蒙古中西部春季沙尘暴预测初探[J]. 气象(10)：22-25.

李红，曾凡刚，邵龙义，等，2002. 可吸入颗粒物对人体健康危害的研究进展[J]. 环境与健康杂志，19(1)：85-87.

李后强，1992. 风积地貌形成的湍流理论[J]. 中国沙漠(3)：1-9.

李娟，2009. 中亚地区沙尘气溶胶的理化特性、来源、长途传输及其对全球变化的可能影响[D]. 上海：复旦大学博士学位论文.

李君，范雪云，佟俊旺，等，2004. 沙尘暴特性及对人体健康影响[J]. 中国煤炭工业医学杂志，7(9)：897-898.

李克让，2002. 土地利用变化和温室气体净排放与陆地生态系统碳循环[M]. 北京：气象出版社.

李宽，贾晓鹏，熊鑫，等，2019. 额济纳旗典型地表沙尘释放潜力及沙尘天气频发成因[J]. 中国沙漠，39(03)：191-198.

李令军，高庆生，2001. 2000年北京沙尘暴源地解析[J]. 环境科学研究(02)：1-3，65.

李万清，周又和，郑晓静，2006. 风沙跃移运动发展过程的离散动力学模拟[J]. 中国沙漠，26(1)：47-53.

李万源，沈志宝，吕世华，等，2007. 风蚀影响因子的敏感性试验[J]. 中国沙漠，27(6)：984-993

李小雁，李福兴，1998. 土壤风蚀中有关土壤性质因子的研究历史与动向[J]. 中国沙漠，18(1)：91-95.

李晓丽，申向东，2006. 裸露耕地土壤风蚀跃移颗粒分布特征的试验研究[J]. 农业工程学报(5)：74-77.

李耀辉，赵建华，薛纪善，等，2005. 基于GRAPES的西北地区沙尘暴数值预报模式及其应用研究[J]. 地球科学进展(09)：999-1011.

李永善，2008. 沙尘天气对牧业的危害及预防[J]. 现代农业(4)：94.

李振山，董治宝，陈广庭，1997. 风沙运动数值模拟研究的进展[J]. 干旱区研究，14(1)：63-68.

李振山，倪晋仁，刘贤万，2003. 垂直点阵集沙仪的集沙效率[J]. 泥沙研究(1)：24-31.

李智广，邹学勇，程宏，2013. 我国风力侵蚀抽样调查方法[J]. 中国水土保持科学，11(4)：17-21.

厉青，王桥，王文杰，等，2006. 基于Terra/MODIS的沙尘暴业务化遥感监测研究[J]. 国土资源遥感

(01)：43-45，95.
廖艾贤，1987. 流体力学[M]. 北京：中国铁道出版社.
廖超英，郑粉莉，刘国彬，等，2004. 风蚀预报系统(WEPS)介绍[J]. 水土保持研究，11(4)：77-79.
凌士兵，2005. 沙尘气溶胶影响区域降水的数值研究[D]. 南京：南京信息工程大学硕士学位论文.
凌裕泉，1998. 风成沙纹形成的风洞模拟研究[J]. 地理学报(6)：1-10.
凌裕泉，屈建军，李长治，2003. 应用近景摄影法研究沙纹的移动[J]. 中国沙漠，23(2)：118-120.
刘秉正，吴发启，1997. 土壤侵蚀[M]. 西安：陕西人民出版社.
刘大有，1994. 关于二相流多相流多流体模型和非牛顿流等概念探讨[J]. 力学进展(24)：66-74.
刘大有，董飞，1996. 风沙二相流动的三流体模型[J]. 应用数学和力学，17(7)：613-621.
刘汉涛，麻硕士，窦卫国，等，2006. 土壤风蚀量随残茬高度的变化规律研究[J]. 干旱区资源与环境，20(4)：182-185.
刘鹤年，2004. 流体力学[M]. 2版. 北京：中国建筑工业出版社.
刘红年，蒋维楣，2004. 一次沙尘暴过程对大气痕量成分浓度影响的模拟研究[J]. 自然科学进展(07)：63-67.
刘纪远，齐永青，师华定，等，2007. 蒙古高原塔里亚特-锡林郭勒样带土壤风蚀速率的^{137}Cs示踪分析[J]. 科学通报，52(23)：2785-2791.
刘江，许秀娟，2002. 气象学(北方本)[M]. 北京：中国农业出版社.
刘景涛，郑明倩，1998. 华北北部黑风暴的气候学特征[J]. 气象，24(2)：39-44.
刘连友，王建华，李小雁，等，1998. 耕作土壤可蚀性颗粒的风洞模拟测定[J]. 科学通报(15)：3-5.
刘王涛，2011. 中国风沙防治工程[M]. 北京：科学出版社.
刘伟东，程丛兰，张明英，等，2004. 北京地区沙尘天气监测预报预警业务系统[J]. 气象科技(S1)：50-53.
刘贤万，1995. 实验风沙物理学与风沙工程学[M]. 北京：科学出版社，79-97.
刘小平，董治宝，2002. 湿沙的风蚀起动风速实验研究[J]. 水土保持通报，22(2)：1-4，61.
刘小平，董治宝，2003. 空气动力学粗糙度的物理与实践意义[J]. 中国沙漠，23(4)：336-346.
刘章正，吴发启，1997. 土壤侵蚀[M]. 西安：陕西人民出版社.
刘志丽，马建文，张国平，等，2005. 亚洲沙尘暴的遥感监测方法研究——以中国—日本合作研究区为例[J]. 武汉大学学报(信息科学版)(08)：708-711.
卢琦，2001. 荒漠化防治与生态良好[J]. 世界林业研究(06)：33-40.
卢琦，2002. 中国沙情[M]. 北京：开明出版社.
罗万银，董治宝，2005. 风蚀对土壤养分及碳循环影响的研究进展与展望[J]. 地理科学进展，24(4)：75-83.
马军，朱庆文，2007. 我国土地荒漠化危害、成因及其防治对策[J]. 安徽农业科学，35(32)：10445-10447.
马世威，1988. 风沙流结构的研究[J]. 中国沙漠，8(3)：8-21.
马世威，马玉明，姚洪林，等，1998. 沙漠学[M]. 呼和浩特：内蒙古人民出版社.
马玉明，王林和，姚云峰，等，2004. 风沙运动学[M]. 呼和浩特：远方出版社.
马玉明，姚洪林，2001. 光电子集沙仪对毛乌素沙地沙丘蚀积过程的观测[J]. 中国沙漠，21(spp.)：68-71.
毛晓雅，2020. 我国荒漠化和沙化面积连续15年“双缩减”[J]. 山西农经(01)：10.
孟树标，温素卿，王超，2006. 黄羊滩风蚀沙地地表风蚀量的研究[J]. 河北林业科技(1)：5-6.
慕青松，廖江海，马崇武，2008. 苗天德粗糙元覆盖对土壤风蚀的控制作用[J]. 土壤学报，45(6)：

1026-1033.
慕青松，苗天德，马崇武，2004. 不均匀沙起动理论及戈壁风蚀层形成动力学[J]. 中国沙漠，24(3)：279-286.
南岭，杜灵通，王锐，2013. 土壤风蚀模型研究进展[J]. 世界科技研究与发展，35(4)：505-509.
倪晋仁，李振山，2002. 挟沙气流中输沙量垂线分布的实验研究[J]. 泥沙研究，(1)：30-35.
倪晋仁，李振山，2006. 风沙两相流理论及其应用[M]. 北京：科学出版社.
帕提古力·麦麦提，巴特尔·巴克，何芳，2013. 短时间人工沙尘覆盖对阿月浑子叶片光合和叶绿素荧光的影响[J]. 新疆农业大学学报，36(4)：310-316.
潘耀忠，范一大，史培军，等，2003. 近50年来中国沙尘暴空间分异格局及季相分布——初步研究[J]. 自然灾害学报(01)：1-8.
濮励杰，Higg.，1998. DL. 137Cs应用于我国西部风蚀地区土地退化的初步研究：以新疆库尔勒为例[J]. 土壤学报，35(4)：441-449.
齐永青，刘纪远，师华定，等，2008. 蒙古高原北部典型草原区土壤风蚀的137Cs示踪法研究[J]. 科学通报，53(9)：1070-1076.
钱宁，万兆惠，1986. 泥沙运动力学[M]. 北京：科学出版社.
钱亦兵，周兴佳，吴兆宁，2000. 准噶尔盆地沙物质粒度特征研究[J]. 干旱区研究，17(2)：34-41.
钱正安，贺慧霞，瞿章，等，1997. 我国西北地区沙尘暴的分级标准和个例谱及其统计特征[A]. 方宗义. 中国沙尘暴研究[C]. 北京：气象出版社，1-10.
钱正安，焦彦军，1997. 青藏高原气象学的研究进展和问题[J]. 地球科学进展(03)：207-216.
秦保平，解辉，2002. 天津市空气污染物PMsTSP比例研究[J]. 城市环境与城市生态，15(6)：20-21.
屈建军，廖空太，俎瑞平，等，2007. 库姆塔格沙漠羽毛状沙垄形成机理研究[J]. 中国沙漠，27(3)：349-355.
屈建军，孙宏义，李金贵，2001. 腾格里沙漠东南缘沙尘暴变化趋势的Markov模型分析[J]. 中国沙漠(S1)：74-77.
全林生，时少英，朱亚芬，等，2001. 中国沙尘天气的时空特征及其气候原因[J]. 地理报，56(4)：477-485.
任晰，胡非，胡欢陵，等，2004. 2000—2002年沙尘现象对北京大气中PMg质量浓度的影响评估[J]. 环境科学研究，17(1)：51-55.
沙占江，马海州，李玲琴，等，2009. 基于遥感和137Cs方法的半干旱草原区土壤侵蚀量估算[J]. 中国沙漠，29(4)：589-595.
山东工学院，南京电力学院，1980. 工程流体力学[M]. 北京：高等教育出版社.
申彦波，沈志宝，杜明远，等，2005. 风蚀起沙的影响因子及其变化特征[J]. 高原气象，24(4)：611-616.
沈济，殷兴军，宋文质，等，1986. 空气污染对天津市能见度的影响[J]. 环境化学，5(1)：34-37.
时宗波，邵龙义，李红，等，2002. 北京市西北城区取暖期环境大气中PM的物理化学特征[J]. 环境科学，23(1)：30-34.
史培军，严平，高尚玉，等，2000. 我国沙尘暴灾害及其研究进展与展望[J]. 自然灾害学报，9(3)：71-77.
史培军，严平，袁艺，2002. 中国土壤风蚀研究的现状与展望[R]. 第十二届国际水土保持大会邀请学术报告，1-15.
苏日娜，2019. 内蒙古“5. 3”强沙尘暴天气成因分析[J]. 中国农学通报，35(18)：95-102.

孙保平，2000. 荒漠化防治工程学[M]. 北京：中国林业出版社.
孙建华，赵琳娜，赵思雄，2003. 一个适用于我国北方的沙尘暴天气数值预测系统及其应用试验[J]. 气候与环境研究(02)：125-142.
孙军，李泽椿，2001. 西北地区沙尘暴预报方法的初步研究[J]. 气象(01)：19-24.
孙显科，2004. 风沙运动理论体系的创建与研究[J]. 中国沙漠，24(2)：129-135.
孙显科，张凯，2001. 论沙粒两种起动关系与沙粒跃移的双重性[J]. 中国沙漠，21(1)：39-44.
孙显科，张凯，张大治，等，2003. 沙纹弹道成因理论评析[J]. 中国沙漠，23(4)：471-475.
孙悦超，麻硕士，陈智，等，2007. 阴山北麓干旱半干旱区地表土壤风蚀测试与分析[J]. 农业工程学报，23(12)：1-5.
谭立海，张伟民，屈建军，等，2016. 不同砾石覆盖度戈壁床面风蚀速率定量模拟[J]. 中国沙漠，36(3)：581-588.
唐进年，徐先英，金红喜，等，2007. 自然风成沙纹的形态特征及其与地表沙物理性状的关系[J]. 北京林业大学学报(19)：111-115.
唐淑娟，何清，桑长青，等，1999. 塔克拉玛干沙漠腹地盛夏沙尘暴天气卫星云图分析[J]. 新疆气象(02)：3-5.
陶波，葛全胜，李克让，等，2001. 陆地生态系统碳循环研究进展[J]. 地理研究，20(5)：564-574.
田栋，付仲颖，2019. 河西走廊春季大风、沙尘暴的成因差异初探[J]. 科技与创新，(10)：126-127.
屠志方，李梦先，孙涛，2016. 第五次全国荒漠化和沙化监测结果及分析[J]. 林业资源管理(01)：1-5，13.
汪保录，王红梅，于彩虹，等，2017. 内蒙特大沙尘暴重金属暴露及风险评价研究[J]. 现代预防医学，44(21)：3866-3870.
王春明，叶家东，1997. 气溶胶浓度影响暖雨过程的数值模拟试验[J]. 气象科学，17(4)：316-324.
王存忠，牛生杰，王兰宁，2010. 中国50a来沙尘暴变化特征[J]. 中国沙漠，30(04)：933-939.
王格慧，2002. 南京市空气中颗粒物 PMg，PM2，污染水平[J]. 中国环境科学，22(4)：334-337.
王光谦，1998. 风成沙纹过程的计算机模拟[J]. 泥沙研究(3)：1-6.
王贵明，2011. 一次影响飞行的沙尘暴天气分析[J]. 内蒙古气象(2)：16-18.
王汉芝，刘振全，王萍，2005. 模糊权的神经网在沙尘暴预报中的应用[J]. 天津科技大学学报(02)：64-67.
王宏炜，黄峰，王慧觉，等，2007. 蒙尘胁迫对植物叶片气体交换的影响[J]. 武汉理工大学学报(交通科学与工程版)，23(4)：19-25.
王洪涛，董治宝，2003. 关于风沙流中风速廓线的进一步实验研究[J]. 中国沙漠，23(6)：721-724.
王金莲，赵满全，2008. 集沙仪的研究现状与思考[J]. 农机化研究，5：216-218.
王娜，2007. 利用激光雷达资料模拟沙尘气溶胶长波辐射效应及其边界层影响[D]. 兰州：兰州大学硕士学位论文.
王鹏祥，王遂缠，王锡稳，2003. 沙尘暴天气监测预警服务业务系统设计思路及其实现[J]. 甘肃气象(02)：7-8.
王萍，胡文文，郑晓静，2008. 沙粒的跃移与悬移[J]. 中国科学 G 辑：物理学 力学 天文学，38(7)：908-918.
王萍，郑晓静，2013. 野外近地表风沙流脉动特征分析[J]. 中国沙漠，33(6)：1622-1628.
王式功，董光荣，陈惠忠，等，2000. 沙尘暴研究的进展[J]. 中国沙漠，4：349-356.
王式功，董光荣，杨德保，等，1996. 中国北方地区沙尘暴变化趋势初探[J]. 自然灾害学报，5(2)：86-94.

王式功，冯鑫媛，赵春霞，等，2011. 沙尘污染及其对人体健康的影响[A]//中国气象局.2011年海峡两岸气象科学技术研讨会论文集[C]. 中国气象局：中国气象学会，7.

王式功，杨德保，金炯，等，1985. 我国西北地区沙尘暴时空分布及其成因分析[A]//中国科协第二届青年学术年会论文集(资源与环境科学分册)[C]. 北京：中国科学技术出版社，364-370.

王式功，杨德保，金炯，等，1995. 我国西北地区黑风暴的成因和对策[J]. 中国沙漠，15(1)：19-30.

王式功，杨德保，孟梅芝，等，1993. 甘肃河西“5·5”黑风天气系统结构特征及其成因分析[J]. 甘肃气象，11(3).

王遂缠，王鹏祥，王志宇，2005. 西北地区沙尘暴天气监测预警服务业务系统[J]. 干旱气象，(04)：83-87.

王涛，2001. 走向世界的中国沙漠化防治的研究与实践[J]. 中国沙漠，21(1)：1-3.

王锡稳，牛若云，冀兰芝，等，2003. 甘肃沙尘暴短期、短时业务化预报方法研究[J]. 应用气象学报(06)：684-692.

王翔宇，原鹏飞，丁国栋，等，2008. 不同植被覆盖防治土壤风蚀对比研究[J]. 水土保持研究，15(5)：38-41.

王新月，2006. 空气动力学基础[M]. 西安：西北工业大学出版社.

王旭，王健，马禹，2002. 新疆大风天气过程的特点[J]. 新疆气象(02)：4-6.

王雪臣，程磊，2004. 沙尘暴监测预警服务系统一期工程建设及应注意的问题[J]. 中国工程科学(03)：64-67.

王云超，张立峰，侯大山，等，2006. 河北坝上农牧交错区不同下垫面土壤风蚀特征研究[J]. 中国农学通报，22(8)：565-568.

王正非，朱廷曜，朱劲伟，等，1985. 森林气象学[M]. 北京：中国林业出版社.

魏林源，刘立超，唐卫东，等，2013. 民勤绿洲农田荒漠化对土壤性质和作物产量的影响[J]. 中国农学通报，29(32)：315-320.

吴焕忠，2002. 我国沙尘暴灾害述评及减灾对策[J]. 农村生态环境(02)：1-5，23.

吴晓京，郑新江，李小龙，等，2004. 东亚春季沙尘天气的卫星云图特征分析和分型[J]. 气候与环境研究(01)：1-13.

吴英，张杰，2002. 沙尘天气成因分析及预报[J]. 黑龙江气象(03)：24-25.

吴正，1987. 风沙地貌学[M]. 北京：科学出版社，91-95.

吴正，1997. 中国沙漠与海岸沙丘研究[M]. 北京：科学出版社.

吴正，等，1995. 华南海岸风沙地貌研究[M]. 北京：科学出版社.

吴正，等，2003. 风沙地貌与治沙工程学[M]. 北京：科学出版社.

吴正，刘贤万，1981. 风沙运动多相研究现状及展望[J]. 力学与实践，3(1)：8-11.

吴正，彭世古，等，1981. 沙漠地区公路工程[M]. 北京：人民交通出版社.

吴正，2009. 中国沙漠及其治理[M]. 北京：科学出版社.

伍永秋，2011. 自然地理学[M]. 北京：北京师范大学出版社.

夏训诚，等，1991. 新疆沙漠化与风沙灾害治理[M]. 北京：科学出版社.

夏训诚，杨根生，1996. 中国西北地区沙尘暴灾害及防治[M]. 北京：中国环境科学出版社.

谢骅，王庚辰，任丽新，等，2001. 北京市大气细粒态气溶胶的化学成分研究[J]. 中国环境科学，21(5)：432-435.

谢莉，郑晓静，2003. 风沙流中沙粒起跳初速度分布的探讨[J]. 中国沙漠，23(6)：637-645.

熊利亚，李海萍，庄大方，2002. 应用MODIS数据研究沙尘信息定量化方法探讨[J]. 地理科学进展(04)：327-332，406.

徐斌，刘新民，1993. 内蒙古奈曼旗中部农田土壤风蚀及其防治[J]. 水土保持学报，7(2)：75-80，88.

许焕斌，2014. 人工影响天气动力学研究[M]. 北京：气象出版社.

雅库波夫，T. S，1956. 土壤风蚀及其防治[M].(梁式弘，译)北京：农业出版社.

延昊，王绍强，王长耀，等，2004. 风蚀对中国北方脆弱生态系统碳循环的影响[J]. 第四纪研究，24(6)；672-677.

严菊芳，刘淑明，2018. 农林气象学[M]. 北京：气象出版社.

严平，董光荣，2003. 青海共和盆地土壤风蚀的^{137}Cs法研究[J]. 土壤学报，40(4)：497-502.

杨保，邹学勇，董光荣，1999. 风流中颗粒跃移研究的某些进展与问题[J]. 中国沙漠，19(2)：173-178.

杨东贞，房秀梅，李兴生，1998. 我国北方沙尘暴变化趋势的分析[J]. 应用气象学报，9(3)：352-358.

杨根生，王一谋，1993. "五·五"特大风沙尘暴的形成过程及防治对策[J]. 中国沙漠，13(3)：68-71.

杨具瑞，方铎，毕慈芬，等，2004. 非均匀风沙起动规律研究[J]. 中国沙漠，24(2)：248-251.

杨明远，1996. 地表粗糙度测定的分析与研究[J]. 中国沙漠，16(4)：383-387.

杨晓玲，周华，杨梅，等，2017. 河西走廊东部大风日数时空分布及其对沙尘天气的影响[J]. 中国农学通报，33(16)：123-128.

杨续超，刘晓东，2004. 东亚中纬度地区前期降水对中国北方春季强沙尘暴影响初探[J]. 干旱区地理(03)：293-299.

杨续超，刘晓东，2006. 中国北方强沙尘暴活动与亚洲地区对流层风场的联系[J]. 气候与环境研究(01)：94-100.

杨逸畴，洪笑天，1994. 关于金字塔沙丘成因的探讨[J]. 地理研究，13(1)：94-99.

殷雪莲，曹玲，丁荣，等，2001. 2000年河西秋、冬季沙尘暴成因分析及预报着眼点[J]. 甘肃气象(02)：48-51.

银山，包玉海，2002. 内蒙古沙尘天气生态环境背景遥感分析[J]. 水土保持研究(03)：149-151.

尹文言，肖景明，1991. 沙尘暴对微波通信线路的影响[J]. 通信学报，12(5)：91-96.

尹永顺，杨宏容，1987. 砾漠大风地区风沙流持征及防治线路积沙问题的研究[J]. 乌鲁木齐铁路局相研所.

尹永顺，1989. 砾漠大风地区风沙流研究[J]. 中国沙漠，9(4)：27-36.

袁恩熙，2004. 工程流体力学[M]. 北京：石油工业出版社.

臧英，2006. 土壤风蚀采沙器的结构设计与性能试验研究[J]. 农业工程学报，22(3)：46-50.

臧英，高焕文，周建忠，2003. 保护性耕作对农田土壤风蚀影响的试验研究[J]. 农业工程学报，19(2)：56-60.

张春来，宋长青，王振亭，等，2018. 土壤风蚀过程研究回顾与展望[J]. 地球科学进展，33(1)：27-41.

张广兴，李霞，2003. 气流水平涡度对沙纹形成的动力作用[J]. 中国沙漠，23(5)：574-576.

张国平，张增祥，刘纪远，2001. 中国土壤风力侵蚀空间格局及驱动因子分析[J]. 地理学报(02)：146-158.

张克存，屈建军，董治宝，等，2006. 风沙流中风速脉动对输沙量的影响[J]. 中国沙漠，26(3)：336-340.

张克家，吴富山，王庆斋，1999. 大气中的风[M]. 北京：气象出版社.

张宁，黄维，陆荫，等，1998. 沙尘暴降尘在甘肃的沉降状况研究[J]. 中国沙漠(01)：3-5.

张宁，倾继祖 . 1997. 沙尘暴对大气背景值的影响及遥感技术应用研究[J]. 甘肃环境研究与监测，10(3)：14-19.

张瑞瑾，谢鉴衡，等，1989. 河流泥沙动力学[M]. 北京：水利电力出版社 .

张钛仁，1997. 气象现代化业务效益评价方法探讨及评估[J]. 成都气象学院学报(01)：10-19.

张万儒，杨光滢，2005. 强沙尘暴降尘对北京土壤的影响[J]. 林业科学研究(01)：66-69.

张文军，2004. 沙尘对直升机的危害及防治方法[J]. 航空维修与工程(4)：65-66.

张晰莹，方丽娟，景学义，2003. 黑龙江省产生冰雹的卫星云图特征分析[A]//中国气象学会 . 新世纪气象科技创新与大气科学发展——中国气象学会 2003 年年会“地球气候和环境系统的探测与研究”分会论文集[C]. 中国气象学会：中国气象学会，6.

张兴赢，庄国顺，袁蕙，2004. 北京沙尘暴的干盐湖盐渍土源——单颗粒物分析和 XPS 表面结构分析[J]. 中国环境科学(05)：22-26.

张艳红，王建保，2006. 沙漠中土壤微生物的固沙作用分析[J]. 甘肃农业(09)：34.

张也影，1986. 流体力学[M]. 北京：高等教育出版社 .

张晔，王海兵，左合君，等，2019. 中国西北春季沙尘高发区及沙尘源解析[J]. 中国环境科学，39(10)：4065-4073.

张余，张克存，安志山，等，2017. 敦煌沙漠绿洲过渡带地表沉积物粒度特征及沉积环境[J]. 水土保持通报，37(4)：69-73.

张正偲，董治宝，2012. 土壤风蚀对表层土壤粒度特征的影响[J]. 干旱区资源与环境，26(12)：86-89.

张志刚，陈万隆，2003. 影响北京沙尘源地的气候特征与北京沙尘天气分析[J]. 环境科学研究(02)：6-9.

张志明，范钟秀，1996. 气象学与气候学[M]. 北京：中国水利水电出版社 .

赵春霞，2011. 沙尘暴对人群健康的影响[D]. 兰州：兰州大学 .

赵春霞，王振全，连素琴，等，2010. 沙尘暴对成人健康效应的影响[J]. 环境与健康杂志，27(09)：776-779.

赵春霞，王振全，王式功，等，2010. 沙尘暴对儿童呼吸系统健康效应的影响[A]//中国气象学会 . 第27 届中国气象学会年会气候环境变化与人体健康分会场论文集[C]. 中国气象学会：中国气象学会，8.

赵翠光，2004. 人工神经元网络方法在沙尘暴短期预报中的应用[J]. 气象(04)：39-41.

赵存玉，1992. 鲁西北风沙化土地农田风蚀机制与防治措施[J]. 中国沙漠，12(3)：45-50.

赵光平，杨有林，陈楠，等，2004. 宁夏区域性强沙尘暴卫星遥感监测系统[J]. 中国沙漠(06)：51-54.

赵哈林，2012. 沙漠生态学[M]. 北京：科学出版社.

赵红岩，陈旭辉，王锡稳，等，2004. 西北地区春季沙尘暴气候分析及预测方法研究[J]. 中国沙漠(05)：121-125.

赵宏波，赵东来，汪洋，等，2013. 风沙气候对电力光缆通信线路的影响分析[J]. 光通信研究(6)：39-41.

赵华军，2011. 沙尘暴粉尘对农作物呼吸作用的影响[D]. 兰州：甘肃农业大学硕士学位论文.

赵济，1995. 中国自然地理[M]. 北京：高等教育出版社.

赵君，张立峰，刘景辉，等，2010. 几种保护性耕作对土壤含水量和风蚀量的影响[J]. 安徽农业科学(9)：4720-4720，4728.

赵鸣，2006. 大气边界层动力学[M]. 北京：高等教育出版社.
赵松乔，1985. 中国干旱地区自然地理[M]. 北京：科学出版社.
赵兴梁，1993. 甘肃特大沙尘暴的危害与对策[J]. 中国沙漠，13(3)：1-7.
赵兴梁，1993. 世界沙海的研究[M]. 银川：宁夏人民出版社.
赵羽，金争平，史培军，等，1988. 内蒙古土壤侵蚀[M]. 北京：科学出版社.
郑兵，吕伟，姚洪林，等，2010. 浑善达克沙地南缘风蚀量的研究[J]. 干旱区资源与环境，24(6)：112-117.
郑晓静，薄天利，谢莉，2007. 风成沙波纹的离散粒子追踪法模拟[J]. 中国科学(G辑)，8.
郑晓静，周又和，2003. 风沙运动研究中的若干关键力学问题[J]. 力学与实践，25(2)：1-6.
中国科学技术协会学会工作部，1990. 中国土地退化防治研究[M]. 北京：中国科学技术出版社.
中国科学院治沙工作队，1962. 治沙研究(第四号)[M]. 北京：科学出版社.
周建忠，路明，2004. 保护性耕作残茬覆盖防治农田土壤风蚀的试验研究[J]. 吉林农业大学学报，26(2)：170-173，178.
周自江，王锡稳，牛若芸，2002. 近47年中国沙尘暴气候特征研究[J]. 应用气象学报(02)：193-200.
朱朝云，丁国栋，杨明远，1992. 风沙物理学[M]. 北京：中国林业出版社.
朱福康，江吉喜，郑新江，等，1999. 沙尘暴天气研究现状和未来[J]. 气象科技(04)：3-5.
朱坦，白志鹏，1996. 化学质量平衡受体模型新技术的应用——TEDA大气颗粒物来源解析[J]. 城市环境与城市生态，9(1)：9-14.
朱震达，陈广庭，等，1994. 中国土地沙质荒漠化[M]. 北京：科学出版社.
朱震达，等，1989. 中国的沙漠化及其治理[M]. 北京：科学出版社.
朱震达，吴正，刘恕，等，1980. 中国沙漠概论(修订版)[M]. 北京：科学出版社.
祝廷成，梁存柱，陈敏，等，2004. 沙尘暴的生态效益[J]. 干旱区资源与环境(S1)：33-37.
庄国顺，郭敬华，2001. 2000年我国沙尘暴的组成、来源、粒径分布及其对全球环境的影响[J]. 科学通报，46(3)：191-197.
邹桂香，等，1986. 流沙地区沙通量的计算与观测初议[J]. 中国沙漠，6(2).
邹学勇，张春来，程宏，等，2014. 土壤风蚀模型中的影响因子分类与表达[J]. 地球科学进展，29(8)：875-889.
邹学勇，张梦翠，张春来，等，2019. 输沙率对土壤颗粒特性和气流湍流脉动的响应[J]. 地球科学进展，34(8)：787-800.
А И 兹纳门斯基，1960. 沙地风蚀过程的试验研究和沙堆的防止问题[M]. 杨郁华，译. 北京：科学出版社.
А П 伊万诺夫，1980. 沙地风蚀的物理原理[M]. 邹桂香，译. 甘肃：中国科学院兰州沙漠研究所.
Л. Д. 朗道，E. M. 栗弗席茨，1983. 流体力学(上，下)[M]. 孔祥言，徐燕侯，等译. 北京：高等教育出版社.
Arens S M，Van Kaam-Peter H M E，Van Boxel J H，1995. Air flow over foredunes and implications for sand transport[J]. Earth Surface Processes and Landforms，20(4)：315-332.
A. J. Raudikivi，1976. Loose boundary bydraulics[M]. 2nd ed.，Pergamon Press.
A. И. Знаменский，1960. 沙地风蚀过程的实验研究和沙堆防治研究[M]. 杨郁华，译. 北京：科学出版社，8-52.
Barchyn T E，Hugenholtz C H，2011. Comparison of four methods to calculate aeolian sediment transport threshold from field data：Implications for transport prediction and discussion of method evolution[J]. Geomorphology，129(3/4)：190-203.

Beyer L, Frind R, Schleup U, et al., 1993. Colluvisols under cutivation in (Schleswig - Holstein: 2. carbondistribution and soil organic matter composition[J]. Zeitschrin fur PAanzencmahrang und Bodenkunde, 156(3): 213-217.

Bocharov A P, 1984. A description of devices used in the study of wind erosion of soils[J]. Oxonian press, Ltd, New Delhi.

Butterfield G R, 1991. Grain transport rates in steady and unsteady turbulent airflows[J]. Acta Mechanica, (Suppl. 1): 97-122.

Butterfield G R, 1998. Transitional behavior of saltation: Wind tunnel observation of unsteady wind[J]. Journal of Arid Environments, 39: 377-394.

Carlson T N, Benjamin S, 1980. Radiative heating rate for Saharan dust. Almos[J]. Sci., 37: 193-197.

Chen X W, 2000. Study of the short-time eco-physiological responses of Plant leaves to dust[J]. Journal of IntegrativePlant Biology, 43: 1058-1064.

Chepil W S, 1957. Width of field strips to control wind erosion[J]. Kansas agricultural experimental station technical bulletin 92.

Chepil, W S, 1952. Dynamics of wind erosion: Initiation of soil movement by wind. Soil structure[J]. Soil science, 75: 473-483.

Chi W., Zhao Y., Kuang W, et al., 2019. Impacts of anthropogenic land use/cover changes on soil wind erosion in China[J]. Science of the Total Environment, 668, 204-215.

Cierco F X, Naaim M, Naaim-Bouve F, 2008. Experimental study of particle concentrationfluctuations in a turbulent steady flow[J]. Annals of Glaciology, 49: 121-126.

Dirk Goossens, Zvi Y. Offer, 2000. Wind tunnel and field calibration of six Aeolian dust samplers[J]. Atmospheric Environment, 34: 1043-1057.

Dong Z B., Wang X M. and Liu L Y, 2000. Wind erosion in arid and semiarid China: an overview[J]. Journal of Soil and Water Conservation, 55(4): 439-444.

Du H, Dou S., Deng X., et al., 2016. Assessment of wind and water erosion risk in the watershed of the Ningxia-Inner Mongolia Reach of the Yellow River[J]. China. Ecological Indicators, 67, 117-131.

Durar A A, Skidmore E L, 1995. WEPS technical documentation [P]: hydrology submodel SWCS WEPP/ WEPS Symposium[J]. Ankeny, IA.

Durge D V, Phadnawis B N, 1994. Elfect of dust pollution on biomass production and yield of acstivumwheat [J]. Annals of Plant Physiology, 8(2): 146-152,

Durɑ́n O, Claudin P, Andreotti B, 2011. On aeolian transport: Grainscale interactions, dynamical mechanisms and scaling laws[J]. Aeolian Research, 3(3): 243-270.

Edson J B, Fairall C W, 1994. Spray droplet modeling Part 1: Lagrangian model simulation of the turbulent transport ofevaporating droplets[J]. Journal of Geophysical Research, 99: 25295-25311.

Eveling D W, 1969. Effects of spraying plants with suspensions of inen dusts[J]. Annals of Applied Biology, 64: 139-151.

F Bisal, 1962. Movement of soil particles in saltation[J]. Canand. J. Soil sci, 42(1): 138-143.

FAO A, 1979. Provisional methodology for soil degradation assessment[M]. Rome.

Farmer A M, 1993. The effects of dust on vegetation-a review[J]. Environmental pollution, 79(1): 63-75.

Fluckiger W, Bornkamm T A, 1982. Urban Ecology[J]. Oxford: Blackwell Scientific Publication: 331-332.

Fryear D W, 1985. Soil cover and wind erosion[J]. Transactions of the ASAE, 28(3): 781-784.

Fryear D W, 1986. A field dust sampler[J]. Journal of Soil and Water Conservation, 25(2): 117-120.

Fryrear D W, A Saleh, J D Bilbro, et al., 1994. Field tested wind erosion model[J]. In Proc. Of international symposium- Wind erosion in West Africa: The problem and its control. , ed. B. Buerkert, B. E. Allision, and M. von Oppen, 343-355. Margraft Verlag, Weiker sheim, Germany.

Greeley R, Leach R N, Williams S H, et al. , 1982. Rate of wind sion on Mars[J]. J. Geophys. Res, 87: 10009-10024.

Gregorich E C, Anderson D W, 1995. The effects of cutivation and erosion on soils of four toposequences in the-Canadian prairies[J]. Geoderma, 36: 343-354.

Gregorich E G, Greer K J, Anderson D W, et al. , 1998. Carbon distribution and losses: erosion and depositioneffects[J]. Soil & Tillage Research, 47: 291-302.

Gregory J M. , J Borrelli and C B Fedler, 1988. TEAM: Texas erosion analysis model[J]. In proceedings of 1988 wind erosion conference, Texas tech. University, Lubbock, Texas. 88-103.

Hagen L J. 1991. A wind erosion prediction system to meet the users need[J]. Journal of soil and water conservation. 46(2): 107-111.

Hagen L J, Zobeck T M, Skidmore E L, et al. , 1995. WEPS technical documentation[P]: soil submodel SWCS WEPP/WEPS Symposium. Ankeny, IA.

Hansen J, Salo M, Ruedy R, 1997. Radiative forcing and climale response[J]. Journal of Geophysical Research; Aimospheres(1984—2012), 102(D6): 6831-6864.

Haywood J M, Shine K P, 1995. The effect of anthropwgenic sulfate and sont aeroeol on the clear sky planeteryradiation budget[J]. Geophysical Rescurch Leiters, 22(5): 603-606.

Hiest G R, Nichola P W, 1959. On the erosion of fine particles by wind[J]. Bulletin of American Meteorological Society, 40(2): 232-243.

Hirano T, Kiyota M, Aiga I, 1994. Physicul eifects of dust on leaf physiology of cucumber and kidney bean planis[J]. Environmental Pollution, 89: 255-261.

JanssenW, Tetzlaff G, 1991. Entwicklung and eichung einerregist rierenden uspensionsfalle [J] . Zeitschrift FurKuls turtechnik and Landesentwick lung, 32: 167-180.

L Q, 2000. Deserification: Urgent Challenge China Faces[M]. Beijing: Kaiming Press.

L R, 2000. Carbon sequestration in drylands[J]. Annals of Arid Zone, 39(1): 1-10.

Lal R, 2003. Soil erosion and the global carbon buidget[J]. Environment Iniernational, 29: 437-450.

Laqndry W, 1994. Compute simulations of self-organized wind ripple patterns[J]. Physica D, 77: 238-260

Leenders J K, van Boxel J H, Sterk G, 2005. Wind forces and related saltation transport[J]. Geomorphology, 71(3/4): 357-372.

Leon Lyles, Krauss R K, 1971. Threshold Velocities and Initial Particle Motion as Influenced by Air Turbulence[J]. 14(3): 563-566.

Lul R, 1995. Ghobal soil envsion by water und curbon dynamica//Lal R, Kimble J M, Levine E, et al, Soil and Globul Change[J]. CRC/Lewis: Bca Ration, FL: 131-142.

Marie-helene Ruz, Michel Allard, 1995. Sedimentary structures of cold-climate coastal dunes, Eastem Hud-Son Bay, Canada[J]. Sedimentology, 42(5): 725-734.

Mayaud J, Wiggs G, Bailey R, 2016. A new turbulence-based model for sand transport[J]. Geophysical Research Abstracts, 18: 75.

M. J. 柯克比, R. P. C. 摩根, 王礼先, 等. 1987. 土壤侵蚀[M]. 北京: 水利电力出版社.

Naidoo G, Chirkoot D, 2004. The effects of coal dust on Photosymthetic Performance of the mangrove, Avicennia marina inRichards Bay[J]. South Africa. Environ Poll, 127: 359-366.

Nickling W G, McKenna Neuman C, 1997. Wind tunnel evaluation of a wedge-shaped aeolian sediment trap [J]. Geomorphology, 18: 333-345.

Nicks A D, Williams J R, Richardson C W, et al., 1987. Generating climatic data for a water erosion prediction model[R]. St. Joseph, MI ASAE, Paper No. 87-2541. 49085-9659.

Nishimori H, 1993. Formation of ripple paqtterns and dunes by wind-blown sand[J]. Physical Review Letters, 71(1): 197-200

Nordstrom K F, Hotta S, 2004. Wind erosion from eropland in the USA; a review of problems, solutions and prospects[J]. Geoderma, 121(3/4): 157-167.

Pajenkamp H, 1961. Einwirkung des Zementofenstaubes 'auf PNanzen und 'Tiere[J]. Zement-Kalk-Cips, 14(3): 95.

Pandey D D, Sinha C S, 1991. Elfiec of coal dust pollution on biomass, chlorophyll and grain characteristics of maize[J]. Environment and ecology Kalyani, 9(3): 617-620.

Pasak V, 1973. Wind erosion on soils[M]. VUM zbraslaav, Scientific monographs.

Pristy B A K, Mishra P C, Azeez P A, 2005. Dust accumulation and leaf pigment content in vegetation near the national highway ant SambalPur, Orissa, India[J]. Eedoloxicology and Environmental Safety, 60: 228-235.

Pye K, 1987. Aolian dust and dust deposits[M]. London: Academic Press Inc. Lid.

Rasmussen K R, Sørensen M, 1999. Aeolian mass transport near the saltation threshold[J]. Earth Surface Processes and Landforms, 24(5): 413-422.

Retta A, Armbrust D V. 1995. WEPS technical documentation [P]: crop submodel. SWCS WEPP/WEPS Symposium. Ankeny, IA.

Rosenfeld D, Rudich Y, Lahav R, 2001. Desert dust suppressing precipitation: a possible desertification feedbackloop[J]. Proceedings of the National Academy of Sciences, 98(11): 5975-5980.

Sato H J M, Ruedy R, 1997. Radialive forcing and elimate response[J]. J. Ceophys. Res., 102: 6831-6864.

Schlesinger W H, 1995. Soil respiration and changes in soil carbon stocks//Woodwell G M, Mackenzie G M. Biotic Feedbacks in the Global Climatic System: Will the Warming Feed the Warming[J]. New York: Oxford Univ. Press: 159-227.

Schönfeldt H J, 2008. Turbulence and Aeolian sand transport[J]. General Assembly, 10: 10: EGU2008-A-00193.

Schönfeldt H J, Von Löwis S, 2003. Turbulence-driven saltation in the atmospheric surface layer[J]. Meteorologische Zeitschrift, 12(5): 257-268.

Shao Yaping, Raupach M R, Findlater P A, 1993. The effect of saltation bombardment on the entrainment of dust by wind[J]. Journal of Geophysical Research, 98: 12719-12726.

Shao Y, Raupach M R, Leys J F, 1996. A model for predicting Aeolian sand drift and dust entrainment on scales from paddock to region[J]. Australian journal of soil research, 34: 309-342.

Shaw R H, Periera A R, 1982. Aerodynamic roughness of a plant canopy: A numerical experiment[J]. Agric. Meteorol, 26: 51-65.

Shi P J, P Yan, Y Yuan, et al., 2004. Wind erosion research in China: past, present and future[J]. Progress in Physical Geography, 28(3): 365-386.

Skidmore E L, Tatarko J. 1990. Stochastic wind simulation for erosion modeling[J]. Trans. ASAE, 33: 1893-1899.

Slater CS, Carleion E A, 1938. The effect of erosion on losses of soil organic matter [J]. Soil Sei. Soc. Am. Proc., 3: 123-128.

Smith S V. Renwick W H, Buddemeier R W, 2001. Budgets of soil erosion and deposition for sediments and sedi-mentary organic[J]. carbon across the conterminous United States. Clobal BiogeochemCycles, 15: 697-

707.

Spies P J, McEwan I K, Butterfield G R, 2000. One-dimensional transitional behaviour in saltation[J]. Earth Surface Processes and Landforms, 25(5): 505-518.

Steiner J L, Schomberg H H, Unger P W, 1995. WEPS technical documentation [P]: residue decomposition submodel[J]. SWCS WEPP/WEPS Symposium. Ankeny, IA. tion, 1962, 17(4): 162-165.

Sterk G, Jacobs A F G, Van Boxel J H, 1998. The effect of turbulent flow structures on saltation sand transport in the atmospheric boundary layer[J]. Earth Surface Processes and Landforms, 23(10): 877-887.

Stout J E, Zobeck T M, 1997. Intermittent saltation[J]. Sedimentology, 44: 959-972.

Su Y, Zhao H L, Zhang X Y, et al., 2004. Soil properties following cultivation and non-grazing of a semi-arid sandy grassland in northemChina[J]. Soil & Tillage Research, 75: 27-36.

Takemura T', Uno I, Nakajima' T, et al, 2002. Single-Scattering albedo and radiative foreing ofvarious aerosol species with a global Three-Dimensional mode[J]. Joural of Climate, 15(D4): 333-352.

Tegen I, Fung I, 1994. Modeling mineral dust in the almosphere: sources, transport, and oplicalthickness [J]. Journal of Geophysical Research, 99: 22897-22914.

Tegen I, Lacis A A, 1996. Madeling of particle size distribution and its infliuence on the radiative Properies of mineral dust aerosol[J]. Journal of Gcophysical Research, 101(D14): 19237-19244.

Wagner L E, Ding D, 1995. WEPS technical documentation[P]: management submodel. SWCS WEPP/WEPS Symposium[J]. Ankeny, IA.

Webb N P, Herrick J E, Hugenholtz C H, et al., A National Wind Erosion Monitoring Network to support and all-lands wind erosion model[R]. Eighth International Conference on Aeolian Research(ICAR VIII). 21-25 July, Lanzhou, China.

Webb N P, McGowan H A, 2009. Approaches to modelling land erodibility by wind[J]. Progress in Physical Geography, 33(5): 587-613.

Woodruff N P, Siddoway, F H, 1965. A wind erosion equation[J]. Soil science society of America proceedings, 29: 602-608

Xuan Jie, 2004. Turbulence factors for threshold velocity and emission rate of atmospheric mineral dust [J]. Atmospheric Environment, 38(12): 1777-1783.

Yung I C, Han XC, Huang J H, et al., 2003. The dynamics of soil organice malter in cropland responding to agri-cultural practice[J]. Acta Ecologica Sinica, 23(4): 788-796.

Zang Kecun, Qu Jianjun, Zu Ruiping et al, 2007. Pulsatory characteristics of wind velocity in sand flow over typical underlying surfaces[J]. Science in China(Series D), 50(2): 247-253.

Zhao Y, Chi W., Kuang, W, et al., 2020. Ecological and environmental consequences of ecological projects in the Beijing-Tianjin sand source region[J]. Ecological Indicators, 112, 106-111

Zheng Xiaojing, Zhang Jinghong, 2010. Characteristics of near-surface turbulence during a dust storm passing Minqin on March 19, 2010[J]. Chinese Science Bulletin, 55(27/28): 3107-3112.

Zobeck, T M., Parker, N C., Haskell, S., et al., 2000. Scaling up from field to region for wind erosion prediction using a field-scale wind erosion model and GIS[J]. Agriculture Ecosystems & Environment, 82 (1-3), 247-259.

Zou X Y, Zhang C L, Cheng H, et al., 2015. Cogitation on developing a dynamic model of soil wind erosion [J]. Science China: Earth Sciences, 58(3): 462-473.